新工科建设·电气与自动化专业系列教材

计算机控制技术
——信号处理视角

主　编　李东升

副主编　朱文兴　高　瑞　李振华　肖际伟

U0217792

电子工业出版社
Publishing House of Electronics Industry
北京·BEIJING

内 容 简 介

本书以"数据流"为主线，从信号处理角度出发，围绕问题描述和解决方案设计与实现两个角度组织材料，介绍计算机控制系统的分析、设计理论和工程实现技术。同时，本书提供了多种学习支持材料，如电子课件、教学指导手册、部分习题解答和线上虚拟仿真实验，能更好地帮助学生认识计算机控制的并发实时任务管理本质，树立正确的国家观、民族观、历史观和文化观。

本书适用于自动化类专业本科教学，也适合作为非自动化类专业学生或相关工程技术人员的参考书。

图书在版编目（CIP）数据

计算机控制技术 ： 信号处理视角 / 李东升主编.

北京 ： 电子工业出版社, 2024. 6. -- ISBN 978-7-121 -48244-1

Ⅰ. TP273

中国国家版本馆 CIP 数据核字第 202471P0X3 号

责任编辑：杜　军

印　　刷：三河市鑫金马印装有限公司

装　　订：三河市鑫金马印装有限公司

出版发行：电子工业出版社

　　　　　北京市海淀区万寿路 173 信箱　　邮编：100036

开　　本：787×1 092　1/16　印张：21　　字数：607 千字

版　　次：2024 年 6 月第 1 版

印　　次：2024 年 6 月第 1 次印刷

定　　价：69.00 元

凡所购买电子工业出版社图书有缺损问题，请向购买书店调换。若书店售缺，请与本社发行部联系，联系及邮购电话：（010）88254888，88258888。

质量投诉请发邮件至 zlts@phei.com.cn，盗版侵权举报请发邮件至 dbqq@phei.com.cn。

本书咨询联系方式：dujun@phei.com.cn。

前　　言

计算机控制课程是高等学校本科自动化专业基础课，其目的是使学生了解计算机控制系统的基本组成和基本原理，掌握计算机控制系统的设计方法与实现技术，最终使学生具有计算机控制系统硬件设计、应用软件编程与系统综合调试的能力，并能够根据控制要求完成预定控制目标。

近年来，随着计算机科学的快速发展，计算机控制系统已经在现代工业体系中得到普遍应用，重要性日益凸显，其与模拟控制系统、数字控制系统的边界日益模糊。与之相适应，计算机控制课程也日益呈现知识跨度广、技术综合性强的特点，导致日常学习的主线越来越模糊，对学生学习和教师教学都构成挑战。

为了适应新形势下课程教学需要，突出"计算机控制是硬件约束下的实时并发任务处理过程"这一核心知识点，使学生认识工程实践中的不确定性对设计结果的影响，并学习消除这种不确定性的相应技术，编者以山东大学课程建设项目为依托，编写了以"数据流"为主线的教材。该教材从信息处理角度出发，全面介绍计算机控制系统的分析、设计理论和工程实现技术的基础知识，荣获山东省自动化学会优秀教材二等奖。

2023 年，得益于电子工业出版社的大力支持和山东大学的资助，编者基于新工科教学实践的经验，同时考虑现代化生产过程对计算机控制提出的新要求，对原教材进行了修订。修订后的教材以自动控制理论为基础，以"数据流"为主线，从问题描述和解决方案设计与实现两个角度出发，按照控制问题求解顺序展开讨论，全面介绍了计算机控制系统的分析、设计理论和工程实现技术。此外，通过案例和习题，有机融入课程思政元素，不仅能使学生认识计算机控制问题的实时并发任务处理本质，还能帮助他们树立正确的国家观、民族观、历史观、文化观，以达到"三全育人"的要求。

本书主要有以下特点：

（1）思政引领。

为了响应国家对新工科教学的要求，编者深入挖掘课程知识体系蕴含的思政资源，精心提炼思政要素，力求实现与课程知识点有机融合。通过这种方式，激发学生对课程的兴趣，培养学生的爱国情怀和历史使命感，以及精益求精、自力更生的工匠精神。

（2）结构紧凑。

本书以"数据流"为主线，从问题描述和解决方案设计与实现两个角度来组织材料（见图1）。它从信号处理的角度讲解计算机控制过程，并运用"软硬件协同设计思想"将理论分析与工程实现技术紧密联系起来。这种结构有助于突出计算机控制在硬件约束下的实时并发任务处理本质，既便于教师组织授课，又便于学生理解相关知识。

（3）内容直观。

本书以 LabVIEW 为工具，强调计算机辅助分析方法和计算机辅助设计技术的使用，通过直观且丰富的仿真实例，将"数据流"概念和"软硬件协同设计"方法可视化。本书尽可能避免烦琐的理论推导，同时强调理论概念在现实世界中的工程意义。这样一来，既方便学生理解理论知识，又能帮助他们形成工程直觉。

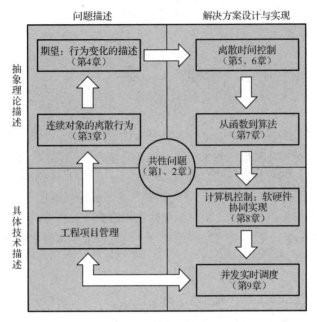

图 1　教材结构图

（4）资源丰富。

本书不仅提供纸质教材，还提供电子课件、教学指导手册、部分习题解答（标注"*"的练习题）和线上虚拟仿真实验（线上学习部分和标注"**"的练习题），旨在提供多样化、全方位的学习支持，同时满足学生不同学习风格的需要。

基于以上特点，本书可以作为本科自动化类专业的教学用书，也可供非自动化类专业学生或相关工程技术人员学习。如果是后一种情况，需要读者具备信号与系统方面的基本知识。

本书第 1、7～9 章由李东升编写，第 3、4 章由朱文兴编写，第 5、6 章由高瑞编写，第 2 章由李振华编写。附录请扫书末二维码阅读。各章的思政讨论单元由高瑞和李东升编写，线上学习单元由朱文兴和肖际伟编写，练习题及答案由肖际伟编写。

受编者自身水平限制，书中不足之处在所难免，恳请广大同行和读者批评指正。如有意见和建议，请通过电子邮件发送至 lidongsheng@sdu.edu.cn。

目　录

问题篇

第1章　计算机控制系统 ·· 2

1.1　学习目标 ·· 2

1.2　系统 ··· 2

1.3　控制系统 ·· 4

　　1.3.1　控制 ··· 4

　　1.3.2　从模拟控制到计算机控制 ·· 4

1.4　计算机控制系统概述 ··· 7

　　1.4.1　基本结构 ··· 7

　　1.4.2　构成要素 ··· 8

　　1.4.3　特点 ·· 10

1.5　计算机控制系统的典型架构 ·· 10

　　1.5.1　操作指导控制系统 ·· 11

　　1.5.2　直接数字控制系统 ·· 11

　　1.5.3　监督控制系统 ··· 12

　　1.5.4　分布式控制系统 ·· 13

　　1.5.5　现场总线控制系统 ·· 15

　　1.5.6　网络控制系统 ··· 16

1.6　计算机控制系统的工程方法 ·· 17

　　1.6.1　工程方法的必要性 ·· 17

　　1.6.2　基于产品生命周期管理的工程方法 ·· 18

　　1.6.3　基于文档的设计 ·· 19

　　1.6.4　基于模型的设计 ·· 21

1.7　线上学习：认识 LabVIEW ··· 24

1.8　练习题 ··· 29

1.9　思政讨论：我国的计时技术 ·· 30

第2章　信号的采样和重构 ··· 31

2.1　学习目标 ··· 31

2.2　计算机控制系统的信号问题 ·· 31

2.2.1 信号问题 31

2.2.2 信息与信号 32

2.2.3 信息度量 34

2.2.4 问题描述 35

2.3 信号采样 36

2.3.1 采样过程 36

2.3.2 线上学习：LabVIEW 入门 39

2.3.3 采样定理 49

2.3.4 工程中的采样 52

2.3.5 线上学习：控件与仿真循环 55

2.4 信号重构 59

2.4.1 香农重构 60

2.4.2 保持法重构 60

2.5 采样保持电路 62

2.5.1 基本电路 62

2.5.2 采样保持器 64

2.5.3 主要技术参数 64

2.6 练习题 66

2.7 思政讨论：基于信息的控制 67

分析篇

第 3 章 连续对象的离散行为 70

3.1 学习目标 70

3.2 连续对象的行为描述 70

3.2.1 图形表示法 71

3.2.2 解析表示法 74

3.3 线上学习：使用 LabVIEW 建立连续对象模型 77

3.3.1 使用仿真函数建立连续对象模型 79

3.3.2 使用控件设计函数建立连续对象模型 85

3.4 离散观察：计算机视角的对象行为 91

3.4.1 图形表示法 92

3.4.2 解析表示法 92

3.5 线上学习：使用 LabVIEW 建立离散对象模型 94

3.5.1 直接建立离散对象模型 94

3.5.2 间接建立离散对象模型 98

3.5.3 同类型对象的模型转换 105

3.6 混合系统及其行为描述 ·· 109

    3.6.1 混合系统的一般结构 ··· 109

    3.6.2 混合系统的行为描述 ··· 110

    3.6.3 模型互连 ·· 113

3.7 线上学习：使用 LabVIEW 建立混合系统模型 ··· 116

    3.7.1 通过仿真函数建立混合系统模型 ··· 116

    3.7.2 通过控件设计 VI 建立混合系统模型 ·· 123

3.8 练习题 ··· 129

3.9 思政讨论：多元的观点，相同的立场 ·· 130

第 4 章 期望：行为变化的描述 ·· 132

4.1 学习目标 ··· 132

4.2 混合系统的时间响应 ·· 132

    4.2.1 一般形式 ·· 133

    4.2.2 典型响应 ·· 134

4.3 线上学习：使用 LabVIEW 辅助计算 ··· 138

    4.3.1 使用仿真函数计算 ··· 138

    4.3.2 使用控件设计 VI 计算 ·· 143

4.4 基于频域的行为分析 ·· 146

    4.4.1 稳定性 ··· 146

    4.4.2 鲁棒性 ··· 155

    4.4.3 快速性 ··· 157

4.5 线上学习：使用 LabVIEW 辅助分析 ··· 159

    4.5.1 伯德图 VI ·· 159

    4.5.2 奈奎斯特图 VI ··· 161

4.6 练习题 ··· 162

4.7 思政讨论：联结个人与社会，释放创新活力 ··· 164

决策篇

第 5 章 离散时间控制：模拟设计方法 ··· 167

5.1 学习目标 ··· 167

5.2 设计思想 ··· 167

5.3 离散化方法 ··· 168

    5.3.1 第一类近似：移动平均滤波 ·· 168

    5.3.2 第二类近似：加窗滤波 ·· 172

5.4 数字 PID 控制 ·· 174

5.4.1　模拟 PID 控制器 ································· 175

5.4.2　数字 PID 控制器 ································· 178

5.4.3　离散化产生的问题与对策 ····················· 180

5.4.4　参数整定 ····································· 183

5.5　线上学习：倒立摆的控制（基于模拟设计方法） ········· 185

5.5.1　基于模型的控制设计 ··························· 185

5.5.2　车杆问题 ····································· 186

5.6　练习题 ··· 190

5.7　思政讨论：站在前人的肩膀上，继往开来 ·············· 191

第 6 章　离散时间控制：数字设计方法 ···················· 192

6.1　学习目标 ··· 192

6.2　设计思想 ··· 192

6.3　频率响应法 ······································· 193

6.4　Ragazzini 法 ······································· 196

6.4.1　无限冲激响应滤波 ····························· 196

6.4.2　有限冲激响应滤波 ····························· 198

6.5　状态空间设计法 ··································· 201

6.5.1　极点配置 ····································· 201

6.5.2　状态估计 ····································· 205

6.5.3　能控性和能观性 ······························· 208

6.6　线上学习：倒立摆的控制（基于数字设计方法） ········· 209

6.6.1　层次化设计 ····································· 209

6.6.2　车杆问题及求解 ······························· 213

6.7　练习题 ··· 215

6.8　思政讨论：追随时代的脚步，精益求精 ·············· 216

施效篇

第 7 章　从函数到算法 ······························· 219

7.1　学习目标 ··· 219

7.2　计算问题 ··· 219

7.2.1　计算时延引起的问题 ··························· 220

7.2.2　量化引起的问题 ······························· 221

7.3　可控实现形式 ····································· 227

7.4　运算结构 ··· 228

7.4.1　基本运算单元 ································· 229

　　　7.4.2　直接型结构 ··· 229

　　　7.4.3　串联型结构 ··· 232

　　　7.4.4　并联型结构 ··· 233

　　　7.4.5　不同结构的比较 ··· 234

　7.5　线上学习：数字 PID 控制算法 ······································ 234

　　　7.5.1　数字 PID 控制 ·· 234

　　　7.5.2　LabVIEW 中的数字 PID 控制 ································· 236

　7.6　练习题 ··· 241

第 8 章　计算机控制：软硬件协同实现 ·· 244

　8.1　学习目标 ··· 244

　8.2　从信号耦合网络到能量耦合网络 ······································ 245

　　　8.2.1　软硬件协同设计 ··· 245

　　　8.2.2　从信息处理角度看计算机控制 ·································· 250

　　　8.2.3　组件、接口和信号 ··· 252

　8.3　运算设备 ··· 256

　　　8.3.1　通用计算机 ··· 256

　　　8.3.2　嵌入式计算机 ··· 257

　8.4　通用 I/O 接口 ·· 258

　　　8.4.1　技术指标 ··· 258

　　　8.4.2　存储器映射 ··· 259

　　　8.4.3　数据传输方法 ··· 262

　　　8.4.4　接口操作策略 ··· 264

　8.5　处理不一致的数据 ··· 266

　　　8.5.1　滤波 ··· 266

　　　8.5.2　标度变换 ··· 270

　　　8.5.3　常见的非线性问题及对策 ····································· 271

　8.6　线上学习：LabVIEW 的仪器控制 ···································· 272

　　　8.6.1　仪器控制 ··· 272

　　　8.6.2　仪器驱动 ··· 273

　　　8.6.3　VISA ·· 277

　8.7　练习题 ··· 285

第 9 章　并发实时调度 ·· 286

　9.1　学习目标 ··· 286

　9.2　并发实时调度概述 ··· 287

　　　9.2.1　数据驱动的系统 ··· 287

  9.2.2 基本概念 ·· 288

  9.2.3 实时任务调度 ·· 293

9.3 系统设计：使用状态图 ·· 298

  9.3.1 功能描述 ·· 298

  9.3.2 功能分解 ·· 300

  9.3.3 任务构建 ·· 301

  9.3.4 系统配置 ·· 304

9.4 可靠性设计模式 ·· 306

  9.4.1 可靠性 ·· 306

  9.4.2 影响系统可靠性的因素 ································ 307

  9.4.3 可靠性设计 ·· 307

9.5 线上学习：基于模式的系统设计 ······························ 313

  9.5.1 设计模式 ·· 313

  9.5.2 经典状态机 ·· 313

  9.5.3 生产者/消费者模式 ································ 323

9.6 练习题 ·· 324

参考文献 ·· 325

问题篇

随着计算机科学的快速发展，计算机控制系统已经在现代工业体系中得到普遍应用，重要性日益凸显。为了帮助读者更深入地理解计算机控制系统，本篇将通过回顾控制系统的发展历程，逐步引入计算机控制系统的基本概念、组成要素和典型形式，介绍计算机控制系统的设计过程，并明确其在设计过程中需要解决的关键问题。

第1章 计算机控制系统

1.1 学习目标

本章介绍计算机控制系统的基本概念、典型架构和常用设计方法。主要学习内容包括：
- 定义术语
  - □ 系统（1.2 节）
  - □ 控制系统（1.3 节）
  - □ 计算机控制系统（1.4 节）
- 列举
  - □ 系统的基本特征（1.2 节）
  - □ 控制系统的工作过程（1.3 节）
  - □ 计算机控制系统的工作过程（1.4 节）
  - □ 计算机控制系统的构成要素（1.4 节）
- 绘制
  - □ 计算机控制系统的基本结构图（1.4 节）
- 比较
  - □ 模拟控制系统和计算机控制系统的异同（1.3 节）
  - □ 计算机控制系统典型架构的异同（1.5 节）
  - □ 基于文档的设计与基于模型的设计的异同（1.6 节）

1.2 系统

在生活中，"系统"常作为公理性概念使用，指"同类事物按一定的关系组成的整体"（《现代汉语词典》第 7 版）；但在科学技术领域，则多沿用路德维希·冯·贝塔朗菲（Ludwig von Bertalanffy）的观点。

《关于一般系统论》中，路德维希·冯·贝塔朗菲把系统定义为一系列定量测度要素 Q_1，Q_2，$\cdots$，Q_n 相互作用的整体，并用下面一组方程表示：

$$\left.\begin{aligned}
\frac{\mathrm{d}Q_1}{\mathrm{d}t} &= f_1(Q_1, Q_2, \cdots, Q_n) \\
\frac{\mathrm{d}Q_2}{\mathrm{d}t} &= f_1(Q_1, Q_2, \cdots, Q_n) \\
&\vdots \\
\frac{\mathrm{d}Q_n}{\mathrm{d}t} &= f_1(Q_1, Q_2, \cdots, Q_n)
\end{aligned}\right\} \tag{1-1}$$

以便在逻辑-数学领域表述和推导要素组合（系统）的行为。

方程（1-1）说明，系统行为 $\frac{\mathrm{d}Q}{\mathrm{d}t}$ 是系统构成要素行为 $\frac{\mathrm{d}Q_1}{\mathrm{d}t}$，$\frac{\mathrm{d}Q_2}{\mathrm{d}t}$，$\cdots$，$\frac{\mathrm{d}Q_n}{\mathrm{d}t}$ 的组合，且每一个构成要素的行为 $\frac{\mathrm{d}Q_i}{\mathrm{d}t}(i=1,2,\cdots,n)$ 也受到所有构成要素的影响。因此，与机械决定论的观点相比，系统观点更关注要素组合的整体性和关联性，强调以动态观点研究系统构成要素不同组合形式的

整体行为，尤其是要素组合表现出的孤立要素所不具备的行为。

进入 21 世纪后，国际标准化组织 ISO/IEC/IEEE 明确定义：系统是"为实现一个或多个既定目标而组织的相互作用元素的组合"。它通常被视为经人为设计且用于明确定义环境的产品或服务，包括若干相互作用的硬件（如设备、材料等）、软件（如文档、流程等）和操作或支持产品/服务的人员，以便在预先定义的环境中完成既定目标。

国家标准 GB/T 22032—2021 给出的定义为，"系统是人工制造的。创建并使用这些系统的目的是为用户和其他利益相关方提供特定环境下的产品和服务。这些系统可能由一个或多个系统元素配置而成，包括硬件、软件、数据、人、过程（如提供服务给用户的过程）、规程（如操作指南）、设施、原料和自然存在的实体。对用户而言，它们被认为是产品或服务"。

从以上定义可以看出，技术领域的"系统"是现实世界中某种产品或服务的功能抽象，被限定在某个预先定义的环境范围内，用于完成某个特定的目标。因此，系统是有边界的，其定义依赖于研究人员关注的范围，并表现出以下基本特征：

（1）集合性。

系统是两个或两个以上相互区别的要素组成的集合体。这里所说的"要素"，通常指系统中能够完成规定需求的离散单元，可能是硬件和软件，也可能是人员、资源或过程。

（2）关联性。

系统不是系统要素的简单堆积，而是系统要素经相互作用形成的新组织。系统要素之间、系统要素与系统之间以及系统与环境之间存在着错综复杂的联系。

（3）涌现性。

系统要素经相互作用形成新组织之后，会表现出各个要素原本不具备的某些性质、功能或属性。系统的这种特性称为系统的涌现性。

（4）整体性。

涌现性使系统的功能和特性必须从整体角度加以理解，对系统功能和特性的要求也必须从整体角度进行考虑。

（5）层次性。

系统及其构成要素依赖于研究人员所关注的问题。某个场景下的系统可以在另一个场景下被视为其他系统的组成要素，或在新的场景下被视为某系统的运行环境。

因此，系统可以随着关注问题的变化而改变角色，表现出层次性的特征。当若干较低层次的系统组成较高层次的系统时，后者也会表现出前者所不具备的性质、功能或属性，即系统层次之间同样具有涌现性。此时，称前者为后者的子系统。

（6）目的性。

系统是系统要素交互作用而形成的整体，具有特定的目的。尤其是人造系统，更是为满足用户或其他共同利益者的需要而设计的，以表现出单个系统要素所不具备的性质、功能或属性。

（7）环境适应性。

任何系统都存在于一定的环境之中。与系统类似，系统环境也是要素的集合，包括所有与系统有交互作用但不从属于系统的要素。

这些要素与系统的交互可以是物质交互（如流体进入或离开系统），也可以是能量交互（如电磁场对系统的影响）或信息交互（如有线或无线通信），其变化可能引起系统及其要素的变化。因此，系统只有适应外部环境的变化，才能够获得生存与发展。

1.3 控制系统

1.3.1 控制

控制具有支配、管理、调节、抑制等多种含义，无论哪种含义，其核心都是为实现某预期目标而对被控对象采用的行为改善手段。这种行为改善是通过对被控对象状态信息的测量、计算和施效完成的。因此，从本质上讲，控制是一门信息科学。

控制系统是实现控制功能的系统，是单元部件、设备、过程等若干要素按照一定结构组成的相互作用对象的集合。它能按照预先设定的目标对被控对象的行为进行校正（见图 1-1），过程如下：

（1）信息测量：控制系统通过测量单元获得被控对象当前状态信息（测量信号），并传输至控制单元。

（2）信息计算：控制单元将来自测量单元的被控对象当前状态信息（测量信号）与设定规划目标（给定值信号）进行比较，然后根据预先设计的被控对象响应模型，计算与比较结果相对应的行为校正输出信息（控制命令），并输送至执行单元。

（3）信息施效：执行单元接收来自控制单元的行为校正输出信息（控制命令），并将其转化为具有一定功率的电流/电压信号或力/力矩信号（功率信号）输出，实现行为改善目的。

图 1-1 中，信息测量、信息计算和信息施效构成的回路称为反馈。反馈能够改变控制系统的动态特性，提高系统对环境的适应能力，是控制系统最重要的特征，也是控制科学的核心概念之一。

反馈包括正反馈和负反馈。测量信号与给定值信号进行减法运算的反馈运算是负反馈；否则是正反馈。正反馈有失稳效应，虽然可以加快系统的响应速度，但容易引起输出饱和，通常被认为是有害的。所以，工程中的控制系统一般采用负反馈，称为负反馈控制。

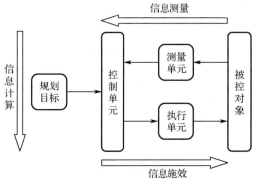

图 1-1 控制系统的工作过程

1.3.2 从模拟控制到计算机控制

如果控制系统的反馈回路由自动装置实现而无须人工干预，就称为自动控制系统。

根据反馈回路自动装置类型的不同，自动控制系统可以分为两类：模拟控制系统（或称连续控制系统）和数字控制系统（或称离散控制系统）。前者的反馈回路通常采用机械装置或模拟电子装置实现，而后者的反馈回路多采用数字电子装置实现。

采用机械装置实现的模拟控制系统多见于自动控制早期，其中的某些结构沿用到今天。图 1-2 所示的水钟即是一例。在水钟中，通过浮子实现的恒水位控制系统保证出水管恒流输出，以达到计时目的。该结构至今仍用于抽水马桶的水箱水位控制。

同样的恒水位控制也可以采用图 1-3 所示系统实现。图 1-3 所示系统用电容传感器测量储水箱水位，经惠斯顿电桥表示为交流电压信号，再经同相检波、直流放大后得到与储水箱水位成正比例关系的直流电压输出。该电压输出与预先设定的上/下限电压比较后，经 JK 触发器改变继电器工作状态，进而改变进水管阀门状态，完成液位控制功能。

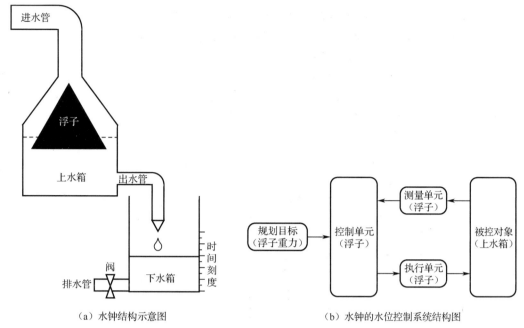

（a）水钟结构示意图　　　　　　　（b）水钟的水位控制系统结构图

图 1-2　模拟控制系统实例——水钟

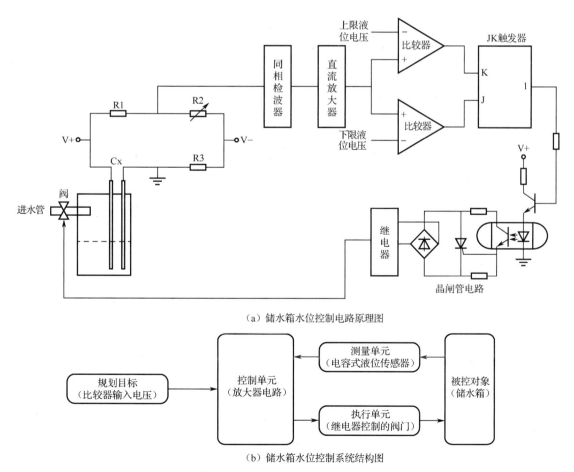

（a）储水箱水位控制电路原理图

（b）储水箱水位控制系统结构图

图 1-3　模拟控制系统实例——储水箱水位控制系统

比较图 1-2 和图 1-3，可知两种不同类型的模拟控制系统，其信息处理过程是一样的，信号形式也没有本质的变化（数学模型都是连续时间函数）；但因自动运算装置物理特性的改变，模拟电子装置实现的模拟控制系统性能显著提高。

对于现代生产过程，由于控制过程复杂，控制要求高，模拟控制系统已不能满足需要，故多采用数字控制系统。这类应用通常使用计算机作为控制器，因此，为了强调计算机是控制系统的重要组成部分，这类自动控制系统也称为计算机控制系统。图 1-4 所示的全自动洗衣机水位调节系统即是一例。

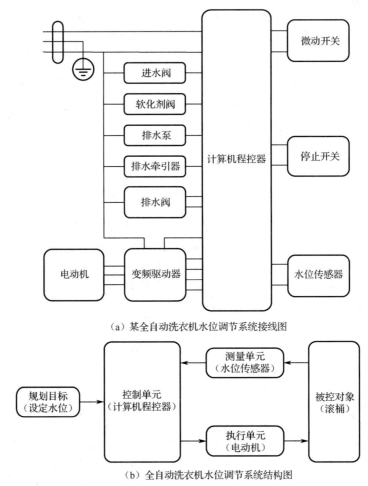

（a）某全自动洗衣机水位调节系统接线图

（b）全自动洗衣机水位调节系统结构图

图 1-4 计算机控制系统实例——全自动洗衣机水位调节系统

与模拟控制系统相比，计算机控制系统的信息处理过程没有发生实质性变化，主要表现在：

（1）结构要素相同，都由控制单元、执行单元、测量单元、被控对象和规划目标五部分组成。

（2）需要处理的信息相同，都包含控制系统的目标信息、被控对象的初始信息、被控对象和环境的反馈信息、控制单元的指令信息及施效信息。

（3）信息处理的过程相同，都通过反馈回路实现信息的获取、传输、加工和施效。

但是，计算机控制系统的信号形式更加复杂，信息处理能力更加强大，从而使计算机控制系统能够避免模拟控制系统的诸多问题，更好地满足现代生产过程复杂度与集成度的需要；同时，使其分析、设计和实现方法与模拟控制系统有了根本不同。

☞ **计算机控制的时间相关性**

计算机控制的输出信号与输入信号的作用时刻有关，这是它与模拟控制的根本区别。

与模拟计算装置不同，计算机仅在系统时钟边沿（上升沿或下降沿）处理信息。在其他时刻，计算机既不接受外部输入，也不产生对外输出。

因此，执行控制任务时，如果外部激励恰好作用在时钟边沿，计算机可以即时响应输入信息，并同步产生系统输出；否则，计算机需要等到下一个时钟边沿才能处理输入信息，系统将产生滞后于输入的输出。

1.4　计算机控制系统概述

1.4.1　基本结构

计算机控制系统以自动控制理论和计算技术为基础，综合计算机、自动控制和生产过程等多方面知识，用计算机硬件和软件实现控制系统反馈回路。其基本结构如图 1-5 所示。

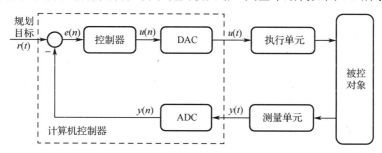

图 1-5　计算机控制系统的基本结构

从本质上看，计算机控制系统的工作过程如下：

（1）实时数据采集。

计算机每隔一定时间间隔对被控对象状态参数进行一次测量（或称采样），并将测量结果 $y(t)$ 用模数转换器（ADC）转换为数字形式 $y(n)$ 输入计算机。

（2）实时决策。

计算机将表征被控对象真实行为的测量结果 $y(n)$ 与表征被控对象理想行为的期望信号 $r(t)$ 进行比较运算，输出偏差信号 $e(n)$，并以此为基础，利用被控对象响应模型，按照预先设定的控制规律，计算表征被控对象校正行为的控制信号 $u(n)$。

（3）实时施效。

计算机利用数模转换器（DAC）将实时决策输出 $u(n)$ 转换成连续信号 $u(t)$，并作用于执行单元，驱动被控对象执行相应的校正动作，完成预期的控制。

（4）实时管理。

在现代工业生产中，计算机除了构成反馈回路，实时完成数据测量、决策运算和控制施效任务，还需要通过数据库对工作过程中的信息进行实时管理，并借助通信链路与远程工作人员或其他控制器共享数据、协同工作。

以上过程不断重复，以保障系统按照一定的动态品质指标工作，并实时监督和响应被控参数或控制设备出现的异常。

☞ **关于"实时"**

按照 Colin Walls 在《嵌入式软件概论》中给出的定义，如果系统能够对输入数据进行处理，并且输出数据在本质上与输入数据产生的时间相同，则称该系统是实时的。它是一个相对的概念，没有绝对的时间限制。举例来说，只要满足工作要求，每小时处理一次数据的计算机控制系统和每毫秒处理一次数据的计算机控制系统都是实时系统。

可见，计算机控制系统强调的"实时"，是指它的数据采集、决策、控制和管理任务在工作需要时能够得到执行，而且，执行结果是根据触发工作时的环境输入，并在下一次触发之前得到的。

1.4.2　构成要素

计算机控制系统具有多种形式。无论哪种形式，其构成要素都是一样的，可以归结为计算机硬件系统、软件系统、通信链路和实时数据库四类。这些构成要素在不同规模的系统中所占地位不同，但都是设计过程中必须关注的。

1）硬件系统

硬件系统是计算机控制系统中信息处理功能不可自由调整的构成要素，包括被控对象、测量单元、执行单元和计算机控制器（见图 1-6）。它是真实世界物理设备的功能抽象，为计算机控制提供必要的运行平台，是计算机控制系统的工作基础。其中，被控对象、测量单元和执行单元与模拟控制系统相同。计算机控制器是计算机控制系统的重要组成部分。

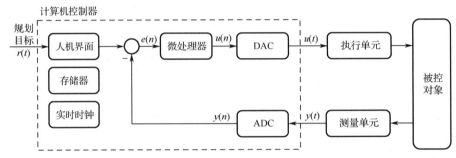

图 1-6　计算机控制系统的硬件系统

计算机控制系统的硬件系统主要包括实时时钟、微处理器、存储器和 I/O 通道（ADC、DAC、人机界面等）。

- 实时时钟：计时基准，协调计算机控制系统各部分有序工作（如采样或驱动电动机运转），是计算机控制器工作的基础。
- 微处理器：计算机控制器的核心；工作于离散状态，输入和输出都是数字量，由工业控制计算机或嵌入式计算机实现。
- 存储器：保存微处理器运算结果，是计算机控制器的重要组成部分。一般根据保存数据的重要性，选用易失性存储器或非易失性存储器。
- I/O 通道：计算机控制器与物理环境信息交互的通道。根据信息交互对象的不同，I/O 通道可以分为两类：一类是计算机控制器与系统内其他设备的信息交互通道，包括模拟量输入通道、模拟量输出通道、数字量输入通道、数字量输出通道，是计算机控制器采集环境数据、校正对象行为的必要途径；另一类是计算机控制器与系统操作/支持人员的信息交互通道，称为人机界面或人机接口，是计算机控制器接收操作命令、反馈工作状态的重要途径，也是工作人员对计算机控制器施加影响的唯一途径。

2）软件系统

软件系统是计算机控制系统中信息处理功能可自由调整的构成要素。它必须运行在硬件系统之上，负责协调硬件系统完成具体的控制任务，是计算机控制系统的核心。

计算机控制系统的软件系统分为硬件抽象层、操作系统、中间件和应用程序四个层次，如图 1-7 所示。

● 硬件抽象层。

硬件抽象层（Hardware Abstraction Layer，HAL）是操作系统与底层硬件之间的逻辑接口，目的是为软件系统提供虚拟硬件平台，确保软件与设备无关。硬件抽象层一般由设备厂商提供。

硬件抽象层将硬件资源抽象化，有利于创建设备无关代码，使程序容易移植到不同的平台；而且可以使软/硬件测试同时进行，缩短了项目开发周期。因此，当前的应用程序多数通过硬件抽象层进行硬件访问。

图 1-7　计算机控制系统的软件系统的层次结构

● 操作系统。

操作系统（Operating System，OS）是应用程序和计算机资源之间的接口，负责调度计算机硬件、软件与数据资源，是实现计算机控制的软件平台，通常由计算机厂商提供。

在计算机控制系统中，操作系统一般分为通用操作系统（General Purpose Operating System，GPOS）和实时操作系统（Real-Time Operating System，RTOS）两类。前者需要大量内存，主要运行于工作站和大型主机系统，实现通用计算；后者的内存需求较小，多运行于嵌入式设备，可处理实时任务。

需要注意的是，并非所有嵌入式设备都支持实时操作系统。如果遇到嵌入式设备不支持实时操作系统的情况，用户需要自己在监控程序中实现资源调度，系统维护相对困难。

● 中间件。

中间件（Middleware）的位置在操作系统和应用程序之间，是用户设计的可复用软件。它能在不同的操作系统上运行，为应用程序提供与平台无关的稳定应用环境，为用户设计与平台无关的应用程序创造了条件。

中间件通过标准接口与应用程序通信，能在不同应用程序之间或应用程序与操作系统之间传递信息，实现不同终端或不同应用之间的资源共享。

● 应用程序。

应用程序在软件系统的顶层，主要目标是借助计算机的算术逻辑运算能力和数据存储能力完成具体控制任务，包括数据采集任务、控制决策任务、控制施效任务和人机交互任务等。

考虑到动态特性对计算机控制性能的重要影响，计算机控制系统应用程序对实时性要求很高。计算机控制系统要求应用程序在工艺限定时间内完成被控参数的测量、计算和施效，因此，需要软件开发人员熟悉仪表传输延迟、控制算法复杂度、微处理器运算速度和控制量输出延迟等因素对软件运行速度的影响。

3）通信链路

通信链路泛指计算机控制系统节点间的信息传输通道。节点可以是计算机，也可以是被控对象或设备。它们彼此之间通过有线（如电缆、光纤等）或无线（如红外线、微波、无线电等）的方式进行联系，完成系统各组件之间的数据传输和信息交换。

通信链路对系统性能的影响随系统规模而变化。一般来说，对于就地控制系统，由于控制规模有限，节点之间距离较近，通信链路对系统的影响可以忽略。而对于远程控制系统，由于控制规模大，系统结构复杂，节点之间距离较远，通信链路对系统动态性能的影响就比较明显。

无论哪种情况，具有可预期时间延迟的高可靠通信链路都是计算机控制系统必需的。尤其是近年来，随着分布式计算机控制系统的普及，通信链路对系统动态性能的影响越来越受到重视，已成为计算机控制系统（尤其是网络控制系统）研究的重要内容。

4）实时数据库

实时数据库是数据和事务都有显式定时限制的数据库，系统的正确性不仅依赖于事务的逻辑结果，而且依赖于该逻辑结果所产生的时间。它是数据库技术和实时处理技术的结合，既支持数据的共享与维护，又支持数据的定时限制，是计算机控制系统处理具有时间限制的快速变化数据（或事务）的主要工具。

实时数据库最主要的特征是实时性。它处理的数据是动态的，仅在一定时间范围内有效。因此，实时数据库在管理数据时，不仅要注意数据的完整性和一致性，更要注意数据的时间一致性，注意事务的协同与合作运算。

通过 API 接口或 OPC 方法可以使用实时数据库。前者简单高效，但通用性差；后者定义了一个基于 Windows OLE、COM 和 DCOM 的开放接口，具有很好的通用性，在过程控制和制造业自动化系统中得到广泛应用。

1.4.3　特点

从信息科学的角度看，计算机控制系统和模拟控制系统没有本质差别。但是，计算机控制系统的反馈回路是利用计算机实现的，在复杂控制策略实现、系统优化、系统可靠性等方面较模拟控制系统有明显优势，主要表现在以下几个方面：

（1）运算精度高。

计算机控制器的运算精度取决于 CPU 字长，理论上可达到任意长度；模拟控制器的运算精度取决于设备精度，受加工工艺水平的限制。

（2）系统稳定性好。

计算机控制器的稳定性与选用元件无关，避免了元件老化和参数漂移对系统稳定性的影响。

（3）工作效率高。

同一台计算机，搭载不同的软件后，既可以作为同一系统不同变量的反馈回路使用，也可以作为不同系统的反馈回路使用，工作效率较模拟控制器显著提高。

（4）灵活性好。

计算机控制系统的决策运算是由程序实现的，程序易于更改，便于复制，相同的决策运算程序，既可以在同一系统不同位置应用，也可以在不同系统中应用，灵活性强。

考虑到计算机只能处理数字信号，计算机控制系统必然具有离散时间系统的缺陷，主要表现为以下几点：

（1）数字计算固有的有限精度问题会引入额外的误差；

（2）系统动态特性会因计算机控制的离散时间特性而发生变化；

（3）高性能控制算法的工程实现较复杂；

（4）计算机控制系统频带比模拟控制系统频带窄，系统运行速度受到较大限制。

1.5　计算机控制系统的典型架构

计算机控制系统的分类方法有很多：可以按照系统结构分类，如开环控制系统与闭环控制系统；也可以按照使用的控制策略分类，如恒值控制系统、随动控制系统、顺序控制系统、模糊控制系统、最优控制系统、自适应控制系统、自学习控制系统；还可以按照被控对象分类，如装置设备自动控制系统、生产过程自动控制系统和公共工程自动控制系统；或根据系统功能分类，如监督控制与数据采集（Supervisory Control And Data Acquisition，SCADA）系统、人机界面、远程终端单元、智能电子设备等。

本书按照计算机在控制系统中担任角色的不同，把计算机控制系统分为操作指导控制系统、直接数字控制系统、监督控制系统、分布式控制系统、现场总线控制系统和网络控制系统，并对各类系统的结构和功能进行简单介绍。

1.5.1　操作指导控制系统

操作指导控制（Operation Guide Control，OGC）系统主要用于新数学模型试验和新控制程序调试的场合，其结构如图 1-8 所示。图 1-8 中，被控对象的状态参数经测量单元、采样保持器（S/H）采样后，被模数转换器（ADC）转换为数字信号送入计算机控制器，计算后产生控制决策输出。但是，计算机控制器的输出与执行单元没有连接在一起，必须经操作员判断分析后，再决定是否用于控制操作。

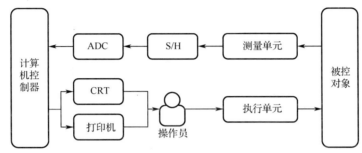

图 1-8　操作指导控制系统的结构

可见，在操作指导控制系统中，控制功能由操作员直接参与完成，而计算机只负责被控对象状态信息的实时采集和在此基础上进行的实时控制决策，不具备实时施效功能。因此，操作指导控制系统虽然简单、灵活、安全，却不能充分发挥计算机控制的优越性，不能有效减轻操作员的劳动强度。

从信息处理过程看，操作指导控制系统处理的信息主要在生产现场获得并传输，即采用就地控制方法。对于这种应用，系统的各组件之间通过计算机总线连接就可以满足信息传输对通信链路的要求。

☞ **区分操作指导控制系统和数据采样系统**

在理论学习和工程应用中，操作指导控制系统和数据采样系统（Data Acquisition System，DAS）是一对容易混淆的概念，需要注意区分。

操作指导控制系统和数据采样系统的硬件结构相同，都可以用图 1-8 表示。但二者有本质区别，主要表现在以下几个方面：

- 操作指导控制系统中，计算机输出结果是实时采集的控制决策命令，可以直接作用于执行单元，对被控对象行为进行校正；数据采样系统中，计算机输出结果是实时采集的被控对象状态参数，不可作为执行单元的输入，不具有校正被控对象行为的功能。
- 理想情况下，操作指导控制系统的传递函数是非线性传递函数；数据采样系统的传递函数则恒为常数。
- 一般情况下，操作指导控制系统的输出与输入具有不同的量纲；数据采样系统的输出与输入则具有相同的量纲。

1.5.2　直接数字控制系统

直接数字控制（Direct Digital Control，DDC）系统的结构与操作指导控制系统类似，不同的是，直接数字控制系统的计算机控制器的输出经数模转换器（DAC）和采样保持器（S/H）与执行单元直接连接，如图 1-9 所示。因此，直接数字控制系统的计算机除具备实时测量和实时决策功能外，还具有实时施效功能。其输出直接作用于执行单元，对被控对象行为进行实时校正。

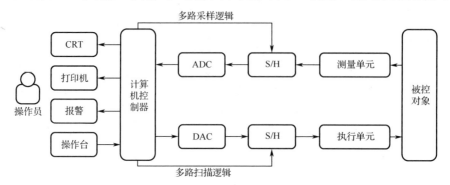

图 1-9　直接数字控制系统的结构

　　与操作指导控制系统不同，直接数字控制系统不需要操作员直接参与控制。而且，直接数字控制系统可以多路复用，具有控制灵活、效率高、可靠性高的特点，是工业生产过程中应用普遍的计算机控制形式。

　　相同的是，二者都采用就地控制方法，都采用计算机总线构成通信链路，都有信息处理能力有限、控制规模较小的局限性。

1.5.3　监督控制系统

　　监督控制系统（Supervisory Control System，SCS）是在操作指导控制系统和直接数字控制系统的基础上发展起来的，可以看作二者的结合。它具有两级结构（见图 1-10），下层的直接控制级可以看作直接数字控制系统，使用的计算机称为直接数字控制计算机，负责生产过程的就地控制；上层的监督控制级则可以看作操作指导控制系统，使用的计算机称为监督控制计算机，其任务是根据预设工作模型发布命令，调整直接控制级的工作状态，使直接控制级的工作状态一直保持最优。

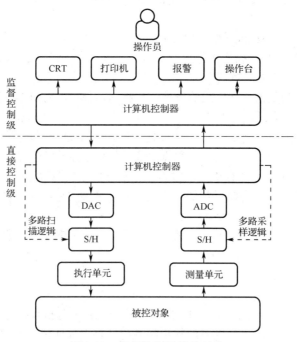

图 1-10　监督控制系统的结构

监督控制计算机的功能可以用图 1-11 表示。图 1-11 中，上半部分是监督控制系统直接控制级的数学模型，表示工业对象在输入给定值作用下的理想运行情况。下半部分是监督控制算法，反映监督控制级对直接控制级的调节作用。

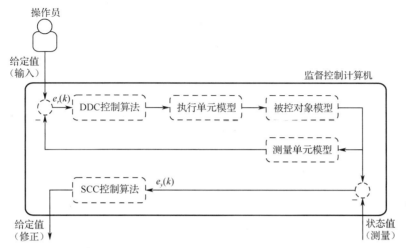

图 1-11　监督控制计算机的功能示意图

理想情况下，工业对象的运行轨迹应与图 1-11 中被控对象模型的输出一致，即 $e_y(k)$ 应等于零。但在实际工程中，二者存在一定的偏差，其大小反映了工业对象实际运行轨迹偏离理想轨迹的程度。

为了使 $e_y(k)$ 等于零，需要调整工业对象的实际运行轨迹。在监督控制系统中，该任务通过监督控制算法完成。它以 $e_y(k) = 0$ 为控制目标，依据 $e_y(k)$ 的实测值，对操作员输入的给定值进行修正，并将修正后的给定值送入直接控制级，确保工业对象按预设轨迹动作。

作为操作指导控制系统与直接数字控制系统的综合，监督控制系统同时具有两者的优点，尤其适用于现代工业生产所要求的复杂控制过程。其主要特点如下：

（1）分级式控制。

现代工业生产的被控对象通常非常复杂，其行为很难用一组简化的公式描述。

监督控制系统将控制器分级，用直接控制级的控制器校正被控对象的实际行为，用监督控制级的控制器仿真被控对象的理想行为，并据此修正低级控制器的校正动作，以满足生产工艺对被控对象真实行为的复杂控制要求。

（2）远程控制。

监督控制系统允许操作人员远离工作现场。此时，计算机与现场设备之间需要通过电缆进行数据传输（通常为标准 4～20mA 模拟信号）。因此，计算机控制系统的通信链路不再局限于计算机总线。

1.5.4　分布式控制系统

分布式控制系统（Distributed Control System，DCS）又称集散控制系统，是以计算机为核心，按照"分散控制、集中操作、分级管理"原则构建的多层耦合式信息综合控制系统。它是计算机网络技术发展的结果，常采用三级结构，通过高速数据通道对不同物理位置的 DDC 控制器进行集中操作，如图 1-12 所示。

分散过程控制级在分布式控制系统的底层，由若干相互独立的控制站组成。各控制站的主要设备是现场仪表（传感器、变送器、执行器等）、I/O 接口和控制站计算机，主要任务是完成现场设备的数据采集，并结合集中操作监控级的命令进行直接数字控制。

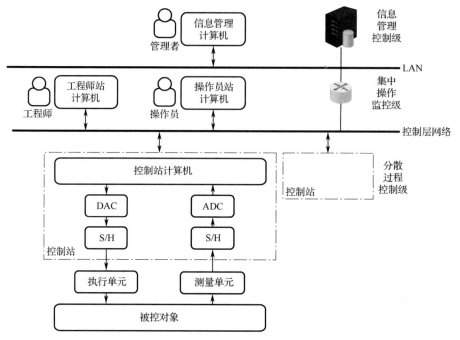

图 1-12　分布式控制系统的结构

　　集中操作监控级是分布式控制系统的中间层，由工程师站和操作员站组成。通过设置、扫描底层控制站参数，集中操作监控级可以对生产过程进行实时监督控制；它还负责信息管理控制级和分散过程控制级的数据通信，在各层之间传送命令和消息。

　　信息管理控制级在分布式控制系统的顶层，主要由信息管理计算机组成。信息管理控制级可以通过企业内部网监视各部门运行，并根据历史数据和实时数据制定企业长期发展规划，进行生产过程总调度。

　　与监督控制系统相比，分布式控制系统采用分布式远程控制，系统的安全性显著提高，其主要特点如下：

　　（1）分布式控制。

　　在分布式控制系统中，控制站计算机按区域安装在生产现场，控制功能分散；而生产过程信息则全部集中存储于数据库，并利用非开放式专用网络输送给有关设备。

　　这种"横向分散、纵向集中"的结构使每台计算机控制和管理的范围变小，在保证过程控制子系统迅速响应外界变化的基础上，既能够确保系统不受个别计算机故障的影响，又能够确保系统不受个别控制回路故障的影响，有效提高了整个系统的可靠性。

　　同时，由于各级计算机相对独立，只需在原系统上增加计算机并重新编程即可增加系统功能或扩大系统规模，有利于提高整个系统的灵活性。

　　（2）数字通信方式。

　　在分布式控制系统中，各级计算机采用数字信号通过封闭的专用通信网络进行数据传输。这种信息交换方式增加了系统处理信息的类型和数量，在保证系统可靠性的同时，有利于设备间的信息交换和资源共享。

　　但是，控制站计算机与现场设备之间仍采用标准 4～20mA 模拟信号通过电缆进行数据传输。因此，分布式控制系统并没有实现真正意义上的数字通信，系统精度依然受到模拟信号转换和传输的限制。

　　更重要的是，分布式控制系统的通信协议是封闭的，且不同厂家的设备互不兼容；而且，分布式控制系统在不同控制级间仍然采用集中式控制。这些特点在很大程度上影响了系统的可靠性、可维护性和组态灵活性。

1.5.5 现场总线控制系统

现场总线控制系统（Field-bus Control System，FCS）是以现场总线为核心的全分布式远程控制系统。它的功能和分布式控制系统相同，但采用现场总线（Field Bus，FB）实现网络连接（见图 1-13），将分布式控制系统的集中管理功能分散到各个网络节点，实现彻底的分布式控制。

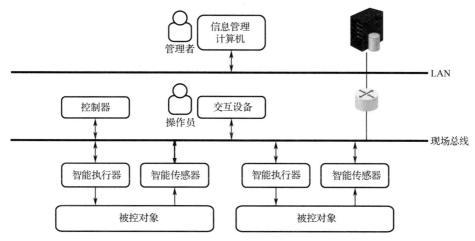

图 1-13 现场总线控制系统的结构

现场总线是 20 世纪 90 年代兴起的分布式实时控制技术。本质上讲，它是一种适用于工业现场恶劣环境的双向串行数字通信协议。通过在工业控制领域引入网络通信与管理技术，现场总线提供了一种建立全分布式数字化实时控制网络的有效方案，为生产现场通信网络与控制系统的集成奠定了基础。

与分布式控制系统不同，现场总线控制系统是纯粹的数字控制系统。它综合了控制技术、智能仪表技术和计算机网络技术，依靠智能设备实现了真正意义上的分布式控制，开辟了控制领域的新纪元。其主要优点如下：

（1）全数字化通信。

现场总线控制系统中，每台现场设备都是智能设备，都有嵌入式微处理器和现场总线接口，具备完全的数字计算和数字通信能力。它们通过通信网络相互连接，实现了对系统高速运算设备和低速 I/O 设备的隔离，突破了分布式控制系统的速度瓶颈，系统性能显著提高。

（2）全分布式结构。

现场总线控制系统在结构上采用"横向分散、纵向分级"模式。一方面，通过将控制功能下放到分散在生产现场的智能设备上，实现生产过程的分布式控制；另一方面，通过数字通信网络将分散的智能设备组成虚拟控制站，并结合实时数据库技术，实现生产过程的集中式管理。

（3）开放式互连网络。

现场总线控制系统遵循透明的通信协议，采用令牌传递访问机制和紧急优先机制，具有星型、环型、菊花型等多种拓扑结构，不仅允许任何遵循同样通信协议的智能设备接入，而且可以与遵循同样通信协议的网络连接，构成不同层次的开放、实时、可靠的复杂控制网络。

（4）良好的互操作性。

组成现场总线控制系统的硬件和软件具有良好的通用性和互换性。它们采用同样的标准，具有同样的数字通信接口，采用标准的编程语言，确保不同厂家生产的智能设备可以相互通信、统一组态，性能类似的设备也可以互换互用，提高了系统的可维护性。

现场总线控制系统采用开放式专用网络，强化了计算机的信息管理功能，改变了计算机控制系统的信息交换方式，代表了工业控制体系发展的方向。

但是，现场总线控制系统仍然缺少统一的标准，与广泛采用的 TCP/IP 也不兼容。这些不同标准的现场总线彼此间无法直接连接，也无法与数据信息网络无缝集成，为企业级信息管控一体化的实现增加了难度。

1.5.6　网络控制系统

网络控制系统（Networked Control System，NCS）是将不同位置的智能传感器、智能执行器和控制器通过信息网络连接而成的全分布式实时反馈控制系统，其结构如图 1-14 所示。根据传输媒介的不同，信息网络可以是有线网络、无线网络或混合网络，包括工业以太网、无线通信网络和 Internet 等多种形式。

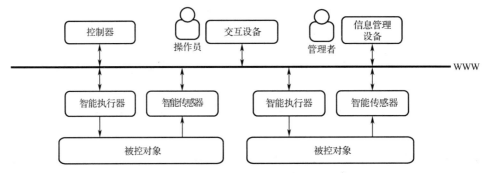

图 1-14　网络控制系统的结构

网络控制系统与现场总线控制系统的功能和结构相同，但使用的网络不同：网络控制系统使用信息网络连接智能仪表，现场总线控制系统则使用工业控制网络实现。信息网络是公用网络，工业控制网络是专用网络，二者的区别如表 1-1 所示。

表 1-1　信息网络与工业控制网络的主要区别

信 息 网 络	工 业 控 制 网 络
传输信息多为非周期信息（如突发事件等），规模大，信息交换不频繁	传输信息多为周期信息（如采样数据等），规模小，信息交换频繁
非实时响应，响应时间一般为 2.2~6.0s	实时响应，响应时间一般为 0.01~1s
双向传输，信息流没有明显的方向	双向传输，信息流有确定的方向（测量信息由现场向控制站流动，控制信息由控制站向现场流动）
信息无序传输，多采用点对点通信方式	信息有序传输（信息流开始于测量信息，终止于控制信息），多采用广播通信方式
环境适应性差，不能适应恶劣环境，无防爆要求	环境适应性好，能适应恶劣环境，有防爆要求

采用公用网络有很多优点，如容易接入、容易扩展和维护、效率和可靠性更高、灵活性更大等。但公用网络的开放性和带宽限制也给传统控制理论带来诸多挑战。举例来说，多包传输、多路径传输、数据碰撞、网络拥塞、连接中断等现象在网络通信中是不可避免的，会导致数据传输延迟。这种延迟可能是固定的，也可能是时变的或随机的，如何用控制理论方法消除这种延迟的影响，是网络控制系统设计需要面对的新问题。

1.6　计算机控制系统的工程方法

1.6.1　工程方法的必要性

计算机控制技术自 20 世纪 60 年代诞生以来，已发展了几十年。在此期间，其应用领域逐渐扩大，已经渗透到现代工业生产的方方面面；其功能也从最初以硬件为主导的单纯的控制操作功能逐渐演化为以软件为主导的运营技术（Operational Technology，OT）、通信技术（Communication Technology，CT）和信息技术（Information Technology，IT）融合的综合事务管理功能。

与此相适应，计算机控制系统设计必须考虑的因素也越来越多，常见的有：

（1）控制律计算延迟的影响。

与模拟控制系统相比，计算机控制系统不仅会引入恒定的时间延迟，还会引入带抖动的时间延迟。这些时间延迟会降低闭环系统的性能，极端情况下将导致系统失稳。

这种现象是数字系统运算机制所决定的，在模拟控制系统中不会出现。

（2）数据缓存和进程调度的影响。

数据缓存机制和进程调度方法也会影响控制律计算时间。前者因数据经由不同路径进入控制器而产生时间延迟和抖动，后者则会给控制律计算任务引入额外的时间延迟。

（3）计算模型的影响。

与通用计算机系统不同，计算机控制系统处理的信号是持续存在的，一旦产生，就不会消失，除非被控生产过程停止。与被处理信号相关的事务多为并发事务，且需要实时响应。

所以，通用的图灵机模型不适用于计算机控制系统，因为它在处理非停机问题和并发问题时具有天然的局限性。在分析计算机控制系统的计算任务时，设计人员需要其他的适用于并发事务处理且无须等待运算结束就可以获取运算结果的计算模型。

（4）异构计算的影响。

通常，一个计算任务可以通过硬件方式、软件方式或两者相结合的方式来完成，而且，无论采用硬件方式还是软件方式，同样的计算任务都可以通过不同的表达方式（机械/电子结构或编程语言等）来实现。这种使用不同类型的运算设备完成并行任务处理的计算技术可以视为异构计算。

异构计算的不同方案在实时性、能耗和成本方面各有侧重，为设计人员寻求计算机控制系统的最优设计提供了更多选择。同时，不同计算结构的混用也向设计人员提出了新的异构模块间的通信要求。

（5）可靠性和安全性的影响。

衡量计算机控制系统性能时，除了考虑系统功能，还要考虑系统的可靠性和安全性。前者重点关注系统故障的可能性，以及故障后的可修复性；后者则重点关注系统故障后是否会造成危害。由于系统分析只针对正常运行的系统，所以安全性和可靠性是计算机控制系统设计必须优先考虑的因素。

这些变化使计算机控制系统的设计空间变得庞大且不规则，设计人员不能直接使用控制策略简单描述物理系统实现，而不得不面对一系列相互制约（甚至相互矛盾）的需求，在系统的性能、功耗和成本等方面做出平衡。

为此，设计人员需要一种可预测的结构化方法，以便阐明被控对象和控制器的行为关系，以及系统本身和其内部组件之间的结构关系，并据此对系统进行仿真和分析，验证系统及其行为的正确性，评估系统的成本、性能和功耗，最终由运算设备、存储设备和网络通信设备实现异构计算。

1.6.2 基于产品生命周期管理的工程方法

基于产品生命周期管理（Product Lifecycle Management，PLM）的工程方法（见图 1-15）是一种系统化、规则化的多学科方法。它以产品为核心，针对不同生产阶段利益相关者的需要，确定该阶段应该解决的实际问题，并在平衡开发成本、项目进度和技术性能指标的前提下，提供实际问题的综合解决方案。

PLM 方法包括产品开发和生产管理两个阶段。产品开发阶段的工程活动包括需求分析、系统架构、组件开发和原型设计，侧重于产品的分析、规范、设计和验证，以实现产品的物理原型为目标；生产管理阶段的工程活动则包括生产装配、支付销售、服务支持和报废回收，侧重于产品的计划生产、质量监督、风险管理和技术控制，目的是批量实现标准化产品并维护其正常使用。

PLM 的工程实践活动不是一成不变的，而是需要根据产品利益相关者的实际需要进行动态调整的。

所谓利益相关者，是指在 PLM 工程实践活动中，其利益与产品的技术/管理指标有紧密联系的个人或团体，如图 1-16 所示。图中，浅色图标代表主要产品开发活动的利益相关者，深色图标代表主要生产管理活动的利益相关者。

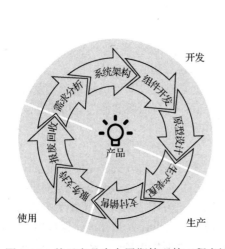

图 1-15　基于产品生命周期管理的工程方法

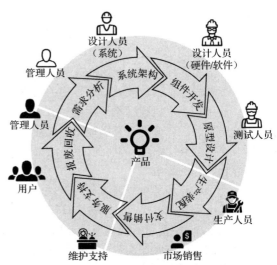

图 1-16　PLM 的利益相关者

系统工程实现的主要目的就是平衡不同利益相关者的需要，并在此基础上定义产品生产所需要的创造性活动和技术活动，以及执行这些活动将产品概念转换为物理实体的系统设计规范。

下面主要介绍与产品开发相关的工程活动，如图 1-17 所示，产品开发主要包括四个阶段：任务定义阶段、概念设计阶段、组件设计阶段和物理实现阶段，对应需求分析、系统架构、组件开发和原型设计四个阶段性活动。

需求分析是任务定义阶段的主要工程活动。在这一阶段，技术人员的工作是根据利益相关者的需要定义系统设计规范，明确设计应解决的工程问题，并评估设计工作的可行性。具体活动包括：

- 理解不同利益相关者的需要，明确需要解决的工程问题和问题的具体应用场景。
- 平衡不同利益相关者的需要，定义系统的功能需求和非功能需求，量化系统设计所需要的规格指标（包括系统的性能指标、成本指标和开发时间）。
- 定义判定系统设计工作是否结束的评估指标，以及判定利益相关者的需要是否得到满足的有效性测度指标。

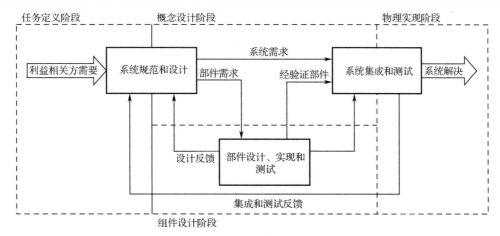

图 1-17 与产品开发相关的工程活动

系统架构是概念设计阶段的主要工程活动。在这一阶段,技术人员的工作是根据预先定义的系统设计规范构建产品的概念模型[①],明确系统的功能和结构。具体活动包括:

● 根据系统的规格指标,定义系统的行为模型,描述系统满足设计要求应发生的行为活动。
● 根据系统的规格指标,定义系统的结构模型,描述能够支撑系统行为活动的可能结构。
● 检验概念模型对评估目标和有效性测度等指标的支撑度。

接下来,技术人员在组件开发阶段的主要工程活动是组件开发,或者说,是通过权衡分析,将系统的规格指标分解至系统的具体组件,并通过合适的技术加以实现。具体活动包括:

● 考虑系统的实际构成,在满足系统需求和有效性测度最大化的基础上,将系统规格指标分解到具体的系统组件,定义系统组件的设计规范(如物理性能、特征指标、接口功能等)。
● 根据组件开发规范,选择适当技术(硬件或软件)进行组件设计。
● 按照组件开发规范的要求验证组件。

最后,在原型设计阶段,技术人员对验证后的组件进行集成,完成原型设计;并按照系统规范对产品原型进行测试和验证,以保证利益相关者的需求得到满足。

1.6.3 基于文档的设计

系统化、规则化的工程方法能够复用系统设计、提高工作效率、节约开发时间并降低项目风险,在现代生产实践中得到普遍的应用。而保持用户需求到系统需求乃至组件需求的可追溯性,则是确保工程实现方法得以实施的关键。

传统项目多使用基于文档的设计(见图 1-18)方法满足项目可追溯性要求。基于文档的设计是一种以文档为中心的建模方法,侧重于使用文档阐述现代信息系统的生产活动,并通过分层树来规范和传递用户需求。

这里所说的"文档",特指产品生命周期中产生并持续跟踪的各类文字规范和设计文件,不仅定义了系统的功能和性能,还包括基于系统分析的功能分解、分配给系统组件的具体需求,以及组件和系统的评估目标和测试方法。

这些文档可以是任意类型的文件,但多以数字形式存在,由计算机应用程序或 Web 服务自动创建和维护,并涉及多个部门,反映产品在整个生命周期不同阶段的设计需求。

---

① 概念模型是描述系统活动的一种抽象方法。它不考虑系统的实际构成,只阐述满足功能定义的系统应该发生哪些行为,以及这些行为可以通过什么样的系统结构完成。

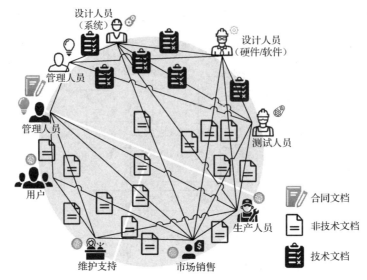

图 1-18   基于文档的设计

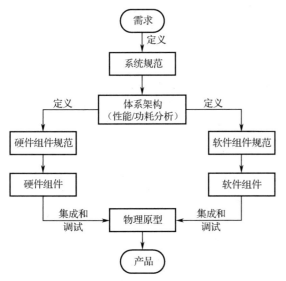

图 1-19   基于文档设计的工作流程

基于文档设计的本质是还原论。它强调使用分析—重构的方法，先把系统从环境中分离出来，从整体认知的角度，对孤立系统定义系统规范；再对孤立系统进行架构设计，通过功能分析和性能分析，将其分解为若干组件，把高层次的系统规范还原为低层次的组件规范；最后用设计的组件集成系统，检验由低层次组件规范重构的高层次系统规范是否满足预设要求，基于文档设计的工作流程如图 1-19 所示。

在基于文档的设计中，与开发流程相关的信息都包含在文档里，且按不同级别分解并定义。因此，通过数据库建立、跟踪和控制不同层级的文档，就可以建立并维护项目的可追溯性。

一般说来，需求分析和系统架构阶段的技术文档会阐述系统设计的工程实施过程，制订系统工程活动计划，并通过估算生成文档的时间与工作量来评估系统工程活动进程。该阶段的文档决定整个项目的设计规范，往往具有最高的风险，因此多由技术管理人员编制，以确保设计规范的权威性和唯一性，防止具体设计人员以不同方式解读而造成混乱。

而组件开发和原型设计阶段的技术文档则用于系统的技术实现，是一般技术人员进行具体开发与测试的依据。考虑到组件或原型的实测结果经常不同于设计规范的预期，该阶段的技术文档往往会作为分散的设计文档保存，并通过评估、优化手段进行权衡研究，以获得性能、可靠性、安全性等方面的改善，为可能的技术复用做准备。

这种方法利用分层树定义不同层级的用户需求文档，并通过迹线连接确保编制文档的合理性和完整性，在工程实践中具有良好的可操作性，是目前普遍使用的计算机控制系统设计方法。

但是，基于文档设计的方法在解决复杂工程问题时仍存在一些不足，主要表现在：

● 不易保证用户需求的一致。

大多数情况下，不同利益相关者的文档表达能力是不一样的。因此，当通过系统规范文档表示用户需求的时候，利益相关者的实际需求有可能得不到真实体现。由此产生的后果是，即使利益相关者使用相同的系统规范文档，仍有可能对文档进行各自不同的解读，从而使用户需求未能真正达成一致。

● 不易保证用户需求的同步。

基于文档设计的方法会分解用户需求信息，并将其保存在不同层级的多个分布式文档中。开发过程中，如果某个文档的信息发生变化，保存同一信息的其他文档很难同步变化。因此，在基于文档的设计中，开发人员无法及时跟踪并响应用户需求的变化，几乎不能在系统层设计和组件层设计之间保持用户需求的同步。

● 不易保证开发系统的整体质量。

受述原论固有缺陷的影响，基于文档设计的方法没有描述系统涌现性的手段。因此，基于文档设计的方法不能预见和处理系统集成与测试阶段的潜在问题，无法充分反映系统整体的质量。更有甚者，某些质量问题可能要在开发成果交付用户之后才能被发现，增大了系统维护的难度。

1.6.4　基于模型的设计

随着技术的进步、社会的发展，现代工业生产的客户需求越来越多样化，工艺技术越来越精细化，生产过程也变得越来越复杂化。随着物联网的普及，基于文档的设计越来越不能满足航天、汽车、机械、电子等行业日益复杂的开发要求，基于模型的设计逐渐得到技术人员的关注。

基于模型设计的概念是美国 A.Wayne Wymore 教授在 20 世纪 80 年代末提出的，最初目的是建立一种基于状态的系统描述形式，以便通过严格的数学表达对系统状态元素及其相互之间的联系进行抽象，为复杂系统提供高保真的性能分析。

进入 20 世纪 90 年代后，仿真技术在各个行业得到越来越多的使用，基于工程数据表达与交换的标准化建模需求越来越得到重视。1993 年，美国国家标准技术研究所（National Institute of Standards and Technology，NIST）发布功能模型集成定义标准（IDEFO），以提供一种基于计算机技术的功能建模方法，来帮助制造业提高生产力；1996 年，Booch、Rumbaugh 和 Jacobson 共同发布的统一建模语言（Unified Modeling Language，UML），得到业界广泛支持，并成立了 UML 成员协会以完善、推动这种面向对象的建模技术。

2001 年 3 月，国际系统工程协会（International Council on Systems Engineering，INCOSE）发起 UML 应用于系统工程领域的定制化项目，即 SysML（System Modeling Language）；同年 7 月，INCOSE 和对象管理小组（Object Management Group，OMG）联合成立系统工程领域专项兴趣组，引入模型驱动体系结构（Model Driven Architecture，MDA）的概念，并于 2003 年 3 月发布基于 UML 2.0 的系统工程领域定制版本征集提案，以满足系统工程师的特定需求。

作为对征集提案的回应，OMG 于 2006 年宣布采纳 SysML 为通用系统建模语言，INCOSE 也于 2007 年发布《SE 愿景 2020》，定义基于模型的设计是"支持从概念设计阶段开始并持续贯穿于开发和后期的生命周期阶段的系统需求、设计、分析、验证和确认活动的正规化建模应用"。

该定义说明，基于模型的设计（见图 1-20）是以模型为中心的形式化建模应用，能够贯穿产品的全生命周期，通过逻辑连贯的多视角模型对产品进行跨领域的追踪和验证，来驱动产品开发的需求、设计、分析、验证和确认活动。

这里所说的"模型"，涵盖系统及其操作领域，是通过简化与系统目标无关的非必要因素而得到的现实抽象。本质上，它是遵循某种特定语义准则的信息集合，可以用图形、数学或物理形式表示，但必须全面包括系统产品的概念、性能、关系、结构等各方面属性信息，并能完整、连贯地表示系统产品行为及其与外部环境的交互。

在基于模型的设计中，模型是系统规范、设计、集成、验证和操作的核心。创建模型的目的是建立一种系统行为描述规范，以便在不同专业、不同学科、不同角色的利益相关者之间明确表示和传递设计需求，促进利益相关者之间的相互理解，并帮助设计人员快速识别和确认目标问题、设计和验证解决方案。

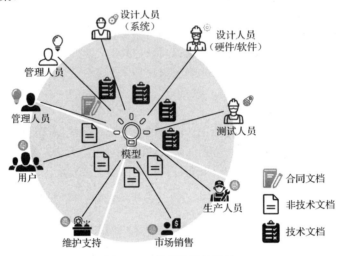

图 1-20　基于模型的设计

因此，基于模型设计所使用的模型既能够描述系统设计所需要解决的问题，也能够描述系统设计本身所代表的问题解决方案。其中，前者是站在系统用户的立场，从产品生产使用的角度出发，使用业务流程、目标、组织结构、用例和信息流等形式化模型，描述计算机控制系统在性能、结构、成本和可靠性等方面需要解决的技术问题；后者则是站在工程技术人员的立场，从产品开发的角度出发，使用功能图、时序图、状态图、架构图和接口图等形式化模型，描述计算机控制系统为满足问题需求而应该具备的体系结构、行为逻辑、组件连接方式及其在现实世界的具体部署方案。

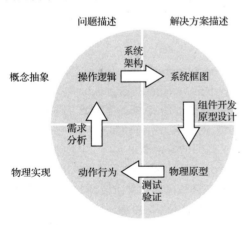

图 1-21　模型的四象限表示

无论是问题描述还是解决方案描述，都包含两个部分：理想情况的概念抽象和现实世界的物理实现，如图 1-21 所示。在实施过程中，解决方案描述的抽象的系统框图应该能够溯源到问题描述指定的操作逻辑，解决方案实现的具体的物理原型也应该与概念抽象表示的系统框图相对应。

一般而言，模型的概念抽象部分相对固定，不会随时间推移而发生较大变化；物理实现部分则相反，会随着具体实现技术的不同而有较大变化，且很容易因技术进步的影响而发生显著变化。因此，在基于模型的设计中，用户更容易通过分离模型的概念抽象部分和物理实现部分来管理系统的复杂度。

基于模型设计的工作流程如图 1-22 所示。与基于文档的设计不同，基于模型设计的本质是系统论。它强调使用贯穿于产品生命周期的模型定义和分析系统，从不同角度描述系统各层级要素（直至组件）的功能、性能和行为，以促进不同领域利益相关者之间的沟通，提高系统开发的效率并降低风险。

在产品开发早期，它强调通过场景驱动建立系统描述模型，使用规范建模语言（如 UML 2.0 或 SysML）定义产品的功能、性能和行为；同时，利益相关者可以在这个过程中围绕模型规划各自对最终产品测试和验收的具体要求。

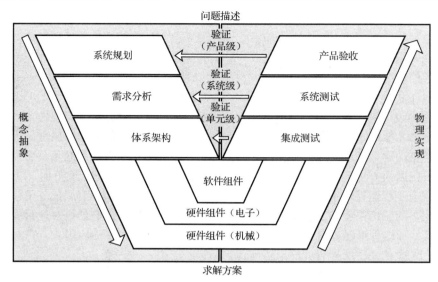

图 1-22　基于模型设计的工作流程

接下来，开发人员依据系统描述模型进行需求分析，建立系统分析模型，定义满足开发要求的系统规范，并由利益相关者结合系统模型明确集成系统应该满足的测试和验证条件。

最后，开发人员搭建系统架构，定义组成系统的组件要素及其相互之间的连接关系，明确组件规范，据此完成接口设计、数据设计和流程设计，开发组件设备，并代入系统仿真模型测试和验证单元设备的性能。

在整个开发过程中，系统开发的所有相关信息都被捕获到一组模型中，并使用规范建模语言（如 UML 2.0 或 SysML）描述。任何利益相关者都能借助该模型描述概念抽象的设计问题，实时观察和跟踪问题求解方案的影响，进而管理和响应开发需求的变化，实现从抽象概念问题到具体工程解决方案的无缝衔接。

与基于文档的设计相比较，基于模型的设计主要有以下优势：

- 定义标准化的系统描述方式，有利于重用和共享组件，能够减少系统开发时间，降低系统开发成本；
- 建立以模型为中心的工作流程，有利于利益相关者之间进行无歧义的交流，能够减少因专业差异而产生的信息损失，提高沟通效率；
- 提供多角度、多层次的系统模型，有利于跟踪和响应系统开发过程中的变化，管理系统的复杂度；
- 提供基于规范建模语言的系统模型，有利于识别系统设计的关键要素，评估系统的一致性、正确性和完整性。

基于模型的设计为利用标准化通用数据进行协作框架内的无缝数据交换提供了一种理想的工作方法。但在现阶段，该方法在工程实践中仍然存在以下问题：

（1）缺少成熟的设计工具。

在工程中，实施基于模型的设计方法需要三个支持要素：建模语言、建模方法和建模工具。其中，建模语言是一种标准化的系统描述方式，用于规范利益相关者对物理实现的抽象，以突出系统行为和结构，管理其复杂性；建模方法是一种跨学科的系统思维方法，用于指导技术开发人员使用层次化方法观察工程问题，探索其行为、边界、环境和生命周期，平衡并管理其复杂性；建模工具则是一种图表工具，用于创建一系列包含系统元素及其相互关系的视图模型，以记录、跟踪和响应覆盖产品生命周期的设计任务，确保系统的正确性、完整性和一致性。

现阶段制约基于模型设计工程实施的要素，主要是建模工具，主要表现在两个方面：一是建模工具共享模型和数据的能力有限，不能很好地处理来自不同专业领域的异构模型；二是建模工具与工程实现环境的融合能力有限，在完成计算机控制系统的设计过程中，仍然存在模型无法转换为物理实现的情况。

（2）缺少工程技术人员的理解和支持。

基于模型的设计是一种相对较新的工程方法，其学习曲线相对陡峭，需要技术人员投入相当多的时间和精力才能够掌握。因此，现阶段仍有大量技术人员不理解其运作原理，也不是所有技术人员都愿意主动学习或适应这种方法。在这种情况下，滥用和误用在所难免。而由此产生的挫败感往往会被归因为方法无效，尤其是当传统的基于文档设计的方法运行良好时。

此外，现有工程监管体系仍然以基于文档的设计为监管对象，而没有考虑基于模型设计的监管需求。因此，利益相关者在使用基于模型的设计方法开发产品时，必然会对能否被监管机构接受持怀疑态度。而这种情况，自然会制约基于模型设计方法在工程中的应用。

（3）存在大量的基于文档设计的遗留问题。

目前，大多数公司都保存了大量的以文档为中心的产品数据。但是，现阶段缺少有效工具将这些信息等效转换为以模型为中心的产品数据。这使得大多数公司为维护现有产品而必须采用基于文档的设计方法，这在一定程度上也会阻碍基于模型设计的实施。

1.7　线上学习：认识 LabVIEW

LabVIEW（Laboratory Virtual Instrument Engineering Workbench）是美国国家仪器（National Instruments，NI）公司推出的图形化虚拟仪器开发平台，自 1983 年发布以来，已推出一系列版本，并依靠其全新理念和独特优势逐步被业界接受，被视为标准的数据采集和仪器控制软件。

目前，无论采用基于文档的设计还是采用基于模型的设计，LabVIEW 都允许用户在同一个项目中使用不同工程领域的设计仿真工具，并能够适应从原型设计到测试验证，直到最后产品发布的所有场景。前者可以考虑使用的工具如项目管理器，后者则可以考虑使用 TestStand 和 Requirements Gateway 工具包。

使用 LabVIEW 开发的程序一般称为虚拟仪器（Virtual Instrument，VI），由一个或多个扩展名为.vi 的文件组成。它是在通用计算机的硬件开放架构上，由应用软件创建的用户自定义测控功能的计算机系统，允许用户根据自己的需求自由定义和组建系统，能突破传统仪器在数据采集、处理、显示、存储和传输等方面的限制，是现代计算机技术与传统仪器仪表技术相结合的产物。

所有 VI 都包括四个部分：前面板、程序框图、连线器和图标，如图 1-23 所示。

前面板相当于传统仪器的操作/显示面板，包含实现人机交互的多种输入/输出控件。这些控件既有模拟真实物理设备的开关、旋钮、表盘、指示灯等，也有构建软件界面的选项卡、列表框、树形控件等。利用它们，用户可以快速完成虚拟面板设计，以及实现 VI 与环境的交互。

程序框图相当于传统仪器的线路板，包含实现用户自定义功能的源代码。与常规程序设计语言不同的是，LabVIEW 的代码是图形化的。这种图形化编程基于信号流图，编程过程就是通过数据连线将若干功能节点经端口连接成具有特定信号处理功能的网络。如果把功能节点看作分立元件，把程序框图看作线路板，LabVIEW 的编程过程和设计电路板就完全一样。

连线器相当于传统仪器面板和线路板的接线端口，用于连接前面板和程序框图。

图标则是 VI 的图形化表示，用于在层次化设计中识别 VI，可以把它看作传统仪器在工程图纸上的符号。

与其他程序设计语言相比，LabVIEW 充分利用技术人员、科学工作者和工程师熟悉的概念、术语和工作流程，优化了计算机程序设计学习曲线，可快速实现仪器编程和数据采集，提高了他们进行理论研究、原型设计、产品测试及发布的效率，是一种适合非计算机专业人员进行程序设计的工具。

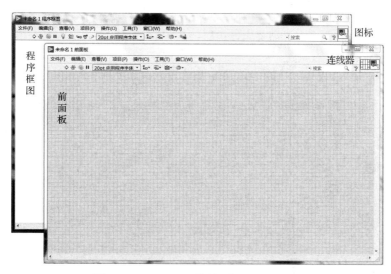

图 1-23　LabVIEW 的前面板和程序框图

LabVIEW 也具有高性能的数值运算能力和异常强大的设备驱动能力。目前，市场上绝大多数设备供应商都提供基于 LabVIEW 的设备驱动程序，LabVIEW 内部还集成了遵守 GPIB、USB、RS-232/RS-485、IEEE 1394、Ethernet、PCI、PXI、VXI 等独立总线协议或模块化总线协议的硬件通信功能。而且，借助仪器驱动程序网络（IDNet）社区包含的数千个免费的 LabVIEW 仪器驱动程序，LabVIEW 用户几乎无须学习任何针对底层驱动的命令就可以轻松地完成市场常见各类仪器的程序控制。这一特点使得 LabVIEW 可以轻松快捷地将仿真设计结果部署到绝大多数的设备（即使是 20 世纪的老旧设备），极大地提高了非计算机专业技术人员的工作效率。

除此之外，LabVIEW 还提供丰富的工具包，以支持不同领域的应用，比如本书使用的控制设计与仿真（Control Design and Simulation，CDS）工具包。

LabVIEW CDS 是 NI 公司针对控制领域应用推出的 LabVIEW 扩展模块。它提供多种算法和函数，可以

- 实时仿真连续时域、离散时域或混合时域的线性和非线性系统；
- 提供包括伯德图、根轨迹图在内的多种分析工具，在时域和频域辅助完成控制器设计；
- 提供强大的设备驱动能力，将仿真/设计结果直接部署至硬件，构建嵌入式或非嵌入式实时系统。

借助 LabVIEW 强大的设备驱动能力，LabVIEW CDS 模块也支持将仿真/设计结果直接部署至实时硬件，如图 1-24 所示，从而使系统开发的全部流程能在同一个软件环境下完成，能够极大地提高工作效率，缩短研发周期。

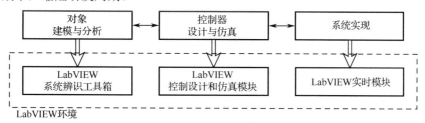

图 1-24　LabVIEW CDS 工作流程

【例 1-1】 认识 LabVIEW 环境。

本例概要介绍 LabVIEW 的使用环境，以便读者熟悉用 LabVIEW 程序打开 VI 文件并对其进行编辑和调试的基本操作。

在使用 LabVIEW 之前，读者需要先在 NI 官网下载并安装 LabVIEW 软件和 CDS 模块[①]，然后按照如下步骤操作：

（1）运行 LabVIEW，在软件初始化完成以后，进入启动界面[②]（见图 1-25）。

图 1-25　LabVIEW 启动界面

（2）单击"打开现有文件"按钮，在弹出的对话框中选择文件 EX1_1.vi（见图 1-26），打开一个现有的 VI 文件。

图 1-26　"选择需打开的文件"对话框

———————————————

① 社区版 LabVIEW 已经包含了 CDS 模块，之前的版本则需要单独下载安装 CDS 模块。读者也可以使用教材提供的线上虚拟实验环境，该方法不需要用户下载并安装 LabVIEW。

② 因版本不同，读者看到的界面可能与教材不同。但操作步骤不会有明显差异。

（3）进入 LabVIEW，程序自动打开所选择文件的前面板（见图 1-27）。

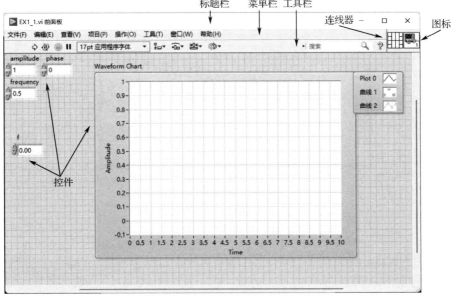

图 1-27　示例程序前面板

图 1-27 中，左上角即当前 VI 的文件名。标题栏下方是菜单栏，包括操作和修改当前 VI 的菜单项，详见线上学习资源。其下为工具栏，列出了常用操作的快捷按钮，由左至右依次为：

◆ ⇨运行按钮：编译并执行 VI。当它为白色实心箭头时，表示当前 VI 可以运行；当它为灰色断裂箭头时，表示当前 VI 存在错误，不可以运行。

◆ ⊛连续运行按钮：连续运行 VI，直至用户中止运行。

◆ ◉中止执行按钮：中止当前 VI 的运行。该操作能够强行打断当前 VI 的运行，有可能因无法正常释放外部资源而对系统造成损害。因此，建议用户尽量使用当前 VI 的停止按钮，以避免外部资源因处于未知状态而产生问题。

◆ ⅠⅠ暂停按钮：暂停或恢复当前 VI 的运行。

◆ ⏳ 应用程序字体文本设置按钮：修改当前选中对象的字体。

◆ ᴵᵃ⃗对齐对象按钮：对选中的多个对象进行对齐操作。

◆ ⁇分布对象按钮：调整选中的多个对象的位置，使其布局符合指定要求。

◆ ⁇调整对象大小按钮：调整选中的多个对象的几何尺寸，使其大小一致。

◆ ⁇重新排序按钮：多个对象重叠时，可以前后调整选中对象的位置，使其在面板上可见或不可见（被其他对象覆盖）。

◆ ⁇搜索按钮：在本地或 NI 官网搜索指定的信息。

◆ ？显示帮助窗口按钮：打开或关闭帮助窗口，查看选中对象的概要帮助信息。

（4）选择"窗口→显示程序框图"命令，或使用快捷键"Ctrl+E"，打开当前 VI 的程序框图，如图 1-28 所示。

程序框图的结构要素与前面板大致相同。除了没有连线器，工具栏中多了几个与 VI 文件运行和调试有关的按钮，由左至右依次为：

◆ ⁇高亮显示执行过程按钮：高亮时选中，用动画形式按运行次序显示程序框图的执行过程，便于用户直观地观察信号流，但会严重拖慢程序运行速度。

◆ ⁇保存连线值按钮：单击该按钮，可以保存 VI 运行过程中的每个数据值，会影响 VI 的性能。

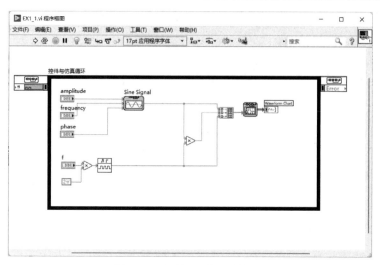

图 1-28　当前 VI 的程序框图

◆ 🔲单步步入按钮：单步调试，程序进入当前节点（子 VI 或结构）内部，单步执行。

◆ 🔲单步步过按钮：单步调试，程序执行当前节点功能并在下一个节点前暂停，但不进入当前节点内部。

◆ 🔲单步步出按钮：单步调试，程序结束当前节点的操作，返回上一级 VI，并暂停。

同时，前面板工具栏的重新排序按钮也被替换为整理程序框图按钮。

◆ 🔲整理程序框图按钮：自动调整程序框图对象的布局，并重新形成对象之间的连线。

（5）使用工具栏编辑和运行例程。结束编辑和调试后，选择"文件→退出"命令，或关闭前面板窗口，退出 LabVIEW 程序。

本书选择 LabVIEW 作为计算机辅助设计工具，主要是考虑它能够为工程技术人员高效开发可靠性产品提供良好的技术平台（不管是通用测控设计领域还是专门行业领域），也因为它相比同类软件具有以下特点：

（1）在同一个软件环境下完成模型仿真、原型设计和系统实现。

LabVIEW CDS 模块通过将测量功能与系统辨识、模型仿真和原型设计功能相结合，利用自身强大的编程能力和设备驱动能力将仿真/设计结果直接部署至实时硬件，使系统分析、设计和实现的全部流程能在同一个软件环境下完成，提高了工作效率，缩短了研发周期。

（2）高效的实时仿真能力。

LabVIEW CDS 模块提供多种仿真算法，支持连续时域、离散时域及混合时域的线性/非线性系统仿真，支持基于经典方法或状态空间方法的时域/频域分析，提供伯德图、根轨迹图等分析设计工具。

LabVIEW 提供 Simulation Model Converter 工具[1]，可以将 MATLAB/Simulink 模型文件转换为 VI 文件，并在 LabVIEW 环境下继续使用[2]；提供 MathScript RT 脚本工具[3]，可以在 LabVIEW 环境下直接使用类似 MATLAB 的语法进行文本编程。

---

① 可以通过"工具→Control Design and Simulation→Simulation Model Converter"菜单命令打开。

② 需要通过 MATLAB/Simulink 编译器完成转换。

③ MathScript 工具仅语法与 MATLAB 类似，二者无任何关系，故不需要安装 MATLAB/Simulink 编译器。该工具可以通过"工具"菜单的"MathScript 窗口"命令打开，或在程序框图上放置 MathScript 节点。

（3）强大的设备驱动能力。

LabVIEW 自身集成了多种设备驱动，除支持 NI DAQ 设备外，还支持 GPIB、IVI、RS-232/RS-485、USB、Ethernet、PCI、PXI、VXI、CAN、ModBUS 等标准总线设备。

同时，LabVIEW 提供仪器驱动查找器（Instrument Driver Finder）工具[①]，可以帮助用户在不离开 LabVIEW 开发环境的情况下快速安装 LabVIEW 即插即用设备驱动。

而且，当前大多数设备开发商会提供 LabVIEW 设备驱动程序，仪器驱动程序网络社区也有数千个免费的 LabVIEW 设备驱动程序供选择。

可见，LabVIEW 能够直接驱动市场上常见的各类仪器，帮助普通用户将分析设计结果快速直接地部署到所选硬件设备上。

（4）平缓的学习曲线。

LabVIEW CDS 模块使用图形化语言，直观易懂，便于入门；基于信号流的程序设计过程与工程问题解决过程一致，缩短了非计算机专业人员学习编程的时间，也有助于其工程思维习惯的培养。

同时，LabVIEW CDS 模块内置 PID 控制工具箱和模糊逻辑控制工具箱，并提供交互式控制设计助手（Control Design Assistant），不仅能帮助初学者快速解决面向工程应用的控制器设计问题，而且能帮助专业人员提高工作效率。

（5）强大的实时编程能力。

LabVIEW 采用自动多线程编程，无须用户干预就可以自由地异步执行任务，尤其适合自动控制系统执行实时并发任务。自动多线程机制简化了多任务和多线程的程序设计，使得非计算机专业人员可以完成高度并行的应用程序设计。

（6）跨平台设计优势。

LabVIEW 支持跨平台设计，仿真设计结果可以直接部署到 PC 或嵌入式设备。遗憾的是，虽然 LabVIEW 在某些 FPGA 上的表现很优秀，但对大部分嵌入式计算机的支持仍然有限，不能满足工程需要。

1.8　练习题

1-1　举例说明什么是系统。

1-2　复述系统的基本特征，并举例说明。

1-3　举例说明什么是控制系统，什么是计算机控制系统。

1-4　复述控制系统的基本工作过程。

1-5　结合实例，比较模拟控制系统和计算机控制系统的异同。

1-6　绘制计算机控制系统的基本结构图，并根据图说明其基本工作过程。

1-7　列举计算机控制系统的构成要素，并说明各要素的作用。

1-8　列举计算机控制系统的典型架构，并比较它们的异同。

1-9　什么是基于文档的设计方法？它有什么特点？

1-10　什么是基于模型的设计方法？它有什么特点？

1-11　比较基于文档的设计和基于模型的设计的异同。*

1-12　举例说明什么是虚拟仪器。*

1-13　结合实例，列举虚拟仪器的构成要素，并说明各要素的作用。*

---

① 需要联网，可以通过"工具"菜单的"仪器→查找仪器驱动…"命令打开。

1.9 思政讨论：我国的计时技术

【知识】

时间计量在自然科学进程中一直扮演着不可或缺的角色。从人类历史上最古老的水钟到当代最先进的原子钟，计时技术的每一次进步都推动了人类文明的发展。

我国自古以来就重视计时技术。官方长期设置专门的计时机构，选派官员负责制作和管理计时仪器，用于祭祀、围猎和军事等社会活动。在古代，我国的计时技术曾长期位居世界前列：西汉中期，我国漏刻的计时精度就不输于14世纪欧洲的机械钟。

20世纪后，随着原子钟技术的出现和发展，时间计量系统已成为现代国家战略基础设施之一。全球主要发达国家在这方面投入了大量的人力、物力和财力，相关研究结果多次获得诺贝尔物理学奖。我国技术人员也在这方面奋起直追，在北斗导航工程等重大需求的牵引下，一定程度上解决了我国原子钟技术基础薄弱、核心技术受制于人的问题，缩小了我国原子时间基准技术与欧美国家的差距。

【活动】

通过网络或图书馆查找计时技术的相关资料，制作关于计时技术发展历史的短视频/幻灯片。要求包括（但不限于）以下主题之一：

- 解释水钟、摆钟和原子钟的工作原理，辨析测量和控制的概念，培养多元思考的辩证思维方式。
- 解释我国漏刻提高计时精度的技术手段，了解古代工匠传承的严谨细致、精益求精的精神，以敬业精神抒发家国情怀。
- 比较13世纪之后，我国计时技术发展路径与欧洲的不同，分析双方选择不同科技树的社会环境，理解局部与整体、个性与共性的辩证统一关系，培养把理性、经验、批判性与实用主义精神相结合的批判性思维方式。
- 解释我国技术人员在北斗导航工程等需求牵引下所完成的与原子钟研发有关的工作，认识自力更生打破西方国家技术封锁的重要性和可行性，继承和发扬自主创新的科研精神，自觉增强理论自信和文化自信。

第 2 章　信号的采样和重构

2.1　学习目标

与模拟控制系统相比，计算机控制系统的信号形式复杂得多。这些不同形式的信号虽然包含相同的信息，但需采用不同的处理方法。因此，在对计算机控制系统进行分析和设计时，将不可避免地涉及不同信号形式的相互转换问题。

本章主要讨论计算机控制系统内部不同信号形式的相互转换问题，即连续信号的采样与重构问题。主要学习内容包括：

- 定义术语
  - □ 信息（2.2 节）
  - □ 信号（2.2 节）
  - □ 信息熵（2.2 节）
  - □ 奈奎斯特频率（2.3 节）
  - □ 数字频率（2.4 节）
- 列举
  - □ 计算机控制系统的信号形式（2.2 节）
- 复述
  - □ 信号的采样过程（2.3 节）
  - □ 采样定理（2.3 节）
  - □ 基于零阶保持法的信号重构过程（2.4 节）
  - □ 采样保持电路的工作过程（2.5 节）
- 解释
  - □ 频率混叠产生的原因（2.3 节）
- 给定情况下，依据采样定理，计算
  - □ 周期信号/准周期信号/非周期信号的采样周期/采样频率（2.3 节）
  - □ 含噪声有限带宽信号的采样周期/采样频率（2.3 节）
- 给定采样周期/采样频率时，计算系统的奈奎斯特频率及其允许采样信号的带宽（2.3 节）
- 给定系统的奈奎斯特频率时，计算系统的采样周期/采样频率及其允许采样信号的带宽（2.3 节）
- 给定情境下，设计
  - □ 抗混叠滤波器（2.3 节）
  - □ 采样保持电路（2.5 节）

2.2　计算机控制系统的信号问题

2.2.1　信号问题

由 1.3 节可知，控制系统的功能是使用控制器对被控对象的行为进行校正，以保证被控对象能够按照预先设定的目标动作。

在模拟控制中，控制功能是通过处理单一形式的信号完成的。被控对象的行为用机械信号或电信号表示，控制器的行为校正运算则用相应的机械运算装置或电子运算装置完成。控制器可以直接读取来自被控对象的机械信号或电信号，使用机械运算装置或电子运算装置直接对其进行运算，并将运算结果直接作用于被控对象，整个运算过程中，信号类型没有变化，运算明晰且容易理解。

而在计算机控制中，被控对象的行为虽然也用电信号表示，但是，由于计算机不能直接处理电信号，计算机控制器需要先把表示被控对象行为的电信号转换为离散时间信号，再转换为二进制信号，才能对其进行处理。同样地，计算机控制器的处理结果也需要进行相应的逆变换才可以作用于被控对象。

因此，相较于模拟控制系统，计算机控制系统需要处理的信号具有更复杂的形式，如图 2-1所示。

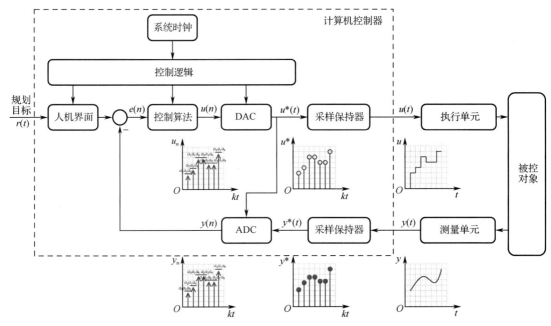

图 2-1　计算机控制系统的信号形式

由此带来一个疑问：计算机控制系统中，计算机控制器处理的信号和表示被控对象行为的信号是不一样的，这样得到的行为校正结果可信吗？

2.2.2　信息与信号

现代科学认为，客观世界由物质、能量和信息三要素组成。作为三大支柱之一的信息，本质上是反映物质运动状态的一种客观存在，其发生、传递、接收、存储和提取都必须由物质和运动来实现。

信息概念源远流长，最早可以追溯到拉丁语"informatio"，表示"赋予某事物/某人以形式的行为"或"由某事物/某人赋予形式"。在工业时代，该词逐渐扩展到国际语言，并从泛指"通信或调查研究的处理"到专指"一切可以通过通信技术传输的事物"。进入信息社会之后，该词的应用日益广泛，大致包含三个层次：语法信息、语义信息和语用信息，分别反映事物运动状态和方式的外在形式、内在含义和效用价值。但是，由于研究人员对信息概念的内涵和外延还没有达成共识，目前并未形成无争议的完整意义上的定义。

彼得·阿德里安斯（Pieter Adriaan）和约翰·范·本瑟姆（Johan van Benthem）在 2008 年出版的《爱思唯尔科学哲学手册 信息哲学》中指出：

在技术文献中，对于信息理论主要有如下三种分类方法：

● 第一类信息：知识、逻辑，即告知性回答中传递出的内容。

● 第二类信息：概率研究、信息理论研究，即定量研究。

● 第三类信息：算法、代码压缩，即定量研究。

简言之，即第一类信息指的是认知逻辑与语言语义学研究，第二类信息指的是香农的信息理论，并与物理学中的熵有所关联，而第三种信息是指柯尔莫哥洛夫提出的"复杂性"，与计算学的基础理论相关。这几种类型的信息彼此并不冲突，而是对不同主题与研究方式的自然分类。

从系统设计和工程应用的角度来说，技术人员普遍接受第二类信息的分类方法。在国内，传播范围较广泛的观点则认为信息是被消除的不确定性，或者说，信息是事物运动状态或存在方式的不确定性的描述。该定义突出了信息的统计特点，不仅有利于用随机变量或随机过程对信息进行客观的描述和分析，还回避了语义信息和语用信息无法度量的问题，目前已扩散到几乎全部学科领域并被技术人员广泛接受。

同样地，信号概念也缺乏严格意义上的科学定义。目前，技术人员普遍认同的观点是：信号是任何能够传递和交换信息的随时间或空间变化的物理量，是信息的载体。它可以是人类感受范围以外的超声波或次声波，也可以是电报、电话、无线电、雷达或电视等传递的声音或图像，更常见的则是以可检测的电压或电流表示的温度、压力等物理量。

无论何种形式的信号，在数学上，都可以表示为一个或多个自变量的随机变量函数，用于表示某事物运动状态或存在方式随自变量改变的信息，以达到有效传送和交换信息的目的。如汽车雷达表示自身与障碍物距离的电磁波、洗衣机反映洗涤液位的电量等都可以用随时间变化的随机变量函数表示，X 光机反映物体内部结构的影像则可以用随空间位置变化的二维随机变量表示。

根据信号自变量和因变量的取值特征，可以把计算机控制系统的信号分为四类：模拟信号、量化信号、采样信号和数字信号，如图 2-2 所示。

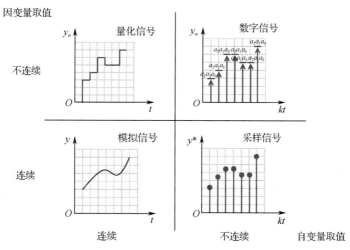

图 2-2 计算机控制系统的信号分类

1. 模拟信号

信号定义在连续时域上，并在整个量程内连续取值，即在时域（自变量）和值域（因变量）

均连续可微。如被控对象经模拟传感器得到的状态输出信号。

2. 量化信号[①]

信号定义在连续时域上，但在整个量程内离散（不连续）取值，即仅在时域（自变量）连续可微，在值域（因变量）则不具有连续性。如被控对象经数字传感器得到的状态输出信号。

3. 采样信号

信号定义在离散时间点上，并在整个量程内连续取值。它是模拟信号或量化信号在时域（自变量）整量化后的结果，仅在值域（因变量）连续可微。如采样器输出信号。

4. 数字信号

信号定义在离散时间点上，且仅能以有限数位在整个量程内取值。它是模拟信号或量化信号在时域（自变量）和值域（因变量）整量化后的结果，在时域和值域均不具有连续性。如计算机控制器的输入信号和输出信号。

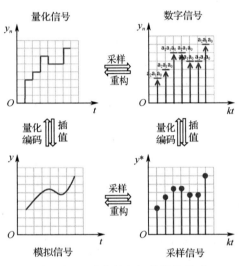

图 2-3　四类信号之间的转换关系

这四类信号可以相互转换，如图 2-3 所示。其中，连续时间信号（模拟信号/量化信号）转换为离散时间信号（采样信号/数字信号）的过程称为信号的采样；离散时间信号（采样信号/数字信号）转换为连续时间信号（模拟信号/量化信号）的过程则称为信号的重构；幅值连续信号（模拟信号/采样信号）转换为幅值离散信号（量化信号/数字信号）的过程称为信号的量化编码；幅值离散信号（量化信号/数字信号）转换为幅值连续信号（模拟信号/采样信号）的过程则称为信号的插值。

2.2.3　信息度量

在香农信息论中，信息是事物运动状态或存在方式的不确定性的描述，信号是信息的物理表现形式。同一信息可以用不同形式的信号来表现，同一信号也可以同时承载多个不同的信息。为了确保系统能够有效地传输信息，人们提出信息度量的概念，以描述信号所包含的信息量。

因为信源被限制为某一具有先验概率的随机过程，所以系统产生和传输的信号都可以用随机变量表示，如图 2-4 所示。图中，集合 S 包括系统所有的可能运动状态，$S_1, S_2, \cdots, S_n$ 表示系统的基本运动状态。信号 X 则是一种映射关系，目的是用集合 $\{x_1, x_2, \cdots, x_n\}$ 的某个元素 x_i 表示集合 S 中的运动状态 S_i。可见，X 是定义在样本空间 $\Omega = \{S_1, S_2, \cdots, S_n\}$ 上的一个随机变量。

以图 1-2 为例，图中水箱具有储水能力，这种能力就是水箱的一个状态。该水箱所有可能的储水情况就构成了图 2-4 中的集合 S。在水箱的内部放置浮子，实质上是定义一种基于力平衡的映射 X，目的是把水箱的储水能力表示为一个数（浮子距水箱底部的高度）。每次读数都是对随机变量 X 进行一次抽样，若观测到的值为 x_i，则表示水箱的储水状态为 S_i，称为事件 $X = x_i$ 发生。

在这种情况下，信息度量可以被视为随机变量承载信息的概率测度，用信息熵 $H(X)$ 表示：

$$H(X) = -\sum_i p(x_i) \log p(x_i) \tag{2-1}$$

---

① 实际应用中，该类信号也常被称为数字信号或阶梯信号。其数学表达是分段取值函数。

式中，$p(x_i)$ 为事件 $X = x_i$ 发生的概率。

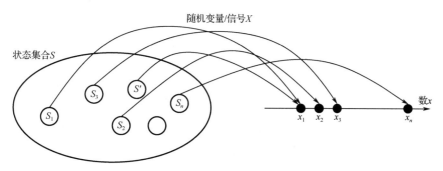

图 2-4　信号的随机变量表示

可见，信息熵是一个统计量，其作用是从平均意义上描述信号的总体特征。具体来说：

（1）信息熵表示信号随机性的大小。一般说来，信息熵大的信号，随机性强，不容易预测，观测值包含的信息多；信息熵小的信号，则相反。

（2）观测前，信息熵表示信号所携带信息的平均不确定性。信息熵越大的信号，越不容易预测。

（3）观测后，信息熵表示观测样本所提供的平均信息量。如果传输信道没有噪声干扰，信息熵就是信源信号所携带的信息量；如果传输信道存在噪声干扰，信息熵就是信源信号与信道噪声相互作用的结果。

2.2.4　问题描述

引入信息熵的概念后，2.2.1 节提出的计算机控制系统的信号问题可以抽象概括为：计算机控制系统存在多种信号形式，如何保证不同形式的信号具有相同的信息熵？

一般说来，离散幅值信号可以看作连续幅值信号的特例。因此，不失一般性，可以把模拟信号和量化信号归类为连续时间信号，把采样信号和数字信号归类为离散时间信号，进一步简化问题如下：在计算机控制系统中，如何保证连续时间信号和离散时间信号具有相同的信息熵？

根据图 1-21，如果用 $e(t)$ 表示连续时间信号，用 $e^*(t)$ 表示离散时间信号，则计算机控制系统的信号问题描述如图 2-5 所示。

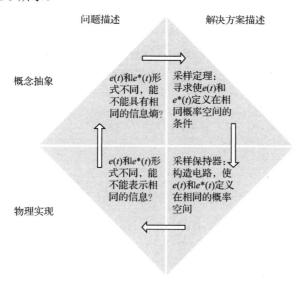

图 2-5　计算机控制系统的信号问题描述

因为信息熵是一个统计量，所以可以人为创造条件，使$e(t)$和$e^*(t)$定义在相同的概率空间上，以确保二者的信息熵相等。也就是说，需要找到一种办法，使$e(t)$和$e^*(t)$定义在相同的样本空间上、映射到相同的数域、具有相同的映射关系。

从本质上来看，采样定理就是遵循该思路提出的一种问题解决方案。工程上使用的采样保持器则是完成采样定理所需运算的物理设备。

2.3　信号采样

图 2-3 中，以离散时间脉冲序列代替连续时间曲线可以将连续时间信号转换为离散时间信号。这种信号转换过程称为采样过程，完成该过程的物理设备称为采样器或采样开关。

用t_k表示脉冲序列中第k个脉冲的发生时间。如果得到的脉冲序列满足条件$t_{k+1}-t_k=T$，则称采样过程为周期采样；否则称之为非周期采样。参数T称为采样周期，以秒为单位，反映信号波形重复出现的最小时间跨度。

周期采样是工程实践中应用最广泛的采样形式，也是本书讨论的重点。但在某些特殊场合，非周期采样会比周期采样有更好的表现。

2.3.1　采样过程

周期采样（见图 2-6）是按固定采样周期T对连续时间信号$e(t)$取值，得到采样信号$e^*(t)$的过程。这一过程中，采样信号$e^*(t)$是按$t=kT(k=\cdots,-1,0,1,\cdots)$从连续时间信号$e(t)$中取得的，也可以认为是连续时间信号$e(t)$对单位脉冲序列$\delta_T(t)$进行幅值调制的结果。

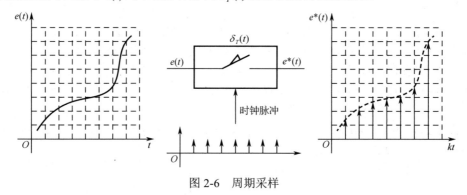

图 2-6　周期采样

于是，采样过程就可以用连续时间信号$e(t)$与单位脉冲序列$\delta_T(t)$的乘积表示：

$$e^*(t)=e(t)\delta_T(t)$$

式中

$$\delta_T(t)=\sum_{k=-\infty}^{\infty}\delta(t-kT)$$

$$\delta(t-kT)=\begin{cases}1,&t=kT\\0,&t\neq kT\end{cases}。$$

通常，采样周期T在整个采样过程中是不变的。于是，理想采样信号$e^*(t)$可以进一步表示为

$$e^*(t)=e(t)\delta_T(t)=e(t)\sum_{k=-\infty}^{\infty}\delta(t-kT)=\sum_{k=-\infty}^{\infty}e(kT)\delta(t-kT)\tag{2-2}$$

在工程实践中，式（2-2）的单位脉冲序列是利用采样开关实现的。采样开关是受时钟脉冲信号控制的压控开关，闭合时增益为 1，断开时增益为 0。其数学模型为

$$\delta(t) = \begin{cases} 1, & t = 0 \\ 0, & t \neq 0 \end{cases}$$

当采样开关周期性闭合时就得到单位脉冲序列：

$$\delta_T(t) = \sum_{k=-\infty}^{\infty} \delta(t - kT) = \delta(t) + \delta(t - T) + \delta(t - 2T) + \cdots + \delta(t - kT) + \cdots$$

【例 2-1】用 LabVIEW 仿真理想采样过程。

仿照例 1-1 打开并运行仿真程序 EX201，默认参数下，可以观察到图 2-7 所示的仿真结果。

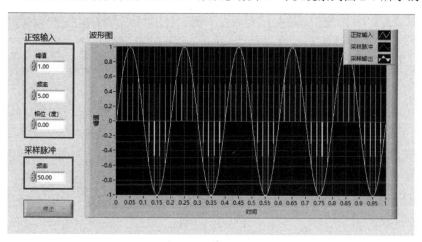

图 2-7　基于 LabVIEW 的理想采样过程仿真结果

仿真时，连续时间信号使用正弦输入表示，数学描述为

$$e(t) = A\sin\left(2\pi ft + \frac{\pi p}{180}\right) \tag{2-3}$$

式中，A 为振幅，反映信号波形相对参考位置的最大偏移距离，可以是纯数；$f = 1/T$ 为频率，反映信号波形每秒钟重复出现的次数，单位为 Hz；p 为初始相位，反映 0 时刻信号波形在相邻波峰（信号波形偏离参考位置最大处）和波谷（信号波形偏离参考位置最小处）之间的位置，常以角度表示。

频率 f 也可以用角频率 ω 或周期 T 代替。前者的定义为 $\omega = 2\pi f = 2\pi/T$，以弧度为单位，是信号重复性在频域的度量。相应地，正弦输入的数学描述为

$$e(t) = A\sin\left(2\pi ft + \frac{\pi p}{180}\right) = A\sin\left(\omega t + \frac{\pi p}{180}\right) = A\sin\left(\frac{2\pi t}{T} + \frac{\pi p}{180}\right) \tag{2-4}$$

式（2-3）中，令 $A = 1$，$f = 5\text{Hz}$，$p = 0°$，可以得到图 2-8（a）所示的正弦输入。

假设采样脉冲的频率为 50Hz［见图 2-8（b）］，即 $\delta_T(t) = \sum_{k=-\infty}^{\infty} \delta(t - k/50) = \sum_{k=-\infty}^{\infty} \delta(t - 0.02k)$，则采样输出如图 2-8（c）所示。

观察正弦输入和采样输出的包络线，可以发现，二者基本一致［见图 2-9（d）］。这说明，连续时间信号和离散时间信号虽然形式不同，但可以包含同样的信息。

降低或提高采样脉冲的频率，继续观察正弦输入和采样输出的包络线。可以发现，在某些情况下［见图 2-9（c）、（d）、（e）］，正弦输入和采样输出包络线的重合度比较高，可以认为包含同样的信息；但在另一些情况下［见图 2-9（a）、（b）］，正弦输入和采样输出的包络线几乎不重合，后者的信息量远小于前者。

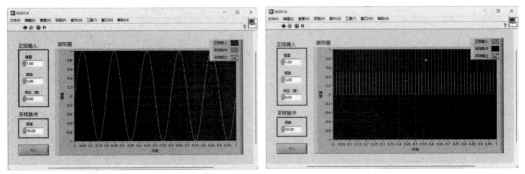

（a）正弦输入　　　　　　　　　　　（b）采样脉冲

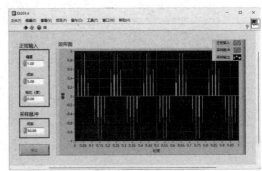

（c）采样输出

图 2-8　理想采样过程的仿真信号

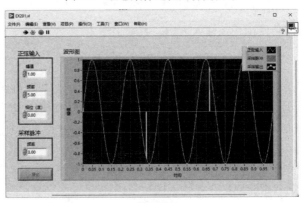

（a）采样频率为3Hz

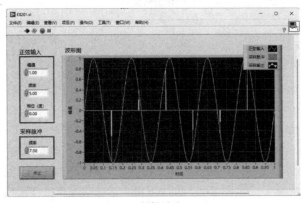

（b）采样频率为7Hz

图 2-9　不同采样频率的仿真结果

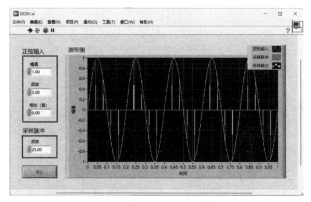

（c）采样频率为25Hz

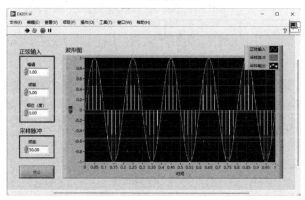

（d）采样频率为50Hz

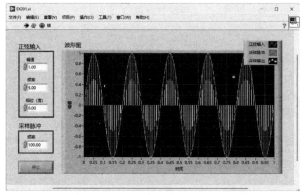

（e）采样频率为100Hz

图 2-9　不同采样频率的仿真结果（续）

　　依据仿真输出，可以大胆猜测：①采样动作可以把连续时间信号调制为离散时间信号；②连续时间信号和采样后输出的离散时间信号形式不同，包含的信息量也不同，后者的信息量要小于前者；③当满足一定条件时，二者携带的信息量可以认为是相同的。

2.3.2　线上学习：LabVIEW 入门

　　现实世界的仪器设备通常是封装在机壳中的独立实体，包括一个操作/显示面板，一组线路板和若干连接二者的连接线，如图 2-10 所示。工作时，操作人员或环境设备通过操作/显示面板向仪器设备输入信息，信息则通过连接线传输到线路板进行分析处理，处理结果再通过操作/显示面板反馈给操作人员或环境设备。这个过程周而复始，完成仪器设备预先定义好的功能。

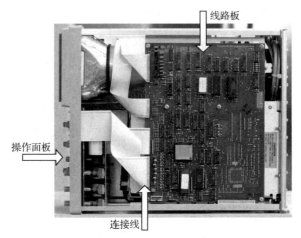

图 2-10　仪器设备的结构

　　VI 的工作过程与之类似。其设计过程就是使用 LabVIEW 设计前面板和程序框图。

　　前面板是 VI 与环境的信息交互界面，输入控件和显示控件是其构成要素。其中，输入控件用来模拟现实世界仪器设备的输入装置，其主要作用是采集 VI 需要处理的信息，既有滑动杆、按钮、旋转开关等模拟物理装置的输入，也有文本框、列表框、数组等软件界面输入（见图 2-11）；显示控件则用于模拟现实世界仪器设备的输出装置，其主要作用是输出 VI 的信息处理结果，同样包括模拟物理装置的输出（见图 2-11 中的波形图控件 Waveform Chart）和软件界面输出。

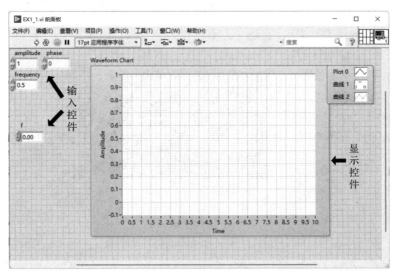

图 2-11　前面板构成要素：输入控件和显示控件

　　程序框图是 VI 的核心，是处理交互信息的图形化源码集合，其构成要素是接线端、节点及二者之间的连线，如图 2-12 所示。其中，接线端是前面板控件在程序框图的映射；节点是程序框图完成信息处理的虚拟运算对象，可以是某个函数（见图 2-12 中的乘函数和创建数组函数），也可以是某个子 VI（见图 2-12 中的正弦波形函数和方波波形函数），或者是某个结构（见图 2-12 中的控件与仿真循环）；连线则表示携带信息的数据信号在程序框图中的传输通道，其颜色表示信号的数据类型，其粗细表示信号的维度。

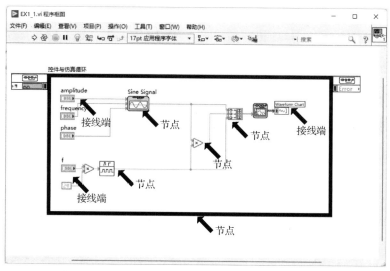

图 2-12　程序框图构成要素：接线端、节点和连线

【例 2-2】入门程序：仿真理想采样过程。

本例概要介绍例 2-1 程序的编写，帮助读者学习创建和编辑 VI 的基本方法，了解前面板和程序框图的构成要素。

（1）运行 LabVIEW，在软件初始化完成以后，进入启动界面。

（2）选择"创建项目"，在弹出的窗口中选择"VI"模板（见图 2-13），创建一个新的 VI。

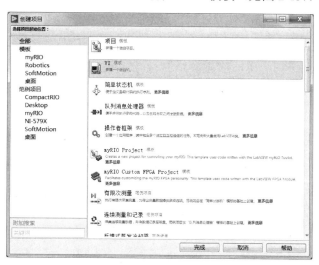

图 2-13　"创建项目"窗口

（3）进入新建 VI 的程序框图，在函数选板[①]（见图 2-14）中选择"信号处理→波形生成→正弦波形"，并将正弦波形函数放置在程序框图中（见图 2-15）。

（4）将鼠标指针移到正弦波形函数上，可以看到函数图标的四周有各种不同颜色的接线端。继续移动鼠标指针到接线端上，可以看到该接线端的名称。移动鼠标指针，直到找到"幅值"接线端（见图 2-16）。

---

① 如果不显示函数选板，可以在程序框图空白处右击打开，或通过菜单栏"查看→函数选板"命令打开。

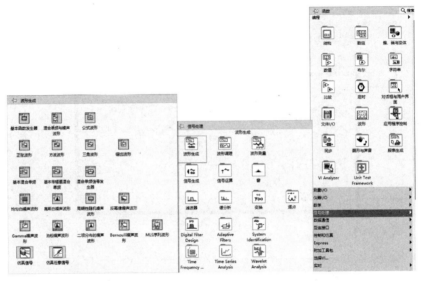

图 2-14　函数选板

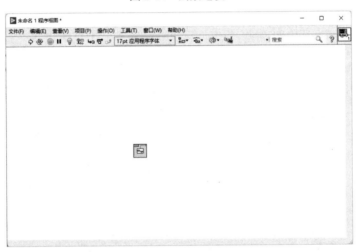

图 2-15　放置了正弦波形函数的程序框图

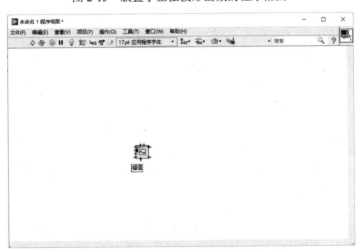

图 2-16　"幅值"接线端

（5）右击，在弹出的快捷菜单中选择"创建→输入控件"，并将新添加的输入控件命名为"幅值"，如图 2-17 所示。

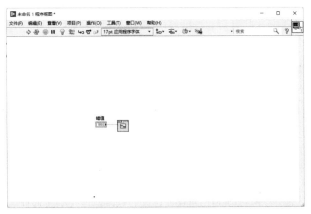

图 2-17　为正弦波形函数添加"幅值"输入控件

（6）用同样的方法，继续为正弦波形函数的"频率"接线端和"相位"接线端添加输入控件（见图 2-18）。

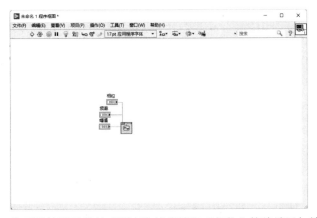

图 2-18　为正弦波形函数的"频率"接线端和"相位"接线端添加输入控件

（7）在正弦波形函数上右击，选择"波形生成选板→方波波形"，并将方波波形函数放置在程序框图中（见图 2-19）。

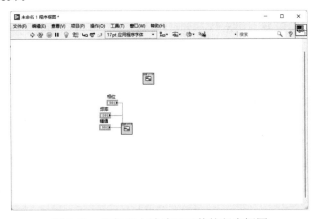

图 2-19　添加了方波波形函数的程序框图

（8）为方波波形函数的"频率"接线端添加输入控件"脉冲频率"（见图2-20）。

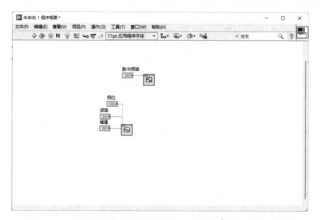

图 2-20　为方波波形函数添加"脉冲频率"输入控件

（9）找到方波波形函数的"幅值"接线端，右击，在弹出的快捷菜单中选择"创建→常量"，并为新添加常量赋值0.5，如图2-21所示。

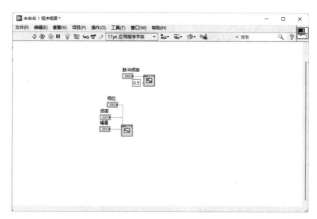

图 2-21　为方波波形函数的"幅值"接线端添加常量

（10）用同样的方法，继续为方波波形函数的"偏移量"接线端和"占空比（%）"接线端添加常量0.5和1，如图2-22所示。

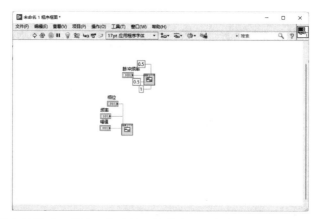

图 2-22　为方波波形函数的"偏移量"接线端和"占空比（%）"接线端添加常量

（11）在函数选板中选择"编程→数值→乘"，将乘函数放置在程序框图中，并将其左侧的两个接线端分别与正弦波形函数和方波波形函数的"信号输出"接线端相连接，如图 2-23 所示。

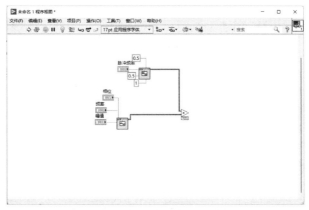

图 2-23 添加了乘函数的程序框图

（12）在函数选板中选择"编程→数组→创建数组"，将创建数组函数放置在程序框图中。向下拖动函数增加两个节点，然后按照由上至下的顺序，将其左侧接线端分别连接正弦波形函数"信号输出"接线端、方波波形函数"信号输出"接线端和乘函数的输出接线端，如图 2-24 所示。

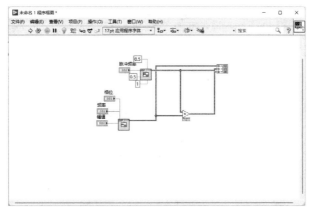

图 2-24 添加了创建数组函数的程序框图

（13）在创建数组函数右侧"添加的数组"接线端右击，在弹出的快捷菜单中选择"创建→显示控件"，结果如图 2-25 所示。

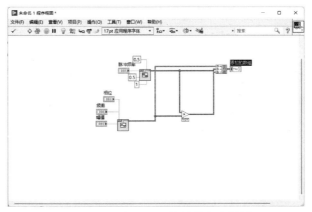

图 2-25 添加了显示控件的程序框图

（14）在函数选板中选择"编程→结构→While 循环"，将其放置在程序框图中，如图 2-26 所示。

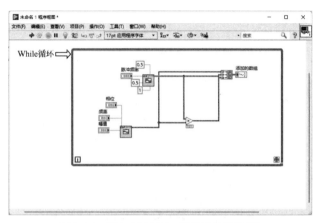

图 2-26　添加了 While 循环的程序框图

（15）在 While 循环右下角的条件接线端上右击，在弹出的快捷菜单中选择"创建输入控件"，为 While 循环添加"停止"按钮，得到图 2-27。

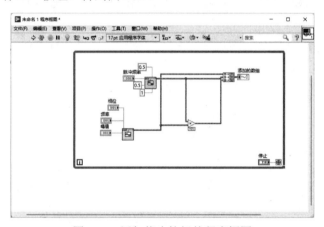

图 2-27　添加停止按钮的程序框图

（16）单击工具栏的"整理程序框图"按钮，得到图 2-28。

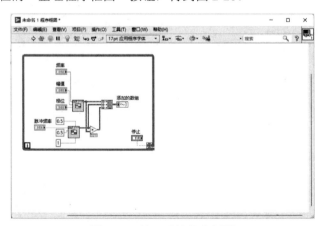

图 2-28　整理后的程序框图

（17）切换到前面板（通过菜单命令"窗口→显示前面板"或快捷键"Ctrl+E"），在控件"添加的数组"上右击，选择"替换→图形→波形图"，得到图 2-29。

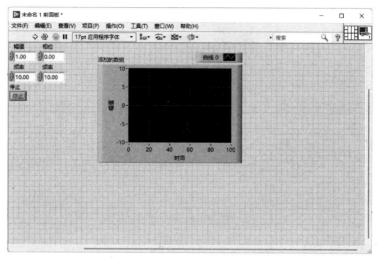

图 2-29 替换波形图后的前面板

（18）右击波形图控件，在弹出的快捷菜单中选择"属性"，弹出"图形属性：波形图"对话框。在"外观"选项卡中，修改控件标签为"波形图"，并调整图表显示 3 条曲线，如图 2-30 所示。

（19）切换到"曲线"选项卡，勾选左下角"不要将波形图名作为曲线名"复选框，并在"名称"栏为曲线输入有意义的名称，如图 2-31 所示。

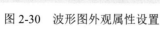

图 2-30 波形图外观属性设置

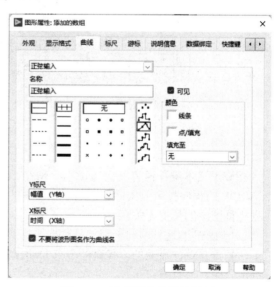

图 2-31 波形图曲线属性设置

（20）在"幅值"输入控件上右击，在弹出的快捷菜单中选择"数据操作→当前值设置为初始值"，修改控件的初始值。

（21）重复以上操作，将各数值输入控件的初始值修改为图 2-32 所示的值。

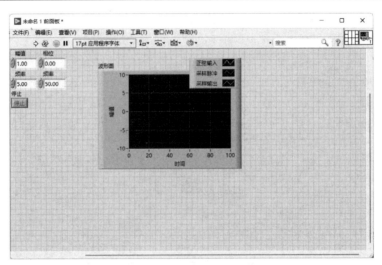

图 2-32　完成初始值设置的前面板

（22）调整前面板控件的大小和布局，并保存程序，得到图 2-33。

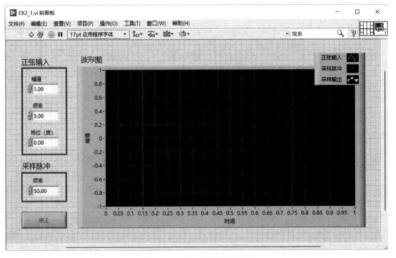

图 2-33　美化的前面板

相较于文本编程语言（如 C/C++、MATLAB、Python 等），LabVIEW 的程序有明显不同。LabVIEW 的程序按照数据信号在程序框图中的传递顺序处理信息，而与接线端、节点等编程要素在程序框图中的位置无关。

LabVIEW 的这种编程机制就是数据流模式，又称为数据驱动模式或数据依赖模式。在这种模式下，数据是单向流动的，其流经节点的动作决定节点的执行顺序：只有节点的所有输入端都有数据流入时，节点方可运行，并在运行结束后将节点输出数据沿连线输送到数据流路径中与之相邻的下一个节点。

数据流是 LabVIEW 编程的核心，也是初学 LabVIEW 的难点。建议读者运用"高亮显示执行过程"按钮运行程序，观察并体会数据流的执行顺序。务必牢记：

● 连线是决定节点执行顺序的关键，只有上游节点运行结束，下游节点才有运行的可能；

● 对没有连线的节点，无法判定其执行顺序；

● 循环结构也是节点，在循环结束之前，与之相连的下游节点无法运行；

● 数据流编程关注的是数据信号从哪里进入系统，进入系统又要经过哪些处理，最后从哪里离开系统。在这个过程中，不需要过多地考虑信号处理细节。

2.3.3　采样定理

从例 2-1 可以看出：采样频率越高，即采样周期越小，采样信号与连续信号的近似程度越高，由采样信号完整复现连续信号的可能性越大；当采样频率低到一定程度，或采样周期大到一定程度时，无法由采样信号复现连续信号。

可以用采样过程的定义解释这种现象。由前所述，采样是从连续时间信号抽取离散时间序列的过程。在这个过程中，两采样时刻之间的信号被丢弃，这些信号所携带的信息必然会丢失。当选择高采样频率时，被丢弃的信号相对较少，丢失的信息也少，损失的信息量不会影响原信息的完整性，可以用采样信号复现连续时间信号；否则，由于损失的信息过多，采样信号包含的信息量明显小于原信号信息量，故无法用采样信号复现连续时间信号。

为了保证采样信号能够完整地复现连续时间信号，采样周期应如何选取呢？采样定理可以回答这个问题。

采样定理：若有限频谱信号 $e(t)$ 的上限频率是 $\omega_{\max}$，则当采样频率 ω_s 满足条件

$$\omega_s \geq 2\omega_{\max} \tag{2-5}$$

时，采样信号 $e^*(t)$ 可以完全无失真地复现原始信号 $e(t)$。

解释如下：

在工程中，根据信号时域重复性的不同，可以将信号分为以下三类。

（1）周期信号。

周期信号是指幅值按照某个固定时间步长重复出现的信号，包括简谐信号和复杂周期信号。其中，简谐信号是具有单一频率的正弦信号；复杂周期信号则是除简谐信号外的所有周期信号，可以表示为有限个简谐信号的代数和，且这些简谐信号的频率存在整倍数关系（或者说，复杂周期信号的任意两个简谐信号分量的频率之比为有理数）。

因此，周期信号的频谱是离散的，可以用有限的正弦信号编码表示：若某频率的正弦信号存在，则表示为"1"，否则表示为"0"。

（2）准周期信号。

准周期信号由有限个周期信号组合而成，但这些周期信号的频率不存在整倍数关系（或者说，准周期信号的周期信号分量的频率之比不全为有理数）。

由于准周期信号不再是周期信号，其幅值也不再随时间步长重复。但准周期信号的频谱仍然是有限的离散谱线，所以仍可表示为有限的正弦信号编码。

（3）非周期信号。

非周期信号由无限个周期信号组合而成，且这些周期信号的频率不存在整倍数关系。

非周期信号的幅值也不随时间步长重复，且非周期信号具有无限带宽的连续谱。但是，在满足一定精度要求的前提下，可以用准周期信号代替非周期信号，并用有限的正弦信号编码来近似表示。

由上可见，无论何种形式的信号，都可以用正弦信号编码表示。因此，当 $e^*(t)$ 和 $e(t)$ 的信息熵相等时，可以用 $e^*(t)$ 代替 $e(t)$，或称可以用 $e^*(t)$ 完全无失真地复现 $e(t)$。于是，原问题转换为：采样频率满足什么条件，可以保证 $e^*(t)$ 和 $e(t)$ 具有相同的频谱？

假设有限频谱信号 $e(t)$ 的傅里叶变换为 $e(\mathrm{j}\omega)$，即

$$e(\mathrm{j}\omega) = F[e(t)] = \int_{-\infty}^{\infty} e(t)\mathrm{e}^{-\mathrm{j}\omega t}\mathrm{d}t$$

则采样信号 $e^*(t)$ 的傅里叶变换 $e^*(j\omega)$ 可以写为

$$e^*(j\omega) = F[e^*(t)] = F[e(t)\delta_T(t)] = \frac{1}{T}\sum_{k=-\infty}^{\infty} X(j\omega - jk\omega_s)$$

可以看出，采样信号的频谱（见图 2-34）是以 ω_s 为周期、幅值为 $1/T$ 的周期函数，主频率分量为连续信号频谱 $e(j\omega)$，高频分量与主频率分量形状相同，但依次分布在采样频率的整数位置处。

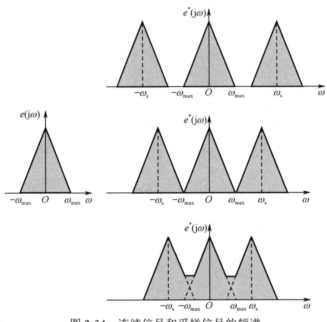

图 2-34　连续信号和采样信号的频谱

为了从 $e^*(j\omega)$ 中提取 $e(j\omega)$，只需要对 $e^*(j\omega)$ 进行低通滤波。比较二者的位置关系：

（1）$\omega_s \geq 2\omega_{max}$ 时，采样信号频谱 $e^*(j\omega)$ 的各分量之间没有重叠，主频率分量就是 $e(j\omega)$。只要用截止频率为 $\omega_s/2$ 的低通滤波器取出 $e^*(j\omega)$ 的主频率分量，就可以获得原始信号 $e(t)$ 的频谱 $e(j\omega)$。

（2）$\omega_s < 2\omega_{max}$ 时，采样信号频谱 $e^*(j\omega)$ 的各分量之间产生混叠，在区间 $[-\omega_s/2, \omega_s/2]$ 内，主频率分量与相邻频谱分量叠加，无法单独提取，故不能获得原信号 $e(t)$ 的频谱 $e(j\omega)$。

综合上述情况，可知采样定理正确。

【例 2-3】利用正弦输入验证采样定理。

打开并运行仿真程序 EX203，默认参数下，可以观察到图 2-35 所示的正弦输入采样结果。

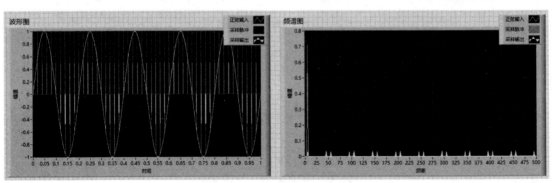

图 2-35　正弦输入采样结果

改变采样频率，通过波形图和频谱图观察连续信号及采样信号的波形和频谱，得到图 2-36。可以发现：

（1）过采样（$\omega_s > 2\omega_{\max}$）时，采样信号可以复现原始信号。而且，采样频率越高，采样信号与原始信号越接近，无论是在时域还是在频域，如图 2-36（a）～（g）所示。

（2）临界采样（$\omega_s = 2\omega_{\max}$）时，采样信号的每个周期只有两个采样点。因此，虽然理论上可以用采样信号复现原始信号，但在实际应用中，取 $2\omega_{\max}$ 并不能有效采样，因为无法保证这两个采样点恰好落在同一信号周期的波峰和波谷，如图 2-36（h）所示。

（3）欠采样（$\omega_s < 2\omega_{\max}$）时，采样信号不能复现原始信号。二者的波形图和频谱图有较大差异，如图 2-36（i）～（k）所示。

（4）采样信号的频谱中，除原始信号的频谱外，在 $\omega = k\omega_s \pm 2\omega_{\max}$ 处还存在被称为"假频"的高频分量。如果这些假频信号进入原始信号频谱，则会改变采样信号低频段的频谱。这种信号高频段镜像带宽与信号低频段带宽重叠的现象被称为"频率混叠"。考虑到采样后无法区分假频与信号，所以必须在采样前对原始信号进行滤波，以限定输入信号的频率范围，否则将无法根据采样信号复现原始信号。

（5）当采样频率是正弦输入频率的整倍数时，采样信号在低频段的频谱和正弦输入信号在低频段的频谱一致，如图 2-36（a）～（d）、（f）、（h）、（j）所示；但是，当采样频率与正弦输入频率不是整倍数关系时，采样信号在低频段的频谱和正弦输入信号在低频段的频谱不一致，有频谱泄露的情况，如图 2-36（e）、（g）、（i）所示。

从仿真结果可以看出，为了完整复现原始信号，采样频率取 $\omega_s = 6 \sim 10\omega_{\max}$ 较好。也就是说，对应于信号的最高频率（或最小周期），需要在一个采样周期内获得 6～10 个采样点，才能保证复现信号的效果。

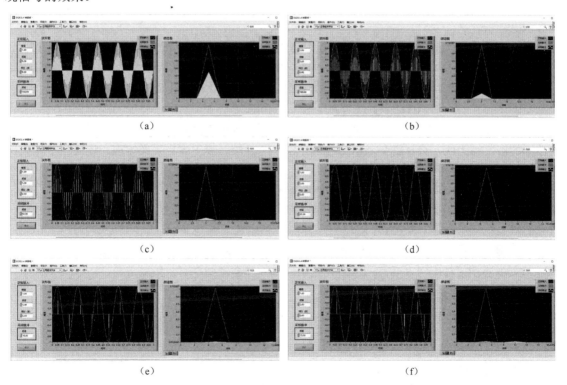

图 2-36　不同采样频率的仿真结果

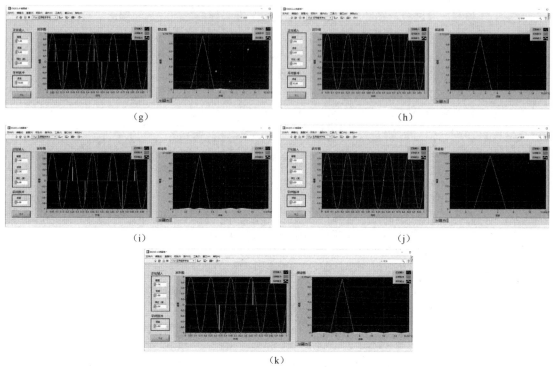

由（a）至（k），采样频率依次为 500Hz、100Hz、50Hz、20Hz、18Hz、15Hz、13Hz、10Hz、8Hz、5Hz 和 3Hz

图 2-36　不同采样频率的仿真结果（续）

如果观察采样信号对应的幅相频率特性，还可以发现：采样信号相对原始信号出现了相移。读者可自行仿真验证。

【例 2-4】如果复杂周期信号 $e(t) = \sin t + 0.5\sin 2t$，试依据采样定理选择 $e(t)$ 的采样频率。

根据已知条件 $e(t) = \sin 2t + 0.5\sin 3t$，可以判断信号 $e(t)$ 包含两个简谐分量：$\sin 2t$ 和 $0.5\sin 3t$。前者的信号频率是 2rad，后者的信号频率是 3rad，故 $e(t)$ 的上限频率 $\omega_{max} = 3$rad。

依照采样定理，有 $e(t)$ 的采样频率 $\omega_s = 2\omega_{max} = 6$rad。

由例 2-3 仿真结果可知，如果采样频率与原始信号频率不是整倍数关系，采样信号会出现频谱泄漏的情况。因此，选择复杂周期信号采样频率的时候，除了满足采样定理，还应尽量使采样频率为复杂周期信号各正弦分量频率的公倍数。

【例 2-5】考虑准周期信号 $e(t) = \sin 2t + 0.5\sin \pi t$，试依据采样定理选择 $e(t)$ 的采样频率。

根据已知条件 $e(t) = \sin 2t + 0.5\sin \pi t$，可以判断信号 $e(t)$ 包含两个简谐分量：$\sin 2t$ 和 $0.5\sin \pi t$。前者的信号频率是 2rad，后者的信号频率是 πrad，故 $e(t)$ 的上限频率 $\omega_{max} = \pi$rad。

依照采样定理，有 $e(t)$ 的采样频率 $\omega_s = 2\omega_{max} = 2\pi$rad。

与复杂周期信号不同，准周期信号各正弦分量的频率之间没有公倍数关系。因此，采样准周期信号的时候，只要满足采样定理即可。

2.3.4　工程中的采样

采样定理描述的是使用理想采样开关对有限带宽信号进行采样的情形。它与工程中的采样不同，主要表现在以下两个方面：

（1）工程信号是非周期连续信号，其频谱具有无限带宽，不符合应用采样定理的前提。

（2）工程中的采样开关闭合与断开都需要一定的时间，而不会像理想采样开关一样瞬时通断。

前者会产生频率混叠现象，后者则表现为采样脉冲抖动。

2.3.4.1　频率混叠

与理想情况不同，工程中的信号一般是非周期连续信号，其频谱是具有无限带宽的连续谱。而采样脉冲的频率是有限的，因此，直接采样工程信号一定会出现频率混叠现象。

为了消除频率混叠，工程信号在采样前，需要利用低通滤波器将其转换为有限带宽的准周期信号。由于工程信号的高频部分一般不包含有用信号，这种做法可以在去除高频信号的同时保留满足精度要求的有效信息。

消除频率混叠的低通滤波器称为抗混叠滤波器（见图 2-37），可以是有源或无源的连续时间滤波器，也可以是离散时间的开关电容滤波器。它的截止频率定义为奈奎斯特频率 ω_N，一般为采样频率的一半，即 $\omega_s/2$。

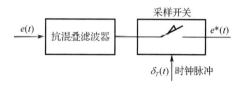

图 2-37　考虑频率混叠的工程采样

考虑到实际滤波器存在过渡带，滤波后的信号带宽要比滤波前工程信号的带宽窄一些。为保证采样信号所有频率分量都可以通过抗混叠滤波器，奈奎斯特频率 ω_N 应比工程信号上限频率 ω_{max} 大一些，一般取

$$\omega_N = 1.2\omega_{max} = \frac{\omega_s}{2} \qquad (2-6)$$

【例 2-6】考虑准周期信号 $e(t) = \sin 2t + 0.5\sin \pi t$，若使用例 2-5 选定的采样频率，则对应的奈奎斯特频率是多少？

例 2-5 中，准周期信号 $e(t) = \sin 2t + 0.5\sin \pi t$ 的采样频率为 $\omega_s = 2\omega_{max} = 2\pi\text{rad}$。

依照定义，与之对应的奈奎斯特频率 $\omega_N = \dfrac{\omega_s}{2} = \pi\text{rad}$。

【例 2-7】若依据例 2-6 选定的奈奎斯特频率设计抗混叠滤波器，能否采样准周期信号 $e(t) = \sin 2t + 0.5\sin \pi t$？为什么？

例 2-6 中，奈奎斯特频率 $\omega_N = \pi\text{rad}$，据此设计的抗混叠滤波器应具有 πrad 的带宽。

理想情况下，抗混叠滤波器的转折频率是竖直的（见图 2-38 中虚线部分），通带内的信号不会被衰减。这种情况下，准周期信号 $e(t) = \sin 2t + 0.5\sin \pi t$ 的两个分量都可以通过抗混叠滤波器，采样信号可以复现原始信号。

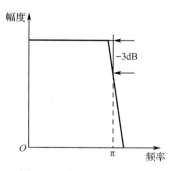

图 2-38　抗混叠滤波器的转折频率

实际上，抗混叠滤波器存在过渡带，其转折频率是倾斜的（见图 2-38 中实线部分），位于过渡带的信号会被衰减。这种情况下，能够无衰减地通过抗混叠滤波器的最大信号频率为 $\omega_{max} = \omega_N/1.2 = \pi/1.2\text{rad}$。

因此，准周期信号 $e(t) = \sin 2t + 0.5\sin \pi t$ 只有一个分量 $\sin 2t$ 可以通过抗混叠滤波器。预期的采样无法完成。

【例 2-8】已知准周期信号 $e(t) = \sin 2t + 0.5\sin \pi t$。假设 $e(t)$ 需要经过抗混叠滤波才能采样，应如何选定采样频率？

已知 $e(t) = \sin 2t + 0.5\sin \pi t$，故 $e(t)$ 的上限频率 $\omega_{max} = \pi\text{rad}$。

理想情况下，若使该频率分量的信号通过抗混叠滤波器，只需选择 $\omega_N = \omega_{max} = \pi\text{rad}$，相应地，$\omega_s = 2\omega_N = 2\pi\text{rad}$。

实际上，抗混叠滤波器存在过渡带。若使频率 $\omega_{max} = \pi\text{rad}$ 的信号通过抗混叠滤波器，需选择 $\omega_N = 1.2\omega_{max} = 1.2\pi\text{rad}$，相应地，$\omega_s = 2\omega_N = 2.4\pi\text{rad}$。

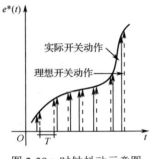

图 2-39 时钟抖动示意图

2.3.4.2 采样脉冲抖动

理想情况下，采样脉冲的开关动作是瞬时完成的。而在工程实际中，采样开关的带宽是有限的，这意味着实际的开关动作不可能具有无限陡峭的上升沿。因此，工程中的采样频率存在上限。当选择的采样频率超过这一上限时，采样开关将无法有效通断，采样过程无法完成。

采样开关实际的动作可以看作理想采样开关动作的延迟，如图 2-39 所示，称为时钟抖动。一般来说，时钟抖动不是一个固定的值，其影响与噪声类似，因为它会导致实际的采样时刻发生偏移，从而采样到另外的值。

【例 2-9】 利用 LabVIEW 仿真采样开关的影响。

理想采样开关的输出是一个冲激脉冲序列，其状态切换动作是瞬时完成的，如图 2-40（a）所示；而对于实际的采样开关，无论导通还是关断都需要过渡时间，因此其输出近似方波，而不是冲激脉冲序列，如图 2-40（b）所示。

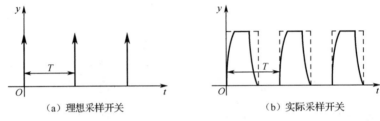

（a）理想采样开关　　　　　　　　　（b）实际采样开关

图 2-40 理想采样开关与实际采样开关

为了仿真实际的工程采样，考虑将方波与正弦信号相乘，其占空比代表实际开关的动作时间。VI 程序框图和前面板如图 2-41 和图 2-42 所示。程序中控件与仿真循环结构的使用方法见 2.3.5 节。

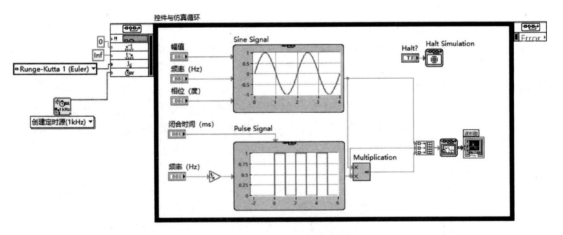

图 2-41 例 2-9 VI 程序框图

改变采样脉冲频率并观察采样输出，会发现其在 $\omega_s > 5\text{Hz}$ 时消失。这是程序模仿实际采样开关动作特性所导致的结果。由于实际采样开关的闭合与断开都需要一定时间，当采样频率过高时，采样开关会在完全闭合之前再次断开，导致回路一直无法接通，输出端信号消失。

注意：采样开关动作时间是由开关器件自身特性决定的，因此工程采样的上限频率不可突破，但下限频率可以通过修改低通滤波器设计来调整。

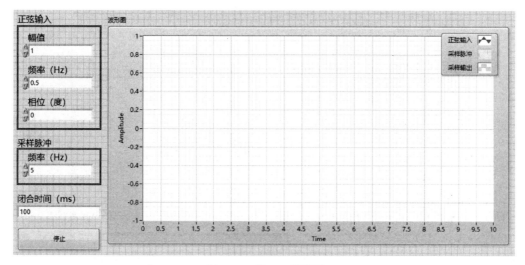

图 2-42　例 2-9 前面板

2.3.5　线上学习：控件与仿真循环

在使用 LabVIEW CDS 模块仿真线性或非线性系统时，所有的仿真函数都必须置于控件与仿真循环内部，如例 2-9 所示。这些函数将循环调用控件与仿真循环提供的解算器（Solver），逐点计算常微分方程或差分方程的数值解，直到到达指定的仿真停止时间或满足预置的仿真停止条件。因此，控件与仿真循环结构是 LabVIEW CDS 模块仿真部分的核心。

控件与仿真循环本质上是一种定时循环结构。工程人员不仅可以借助控件与仿真循环创建直观、规范的图形交互界面，在线配置和实现复杂系统的交互式仿真，而且可以借助 LabVIEW 强大的仪器控制能力和跨平台编程能力，通过快速控制原型（Rapid Control Prototyping，RCP）设计[①]和硬件在环（Hardware-in-the-Loop，HIL）仿真技术[②]将仿真结果部署于工程项目。

2.3.5.1　结构

使用控件与仿真循环需要额外安装控制设计与仿真（Control Design and Simulation，CDS）模块。

用户可以在 LabVIEW 环境下打开工具菜单，检查是否有控制设计与仿真菜单项。如果没有，则说明当前未安装控制设计与仿真模块。

安装控制设计与仿真模块后，用户可以在程序框图的"控制设计与仿真（Control Design & Simulation）→仿真（Simulation）"下找到控件与仿真循环。它由主循环、输入节点和输出节点三部分组成，如图 2-43 所示。

主循环是控件与仿真循环的主体部分，外观是一个淡黄色背景的方框，用于放置仿真函数。

输入节点位于主循环左侧，用于配置控件与仿真循环的工作参数，默认情况下，是通过对话框离线配置的；也可以通过编程方式在线配置。

输出节点位于主循环右侧，主要用于返回仿真过程中产生的错误，也可以导出全部或部分模型仿真数据。但因导出数据的操作会极大降低仿真速度，故不推荐使用。

---

① 在原型机硬件完成之前，工程人员建立控制器模型，通过控制器模型评估原型机设计并修补瑕疵，最终生成可直接部署于原型机的代码。

② 工程人员使用原型机与被控对象模型组建系统，通过实时仿真验证期望技术指标与实际系统表现是否一致，并据此优化系统整体性能。

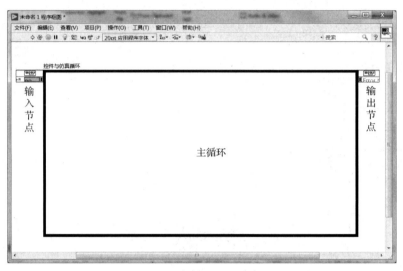

图 2-43 控件与仿真循环

2.3.5.2 仿真参数的离线配置

在控件与仿真循环（Control & Simulation Loop）上双击，弹出仿真参数配置对话框（见图 2-44）。图中，Initial Time（初始时间）是仿真开始的时间，Final Time（终止时间）是仿真结束的时间。如果将终止时间设置为 Inf，则仿真将一直持续，直到停止仿真（Halt Simulation）函数发出停止仿真命令。

通过 ODE Solver 下拉列表可以选择解算器。解算器能够依据给定的初始值和误差容限求解常微分方程，计算系统模型在每个仿真时刻的数值解，是动态系统仿真的核心要素，也是配置控件与仿真循环首先要考虑的因素。

LabVIEW CDS 提供了 16 种解算器（见表 2-1）。不同的解算器有各自的优势和劣势，适用于不同的仿真问题，选择时主要考虑以下因素。

图 2-44 仿真参数配置对话框

1）精度

精度是描述数值解与精确解偏离程度的指标，分为局部误差和全局误差两种。局部误差是数值解在每个仿真时刻对精确解的偏离，全局误差则是数值解在仿真期间对精确解的最大偏离，是局部误差的累积。

无论是局部误差还是全局误差，其大小都与解算器的阶次有关。一般情况下，若解算器的阶次为 n，当仿真步长 h 变为 λh 时，局部误差将变为原来的 λ^{n+1} 倍，全局误差则近似为原来的 λ^n 倍。可见，减小仿真步长或增大解算器的阶次，都可以获得更精确的仿真结果，代价则是增加了仿真运算的时间，提高了对系统资源的需求。

2）数值稳定性

数值稳定性是描述解算器是否能控制舍入误差传播的指标。

由于存在舍入误差，解算器在递推计算常微分方程的数值解时，会传播和累积初始时刻的舍入误差。若解算器的数值稳定性不好，则数值解的精度会越来越低，最终产生失真；相反，如果解算器是绝对稳定的，则数值解的精度不会有明显变化。

数值稳定性与常微分方程的具体形式有关，很难得出一般性结论。但对同一方程来说，步长增加的时候，数值稳定性也会相应增加。

3）刚性

如果常微分方程雅可比矩阵的特征值相差悬殊，则称这个方程为刚性方程。刚性方程描述的系统由多个变化速度相差很大的子系统构成，在步长很小的情况下才能获得稳定数值解，步长稍微增大一点就不再稳定。因此，为了保持解的数值稳定性，选取合适步长将变得十分重要。

在 LabVIEW 中，解算器 BDF、Rosenbrock、SDIRK 4、Radau 5、Radau 9、Radau 13、Radau[Variable Order]、Gear's Methode 都适用于求解刚性方程。

4）运算速度

解算器的运算速度取决于多个因素。一般说来，固定步长解算器的运算速度比变步长解算器的运算速度快，单步解算器的运算速度比多步解算器的运算速度快，显式解算器的运算速度比隐式解算器的运算速度快。相同情况下，低精度解算器的运算速度更快。

表 2-1 LabVIEW 提供的解算器

解 算 器	算 法	固定步长/变步长	单步/多步	显式/隐式	部署于 RT 目标	备 注
Runge-Kutta 1（Eular）	一阶 Runge-Kutta 法（欧拉法）	固定步长	单步	显式	可	
Runge-Kutta 2	二阶 Runge-Kutta 法	固定步长	单步	显式	可	
Runge-Kutta 3	三阶 Runge-Kutta 法	固定步长	单步	显式	可	
Runge-Kutta 4	四阶 Runge-Kutta 法	固定步长	单步	显式	可	
Runge-Kutta 23	三阶 Runge-Kutta 法	变步长	单步	显式	否	
Runge-Kutta 45	五阶 Runge-Kutta 法	变步长	单步	显式	否	具有较好的普适性，推荐首次仿真使用
BDF	变阶（1～5 阶）后向差分公式	变步长	多步		否	适用于模型未知的情况
Adams-Moulton	变阶（1～12 阶）Adams-Moulton PECE 算法	变步长	多步		否	适用于模型未知的情况
Rosenbrock	Rosenbrock 公式	变步长	单步	显式	否	
Discrete State Only		固定步长	单步		可	仅适用于离散无连续状态的情况
SDIRK 4	四阶 SDRK 算法	变步长	单步	隐式	否	
Radau 5	五阶 Radau 算法	变步长	单步	隐式	否	
Radau 9	九阶 Radau 算法	变步长	单步	隐式	否	
Radau 13	十三阶 Radau 算法	变步长	单步	隐式	否	
Radau [Variable Order]	变阶 Radau 算法	变步长	多步	隐式	否	适用于模型未知的情况
Gear's Methode	变阶 Gear 算法	变步长	多步	隐式	否	适用于模型未知的情况

选定解算器之后，还需要通过 Step Size 栏或 Discrete Step Size 栏指定仿真步长。一般情况下，可以先用默认值尝试。

2.3.5.3 仿真参数的在线配置

默认情况下，控件与仿真循环的输入节点仅显示错误输入端。用鼠标向下拖动输入节点下边框，可以显示全部输入端子，如图 2-45 所示。

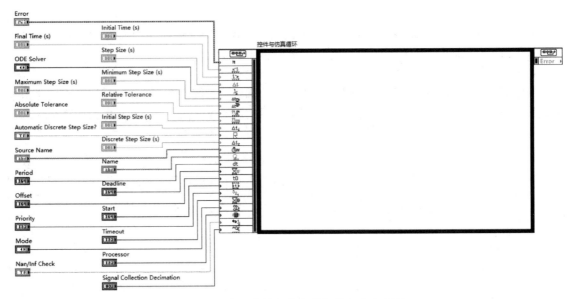

图 2-45 带有完整输入节点的控件与仿真循环

如果仅使用部分输入端子，则可以拖动输入节点为需要大小，然后通过右键菜单"Select Input（选择输入）"命令选择输入端子，如图 2-46 所示。

1）选择解算器

控件与仿真循环的输入端子 ODE Solver 可以配置解算器。它是枚举型数据，可以从 LabVIEW 提供的 16 种解算器中选择一种使用。用户也可以使用自己定义的外部解算器，具体操作可以参考帮助主题"How to Creating and Using External Solvers"。

2）配置仿真参数

选定解算器以后，还需要配置解算器的仿真参数，主要是以下几组：

（1）仿真时间，包括 Initial Time(s)端子和 Final Time(s)端子，指定解算器开始、结束仿真的时间，默认为 0s 和 10s。

通常，Final Time(s)端子的结束时间会设置为不小于仿真开始时间的浮点数。如果设置为 Inf 值，则表示解算器会持续仿真，直到满足 Halt Simulation 函数指定的仿真停止条件。

（2）离散时间步长，包括 Automatic Discrete Time Step Size?端子和 Discrete Step Size(s)端子，用于配置仿真离散环节所使用的步长。

Automatic Discrete Time Step Size? 端子设置仿真是否使用自动离散步长。如果设为 True，解算器使用自动离散步长进行仿真，其值由离散环节的采样周期（Sample Period）和采样迟滞（Sample Skew）决定；如果设为 False，则解算器使用 Discrete Step Size(s)端子指定的离散步长进行仿真。

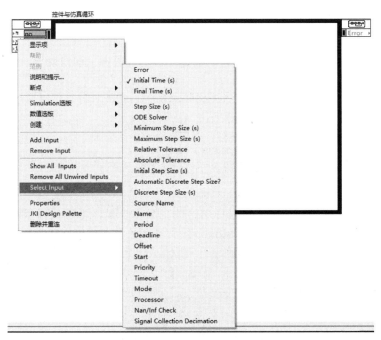

图 2-46　选择输入端子

（3）连续时间步长和容限，即仿真连续环节所使用的参数。

对于固定步长解算器，只需要通过 Step Size(s)端子设置步长。

对于变步长解算器，则需要连接以下端子：

- Initial Step Size(s)：指定解算器第一步采用的步长。
- Minimum Step Size (s)：指定解算器可以采用的最小步长。
- Maximum Step Size (s)：指定解算器可以采用的最大步长。
- Relative Tolerance：指定解算器可以接受的相对容限，和 Absolute Tolerance 一起决定解算器允许的最大局部误差，在仿真结果较大时影响明显。
- Absolute Tolerance：指定解算器可以接受的绝对容限，和 Relative Tolerance 一起决定解算器允许的最大局部误差，在仿真结果较小时影响明显。

3）配置实时时钟

大多数情况下，解算器的仿真时间是抽象的数学变量，而非实际时间。但在进行 RCP 设计或 HIL 仿真时，解算器需要按照实际时间产生仿真输出。在这种情况下，必须为解算器配置实时时钟。

控件与仿真循环的实时时钟配置与定时循环相同。只要将内部或外部时钟源连接到 Source Name（源名称）端子，解算器就可以根据仿真步长自动设置定时中断。考虑到变步长解算器的步长在仿真期间是不确定的，故只有固定步长解算器可以配置实时时钟。

用户也可以自己设置定时中断，操作方法与定时循环完全相同。

2.4　信号重构

作为采样过程的逆过程，信号重构指的是把离散时间序列转换成连续时间函数的运算过程，其主要研究如何将计算机以序列形式输出的数字信号转换为直接作用于被控对象的连续信号。

2.4.1 香农重构

信号重构最直接的办法是利用采样定理的逆运算。这种根据采样定理导出的信号重构方法称为香农重构。

香农重构：对于有限频谱信号 $e(t)$，当采样频率 ω_s 大于 $2\omega_{max}$ 时，可以通过插值公式

$$e(t) = \sum_{k=-\infty}^{+\infty} e^*(kT) \frac{\sin\left(\omega_s \dfrac{t-kT}{2}\right)}{\omega_s \dfrac{t-kT}{2}} \tag{2-7}$$

由采样信号 $e^*(kT)$ 唯一确定 $e(t)$。

香农重构利用理想低通滤波器截取采样信号的主频率分量，再通过傅里叶逆变换重构原信号。其本质是一种线性非因果插值运算，插值函数为 sinc 函数，插值间距为采样周期 T，权重为采样信号 $e^*(kT)$。因此，香农重构可以准确地再现原信号，但仅适用于周期采样的有限带宽信号，且需要获得整个时域的采样信号 $e^*(kT)$ $(k = \cdots, -2, -1, 0, 1, 2, \cdots)$。

2.4.2 保持法重构

在实际工程中，理想低通滤波器是得不到的，将来的采样输出在当下也是未知的。因此，计算机控制系统的信号重构无法通过香农重构实现。

保持法重构是一种非线性因果重构。它利用采样信号的历史数据实现各采样点之间的插值，是满足工程要求的信号重构方法。

保持器是利用采样信号历史数据外推连续信号输出的装置。根据使用的外推方法的不同，保持器一般分为零阶保持器、一阶保持器和预期一阶保持器，相应的保持法分别为零阶保持法、一阶保持法和预期一阶保持法。其中，零阶保持（Zero-order Hold，ZOH）法是计算机控制中最常用的，也是本书讨论的重点。

零阶保持法采用恒值外推原理，把 kT 时刻的信号值一直维持到 $(k+1)T$ 时刻，从而把离散时间序列 $e^*(kT)$ 变成分段恒值的右连续信号 $\hat{e}(t)$，如图 2-47 所示。由于 $\hat{e}(t)$ 在采样区间内的值恒定不变，故称零阶保持。

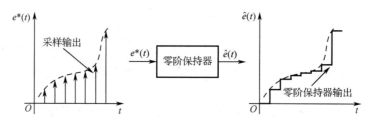

图 2-47 零阶保持法的原理

根据定义，零阶保持器的输入输出关系为

$$\hat{e}(t) = \sum_{k=0}^{+\infty} e^*(kT)[\varepsilon(t-kT) - \varepsilon(t-(k+1)T)] \tag{2-8}$$

式中，$\varepsilon(t-kT)$ 是单位阶跃函数。

求 $\hat{e}(t)$ 的拉氏变换，得

$$\hat{E}(s) = \sum_{k=0}^{+\infty} e^*(kT) e^{-kTs} \frac{1-e^{-Ts}}{s}$$

设 $e^*(kT)$ 的拉氏变换

$$E^*(s) = \sum_{k=0}^{+\infty} e^*(kT)\mathrm{e}^{-kTs}$$

则零阶保持器的传递函数

$$H(s) = \frac{\hat{E}(s)}{E^*(s)} = \frac{1 - \mathrm{e}^{-Ts}}{s} = \frac{1}{s}(1 - \mathrm{e}^{-Ts}) \tag{2-9}$$

其频率特性为

$$H(\mathrm{j}\omega) = \frac{1 - \mathrm{e}^{-\mathrm{j}\omega T}}{\mathrm{j}\omega} - T\mathrm{e}^{-\mathrm{j}\frac{\omega T}{2}} \frac{\sin\frac{\omega T}{2}}{\frac{\omega T}{2}}$$

令 $T = \dfrac{2\pi}{\omega_\mathrm{s}}$，则上式可写为

$$H(\mathrm{j}\omega) = \frac{2\pi}{\omega_\mathrm{s}} \frac{\sin\pi\dfrac{\omega}{\omega_\mathrm{s}}}{\pi\dfrac{\omega}{\omega_\mathrm{s}}} \mathrm{e}^{-\mathrm{j}\pi\frac{\omega}{\omega_\mathrm{s}}}$$

于是，零阶保持器的幅频特性和相频特性可以写为

$$\left|H(\mathrm{j}\omega)\right| = \frac{2\pi}{\omega_\mathrm{s}} \left|\frac{\sin\pi\dfrac{\omega}{\omega_\mathrm{s}}}{\pi\dfrac{\omega}{\omega_\mathrm{s}}}\right| = T\left|\frac{\sin\pi\dfrac{\omega}{\omega_\mathrm{s}}}{\pi\dfrac{\omega}{\omega_\mathrm{s}}}\right| \tag{2-10}$$

$$\angle H(\mathrm{j}\omega) = -\pi\frac{\omega}{\omega_\mathrm{s}} + \theta \tag{2-11}$$

式中，$\theta = \pi\mathrm{floor}(\omega/\omega_\mathrm{s})$，floor() 为向下取整函数。

【例 2-10】利用 LabVIEW 绘制零阶保持器的幅频特性曲线和相频特性曲线。

如果直接利用式（2-10）和式（2-11）绘制零阶保持器的幅频特性曲线和相频特性曲线，则曲线形状会随着采样频率的变化而变化，不容易分析零阶保持器的特性。

因此，定义归一化频率 $\omega_\mathrm{d} = 2\pi\omega/\omega_\mathrm{s} = 2\pi f_\mathrm{d}$，称为数字角频率，表示当前信号频率在一个采样周期内的相对位置。式中，$f_\mathrm{d} = \omega/\omega_\mathrm{s} = f/f_\mathrm{s} = T_\mathrm{s}/T$，称为数字频率，是数字角频率在时域的表现。于是，式（2-10）和式（2-11）可以写为

$$\frac{\left|H(\mathrm{j}\omega)\right|}{T_\mathrm{s}} = \frac{2\pi}{\omega_\mathrm{d}} \left|\frac{\sin\dfrac{\omega_\mathrm{d}}{2}}{\dfrac{\omega_\mathrm{d}}{2}}\right| \tag{2-12}$$

$$\angle H(\mathrm{j}\omega) = -\frac{\omega_\mathrm{d}}{2} + \theta \tag{2-13}$$

$$\theta = \pi\mathrm{floor}(\omega_\mathrm{d}/2\pi)$$

可以看到，式（2-12）和式（2-13）的运算结果与采样频率的取值无关，据此绘制的幅频特性曲线和相频特性曲线是固定形状的曲线，不会随采样频率的取值变化而改变形状，有利于零阶保持器的特性分析。

假设 k 个采样周期得到的采样点数为 N，则有 $\omega_\mathrm{d} = 2\pi k/N$，$f_\mathrm{d} = k/N$。于是，可以把式（2-12）和式（2-13）进一步改写为

$$\frac{\left|H(\mathrm{j}\omega)\right|}{T_{\mathrm{s}}} = \frac{N}{k}\left|\frac{\sin\dfrac{\pi k}{N}}{\dfrac{\pi k}{N}}\right|$$

$$\angle H(\mathrm{j}\omega) = -\frac{\pi k}{N} + \theta$$

$$\theta = \pi\,\mathrm{floor}\left(k/N\right)$$

假设 $k=4$，$N=1000$，使用 LabVIEW 绘制零阶保持器的幅频特性曲线和相频特性曲线，如图 2-48 所示，相应的程序框图如图 2-49 所示。

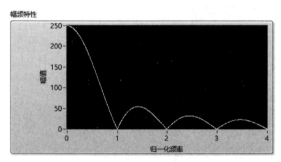

（a）幅频特性曲线，横坐标为归一化频率，
纵坐标为幅值 $\left|H(\mathrm{j}\omega)\right|/T_{\mathrm{s}}$

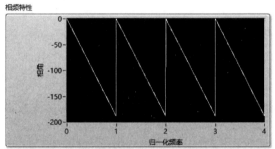

（b）相频特性曲线，横坐标为归一化频率，
纵坐标为相位 $\angle H(\mathrm{j}\omega)$

图 2-48　零阶保持器的频率响应（幅频特性曲线和相频特性曲线）

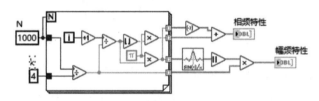

图 2-49　例 2-10 仿真程序框图

由图 2-48 可见，零阶保持器本质上是一个低通滤波器，可以用积分器实现。与理想低通滤波器相比，零阶保持器的不足在于：①具有多个截止频率，使得高频分量也可以通过低通滤波器，在重构信号中产生较大误差；②引入了滞后相位，从而使系统的稳定性降低。

但总的说来，零阶保持器结构简单，时间延迟小，且可以用于非周期采样，所以是控制工程中普遍使用的信号重构设备。实际上，只要保证采样频率 ω_{s} 远大于连续信号最高频率分量 $\omega_{\max}$，零阶保持器的效果就是可以接受的。

2.5　采样保持电路

2.5.1　基本电路

采样保持器是完成信号采样和重构运算的物理器件，其原理电路（采样保持电路）由采样开关和低通滤波器（由电阻 R 和电容 C 构成）串联得到，如图 2-50 所示。图中，S 是采样脉冲 Clock 控制的采样开关，C 是保持电容。

采样保持电路是用外部逻辑电平控制内部工作状态的模拟电

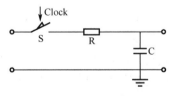

图 2-50　采样保持电路

路。它有两个稳定的工作状态，既能通过采样动作完成信号采样，也能通过保持动作完成信号重构。其工作过程如图 2-51 所示，描述如下：

当采样脉冲 Clock 为低电平时，采样开关 S 闭合，采样保持电路进入采样状态。在此状态下，输入信号通过电阻 R 向保持电容 C 充电，使电容电压跟随输入信号变化，直到状态翻转瞬间完成采样动作，将采样保持电路的输出电压锁定为采样开关断开瞬间的输入。

相应地，当采样脉冲 Clock 为高电平时，采样开关 S 断开，采样保持电路进入保持状态。在此状态下，因保持电容 C 没有放电回路，故采样保持电路的输出电压被锁定为采样开关断开瞬间的输入，即保持采样值不变。直到下一次进入采样状态，采样保持电路的输出电压才发生变化。

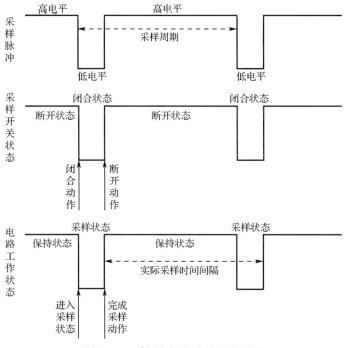

图 2-51　采样保持电路的工作过程

可见，采样保持电路有两个稳定的工作状态：采样状态和保持状态。其工作过程可以据此划分为四个阶段：

（1）采样阶段。

采样开关彻底闭合，保持电容完成充电，其电压同步原始输入，采样信号跟随原始输入信号变化。

（2）采样阶段向保持阶段转换的过渡阶段。

采样开关断开瞬间，采样信号被锁定为开关断开瞬间的值（采样值）。

（3）保持阶段。

采样开关彻底断开，保持电容通过负载电路放电，采样信号维持采样值，几乎不会发生变化。

（4）保持阶段向采样阶段转换的过渡阶段。

采样开关闭合瞬间，保持电容开始充电。

在这个过程中，信号重构工作将在保持阶段完成，信号重构的准备工作将在采样阶段完成，重构信号的值则是采样阶段转换为保持阶段瞬间的输入信号的值。由于真正的采样动作发生在采样开关闭合瞬间，而不是采样脉冲发生的时刻，期望采样信号和实际采样信号会存在偏差，其大小取决于被采样信号的变化速率和采样脉冲的脉宽。

2.5.2 采样保持器

由图 2-51 可知，采样开关动作越快，低通滤波回路的时间常数越小，采样保持器就越容易在采样脉冲发生时刻的瞬间完成采样，采样信号的质量就越高。同时，采样开关的截止电阻越高，低通滤波回路的负载电阻越大，采样保持器就越容易维持恒定，保持输出的质量就越高。

机械开关和分立元件构成的电路不容易满足这一要求。因此，实际使用的采样保持器以集成电路为主，或封装为独立芯片（如 LF198/398 等），或与 ADC/DAC 集成为一体（如 AD582、AD583 等）。

串联型采样保持器电路（见图 2-52）是常见的采样保持器电路。图 2-52 中，两个运算放大器都接成电压跟随器的形式。工作过程描述如下：

当采样开关 S 闭合时，因 OP1 的"虚短"特性，其输出 u_1 会与 OP1 同相端输入同步，电容电压 u_2 跟随其变化，并反映到 OP2 的输出端，直到采样开关断开。

当采样开关 S 断开时，因 OP2 的"虚断"特性，保持电容 C 的电荷维持不变，u_2 被锁定在采样开关断开的瞬间，直到下一次开关闭合。

串联型采样保持器用两个运算放大器进行输入输出缓冲，并用电子开关代替机械开关，能够切实提高采样保持电路的响应速度。但是，两级运算放大器串联的结构，也放大了 OP1 的噪声，降低了采样信号的精度。

反馈型采样保持器电路（见图 2-53）是在串联型采样保持器电路的基础上得到的。图 2-53 中，两个运算放大器同样接成电压跟随器的形式，但在 OP2 和 OP1 之间增加了反馈回路。其工作过程如下：

当采样开关 K1 闭合时，OP1 的反馈回路断开（K2 断开），OP1、OP2 组成复合型电压跟随器，OP2 的输出将同步 u_1，直到采样开关 K1 断开。

当采样开关 K1 断开时，OP1 的反馈回路闭合（K2 闭合），电容电压 u_2 被锁定在 K1 断开瞬间，OP2 输出跟随 u_2，直到 K1 下一次闭合。

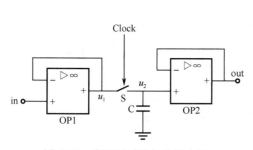

图 2-52　串联型采样保持器电路

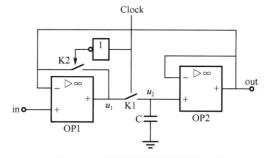

图 2-53　反馈型采样保持器电路

可见，与串联型采样保持器不同，无论采样阶段还是保持阶段，反馈型采样保持器的 OP2 输出都在跟随输入变化，因此，其响应速度比串联型采样保持器更快。同时，由于采样信号是复合型电压跟随器的输出，OP1 的噪声不会被放大，采样信号的精度得到显著改善。

2.5.3 主要技术参数

前面讨论采样保持器的工作过程时，均以相关电路工作于理想状态为分析前提。假设：

（1）采样脉冲为理想波形；

（2）采样开关能够瞬时动作，且闭合电阻为零、断开电阻为无穷大；

（3）运算放大器不存在失调电压，没有偏置电流，输入阻抗和共模抑制比无限大，带宽无限大且没有噪声；

（4）电路参数不受环境条件和使用条件的影响。

实际工程不具备这些假设条件。由于真实电路存在不可避免的加工缺陷，采样保持器的实际工作过程与图 2-51 所示有一定差别：保持阶段和采样阶段的输出信号都会偏离输入信号；采样状态和保持状态之间的切换也不能瞬时完成，而是需要一定的过渡时间，如图 2-54 所示。

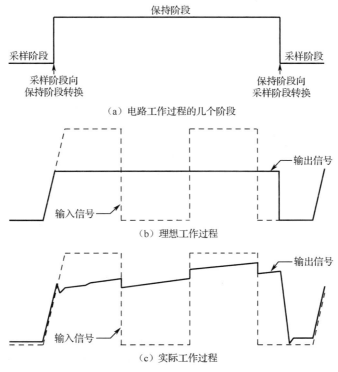

图 2-54　采样保持器实际工作过程

采样保持器的技术参数与运算放大器的技术参数大致相同，因此，可以用类似的参数来分析其工作过程。

1）采样阶段

采样保持器输出信号应同步输入信号。但由于运算放大器存在非线性，实际输出信号会偏离输入信号。实际使用时，为保持系统线性，要求采样保持器的分辨率高于后续 ADC/DAC 至少一个数量级。

运算放大器的失调电压、温度漂移和直流偏置也会使实际输出偏离输入，但通过适当的电路设计或选用合适的校准方法可以消除其影响。

2）采样阶段向保持阶段转换的过渡阶段

采样保持器输出信号应锁定为开关断开瞬间的值（采样值）。但由于采样开关彻底闭合需要一定的时间，缓冲放大器建立稳定输出也需要时间，所以采样保持器实际采集信号与期望采集信号存在误差。其大小除与采样保持转换时间有关外，还受输入信号频率的影响。

通常定义采样保持器自接收保持命令到真正进入保持状态的时间延迟为孔径时间，用于描述采样保持器由采样阶段进入保持阶段所需要的过渡时间。从图 2-55 可以看出，在孔径时间内，采样保持器的输出仍然会跟随输入变化，由此产生的振幅误差称为孔径误差。

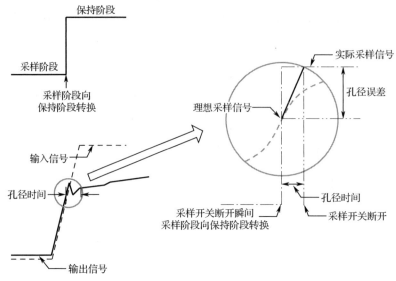

图 2-55　孔径时间的影响

计算孔径误差时，通常按照最恶劣的情况计算，即选择最高频率信号分量幅值变化最快的时刻计算。这样得到的孔径误差是可能出现的最大误差，用下面的式子计算（假设最高频率信号是正弦信号）：

$$A_E = \frac{d(A\sin 2\pi f)}{dt} t_a \times 100\% = 2\pi ft \times 100\% \qquad (2-14)$$

式中，A_E 是孔径误差；A 是最高频率信号分量的振幅；f 是最高频率信号分量的频率；t_a 是孔径时间。

3）保持阶段

采样保持器输出信号应维持采样值不变。但由于存在漏电流，实际采样输出会有波动。选择较大的保持电容可以提高保持精度，但会增加电路时间常数，降低跟随原始输入信号的速度。

4）保持阶段向采样阶段转换的过渡阶段

采样保持器输出信号应在开关闭合瞬间就与输入信号相等。但由于相邻两次采样的值大概率不相等，甚至可能发生满量程变化，所以采样保持器需要重新对保持电容充电才可以跟随输入变化。

为了消除或抑制上述差异的影响，技术人员需要阅读备选器件的数据手册（DataSheet），了解相关参数的具体值，以及获取这些参数的测试条件和影响因素，进而根据实际工作条件对既有设计进行评估和改善，以获得与工程使用环境相符合的实施方案。

配套电子资源概要介绍了数据手册的基本结构和使用方法，供读者参考。

除优化硬件电路外，还可以通过增加采样点来消除或抑制采样信号的噪声。具体来说，在对指定模拟信号采样时，除按照原始输入信号最高频率分量的 5～10 倍选择采样频率外，还应保证采样点数量至少覆盖原始输入信号的 3 个周期，以便滤波。实际工程中，采样点数往往需要覆盖10 个以上信号周期才能确保较好的效果。

2.6　练习题

2-1　举例说明什么是信息，什么是信号，二者之间有何关系。

2-2　什么是信息熵？它有什么用处？

2-3　列举计算机控制系统常见的信号类型，说明它们之间存在的联系。

2-4 绘制信号采样的原理图，并复述采样过程。

2-5 编写 VI，生成信号 $u(t) = A\sin(2\pi ft) + u_0$。要求：

（1）信号振幅 $A \in [0, 25]$，由前面板输入；

（2）信号频率 $f \in [1, 1000]$，由前面板输入；

（3）直流偏置电压 $u_0 \in [0, 5]$，随机产生；

（4）生成信号 $u(t)$ 用波形图显示，样本数量为 200 点。**

2-6 编写 VI，生成信号 $u(t) = A\sin(2\pi f_1 t) + A\cos 2\pi f_2 t$。要求：

（1）信号振幅 $A \in [0, 1]$，由前面板输入；

（2）信号频率 $f_1, f_2 \in [1, 1000]$，由前面板输入；

（3）生成信号 $u(t)$ 用波形图显示，样本数量为 300 点。**

2-7 复述采样定理，说明采样定理适用的条件。

2-8 什么是奈奎斯特频率？它和采样频率有何关系？

2-9 解释频率混叠产生的原因和造成的后果。

2-10 对 2Hz 的正弦信号进行理想采样。假设采样频率是 10Hz，试：

（1）列出采样信号中所有频率小于 50Hz 的分量；

（2）输入的正弦信号的频率改为 8Hz，重做（1）。

2-11 对 $u(t) = 3\sin(4\pi t) + 2\sin(16\pi t)$ 进行理想采样。假设采样频率是 10Hz，试：

（1）计算相应的奈奎斯特频率；

（2）若仅要求采样 $3\sin(4\pi t)$ 分量，应如何设计采样方案？

2-12 假设某信号的频谱如图 2-56 所示。

（1）若对该信号进行理想采样，采样频率应如何选择？

（2）若该信号与白噪声混杂在一起，则需要先滤除噪声才可以采样。理想情况下，应如何选择滤波器的带宽？

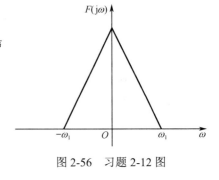

图 2-56 习题 2-12 图

2-13 零阶保持法能否无损重构信号？为什么？

2-14 绘制零阶保持电路原理图，并复述其工作过程。

2-15 已知一阶保持器的输入输出关系为

$$\hat{e}(t) = e^*(kT) + \frac{e^*(kT) - e^*(kT - T)}{T}(t - kT)$$

式中，k 为 t/T 的向下取整值。试：

（1）计算一阶保持器的输入输出函数；

（2）计算一阶保持器的频率特性。*

2-16 编写 VI，绘制零阶保持器和一阶保持器的频率特性曲线，比较二者的性能。**

2.7 思政讨论：基于信息的控制

【知识】

随着第四次工业革命的发展，信息技术逐渐渗透到科学技术的方方面面。在这种情况下，许多经典理论和传统技术仍然适用，但有必要从全新的角度重新解释，以方便我们融合经典理论与现代技术。

控制科学和信息科学的关系也是如此。从信息科学的角度来看，控制系统与环境之间以及控制系统内部要素之间的相互联系和作用，都是通过彼此间的信息交换和加工实现的。控制系统所依赖的反馈，其实质是信息反馈。

因此，可以从信号变换和处理角度解释控制过程。这种角度下，控制理论和实现技术只是同一信息的不同表达；模拟控制和计算机控制的信息处理方法也没有差异，只是使用不同形式的信号来完成。

【活动】

通过网络或图书馆查找议题相关资料，制作短视频/幻灯片阐明个人对"基于信息的控制"的态度。要求基于（但不限于）以下一个或多个材料：

- 概括维纳、奈奎斯特、钱学森、关肇直等国内外著名学者对系统科学、控制科学和信息科学的观点，辨析系统、信息和控制的关系，培养多元思考的辩证思维方式，表现理性与实用主义精神相结合的批判性思维。
- 列举我国技术人员在系统科学、控制科学和信息科学领域取得的成就，探究三者之间的辩证唯物关系，继承和发扬自主创新的科研精神，自觉增强理论自信和文化自信。
- 以"信号采集与重构的设计与实施"为例，解释"基于信息的控制"，认识设计初衷和实现路径的对立统一关系，树立"不忘初心，善作善成"的工匠精神。

分析篇

控制是为实现预期目标而对被控对象采取的行为改善手段。因此，在设计计算机控制系统之前，必须建立相应的数学模型以描述和揭示计算机控制系统的工作本质，分析被控对象的行为特性，判断预期行为是否合理。

这种描述对象行为特性并揭示其工作本质的过程称为系统分析，是整个设计工作的基础。

第3章 连续对象的离散行为

3.1 学习目标

被控对象动态行为与预期行为之间的相互作用是计算机控制的根本，描述被控对象动态行为的数学模型是计算机控制设计的关键。本章即以单输入单输出系统为例，介绍集总参数模型的建立方法。主要学习内容如下：

- 定义术语
  - □ 脉冲传递函数（3.4 节）
  - □ 混合系统（3.6 节）
- 列举
  - □ 连续对象的行为描述方法（3.2 节）
  - □ 离散对象的行为描述方法（3.4 节）
  - □ 对象间的运算方式（3.6 节）
- 解释
  - □ 结构图的意义（3.2 节）
  - □ 信号流图的意义（3.2 节）
  - □ 脉冲传递函数的意义（3.4 节）
  - □ 混合系统的特殊性（3.6 节）
- 手工（或使用计算机**）绘制
  - □ 给定连续对象的结构图/信号流图（3.2 节，3.3 节）
  - □ 给定离散对象的结构图/信号流图（3.4 节，3.5 节）
  - □ 给定系统的结构图/信号流图（3.6 节，3.7 节）
- 手工（或使用计算机**）求解
  - □ 给定离散对象的脉冲输出序列/脉冲传递函数（3.4 节，3.5 节）
  - □ 给定离散系统的脉冲输出序列/脉冲传递函数（3.6 节，3.7 节）
  - □ 给定混合系统的脉冲输出序列/脉冲传递函数（3.6 节，3.7 节）
- 比较
  - □ 结构图和信号流图（3.2 节，3.4 节）
  - □ 微分方程/差分方程描述和传递函数/脉冲传递函数描述（3.2 节，3.4 节）
  - □ 连续域和离散域的状态空间表示（3.4 节）

3.2 连续对象的行为描述

工程实践中，计算机控制所处理的对象几乎都是存在于真实世界的随时间连续变化的物理对象。因此，我们把连续对象的行为描述作为学习计算机控制的起点。

该过程通常早于物理设备的开发，主要工作内容是对物理对象的真实行为进行合理简化与正确抽象。具体来说，就是除正确刻画连续对象的动力学特征外，还需要保证模型参数与真实对象特征的匹配。

这些数学描述除了用于分析计算机控制系统各变量之间的相互关系，还是系统实现阶段面向对象编程的基础。

3.2.1　图形表示法

图形表示法是定性描述连续对象行为的结构化方法。它不需要数学公式即可创建，能清晰刻画对象的输入输出关系，不仅是定量描述对象行为的基础，还有助于识别对象的基本性质（如因果性等）。

图形表示法虽然不能用于解析计算，但在数值计算上有优势。而且，基于图形表示法，技术人员才可以在抽象数学描述与工程物理实现之间建立直观联系，进而选择或研发系统工程实现需要的装置。因此，不宜低估图形表示法的重要性。

3.2.1.1　结构图

结构图是将物理对象抽象为多端口网络的图形化表示。它是起源于电子学的一种网络建模方法，已在机械、流体及热力学等多个领域得到广泛应用，并作为一种强有力的计算工具应用于计算机辅助设计软件中。

集总参数对象的结构图类型如图 3-1 所示。它包括两个部分：表示对象功能的矩形（或称网络）和表示对象与环境交互作用的线段（或称端子）。端子可以独立使用，也可以成对使用。每一对端子构成一个端口。根据端口数量的不同，连续对象可以用单端口、二端口、多端口网络表示。每种类型的网络又可以根据端子数量细分。实际使用中，则以单端口网络和二端口网络最为常见。

图 3-1　集总参数对象的结构图类型

连续对象的行为特性使用结构图的端子变量描述。以二端口网络（见图 3-2）为例，用端子传输的变量（流变量）描述流经二端口网络的信号，反映进入或离开对象的动能，一般用带箭头的线段（有向线段）表示，箭头指向即信号传输方向。而用端口传输的变量（势变量）描述施加于二端口网络的信号（或相反，描述二端口网络施加于环境的信号），反映环境作用于对象的势能（或相反）。势变量必须使用两个端子表示，而流

图 3-2　二端口网络结构图

变量可以用一个端子表示。

根据对象与环境的相互作用，结构图网络通常分为能量耦合网络和信号耦合网络两类。

能量耦合网络的对象与环境存在物理耦合，彼此间具有负载效应，因此端子信号的流向不确定，如图 3-3 所示。在这种情况下，信息通过功率流传输，故需要同时给出流变量和势变量，以便用二者的乘积描述单位时间内进入或离开对象的能量（功率）。流变量和势变量也因此被称为共轭变量。

图 3-3　能量耦合网络

如果能量耦合网络的两个共轭变量有一个恒为零，则得到信号耦合网络。信号耦合网络的对象与环境不存在物理耦合，彼此间只有信号连接关系，不需要考虑负载效应引起的反作用。因此，信号耦合网络的信号流即信息流，其端子信号的流向固定为信息传输方向，如图 3-4 所示。

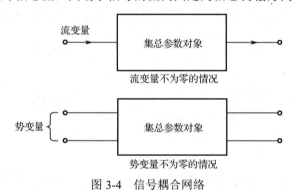

图 3-4　信号耦合网络

能量耦合网络和信号耦合网络都可以描述物理对象的行为。但前者的抽象度较低，模型更贴近物理对象，其行为除与连续对象自身结构有关，还受环境影响；而后者的抽象度较高，模型行为仅由连续对象自身结构决定。因此，控制理论使用的结构图网络以后者为主。

【例 3-1】绘制图 3-5 所示二端子元件的结构图。

以绘制电阻元件的结构图为例。

考虑负载的情况下，用矩形表示电阻元件构成的二端口网络，进而添加输入端子和输出端子，并标注信号及其流向，得到图 3-6。

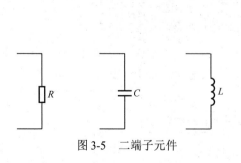

图 3-5　二端子元件

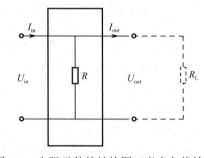

图 3-6　电阻元件的结构图（考虑负载效应）

若假定负载 R_L 已知，则

$$U_{out} = -\frac{R_L}{R}U_{in} + R_L I_{in}$$

$$I_{out} = -\frac{1}{R}U_{in} + I_{in}$$

不考虑负载电阻的影响，则电阻元件的结构图可以表示为图 3-7，其输入输出关系为

$$U_{out} = U_{in}$$

或

$$U_{out} = I_{in}R$$

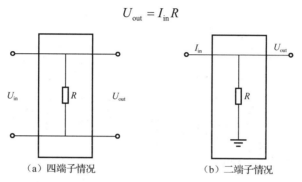

　　　　（a）四端子情况　　　　　　　　　（b）二端子情况

图 3-7　电阻元件的结构图（不考虑负载效应）

电容元件和电感元件的结构图可以用同样的方法获得，请自行练习。

由例 3-1 可知，在对象内部结构已知的情况下，可以利用结构图建立输入输出的定量描述。此时的结构图模型即"白盒"模型。

如果不清楚对象的内部结构，也可以使用实测数据或经验公式为结构图建立定量的输入输出描述。此时的结构图模型即"黑盒"模型。

3.2.1.2　信号流图

信号流图是另外一种常用的图形表示法。它使用经有向线段连接的节点集合表示线性代数方程组，以描述信号耦合网络，如图 3-8 所示。图中，实心圆称为节点，表示方程组的输入变量或输出变量，代表连续对象的输入信号或输出信号；节点之间的有向线段称为支路，表示联系两个变量的方程，代表两个信号之间的运算关系；支路的箭头指向表示信号流向；支路的标注则表示信号增益（没有标注代表信号增益为 1）。

信号流图的节点类型如图 3-8 所示。

● 源节点：只有输出支路的节点，代表方程的输入变量，可以描述现实世界的信源。
● 混合节点：既有输入支路又有输出支路的节点，代表方程求解过程中的临时变量，可以描述现实世界的信道。
● 阱节点：只有输入支路的节点，代表方程的输出变量，可以描述现实世界的信宿。

　　源节点　　　　　　混合节点　　　　　　阱节点
　　（信源）　　　　　（信源）　　　　　　（信宿）

图 3-8　信号流图的节点类型

任何涉及联立代数方程组求解的问题都可以使用信号流图。因此，信号流图的应用范围比结构图更广。但是，与结构图相比，信号流图只适用于线性系统，且主观性很强。其节点只反映方程组的输入/输出变量，与物理系统的真实信号未必对应；其支路只反映节点间的运算关系，与物理系统的真实连接关系未必对应。因此，信号流图的网络拓扑结构未必反映物理系统的真实结构，

其表示的线性代数方程组也不一定具有因果性。

【例 3-2】绘制例 3-1 中电阻元件的信号流图。

由例 3-1 可知，在负载 R_L 已知的前提下，有

$$\begin{cases} U_{out} = -\dfrac{R_L}{R}U_{in} + R_L I_{in} \\[2mm] I_{out} = -\dfrac{1}{R}U_{in} + I_{in} \end{cases}$$

于是，得到电阻元件的信号流图，如图 3-9 所示。

图 3-9　电阻元件的信号流图（考虑负载效应）

图 3-9 中，两种信号流图都是正确的，且符合逻辑。但是，任何一种信号流图的网络结构都不能反映物理对象的真实结构。

若不考虑负载电阻的影响，则有

$$U_{out} = U_{in} \quad 或 \quad U_{out} = I_{in}R$$

得到电阻元件的信号流图，如图 3-10 所示。

$$U_{in} \bullet\!\!\longrightarrow\!\!\bullet U_{out} \quad 或 \quad I_{in} \bullet\!\!\overset{R}{\longrightarrow}\!\!\bullet U_{out}$$

图 3-10　电阻元件的信号流图（不考虑负载效应）

同样地，信号流图的网络结构不反映物理对象的真实结构。但若忽略信号的物理属性，信号流图输入输出的逻辑关系要比结构图更清晰。

3.2.2　解析表示法

解析表示法是定量描述连续对象行为的方法。与图形表示法关注信息传输路径不同，解析表示法关注的是信息传输过程。它使用微分方程组描述连续对象的输入输出关系，通过信号流或功率流随时间或空间的变化来表现信息传输过程。

解析表示法在控制系统的分析和设计中有着相当重要的地位。它不仅是系统解析分析和数值仿真的基础，更是设计控制器的前提。毕竟，信息不发生任何改变的系统，根本没有必要进行控制。

3.2.2.1　微分方程

最直观的解析表示是在时域建立对象输入输出随时间变化的微分方程。

由 3.2.1.1 节可知，利用结构图可以获得连续对象的输入输出关系，或称连续对象的运动方程。对运动方程求导，就可以获得连续对象的微分方程。

以单输入单输出对象为例。如果将对象表示为能量耦合网络，则可以根据能量守恒原理，利用拉格朗日方程建立对象的运动方程，并表示为图 3-11（a）所示的四端子网络；如果对象表示为信号耦合网络，则可以利用基尔霍夫定律建立对象的运动方程，并表示为图 3-11（b）所示的二端子网络。图中，$T:e(t) \rightarrow u(t)$ 表示运动方程。$e(t)$ 为连续对象的输入，$u(t)$ 为其输出。

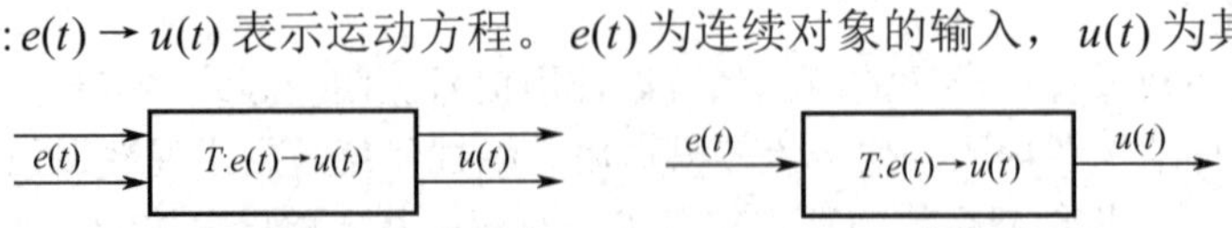

$$e(t) \longrightarrow \boxed{T:e(t)\rightarrow u(t)} \overset{u(t)}{\longrightarrow} \qquad e(t) \longrightarrow \boxed{T:e(t)\rightarrow u(t)} \overset{u(t)}{\longrightarrow}$$

（a）　　　　　　　　　　　　　　　（b）

图 3-11　单输入单输出连续对象的结构图

对于物理对象，$T:e(t)\rightarrow u(t)$ 是非线性方程。为简化分析，通常只考虑对象工作点附近的小信号输入，以便用线性微分方程近似运动方程。此时，单输入单输出连续对象的微分方程可以表示为

$$a_n\frac{\mathrm{d}^n u(t)}{\mathrm{d}t^n}+\cdots+a_1\frac{\mathrm{d}u(t)}{\mathrm{d}t}+a_0 u(t)=b_m\frac{\mathrm{d}^m e(t)}{\mathrm{d}t^m}+\cdots+b_1\frac{\mathrm{d}e(t)}{\mathrm{d}t}+b_0 e(t) \tag{3-1}$$

式中，$a_0,a_1,\cdots,a_n$ 和 $b_0,b_1,\cdots,b_m$ 是由对象自身结构决定的常系数。当初始条件 $u(0)$ 和输入 $e(t)$ 已知时，可以利用该方程唯一地确定系统输出 $u(t)$。

需要注意，式（3-1）描述的是"工作点附近的小信号输入"的影响，其输出是对象运动状态由此产生的增量，而不是对象自身的运动状态。同时，方程也隐含了两个假设条件：

（1）对象原本处于相对静止状态。在 $e(t)$ 发生变化之前，对象处于平衡状态，即 $u(t)$ 各阶导数均为零。

（2）对象仅在工作点附近运动。在 $e(t)$ 发生变化之后，对象因受到小信号 $e(t)$ 的作用而偏离工作点，但增量有限，不会离原工作点太远。

【例 3-3】试写出例 3-1 中电阻元件的微分方程描述。

由例 3-1 可知，在负载 R_L 已知的前提下，有

$$\begin{cases} U_{\mathrm{out}}=-\dfrac{R_L}{R}U_{\mathrm{in}}+R_L I_{\mathrm{in}} \\ I_{\mathrm{out}}=-\dfrac{1}{R}U_{\mathrm{in}}+I_{\mathrm{in}} \end{cases}$$

假设电阻元件稳定工作时，二端口网络的输入电流为 I_{in}^0，输入电压为 U_{in}^0，则相应的输出电流和输出电压为 I_{out}^0、U_{out}^0。I_{in}^0、U_{in}^0、I_{out}^0 和 U_{out}^0 为满足以上方程的解。

若将二端口网络的共轭输入变量在有效范围内的波动，定义为 i_{in}、u_{in}，则电阻元件的微分方程描述可以通过对上式求导得到：

$$\begin{cases} \dfrac{\mathrm{d}(u_{\mathrm{out}})}{\mathrm{d}t}=-\dfrac{R_L}{R}\dfrac{\mathrm{d}(u_{\mathrm{in}})}{\mathrm{d}t}+R_L\dfrac{\mathrm{d}(i_{\mathrm{in}})}{\mathrm{d}t} \\ \dfrac{\mathrm{d}(i_{\mathrm{out}})}{\mathrm{d}t}=-\dfrac{1}{R}\dfrac{\mathrm{d}(u_{\mathrm{in}})}{\mathrm{d}t}+\dfrac{\mathrm{d}(i_{\mathrm{in}})}{\mathrm{d}t} \end{cases}$$

式中，i_{out}、u_{out} 为输出端口的共轭变量增量。

此时，二端口网络实际的输入电流和输入电压分别为 $I_{\mathrm{in}}^0+i_{\mathrm{in}}$、$U_{\mathrm{in}}^0+u_{\mathrm{in}}$，实际的输出电流和输出电压分别为 $I_{\mathrm{out}}^0+i_{\mathrm{out}}$、$U_{\mathrm{out}}^0+u_{\mathrm{out}}$。但因为固定不变的行为不包含有效信息，所以系统分析只考虑 i_{in}、u_{in} 的影响。

同样地，若不考虑负载电阻的影响，则有

$$U_{\mathrm{out}}=U_{\mathrm{in}}\quad\text{或}\quad U_{\mathrm{out}}=I_{\mathrm{in}}R$$

在工作点附近，可以得到电阻元件的微分方程描述：

$$\frac{\mathrm{d}(u_{\mathrm{out}})}{\mathrm{d}t}=\frac{\mathrm{d}(u_{\mathrm{in}})}{\mathrm{d}t}\quad\text{或}\quad\frac{\mathrm{d}(u_{\mathrm{out}})}{\mathrm{d}t}=R\frac{\mathrm{d}(i_{\mathrm{in}})}{\mathrm{d}t}$$

3.2.2.2　传递函数

微分方程描述虽然直观，但不易求解。因此，系统分析时常用拉普拉斯变换（简称拉氏变换）把微分方程转换为代数方程以简化求解。由此得到的代数方程是对象输出变量拉氏变换与对象输入变量拉氏变换的比，称为传递函数。

对于式（3-1）描述的单输入单输出连续对象，其传递函数可以写为

$$H(s) = \frac{U(s)}{E(s)} = \frac{L[u(t)]}{L[e(t)]} = \frac{\sum_{j=0}^{m} b_j s^j}{\sum_{i=0}^{n} a_i s^i} \qquad (3\text{-}2)$$

式中，$U(s) = L[u(t)] = \int_0^\infty u(t)\mathrm{e}^{-st}\mathrm{d}t$ 为 $u(t)$ 的拉氏变换；$E(s) = L[e(t)] = \int_0^\infty e(t)\mathrm{e}^{-st}\mathrm{d}t$ 为 $e(t)$ 的拉氏变换。$L[\ ]$ 表示拉氏变换。

【例 3-4】 试写出例 3-3 中电阻元件的传递函数。

由例 3-3 可知，在负载 R_L 已知的前提下，电阻元件的微分方程描述为

$$\begin{cases} \dfrac{\mathrm{d}(u_{\text{out}})}{\mathrm{d}t} = -\dfrac{R_L}{R}\dfrac{\mathrm{d}(u_{\text{in}})}{\mathrm{d}t} + R_L\dfrac{\mathrm{d}(i_{\text{in}})}{\mathrm{d}t} \\[2ex] \dfrac{\mathrm{d}(i_{\text{out}})}{\mathrm{d}t} = -\dfrac{1}{R}\dfrac{\mathrm{d}(u_{\text{in}})}{\mathrm{d}t} + \dfrac{\mathrm{d}(i_{\text{in}})}{\mathrm{d}t} \end{cases}$$

对其进行拉氏变换，得到

$$\begin{cases} U_{\text{out}}(s) = -\dfrac{R_L}{R}U_{\text{in}}(s) + R_L I_{\text{in}}(s) \\[2ex] I_{\text{out}}(s) = -\dfrac{1}{R}U_{\text{in}}(s) + I_{\text{in}}(s) \end{cases}$$

式中，$U_{\text{in}}(s)$、$I_{\text{in}}(s)$、$U_{\text{out}}(s)$、$I_{\text{out}}(s)$ 依次为 $u_{\text{in}}(t)$、$i_{\text{in}}(t)$、$u_{\text{out}}(t)$、$i_{\text{out}}(t)$ 的拉氏变换。

将其写为矩阵形式，即可得到电阻元件的传递函数描述：

$$\begin{bmatrix} U_{\text{out}}(t) \\ I_{\text{out}}(t) \end{bmatrix} = \begin{bmatrix} -\dfrac{R_L}{R} & R_L \\[2ex] -\dfrac{1}{R} & 1 \end{bmatrix} \begin{bmatrix} U_{\text{in}}(s) \\ I_{\text{in}}(s) \end{bmatrix}$$

可见，电阻元件虽然是单端口网络，但因能量耦合需要四个端子，故其传递函数描述为多输入多输出形式。

使用同样的方法，在不考虑负载电阻影响的情况下，电阻元件的传递函数描述为

$$H(s) = \frac{U_{\text{out}}(s)}{U_{\text{in}}(s)} = 1 \quad \text{或} \quad H(s) = \frac{U_{\text{out}}(s)}{I_{\text{in}}(s)} = R$$

传递函数和微分方程是在不同参照系下对相同对象行为的观察，其本质相同。因此，传递函数同样无法反映对象的内部结构，也隐含零初始条件的假设，并只能描述工作点附近的小范围运动增量。

但是，传递函数仅反映对象自身的固有属性，而与输入的共轭变量无关。这是它与微分方程的不同之处。

3.2.2.3　状态空间方程

状态空间方程是另一种简化高阶微分方程求解过程的数学模型。通过人为定义的状态变量，高阶微分方程可以等效为一组一阶微分方程。这个一阶微分方程组就是建立在状态空间上的连续对象输入输出描述，称为状态空间方程，可表示如下：

$$\begin{cases} \boldsymbol{x}(t) = \boldsymbol{A}\boldsymbol{x}(t) + \boldsymbol{B}\boldsymbol{e}(t) \\ \boldsymbol{u}(t) = \boldsymbol{C}\boldsymbol{x}(t) + \boldsymbol{D}\boldsymbol{e}(t) \end{cases} \qquad (3\text{-}3)$$

式中，$\boldsymbol{x}(t)$ 是一组人为定义的反映连续对象运行情况的行为变量，称为状态向量；$\boldsymbol{e}(t)$、$\boldsymbol{u}(t)$ 分别是连续对象输入变量和输出变量组成的列向量，称为输入向量和输出向量；$\boldsymbol{A}$、$\boldsymbol{B}$、$\boldsymbol{C}$、$\boldsymbol{D}$ 是反映连续对象和环境相互作用的关系矩阵，依次称为状态矩阵、输入矩阵、输出矩阵和直接传递矩阵。

假设连续对象有 m 个输入变量、r 个输出变量，且定义了 n 个状态变量，则式（3-3）中各向量的维数如表 3-1 所示。

表 3-1 状态空间方程变量说明

符 号	名 称	维数（行×列）	意 义
$x(t)$	状态向量	$n \times 1$	对象自身的运行
$e(t)$	输入向量	$m \times 1$	环境施加到对象的作用
$u(t)$	输出向量	$r \times 1$	对象施加到环境的作用
A	状态矩阵	$n \times n$	状态变量自身的运动 反映对象内部结构随时间的变化
B	输入矩阵	$n \times m$	输入变量产生的对象运动
C	输出矩阵	$r \times n$	对象内部结构改变对环境的影响
D	直接传递矩阵	$r \times m$	输入变量对环境产生的直接影响

状态变量的选择不具有唯一性。但在实际应用中，一般会选择连续对象输入变量的各阶导数作为状态变量。

【例 3-5】试写出例 3-3 中电阻元件的状态空间方程。

由例 3-3 可知，在负载 R_L 已知的前提下，有

$$\begin{cases} u_{out} = -\dfrac{R_L}{R} u_{in} + R_L i_{in} \\ i_{out} = -\dfrac{1}{R} u_{in} + i_{in} \end{cases}$$

已知

$$e(t) = \begin{bmatrix} u_{in} \\ i_{in} \end{bmatrix}$$

$$u(t) = \begin{bmatrix} u_{out} \\ i_{out} \end{bmatrix}$$

于是，可以直接写出状态空间方程的输出方程

$$u(t) = \begin{bmatrix} u_{out} \\ i_{out} \end{bmatrix} = \begin{bmatrix} -\dfrac{R_L}{R} & R_L \\ -\dfrac{1}{R} & 1 \end{bmatrix} \begin{bmatrix} u_{in} \\ i_{in} \end{bmatrix} = \begin{bmatrix} -\dfrac{R_L}{R} & R_L \\ -\dfrac{1}{R} & 1 \end{bmatrix} e(t)$$

此时，A、B、C 均为零矩阵。说明电阻元件的内部没有储能元件，对象的输出变量由输入变量直接决定，而与历史行为无关。因此，电阻元件为静态系统。

使用同样的方法，在不考虑负载电阻影响的情况下，电阻元件的传递函数方程为

$$u(t) = [u_{out}] = [u_{in}] = e(t)$$

或

$$u(t) = [u_{out}] = R[i_{in}] = Re(t)$$

同样地，A、B、C 均为零矩阵，对象为静态系统，其行为仅由当下时刻的输入决定，而与历史无关。

3.3 线上学习：使用 LabVIEW 建立连续对象模型

3.2 节介绍了描述连续对象运动行为的多种方法。这些方法是对连续对象相同行为的刻画，

只是观察角度不同，彼此之间的关系可以用图 3-12 表示。

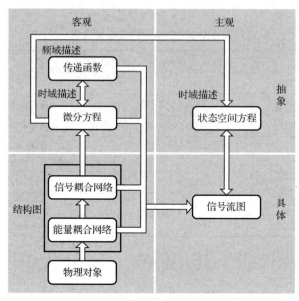

图 3-12　各种行为描述方法的关系

作为一种图形化编程工具，LabVIEW 对于图形表示法有天然的支持，如图 3-13 所示。LabVIEW CDS 工具包提供了仿真函数和控件设计函数两种工具，以支持结构图（信号耦合网络）和信号流图；同时，工具包也提供外部端口工具，以支持用户使用其他工具建立的对象模型（如电路原理图等）。

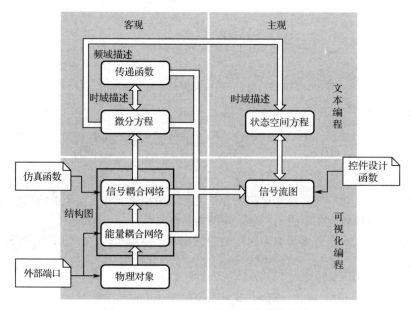

图 3-13　LabVIEW 支持的行为描述方法

如果用户需要进行文本编程，则可以考虑使用 MathScript 节点或 LabWindows CVI 工具。前者使用类似 MATLAB 脚本语言的 Math Script 脚本语言编程，后者使用标准 C 语言编程。

3.3.1 使用仿真函数建立连续对象模型

创建连续对象模型的仿真函数集中在"控制设计与仿真（Control Design & Simulation）→仿真（Simulation）→连续线性系统模型（Continuous Linear Systems）"选板，具体内容见配套电子资源。使用该选板的传递函数模型（Transfer Function）和 ZPK 模型（Zero-Pole-Gain）可以建立连续对象的复频域描述；使用该选板的状态空间函数模型（State-Space Function）可以建立连续对象的时域描述。

3.3.1.1 传递函数模型

传递函数模型（Transfer Function）是多态 VI，即多个具有相同模式连线板的子 VI 的集合。它可以使用两元素的数组簇创建 SISO 对象实例，两个簇元素分别表示对象传递函数［式（3-2）］的分子多项式系数 Numerator 和分母多项式系数 Denominator；也可以使用由该数组簇构成的簇数组创建 MIMO 对象实例，每个数组元素是一个数组簇，表示一组输入输出的传递函数。

传递函数分子多项式和分母多项式的系数可以使用传递函数模型配置对话框离线设置，也可以通过传递函数模型的接线端在线设置。无论哪一种设置方法，分子多项式和分母多项式的系数都是按升幂排列的。

【例 3-6】使用 LabVIEW 仿真函数建立例 3-4 中的传递函数模型。

由例 3-4 可知，当负载 R_L 已知时，电阻元件的传递函数模型为

$$\begin{bmatrix} U_{out}(s) \\ I_{out}(s) \end{bmatrix} = \begin{bmatrix} -\dfrac{R_L}{R} & R_L \\ -\dfrac{1}{R} & 1 \end{bmatrix} \begin{bmatrix} U_{in}(s) \\ I_{in}(s) \end{bmatrix}$$

不考虑负载电阻的影响，电阻元件的传递函数描述则为

$$H(s) = \frac{U_{out}(s)}{U_{in}(s)} = 1$$

或

$$H(s) = \frac{U_{out}(s)}{I_{in}(s)} = R$$

于是，可以按如下步骤创建电阻元件在能量耦合和信号耦合两种情况下的传递函数模型。

（1）创建空 VI。

（2）在程序框图中放置控件与仿真循环，如图 3-14 所示。

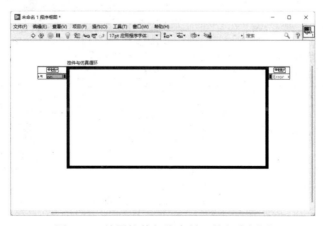

图 3-14 放置控件与仿真循环的程序框图

（3）通过离线设置方法创建 MIMO 模型：

$$
\begin{bmatrix} U_{\text{out}}(s) \\ I_{\text{out}}(s) \end{bmatrix} = \begin{bmatrix} -\dfrac{R_{\text{L}}}{R} & R_{\text{L}} \\ -\dfrac{1}{R} & 1 \end{bmatrix} \begin{bmatrix} U_{\text{in}}(s) \\ I_{\text{in}}(s) \end{bmatrix}
$$

（4）在控件与仿真循环内部放置 Transfer Function（传递函数模型），如图 3-15 所示。

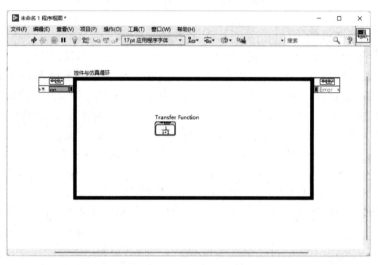

图 3-15　添加传递函数模型的程序框图

（5）双击 Transfer Function（传递函数模型），打开 Transfer Function Configuration 对话框。在"Polymorphic instance（多态实例）"栏选择"MIMO"实例，将模型设置为多输入多输出系统；然后在"Model Dimensions（模型维数）"栏将"Inputs（输入变量数目）"和"Outputs（输出变量数目）"都设置为 2，如图 3-16 所示。

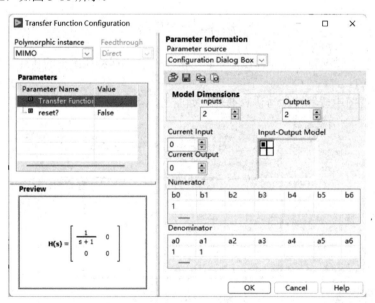

图 3-16　配置传递函数模型

（6）在"Parameters（参数）"栏选择"Transfer Function（传递函数）"。然后在"Input-Output

Model（输入输出模型）"栏单击矩阵某元素，选择需要输入传递函数的输入输出对位置，并在下方输入相应传递函数的分子多项式系数和分母多项式系数，即可定义与之相应的输入输出对的传递函数。输入期间，用户可随时在"Preview（预览）"栏观察设置结果，检查输入的正确性。

　　注意，由于仿真函数的传递函数模型不支持符号运算，用户需要输入各变量的实际取值。此处假设 $R_{\mathrm{L}} = 10000$、$R = 10$，得到图 3-17 所示的对话框。

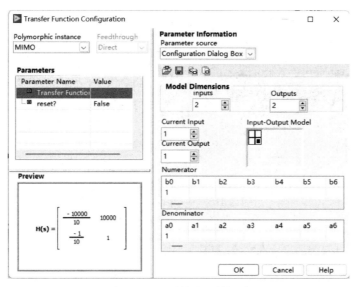

图 3-17　配置传递函数矩阵

（7）单击 OK 按钮关闭配置对话框，得到连续对象传递函数模型。

（8）使用同样的方法创建 SISO 模型：

$$H(s) = \frac{U_{\mathrm{out}}(s)}{U_{\mathrm{in}}(s)} = 1$$

其配置对话框如图 3-18 所示。

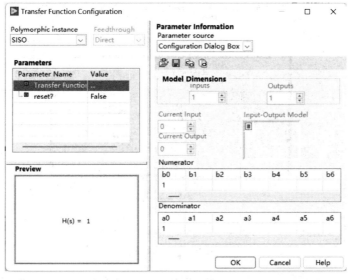

图 3-18　配置不考虑负载时的传递函数模型（输出为电压）

（9）使用在线设置方法创建 SISO 模型：

$$H(s) = \frac{U_{out}(s)}{U_{in}(s)} = R$$

（10）继续放置传递函数模型 Transfer Function 3，并按照图 3-19 将"Parameter Information（参数信息）"栏的"Parameter source（参数源）"配置为"Terminal（接线端输入）"。

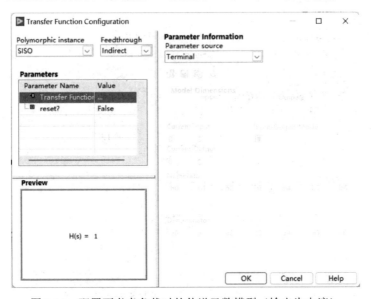

图 3-19　配置不考虑负载时的传递函数模型（输出为电流）

（11）选择 Transfer Function 3 的"传递函数（Transfer Function）"接线端，右击，选择"创建→常量"命令，为节点增加新的常量输入，如图 3-20 所示。新增常量即簇类型的数据，用紫色线表示，类似 C 语言的结构体，由若干相同或不同数据类型的数据构成。图 3-20 所示的簇包括两个一维数组（用橙色线表示），每个数组按升幂顺序存储传递函数分子多项式和分母多项式。

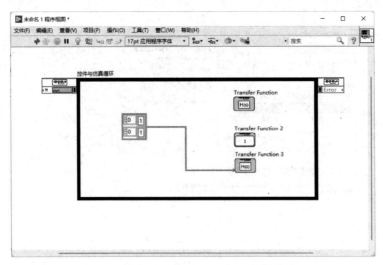

图 3-20　为 Transfer Function 3 添加常量输入

（12）按照图 3-21 进行簇运算，并添加前面板输入控件 Numerator 和 Denominator。于是，用户可在 VI 运行期间随时修改传递函数的有理多项式。

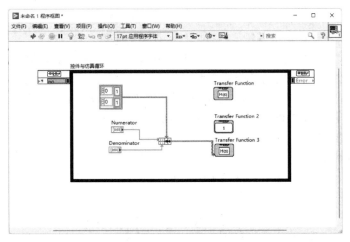

图 3-21　为模型接线端添加前面板输入控件

（13）按照图 3-22 设置控件 Numerator 和 Denominator，完成传递函数模型的创建。

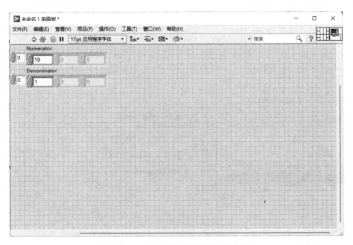

图 3-22　设置模型接线端控件

（14）补齐各传递函数模型的输入控件（此处假设为阶跃输入），并整理程序框图，如图 3-23 所示。

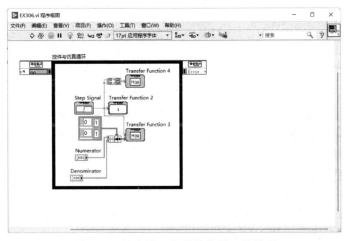

图 3-23　补齐输入控件的传递函数模型

需要注意，仿真选板的传递函数模型本身不支持符号运算。但是，可以利用在线设置方法，通过为传递函数模型系数设置符号输入控件间接实现符号运算。

另外，还要注意，离线设置模型参数时，如果传递函数分子多项式的阶次不高于分母多项式的阶次，即 $m \leqslant n$，则说明模型的部分或全部输入输出对存在直接连接通道，LabVIEW 将自动设置传递函数模型配置对话框的"Feedthrough（馈通）"栏为"Direct（直接连接）"；如果 $m > n$，则说明模型不具有因果性，LabVIEW 将直接返回错误。但是，在线设置模型参数时，LabVIEW 不会自动检查模型的合理性。

3.3.1.2　ZPK 模型

ZPK 模型（Zero-Pole-Gain）是传递函数模型的重构形式，可以通过式（3-2）进行因式分解得到：

$$H(s) = \frac{U(s)}{E(s)} = \frac{\sum_{j=0}^{m} b_j s^j}{\sum_{i=0}^{n} a_i s^i} = k \frac{\prod_{j=0}^{m}(s+z_j)}{\prod_{i=0}^{n}(s+p_i)} \tag{3-4}$$

式中，k 为系统增益；z_j 和 p_i 分别是系统的零点和极点。

ZPK 模型同样是多态 VI，其使用方法与传递函数模型类似。但与传递函数模型不同，它使用三元素的数组簇表示式（3-4），三个簇元素分别命名为增益 Gain、零点数组 Zeros 和极点数组 Poles，配置对话框如图 3-24 所示。

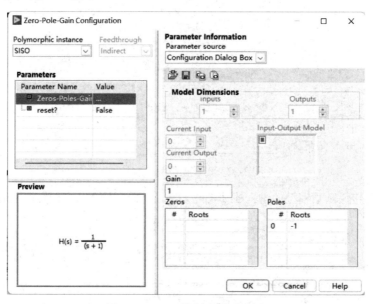

图 3-24　ZPK 模型配置对话框

同样地，如果离线设置模型参数，当 ZPK 模型的零点数目不超过极点数目（$m \leqslant n$）时，LabVIEW 将自动设置配置对话框的"Feedthrough（馈通）"栏为"Direct（直接连接）"；当 $m > n$ 时，LabVIEW 将直接返回错误。

3.3.1.3　状态空间函数模型

状态空间函数（State-Space Function）模型是多态 VI，使用四元素的数组簇创建对象实例。每个簇元素都是一个二维数组，依次命名为 A、B、C、D，表示式（3-3）的状态矩阵、输入矩阵、输出矩阵和直接传递矩阵，如图 3-25 所示。

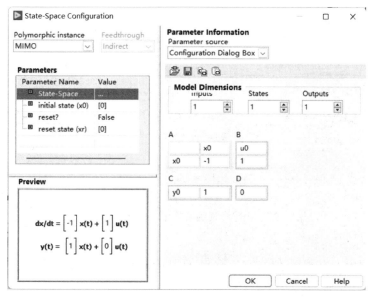

图 3-25　状态空间函数模型配置对话框

改变状态空间函数模型的对象实例不会改变簇元素的维数，这是它与传递函数模型和 ZPK 模型的不同之处。

3.3.2　使用控件设计函数建立连续对象模型

也可以使用 CDS 模块提供的控件设计（Control Design）函数建立连续对象模型。这些函数可以在"控制设计与仿真（Control Design & Simulation）→控件设计（Control Design）→模型构建（Model Construction）"选板找到，具体内容见配套电子资源。

与仿真函数不同，LabVIEW 的控件设计函数不需要放置在控件与仿真循环结构内部。其关注点也不是连续对象的结构，而是对象输入输出间的信号传输关系。另外，控件设计函数没有区分连续对象模型和离散对象模型，而是利用多态 VI 的特性根据输入变量的类型产生相应的模型。

3.3.2.1　构建传递函数模型 VI

构建传递函数模型 VI（CD Construct Transfer Function Model VI）可以通过指定分子多项式系数、分母多项式系数、延迟时间和采样时间建立对象的 TF 模型。

它是一个多态 VI，输出连续对象模型还是离散对象模型取决于采样时间端子的输入，也可以通过右键快捷菜单的"选择类型"命令或 VI 下方的多态选择器（见图 3-26）手动设置。

1）SISO 实例

图 3-26 所示为构建传递函数模型 VI 的 SISO 实例，可以建立单输入单输出系统的 TF 模型。各输入端子说明如下：

● Numerator（分子多项式系数）。

该端子仅出现在 SISO/SISO Symbolic 实例，按升幂排列指定 TF 模型分子多项式的系数。

● Denominator（分母多项式系数）。

该端子仅出现在 SISO/SISO Symbolic 实例，按升幂排列指定 TF 模型分母多项式的系数。

● Delay（延迟时间）。

该端子仅出现在 SISO/SISO Symbolic 实例，指定 TF 模型的传输时间延迟，单位为秒。

● Sampling Time（s）（采样时间）。

该端子指定建立连续对象模型还是离散对象模型。如果端子值为 0（默认值），则建立连续对象模型；否则，建立离散对象模型。建立离散对象模型时，如果端子值大于 0，则离散对象模型采样时间等于该端子的值（单位为秒）；否则，仅建立离散对象模型而不指定具体采样时间。

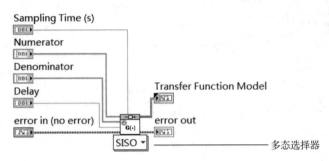

图 3-26　构建传递函数模型 VI 的 SISO 实例

2）SISO Symbolic 实例

图 3-27 所示为构建传递函数模型 VI 的 SISO Symbolic 实例，可以建立支持符号运算的单输入单输出 TF 模型。各输入端子说明如下：

- Symbolic Numerator（符号表达的分子多项式系数）。

该端子的作用与 SISO 实例 Numerator 端子相同，只是分子多项式系数用变量符号表示。

- Symbolic Denominator（符号表达的分母多项式系数）。

该端子的作用与 SISO 实例 Denominator 端子相同，只是分母多项式系数用变量符号表示。

- Symbolic Delay（符号表达的延迟时间）。

该端子的作用与 SISO 实例 Delay 端子相同，只是延迟时间用变量符号表示。

- Sampling Time（s）（采样时间）。

该端子的作用与 SISO 实例 Sampling Time（s）端子相同。

- Variables（变量列表）。

该端子指定 TF 模型变量符号的具体值。它要求用簇数组输入，数组元素是包含 1 个字符串元素和 1 个浮点元素的簇。其中，字符串元素是变量名称，数组元素是该变量的值。

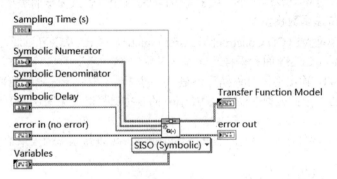

图 3-27　构建传递函数模型 VI 的 SISO Symbolic 实例

3）MIMO 实例

图 3-28 所示为构建传递函数模型 VI 的 MIMO 实例，可以建立多输入多输出系统的 TF 模型。其 Transfer Function（s）（传递函数）端子仅出现在 MIMO/MIMO Symbolic 实例中，用于指定 MIMO 系统输入输出对的 TF 模型。

该端子要求用簇数组输入。数组行数等于 MIMO 系统输出数，数组列数等于 MIMO 系统输入数，数组元素则是相应输入输出通道的传递函数`（包括 Numerator、Denominator 和 Delay）。

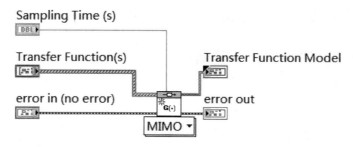

图 3-28　构建传递函数模型 VI 的 MIMO 实例

4）MIMO Symbolic 实例

图 3-29 所示为构建传递函数模型 VI 的 MIMO Symbolic 实例，其作用与 SISO Symbolic 实例类似，可以用变量符号建立多输入多输出系统的 TF 模型。

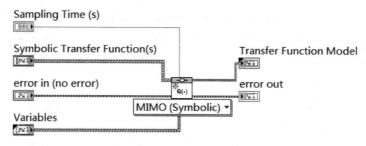

图 3-29　构建传递函数模型 VI 的 MIMO Symbolic 实例

该实例 Variables（变量列表）端子的作用与 SISO Symbolic 实例同名端子的作用相同，Symbolic Transfer Function（s）（符号表达传递函数）端子的作用与 MIMO 实例 Transfer Function（s）端子的作用相同。

【例 3-7】使用 LabVIEW 控件设计函数建立例 3-4 中的连续对象模型。

（1）创建空 VI。

（2）在程序框图中放置"构建传递函数模型" VI，如图 3-30 所示。

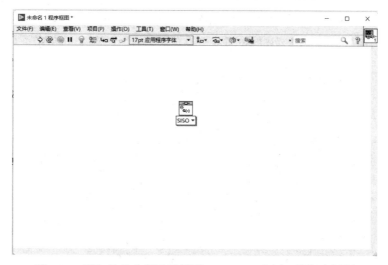

图 3-30　添加构建传递函数模型 VI（SISO 实例）的程序框图

（3）单击多态选择器，修改 VI 为 MIMO Symbolic 实例，如图 3-31 所示。

图 3-31　修改 VI 为 MIMO Symbolic 实例的程序框图

（4）右击 Variables 端子，在弹出的快捷菜单中选择"创建→输入控件"命令，添加符号输入控件，如图 3-32 所示。

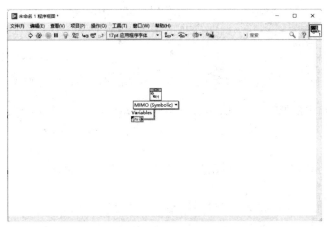

图 3-32　添加符号输入控件的程序框图

（5）切换到前面板，为参与运算的符号变量设置初始值，如图 3-33 所示。

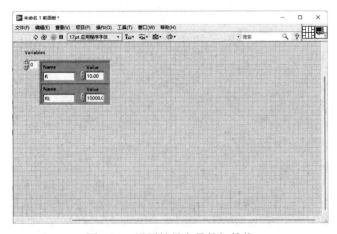

图 3-33　设置符号变量的初始值

（6）切换到程序框图，右击 Symbolic Transfer Function（s）端子，在弹出的快捷菜单中选择"创建→常量"命令，为 MIMO 模型指定默认的模型系数，如图 3-34 所示。

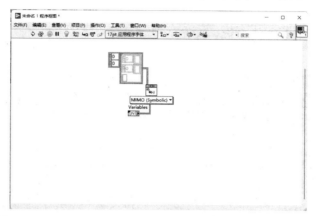

图 3-34　添加 Symbolic Transfer Function（s）常量的程序框图

（7）修改常量矩阵，设置 MIMO 对象的传递函数，如图 3-35 所示。注意，这里使用符号文本描述对象的传递函数。

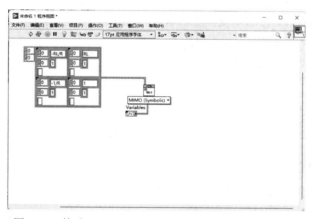

图 3-35　修改 Symbolic Transfer Function（s）常量矩阵

（8）在相同选板找到"绘制传递函数方程 VI"（CD Draw Transfer Function Equation VI），添加并连线，如图 3-36 所示。

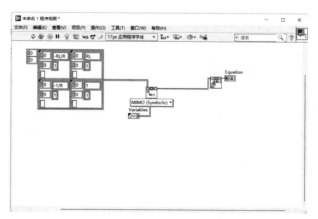

图 3-36　添加绘制传递函数方程 VI 的程序框图

该 VI 能以图片形式展示指定对象的数学模型。

（9）运行 VI，结果如图 3-37 所示。

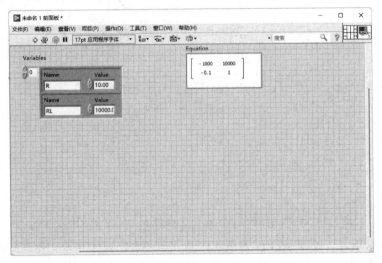

图 3-37　考虑负载效应的电阻元件模型

（10）在程序框图中放置构建传递函数模型 VI（SISO 实例），并按照图 3-38 所示编写程序，新建传递函数模型：

$$H(s) = \frac{U_{\text{out}}(s)}{U_{\text{in}}(s)} = 1$$

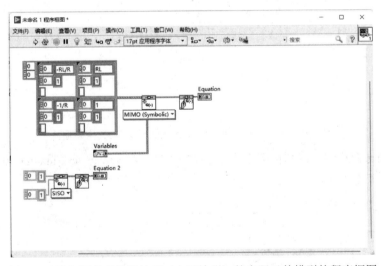

图 3-38　增加不考虑负载效应（电压输入）的电阻元件模型的程序框图

（11）在程序框图中放置构建传递函数模型 VI（SISO Symbolic 实例），并按照图 3-39 编写程序，新建传递函数模型：

$$H(s) = \frac{U_{\text{out}}(s)}{U_{\text{in}}(s)} = R$$

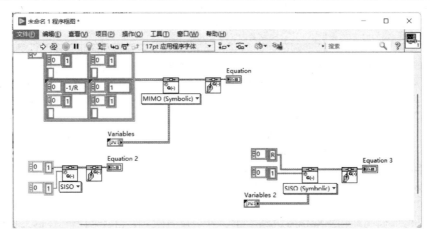

图 3-39　增加不考虑负载效应（电流输入）的电阻元件模型的程序框图

3.3.2.2　构建 ZPK 模型 VI

构建 ZPK 模型 VI（CD Construct Zero-Pole-Gain Model VI）也是多态 VI。它同样具有 SISO、SISO Symbolic、MIMO 和 MIMO Symbolic 四种实例，可以通过指定静态增益 Gain、零点 Zeros、极点 Poles 和采样时间建立连续/离散对象的 ZPK 模型。

以图 3-40 为例，可以看出，构建 ZPK 模型 VI 的端子与构建传递函数模型 VI 的端子大部分相同，新增的唯一端子是 Complete Complex Conjugate（完全复共轭计算）端子。用户可以通过该端子选择是否计算模型实根/纯虚根的复数共轭值，默认为"假（F）"。

3.3.2.3　构建状态空间模型 VI

构建状态空间模型 VI（CD Construct State-Space Model VI）是多态 VI，具有 Numeric 和 Symbolic 两种实例，通过指定状态矩阵 A、输入矩阵 B、输出矩阵 C 和直接传递矩阵 D 的数值或符号运算建立连续对象或离散对象的状态空间模型。其 Numeric 实例如图 3-41 所示。

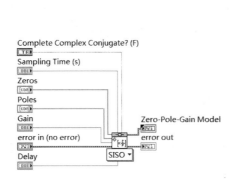

图 3-40　构建 ZPK 模型 VI 的 SISO 实例

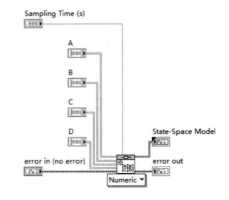

图 3-41　构建状态空间模型 VI 的 Numeric 实例

3.4　离散观察：计算机视角的对象行为

由于自身基于时序工作的特点，计算机只能感受环境在特定时刻的变化。因此，即使被控对象的行为是连续的，计算机也只能观察到对象在采样时刻的离散行为。

于是，无论被控对象是否连续，计算机控制系统都按照离散对象进行处理。离散对象的行为描述方法和连续对象的行为描述方法不完全一样，如表 3-2 所示。

表 3-2　不同的行为描述方法

	图形表示法		解析表示法		
连续对象的行为描述方法	结构图（时域 t/复频域 s）	信号流图（时域 t/复频域 s）	微分方程（时域 t）	传递函数（复频域 s）	状态空间方程（状态空间，时域 t）
离散对象的行为描述方法	结构图（时域 kT/复频域 z）	信号流图（时域 kT/复频域 z）	差分方程（时域 kT）	脉冲传递函数（复频域 z）	状态空间方程（状态空间，时域 kT）

3.4.1　图形表示法

离散对象也可以用结构图或信号流图表示，外观没有变化，除了图形标注因为问题域的改变而不同。

以二端口信号耦合网络的结构图（见图 3-42）为例。离散对象的结构图仍然用矩形（网络）表示对象，用有向线段表示对象与环境相互作用的变量。但是，标识变量及其相互关系的符号不再使用 t 域的微分方程或 s 域的传递函数，而是改用 kT 域的差分方程或 z 域的脉冲传递函数。

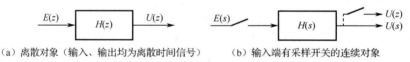

（a）离散对象（输入、输出均为离散时间信号）　　（b）输入端有采样开关的连续对象

图 3-42　二端口信号耦合网络（离散对象）的结构图

图 3-42（a）所示为输入、输出均为离散时间信号的情况，描述计算机控制系统的软件组件，其内部结构可以用图 3-42（b）表示。

图 3-42（b）也可以单独用来描述连续对象 $H(s)$ 的采样过程。其输出端的采样开关一般不画，因为物理对象的输出端通常不存在真实的采样器。如果需要使用结构图进行解析分析，可以用虚线画一个虚拟采样器表示信号形式变换，这种做法不会影响计算结果。

信号流图表示与之类似。图 3-43（a）所示为图 3-42（a）所示对象的信号流图，节点对应结构图的端子，支路对应结构图的网络，使用带 "*" 上标的标注符号表示 z 域的脉冲传递函数（或带 "kT" 的标注符号表示 kT 域的差分方程）。

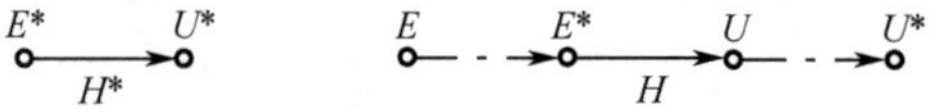

$$E^* \quad\quad U^* \qquad\qquad E \quad\quad E^* \quad\quad U \quad\quad U^*$$
$$\circ\!\!-\!\!\!-\!\!\!-\!\!\circ \qquad\qquad \circ\ -\ \circ\!\!-\!\!\!\rightarrow\!\!\circ\ -\ \circ$$
$$H^* \qquad\qquad\qquad\qquad H$$

（a）离散对象　　　（b）输入端有采样开关的连续对象

图 3-43　离散对象的信号流图

如果需要强调采样过程，可以使用图 3-43（b）表示。它与图 3-42（b）对应，用点画线表示信号形式变化的位置，即实际或虚拟采样开关的位置。

3.4.2　解析表示法

3.4.2.1　差分方程

由 3.2.2.1 节可知，对结构图如图 3-44（a）所示的单输入单输出线性时不变连续对象的输入输出关系可以用微分方程表示：

$$a_n \frac{\mathrm{d}^n u(t)}{\mathrm{d}t^n} + \cdots + a_1 \frac{\mathrm{d}u(t)}{\mathrm{d}t} + a_0 u(t) = b_m \frac{\mathrm{d}^m e(t)}{\mathrm{d}t^m} + \cdots + b_1 \frac{\mathrm{d}e(t)}{\mathrm{d}t} + b_0 e(t)$$

式中，$a_0, a_1, \cdots, a_n, b_0, b_1, \cdots, b_m$ 是由对象结构决定的常系数。当初始条件 $u(0)$ 和输入 $e(t)$ 已知时，

可以利用该方程唯一地确定对象输出 $u(t)$。

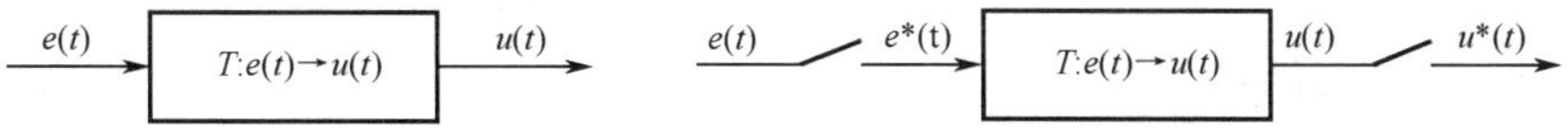

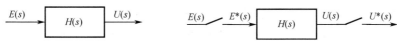

（a）单输入单输出连续对象结构图　　　　（b）相应的单输入单输出离散对象结构图

图 3-44　单输入单输出对象结构图（时域）

对 $e(t)$ 和 $u(t)$ 进行同步采样，得到相应单输入单输出离散对象［结构图如图 3-44（b）所示］
的差分方程描述。它与微分方程形式相同，区别只在于用差分算子 q 代替了微分算子 $\mathrm{d}/\mathrm{d}t$：

$$a_n q^n u(t) + \cdots + a_1 q u(t) + a_0 u(t) = b_m q^m e(t) + \cdots + b_1 q e(t) + b_0 e(t)$$

整理得

$$a_n u(k) + \cdots + a_1 u(k-n+1) + a_0 u(k-n) = b_m e(k) + \cdots + b_1 e(k-m+1) + b_0 e(k-m) \tag{3-5}$$

式中，$u(k)$ 和 $e(k)$ 分别是 $u(kT)$ 和 $e(kT)$ 的简写，表示 $u(t)$ 和 $e(t)$ 在第 k 个采样周期的采样，T 为
采样周期。

式（3-5）表明，线性时不变连续对象在采样后得到的离散对象仍为线性，其输出与当前及历
史的输入有关，也与历史的输出有关。当初始条件 $u(0)$ 和输入信号序列 $e(k)$ 已知时，离散对象的
输出 $u(k)$ 可以通过式（3-5）唯一确定。

需要注意的是：差分方程只能描述采样点上的输出，对采样点之间的输出变化则无能为力。
在采样点之间，由于物理对象的输出随时间连续变化，由差分方程确定的对象输出与对象实际输
出必然存在差异。但是，由于差分方程可以极大地简化问题求解，并且能在有限精度条件下复现
对象输出，因此在工程中得到广泛应用。

另一个需要注意的问题是：离散系统本质上是时变系统。如前所述，离散对象仅能响应采样
点上的输入。如果输入信号恰好作用在采样点之间，对象的输出不会立刻发生变化，而是需要延
迟到下次采样才能响应。这就使系统具有了时变特性。工程中一般会通过确保输入信号与采样脉
冲同步来避免这个问题。

3.4.2.2　脉冲传递函数

离散对象同样可以用代数方程对差分方程进行简化求解。仍以单输入单输出线性时不变连续
对象［结构图如图 3-45（a）所示］为例。其脉冲传递函数为

$$U(s) = H(s)E(s)$$

式中，$U(s) = \displaystyle\int_0^{\infty} u(t)\mathrm{e}^{-st}\mathrm{d}t$，$E(s) = \displaystyle\int_0^{\infty} e(t)\mathrm{e}^{-st}\mathrm{d}t$，$s$ 是拉普拉斯算子。

（a）单输入单输出连续对象结构图　　　　（b）相应的单输入单输出离散对象结构图

图 3-45　单输入单输出对象结构图（频域）

仿照时域分析，在频域中定义 $E^*(s)$ 为 $E(s)$ 的频域采样，有

$$E^*(s) = \sum_{k=0}^{\infty} e(kT)\mathrm{e}^{-kTs}$$

定义算子 $z = \mathrm{e}^{Ts}$，则 $E^*(s)$ 可写为

$$E(z) = E^*(s)\big|_{s=\frac{1}{T}\ln z} = \sum_{k=0}^{\infty} e(kT)z^{-k} = Z[E(s)]$$

称该算子代表的数学变换为 Z 变换。

对 $U(s)$ 做同样的处理，且保证 $E(s)$ 和 $U(s)$ 在频域中的采样同步发生，得到图 3-45（b）所示

的离散对象频域结构图。其输出

$$U(z) = Z[U(s)] = Z[H(s)E(z)] = Z[H(s)]E(z)$$

定义系统脉冲传递函数

$$H(z) = Z[H(s)] = \frac{U(z)}{E(z)} \tag{3-6}$$

则离散对象在复频域的输入输出关系可表示为

$$U(z) = H(z)E(z) \tag{3-7}$$

需要注意，Z 变换不是简单地用变量 z 取代 $E(s)$ 中的变量 s，而是先对 $E(s)$ 进行频域采样得到 $E^*(s)$，再对 $E^*(s)$ 中的变量 s 做代换。

获得脉冲传递函数的方法主要有三种：①由对象的脉冲响应获得；②由对象的差分方程获得；③由连续对象的传递函数获得。工程应用中多使用第一种方法，学习时则以后两种方法为主。

【例 3-8】已知某离散对象的差分方程为 $u(k) - 0.8u(k-1) = 0.2e(k)$，试求其脉冲传递函数。

对差分方程做 Z 变换得

$$U(z) - 0.8z^{-1}U(z) = 0.2E(z)$$

于是，离散对象的脉冲传递函数

$$H(z) = \frac{U(z)}{E(z)} = \frac{0.2}{1 - 0.8z^{-1}}$$

【例 3-9】已知某连续对象的传递函数是 $H(s) = \frac{1 - e^{-Ts}}{s} \frac{1}{s+1}$，试求对应离散对象的脉冲传递函数。

脉冲传递函数可以通过对传递函数做 Z 变换得到

$$H(z) = Z[H(s)] = Z\left[\frac{1 - e^{-Ts}}{s} \frac{1}{s+1} \right]$$

查表得

$$H(z) = \frac{z^{-1}(1 - e^{-T})}{1 - e^{-T}z^{-1}}$$

3.4.2.3　状态空间方程

与连续对象一样，离散对象的内部结构也可以用状态空间方程描述。它同样通过人为定义的状态变量把高阶差分方程等效为一阶差分方程组，以达到简化计算的目的，如式（3-8）所示。

$$\begin{cases} \boldsymbol{x}(kT+T) = \boldsymbol{A}\boldsymbol{x}(kT) + \boldsymbol{B}e(kT) \\ \boldsymbol{u}(kT) = \boldsymbol{C}\boldsymbol{x}(kT) + \boldsymbol{D}e(kT) \end{cases} \tag{3-8}$$

式中，$\boldsymbol{x}(kT)$ 是状态向量；$e(kT)$、$\boldsymbol{u}(kT)$ 分别是输入向量和输出向量；$\boldsymbol{A}$、$\boldsymbol{B}$、$\boldsymbol{C}$、$\boldsymbol{D}$ 是状态矩阵、输入矩阵、输出矩阵和直接传递矩阵。

可以看出，式（3-8）与式（3-3）虽然形式相同，但本质不同：式（3-8）定义在离散状态空间 $\boldsymbol{x}(kT)$ 上，而式（3-3）定义在连续状态空间 $\boldsymbol{x}(t)$ 上。

3.5　线上学习：使用 LabVIEW 建立离散对象模型

3.5.1　直接建立离散对象模型

针对对象模型已知的情况，LabVIEW 提供了丰富的建模工具（见表 3-3），包括数学 VI、仿真函数和控件设计函数。用户可以根据已知模型的类型选择适用工具，直接创建离散对象模型。

表 3-3　不同数学模型的建模工具

数 学 模 型			LabVIEW 建模工具		
			数学 VI	仿真函数	控件设计函数
连续对象	微分方程		√		
	传递函数	TF 模型	√	√	√
		ZPK 模型	√	√	√
	状态空间方程		√	√	√
离散对象	差分方程		√		
	脉冲传递函数	TF 模型	√	√	√
		ZPK 模型	√	√	√
	状态空间方程		√	√	√

【例 3-10】使用 LabVIEW 建立例 3-8 中离散对象的差分方程仿真模型。

例 3-8 中离散对象的差分方程为 $u(k) - 0.8u(k-1) = 0.2e(k)$，可以考虑使用表 3-3 中的数学 VI 对离散对象进行仿真。步骤如下：

（1）创建空 VI。

（2）在程序框图中放置控件与仿真循环。

（3）假设 $e(k)$ 为阶跃输入，可在控件与仿真循环内部放置乘函数，并将"Step Signal（阶跃输入函数）"和常数 0.2 连接到乘函数的输入端，完成运算 $0.2e(k)$，如图 3-46 所示。图中，乘函数位于"数学→数值"选板，也可在"编程→数值"选板中找到。

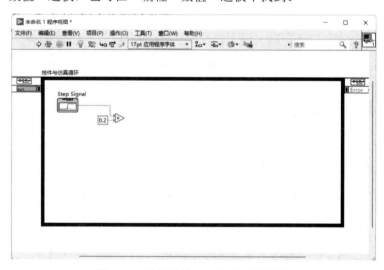

图 3-46　添加运算 $0.2e(k)$ 的程序框图

（4）为了获得 $u(k)$，需要计算 $u(k) = 0.2e(k) + 0.8u(k-1)$。

（5）继续在控件与仿真循环内部放置加函数，如图 3-47 所示。

（6）在程序框图中添加"编程→结构"选板的"反馈节点"，并按照图 3-48 连接，完成 $u(k)$ 的计算。

（7）放置"SimTime Waveform（时域仿真波形图）"函数，并按照图 3-49 连线，完成程序。

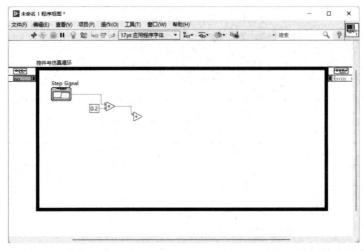

图 3-47　添加求和运算（加函数）的程序框图

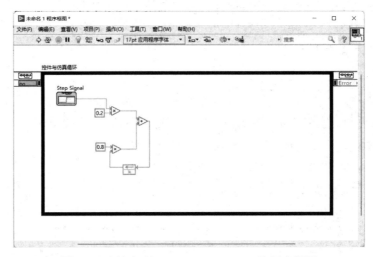

图 3-48　添加运算 $0.2e(k)+0.8u(k-1)$ 的程序框图

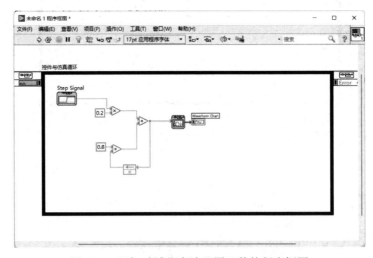

图 3-49　添加时域仿真波形图函数的程序框图

基于差分方程的迭代算法是实施计算机控制的技术基础。例 3-10 用控件与仿真循环代替文本编程语言中的循环语句，既可以用于抽象的理论仿真，也可以部署在具体设备上实现控制决策。前者的迭代步长是抽象的，没有现实世界的时钟与之对应，每一步迭代都只是一次递归运算；后者的迭代步长即采样周期，需要控件与仿真循环配置实时时钟（见 2.3.5 节），每一步迭代都是一次真实的采样输出。

【例 3-11】使用 LabVIEW 建立例 3-8 中离散对象的脉冲传递函数仿真模型。

例 3-8 中离散对象的脉冲传递函数为

$$H(z) = \frac{U(z)}{E(z)} = \frac{0.2}{1 - 0.8z^{-1}}$$

因此，可以考虑使用表 3-3 中的脉冲传递函数（TF 模型）对离散对象进行仿真。步骤如下：

（1）创建空 VI。

（2）在程序框图中放置控件与仿真循环。

（3）打开"控制设计与仿真（Control Design & Simulation）→仿真（Simulation）→离散线性系统模型（Discrete Linear Systems）"选板，找到"Discrete Transfer Function（离散传递函数模型）"，将其放置在控件与仿真循环内部，如图 3-50 所示。

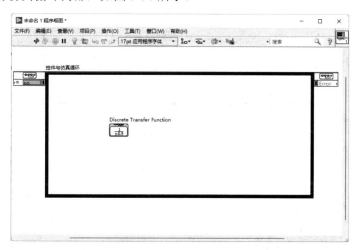

图 3-50　添加离散传递函数模型的程序框图

（4）双击离散传递函数模型（Discrete Transfer Function），按照图 3-51 配置模型参数。

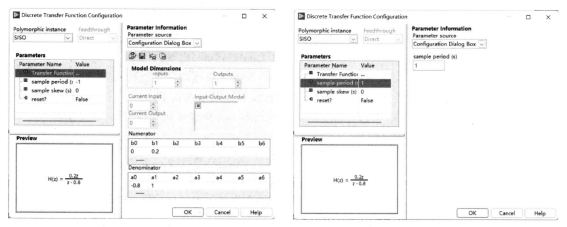

（a）配置脉冲传递函数有理分式　　　　　　（b）配置采样周期（假设为1s）

图 3-51　配置离散传递函数模型参数

注意，在使用对话框配置脉冲传递函数时，分子多项式和分母多项式默认按照 z 的降幂排列，即

$$H(z) = \frac{b_m z^m + b_{m-1} z^{m-1} + \cdots + b_0}{a_n z^n + a_{n-1} z^{n-1} + \cdots + a_0}$$

因此，在配置脉冲传递函数时，需要先对例 3-8 中的脉冲传递函数进行转换。

$$H(z) = \frac{U(z)}{E(z)} = \frac{0.2}{1 - 0.8 z^{-1}} = \frac{0.2z}{z - 0.8}$$

（5）继续放置"Step Signal（阶跃输入函数）"和"SimTime Waveform（时域仿真波形图）"函数，并按照图 3-52 连线，完成程序。

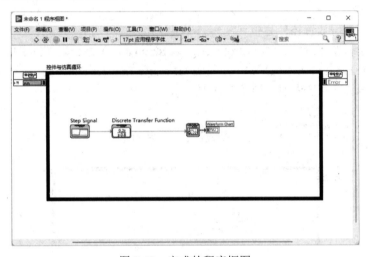

图 3-52　完成的程序框图

总的说来，LabVIEW 离散对象建模函数的使用与连续对象建模函数的使用大致相同，只是多了采样周期的配置。因此，完全可以仿照 3.3 节的方法直接对离散对象进行仿真。

3.5.2　间接建立离散对象模型

现实世界中，被控对象几乎都是连续的。因此，实际工程中遇到的更多是如何根据连续对象模型进行离散系统仿真。

针对这种情况，LabVIEW 不仅为不同类型对象提供了模型转换函数，而且为同类型对象提供了不同形式模型的转换函数。这些函数集中在"控制设计与仿真（Control Design & Simulation）→控件设计（Control Design）→模型转换（Model Conversion）"选板（见配套电子资源），主要分为两类：第一类实现不同类型对象模型的转换，如连续对象模型与离散对象模型的相互转换；第二类实现同类型对象不同形式模型的转换，如 TF 模型、ZPK 模型和 SS 模型的相互转换。

【例 3-12】使用 LabVIEW 建立例 3-9 中连续对象的计算机控制仿真模型。

例 3-9 中连续对象的传递函数为

$$H(s) = \frac{1 - e^{-Ts}}{s} \frac{1}{s+1}$$

表示使用零阶保持器对连续对象 $H(s) = \frac{1}{s+1}$ 进行离散观察。因此，可以考虑使用表 3-3 中的传递函数（TF 模型）仿真连续对象，并使用模型转换函数获得相应的离散对象的脉冲传递函数。步骤如下：

（1）创建空 VI。

（2）在程序框图中放置控件与仿真循环。

（3）在控件与仿真循环内部放置传递函数模型（见图 3-53），并按照图 3-54 配置传递函数模型参数。

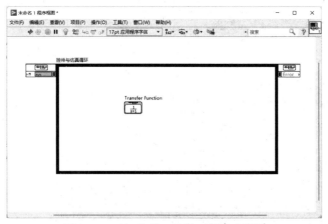

图 3-53　添加传递函数模型的程序框图

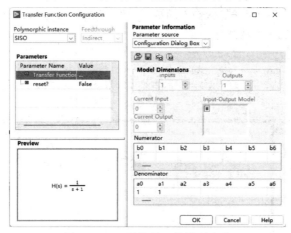

图 3-54　配置传递函数模型参数

（4）继续添加"Discrete Zero-Order Hold（离散零阶保持器）"函数，如图 3-55 所示，并将采样周期设置为 1s，如图 3-56 所示。

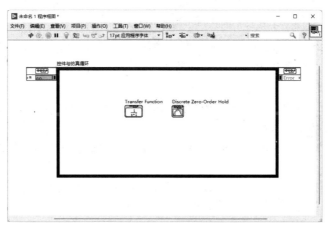

图 3-55　添加离散零阶保持器函数的程序框图

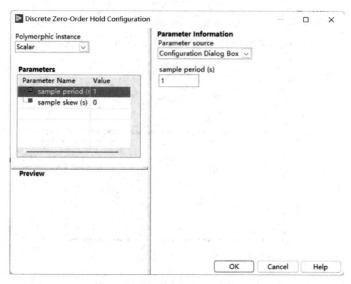

图 3-56　配置零阶保持器函数的参数（将采样周期设置为 1s）

（5）继续放置"Step Signal（阶跃输入函数）"和"SimTime Waveform（时域仿真波形图）"函数，并按照图 3-57 连线，完成程序。

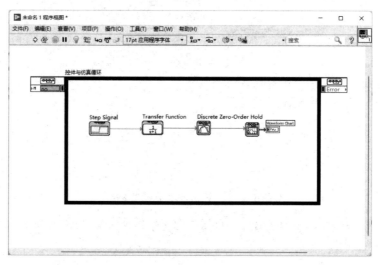

图 3-57　完成的程序框图

使用仿真函数可以直观地展示计算机控制系统的内部结构及相互连接，但不容易观察系统的解析表示。为此，可以考虑使用控件设计函数进行模型转换，以获取便于解析分析的脉冲传递函数。

【例 3-13】使用 LabVIEW 控件设计函数建立例 3-9 中连续对象的计算机仿真模型。

（1）打开例 3-12 创建的 VI。

（2）双击传递函数模型 Transfer Function，打开配置对话框，将传递函数模型配置为接线端输入，如图 3-58 所示。

（3）为传递函数模型 Transfer Function 的 Transfer Function 接线端添加输入控件"Transfer Function 2"，如图 3-59 所示，并按照图 3-60 设置默认参数。

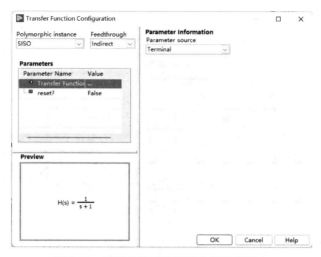

图 3-58　配置传递函数模型为接线端输入

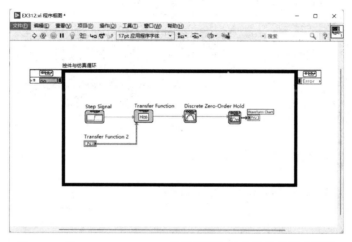

图 3-59　为 Transfer Function 接线端添加输入控件的程序框图

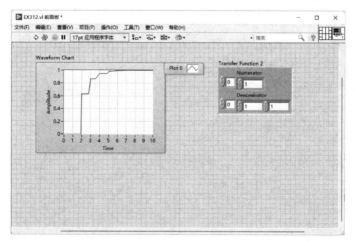

图 3-60　在前面板为输入控件"Transfer Function 2"设置默认参数

（4）在控件与仿真循环外部放置仿真模型转换为控件设计（CD Convert Simulation to Control Design）VI，并添加绘制传递函数方程 VI 以显示连续对象的解析表达，如图 3-61 所示。

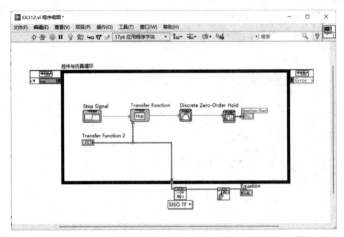

图 3-61　添加仿真模型转换为控件设计 VI 和绘制传递函数方程 VI

（5）运行 VI，可以观察到连续对象的传递函数，如图 3-62 所示。

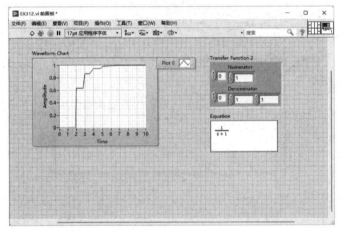

图 3-62　VI 的运行结果（连续对象的传递函数）

（6）双击离散零阶保持器 Discrete Zero-Order Hold，打开配置对话框，将参数"采样周期（sample period）"的参数源（Parameter source）配置为接线端输入（Terminal），如图 3-63 所示。

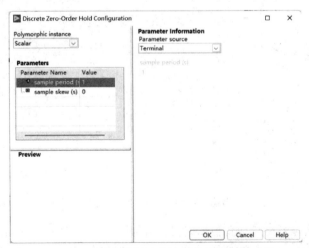

图 3-63　配置离散零阶保持器的采样周期参数

（7）为离散零阶保持器 Discrete Zero-Order Hold 的 sample period(s)接线端添加输入控件，并在控件与仿真循环外部继续放置连续模型转换为离散模型（CD Convert Continuous to Discrete）VI和绘制传递函数方程 VI，按照图 3-64 连线。

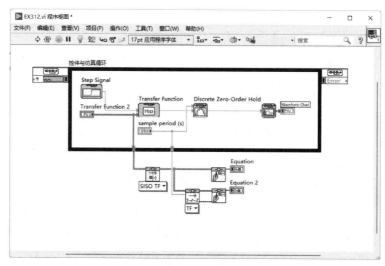

图 3-64　添加连续模型转换为离散模型 VI 和绘制传递函数方程 VI

（8）运行 VI，可以观察到对连续对象进行零阶保持采样的结果，如图 3-65 所示。

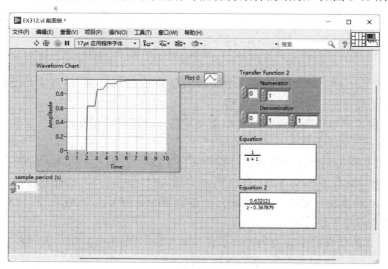

图 3-65　对连续对象进行零阶保持采样的结果

例 3-13 中，对连续对象的零阶保持采样是通过"连续模型转换为离散模型"VI 完成的。它是一个多态 VI，具有 TF、ZPK 和 SS 三个实例，其作用是把连续系统模型按照指定采样条件转换为离散系统模型。其输出类型可以手动指定，也可以由 VI 根据输入模型的类型自动选择。

下面以图 3-66 所示 TF 实例说明连续模型转换为离散模型 VI 的用法。

图 3-66 中，Continuous Transfer Function Model（连续模型传递函数）端子连接需要离散化的连续系统模型；Sampling Time（s）（采样时间）端子指定离散化过程的采样周期，默认值为-1，

表示无采样；Method（采样方法）端子则可以指定表 3-4 中的任一种离散化方法[①]，默认值为 0，表示使用零阶保持器进行采样；而离散化得到的离散系统模型由 Discrete Transfer Function Model（离散模型传递函数）端子输出。

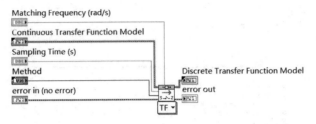

图 3-66　连续模型转换为离散模型 VI 的 TF 实例

表 3-4　离散化方法

值	离散化方法
0	零阶保持法（Zero-Order-Hold）
1	Tustin 变换法/双线性变换法（Tustin/Bilinear）
2	频率预曲折双线性变换法（Prewarp）
3	前向差分法（Forward）
4	后向差分法（Backward）
5	Z 变换法（Z-Transform）
6	一阶保持法（First-Order-Hold）
7	零极点匹配法（Matched Pole-Zero）

注意，表 3-4 列出的离散化方法中，除默认的零阶保持法外，其他方法并没有现实的物理意义，不宜仿真连续对象的零阶保持采样过程。

不同类型对象的模型转换还包括仿真模型与控件设计模型的相互转换，主要用于动态仿真过程中对仿真模型进行实时修改。

这类 VI 包括仿真模型转换为控件设计模型 VI（CD Convert Simulation to Control Design VI）和控件设计模型转换为仿真模型 VI（CD Convert Control Design to Simulation VI）。两个 VI 都是多态 VI，且都具有 5 个实例：MIMO SS、MIMO TF、MIMO ZPK、SISO TF 和 SISO ZPK。具体选用哪个实例，必须用户手动选择。

以例 3-12 使用的仿真模型转换为控件设计模型 VI（见图 3-67）说明其用法。

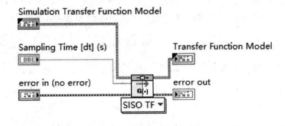

图 3-67　仿真模型转换为控件设计模型 VI（SISO TF 实例）

---

① 各种离散化方法的说明见 5.3 节。

图 3-67 中，Simulation Transfer Function Model（仿真模型传递函数）端子连接来自仿真函数的对象模型，为二元素簇数据结构，两个簇元素均为一维浮点数组，分别是 SISO TF 模型的分子多项式系数 Numerator 和分母多项式系数 Denominator；Transfer Function Model（传递函数模型）端子输出控件设计模型，同样是簇数据结构，但包含三个簇元素，分别是字符串数据 Model Name（模型名称）、浮点数据 Sampling Time（采样时间）和二维浮点数组表示的 transfer function(s)（SISO TF 模型）。

可见，该组函数的本质是数据类型转换，其主要作用是将一种结构的簇数据类型转换为另一种结构的簇数据类型，以保证信号流的数据类型匹配。

3.5.3　同类型对象的模型转换

在 LabVIEW 中，同一类型的对象也可以用多种不同形式描述，以强调对象的不同特征，应用于不同场合。

类似仿真模型与控件设计模型的转换，这些不同形式的模型描述也可以通过多态 VI 相互转换。

3.5.3.1　转换为传递函数模型

"转换为传递函数模型" VI（CD Convert to TF Model VI）可以将对象的 SS 模型或 ZPK 模型转换为传递函数描述。它位于"控制设计与仿真（Control Design & Simulation）→控件设计（Control Design）→模型转换（Model Conversion）"选板，具有 SS to TF 和 ZPK to TF 两个实例。

图 3-68 所示为该 VI 的 SS to TF 实例，可以根据指定对象的状态空间描述计算相应的传递函数。各端子的作用如下：

● State-Space Model（状态空间模型）端子。

该端子连接连续对象或离散对象的状态空间描述。该描述是一个簇数据结构，包括七个簇元素，依次是字符串数据 Model Name（模型名称）、浮点数据 Sampling Time（采样时间）和二维浮点数组 A（状态矩阵）、B（输入矩阵）、C（输出矩阵）、D（直接传递矩阵）及 Transport Delay（传输延时矩阵）。

● Transfer Function Model（传递函数模型）端子。

该端子输出指定对象的传递函数描述。该描述是一个簇数据结构，包括三个簇元素，依次是字符数据 Model Name（模型名称）、浮点数据 Sampling Time（采样时间）和二维簇数组 transfer function(s)（传递函数矩阵）。其中，传递函数矩阵由 $C(sI - A)^{-1}B + D$ 计算得到。

● Realization Type（实现类型）端子。

该端子指定转换过程中使用的状态空间的类型，默认值为 0，即最小实现（完成零极点对消并移除所有不影响系统输出的状态）。

● Tolerance（容差）端子。

该端子指定零极点相等的条件。只有零极点的距离小于容差，才可以认为二者相等，并实现零极点对消，默认值为 0。

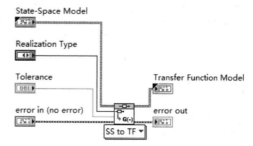

图 3-68　转换为传递函数模型 VI 的 SS to TF 实例

该 VI 的 ZPK to TF 实例如图 3-69 所示。其结构与 SS to TF 实例类似，可以根据指定对象的零极点描述计算相应的传递函数。各端子的作用如下：

● Zero-Pole-Gain Model（零极点模型）端子。

该端子连接连续对象或离散对象的零极点描述。该描述是一个簇数据结构，包括三个簇元素，依次是字符串数据 Model Name（模型名称）、浮点数据 Sampling Time（采样时间）和二维簇数组

zero-pole-gain(s)（ZPK 模型矩阵）。

　　ZPK 模型矩阵 zero-pole-gain(s)的每一个数组元素是一个输入输出对的 ZPK 模型。它是一个三元素簇数据结构，由浮点数据 Gain（增益）、一维浮点数组 Zeros（零点）和一维浮点数组 Poles（极点）组成。

　　● Transfer Function Model（传递函数模型）端子。

　　该端子的作用与 SS to TF 实例中同名端子相同，只是传递函数矩阵的计算方式改变了，即传递函数矩阵的每一个元素是一个输入输出对的传递函数/脉冲传递函数，其分子多项式由 $k(s-Z_1)(s-Z_2)\cdots(s-Z_m)$ 或 $k(z-Z_1)(z-Z_2)\cdots(z-Z_m)$ 计算，分母多项式由 $(s-P_1)(s-P_2)\cdots(s-P_n)$ 或 $(z-P_1)(z-P_2)\cdots(z-P_n)$ 计算。式中，k 为相应输入输出对的增益 Gain，$Z_1,Z_2,\cdots,Z_m$ 为相应输入输出对的零点（Zeros），$P_1,P_2,\cdots,P_n$ 为相应输入输出对的极点（Poles）。

　　● Realization Type（实现类型）端子。

　　该端子的作用与 SS to TF 实例中同名端子相同。

　　● Tolerance（容差）端子。

　　该端子的作用与 SS to TF 实例中同名端子相同。

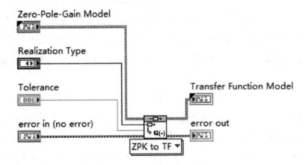

图 3-69　转换为传递函数模型 VI 的 ZPK to TF 实例

3.5.3.2　转换为 ZPK 模型

　　"转换为 ZPK 模型" VI（CD Convert to ZPK Model VI）可以将对象的 SS 模型或 TF 模型转换为零极点描述，以便通过配置零极点完成控制器设计。它同样位于"控制设计与仿真（Control Design & Simulation）→控件设计（Control Design）→模型转换（Model Conversion）"选板，具有 SS to ZPK 和 TF to ZPK 两个实例，如图 3-70 所示。

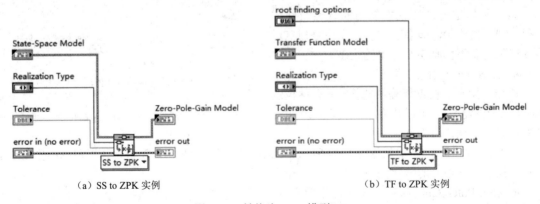

（a）SS to ZPK 实例　　　　　　　　　　（b）TF to ZPK 实例

图 3-70　转换为 ZPK 模型 VI

　　该 VI 的本质是通过求解 TF 模型分子多项式和分母多项式的根以获得对象的零极点和增益。因此，在将 SS 模型转换为 ZPK 模型的时候，VI 需要先把 SS 模型转换为 TF 模型，再把 TF 模型转换为 ZPK 模型。

　　至于 VI 求解多项式方程所使用的数值方法，则通过 root finding options（寻根选项）端子指定（见表 3-5），默认值为 2，即精确求解。

表 3-5　寻根选项说明

值	选　项	说　明
0	常规 （General）	指定 TF 模型为复数多项式，获得的解可能不是严格意义上的共轭实数或共轭复数
1	简单分类 （Simple Classification）	基于常规选项求解，获得的解被分为两类：实数解（没有虚部）和共轭复数解（实部、虚部分别求平均值）
2	精确 （Refinement）	基于简单分类选项求解，并用牛顿法再次优化以获得实数解，用 Bairstow 方法获取共轭复数解。该选项可以得到更精确的解，但可能导致计算不稳定
3	高级精确 （Advanced Refinement）	与精确求解类似，但数值结果的稳定性更高，特别是在多项式存在重根时。虽然能够得到精确的共轭实数解或共轭复数解，但因算法复杂性高，耗时较长

【例 3-14】使用 LabVIEW 将例 3-13 中的脉冲传递函数转换为零极点描述形式。

（1）打开例 3-13 创建的 VI。

（2）在程序框图中放置转换为 ZPK 模型 VI，并添加绘制 ZPK 方程（CD Draw Zero-Pole-Gain Equation）VI，如图 3-71 所示。

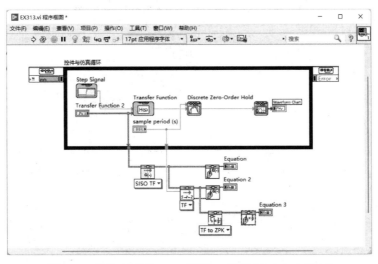

图 3-71　添加转换为 ZPK 模型 VI 和绘制 ZPK 方程 VI

（3）运行 VI，观察转换结果，如图 3-72 所示。

（4）在程序框图中放置"转换为传递函数模型"VI，添加"绘制传递函数方程"VI，并修改各对象数学描述显示控件的标签，如图 3-73 所示。

（5）运行 VI，观察转换结果，如图 3-74 所示。

（6）将文件另存为副本 EX314。

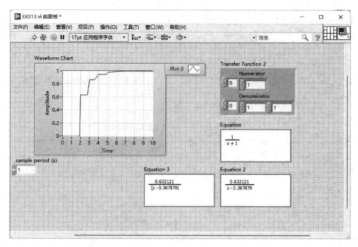

图 3-72　离散对象的 TF 模型转换为 ZPK 模型的结果

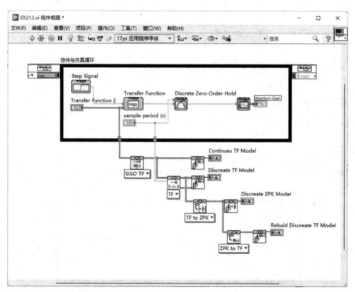

图 3-73　添加转换为传递函数模型 VI 和绘制传递函数方程 VI

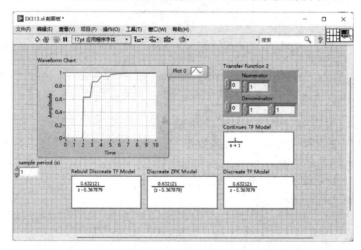

图 3-74　离散对象的 ZPK 模型还原为 TF 模型的结果

3.5.3.3 转换为状态空间模型

图 3-75 所示为"转换为状态空间模型" VI（CD Convert to State-Space Model VI）的两个实例。它也位于"控制设计与仿真（Control Design & Simulation）→控件设计（Control Design）→模型转换（Model Conversion）"选板，能够将对象的 TF 模型或 ZPK 模型转换为以能控标准型表示的状态空间模型。

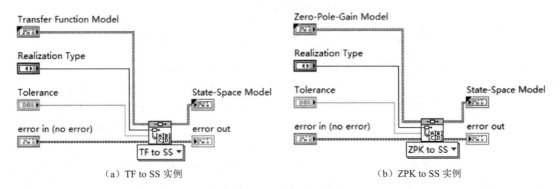

(a) TF to SS 实例　　　　　　　　　　(b) ZPK to SS 实例

图 3-75　转换为状态空间模型 VI

注意，在把 ZPK 模型转换为 SS 模型时，该 VI 需要先把 ZPK 模型转换为 TF 模型，再把 TF 模型转换为 SS 模型。

3.6　混合系统及其行为描述

3.6.1　混合系统的一般结构

能量耦合网络和信号耦合网络能够将研究对象的真实物理行为简化并抽象为数学模型，从而分离研究问题的主要因素与可忽略的次要因素，有助于实际问题的分析和解决。

但是，实际的工程系统通常有比较宽泛的边界，系统自身往往包含若干相对独立且分属不同领域的物理子系统（如机械本体、电机、电子电路、动力源、传感器等），各个子系统的信号类型和线性工作区间也多有不同，很难用一个端口网络模型表示。

这种情况下，比较常见的选择是使用层次化设计，即把系统中若干功能相关、联系紧密的物理子系统定义为简单对象，单独封装并建模，再按照因果关系将简单对象聚合为真实系统模型，并建立离散事件触发的时序状态序列以描述其现实行为。

这种由若干具有连续动态行为的离散状态集描述的系统被称为混合系统，通常可以用图 3-76 表示。图中，连续时间子系统是由若干简单对象聚合而成的真实系统模型，包括多个离散的工作状态，其输入信号为 $e_C(t)$，输出信号为 $u_C(t)$；离散事件子系统是由若干内部事件 $v_D(t)$ 和外部事件 $e_D(t)$ 构成的离散事件集合，其输出信号为 $u_D(t)$，将决定连续时间子系统在当前环境下的实际工作状态。

借助连续时间子系统的离散工作状态和具体工作状态下的连续动作，混合系统能

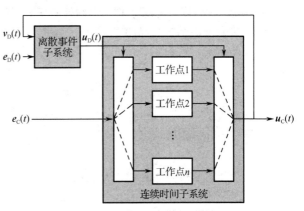

图 3-76　混合系统的一般结构

够同时描述物理系统的流动性（用微分方程描述）和跳跃性（用状态机描述）。因此，混合系统能够更灵活地建立多领域复杂工作条件下的物理系统模型，尤其适合计算机控制系统的行为描述，近年来已在工程实践和理论研究的多个领域得到广泛应用。

但是，该过程并没有固定的规则，而是依赖于个人经验与工程判断。其基本原则是依据设计问题的影响因素，结合能够接受的数值精度，优先选择已有的成熟模型描述物理系统组成部分，并在此基础上，选择功能相近的模型进行封装和聚合。

3.6.2　混合系统的行为描述

与连续时间系统/离散时间系统相比较，混合系统的研究历史相对较短。其分析和设计方法虽然日趋成熟，并在工程领域得到普及，但仍然以计算机仿真实验为主，缺少普适的解析方法。

因此，混合系统行为描述在连续时间子系统行为描述的基础上，通过引入状态机表示离散事件子系统，用一个分层的并行计算框架把二者结合起来，使现代工业体系同时描述生产过程流动性和跳跃性的要求得以满足。

【例 3-15】供热、通风与空气调节（Heating, Ventilating and Air Condoning, HVAC）系统能够同时满足特定空间对温度、湿度、辐射能和空气质量的要求，广泛应用于汽车、制造和建筑等领域，以满足用户对舒适度、清洁度和环境保护的要求。若用图 3-77 表示其温度调节过程，试给出相应的混合系统描述。

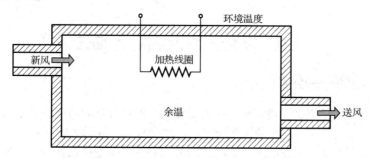

图 3-77　集总参数表示的 HVAC 系统

图 3-77 中，来自环境的新风从进风口进入，经过滤、压缩后进行加热/制冷处理，再次过滤后，经出风口返回环境。于是，根据线圈工作状态的不同，HVAC 系统会有以下不同的工作状态。
- 通风：线圈不工作，新风进入后，经过滤处理，自然冷却并返回环境。
- 制冷：线圈为冷凝器，新风进入后，经线圈换热降温，冷却后返回环境。
- 加热：线圈为加热器，相当于额外的热源，新风进入后，经线圈加热温度升高，并返回环境。

HVAC 系统的结构图如图 3-78 所示。

为简单起见，假设出风口的温度即 HVAC 腔体内的余温。于是，系统输出可以表示为

$$T = \boldsymbol{f}_{\mathrm{D}}(\boldsymbol{e}_{\mathrm{D}}(t)) \cdot \boldsymbol{f}_{\mathrm{C}}(\boldsymbol{e}_{\mathrm{C}}(t)) = \begin{bmatrix} u_{\mathrm{D1}} & u_{\mathrm{D2}} & u_{\mathrm{D3}} \end{bmatrix} \cdot \begin{bmatrix} f_{\mathrm{C1}}(t) \\ f_{\mathrm{C2}}(t) \\ f_{\mathrm{C3}}(t) \end{bmatrix} = u_{\mathrm{D1}} f_{\mathrm{C1}}(t) + u_{\mathrm{D2}} f_{\mathrm{C2}}(t) + u_{\mathrm{D3}} f_{\mathrm{C3}}(t)$$

式中，离散事件子系统输出

$$\boldsymbol{u}_{\mathrm{D}}(t) = \boldsymbol{f}_{\mathrm{D}}(\boldsymbol{e}_{\mathrm{D}}(t)) = \begin{bmatrix} u_{\mathrm{D1}} & u_{\mathrm{D2}} & u_{\mathrm{D3}} \end{bmatrix} = \begin{cases} \begin{bmatrix} 1 & 0 & 0 \end{bmatrix} & \text{线圈不工作} \\ \begin{bmatrix} 0 & 1 & 0 \end{bmatrix} & \text{线圈为冷凝器} \\ \begin{bmatrix} 0 & 0 & 1 \end{bmatrix} & \text{线圈为加热器} \end{cases}$$

连续时间子系统有三个稳定的工作状态，分别用微分方程 $f_{\mathrm{C1}}(t)$、$f_{\mathrm{C2}}(t)$ 和 $f_{\mathrm{C3}}(t)$ 描述。

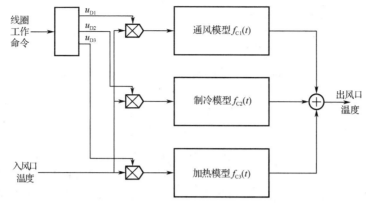

图 3-78　HVAC 系统的结构图

【例 3-16】图 3-79 中，小车自斜面顶端以某速度滑落。假设小车与斜坡的摩擦系数为 μ_1，与水平面的摩擦系数为 μ_2，且可能与 x_{max} 处放置的竖直挡板发生弹性碰撞。试描述小车自高处滑下的运动过程。

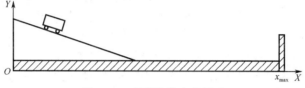

图 3-79　有碰撞的小车运动

图 3-79 中，小车自斜面顶端滑落的运动过程可能包括以下几个阶段：

- 沿斜面向下滑行：小车自身重力使其做加速运动，小车与斜面表面的摩擦力则使其做减速运动。
- 沿水平面向 X 轴正方向滑行：小车仅受水平摩擦力作用，做减速运动。
- 与 x_{max} 处挡板碰撞后沿水平面向 X 轴负方向滑行：小车因与挡板碰撞而改变运动方向，新的运动速度则由膨胀时的恢复系数决定，小车仅受水平摩擦力作用，做减速运动。
- 沿斜面向上滑行：小车自身重力和斜面摩擦力均使其做减速运动。

于是，得到有碰撞小车运动的结构图，如图 3-80 所示。

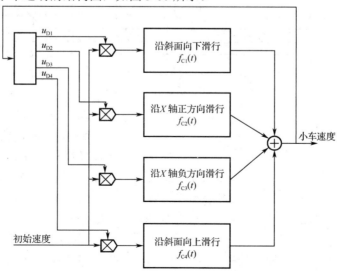

图 3-80　有碰撞小车运动的结构图

与例 3-15 类似，系统输出可以表示为

$$v = [u_{D1} \quad u_{D2} \quad u_{D3} \quad u_{D4}] \cdot \begin{bmatrix} f_{C1}(t) \\ f_{C2}(t) \\ f_{C3}(t) \\ f_{C4}(t) \end{bmatrix} = u_{D1}f_{C1}(t) + u_{D2}f_{C2}(t) + u_{D3}f_{C3}(t) + u_{D4}f_{C4}(t)$$

式中，离散事件子系统输出

$$\boldsymbol{u}_D(t) = [u_{D1} \quad u_{D2} \quad u_{D3} \quad u_{D4}] = \begin{cases} [1 \quad 0 \quad 0 \quad 0] & \text{小车沿斜面向下滑行} \\ [0 \quad 1 \quad 0 \quad 0] & \text{小车沿水平面向}X\text{轴正方向滑行} \\ [0 \quad 0 \quad 1 \quad 0] & \text{小车沿水平面向}X\text{轴负方向滑行} \\ [0 \quad 0 \quad 0 \quad 1] & \text{小车沿斜面向上滑行} \end{cases}$$

连续时间子系统有四个稳定的工作状态，分别用微分方程 $f_{C1}(t)$、$f_{C2}(t)$、$f_{C3}(t)$ 和 $f_{C4}(t)$ 描述。

连续时间子系统可能是时间连续、幅值离散的子系统，也可能是时间连续、幅值连续的子系统。技术人员往往把连续时间子系统视作若干功能已知对象的成熟模型的聚合，并据此建立连续时间子系统的微分方程，进而在需要的工作点附近做局部线性化处理，得到连续时间子系统在整个工作范围的行为描述。

【例 3-17】试用微分方程描述例 3-15 中连续时间子系统的行为。

将图 3-77 重绘为图 3-81 所示形式，并依据相似原理，用电势差表示温度差，用电容表示比热容，用电阻表示热阻，进而得到 HVAC 系统的等效电路（见图 3-82）。

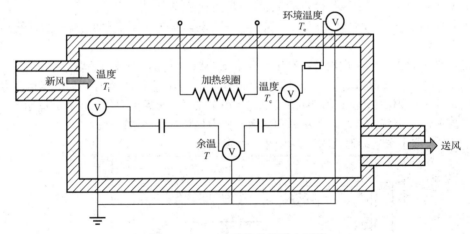

图 3-81　HVAC 系统的等效电网络

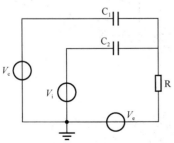

图 3-82　HVAC 系统的等效电路

图 3-82 中，V_i 反映进风口新风的温度 T_i，代表环境输入的热量，其大小取决于流体比热容和流速；V_c 反映线圈的工作温度 T_c，代表加热/制冷过程产生的热量，其大小取决于线圈参数和换热效率；V_e 反映环境温度 T_e；电阻 R 上的电压降反映容器通过容器壁散失的热量；电容 C 上的电压降反映新风在容器内部传输时散失的热量。

于是，可以据图 3-82 绘制 HVAC 系统的结构图［见图 3-83（a）］。图中，T_c、T_i 为外部输入，T_e 为环境扰动，T 为系统输出，$f_c(C,t)$、$f_i(C,t)$、$f_e(R,t)$ 为相应换热过程的数学描述。

若考虑加热/制冷过程，则可以将 T_c 作为加热/制冷过程的输出，得到图 3-83（b）。图中，$f_{coil}(t)$ 是加热/制冷过程的数学描述，可以通过系统辨识的方法获得，也可以根据电子装置的工作原理求取；Q_c 则是加热/制冷过程产生的热量。

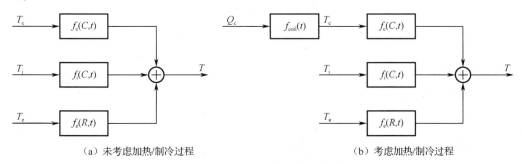

（a）未考虑加热/制冷过程　　　　　　　　　　（b）考虑加热/制冷过程

图 3-83　HVAC 系统的结构图

于是，HVAC 系统的输入输出关系可以写为

$$T = f_{coil}(t)f_c(C,t)Q_c + f_i(C,t)T_i + f_e(R,t)T_e$$

将上式对时间 t 求偏导，即可得到 HVAC 系统的微分方程。

如果在工作点附近做局部线性化处理，就可以得到系统在各工作状态下的线性微分方程，进而可以获得相应的传递函数/脉冲传递函数和状态空间方程。

3.6.3　模型互连

在连接子系统以构成更高一级系统的时候，要求模型连接处的信号类型必须相同。对于信号耦合网络，这意味着连接处的信号必须同为连续时间信号或离散时间信号；如果端子与实际的物理信号对应，则还需要二者具有相同的量纲和量程。对于能量耦合网络，则意味着连接处的一对共轭信号应同时满足前述条件。

因此，在分析混合系统时必须将其视为离散时间系统，即使连续时间子系统的输出是连续的，也必须考虑连续时间信号与离散事件之间的时间匹配问题。

在大多数情况下，技术人员往往把能量耦合网络简化为信号耦合网络以方便分析。这种做法隐含的要求是能量耦合网络的负载效应可以忽略不计，即真实物理系统的行为不受负载影响。考虑到能量耦合网络多出现在信号类型转换处，技术人员在应用此简化时应选择或设计不受负载影响的物理接口设备；否则，基于信号耦合网络得出的结论将不适用于真实系统。

在满足前述条件下，子系统可以相互连接。其基本连接方式有以下三种。

3.6.3.1　串联连接

串联连接是指两个或两个以上子系统首尾相连，前一个子系统的输入是后一个子系统的输出。

若两个子系统的类型相同，如均为离散时间系统，其串联连接可以用图 3-84 表示。合成系统的脉冲传递函数则可以表示为各串联子系统脉冲传递函数之积，即

$$H(z) = \frac{Y(z)}{X(z)} = \frac{Y_1(z)}{X(z)}\frac{Y(z)}{Y_1(z)} = H_1(z)H_2(z)$$

式中，$H(z)$ 是合成系统的脉冲传递函数；$H_1(z)$ 和 $H_2(z)$ 分别是两个串联子系统的脉冲传递函数。

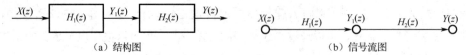

（a）结构图   （b）信号流图

图 3-84   串联连接的图形表示

若两个子系统的类型不相同，如一个为连续时间系统，另一个为连续时间系统的采样系统，则可以仿照例 3-18 处理。

【例 3-18】试计算图 3-85 所示系统的脉冲传递函数。

绘制图 3-85 所示系统的信号流图，如图 3-86 所示。图中，虚线表示连续时间信号经采样转换为离散时间信号。

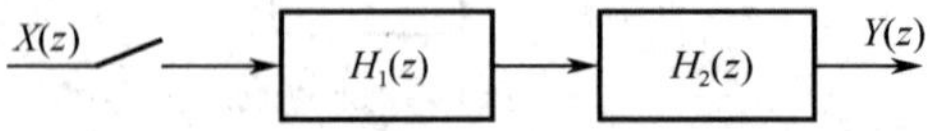

图 3-85   例 3-18 系统结构图 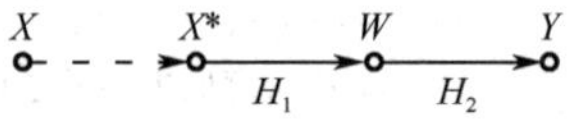   图 3-86   例 3-18 系统信号流图

带星号的字母表示采样后的信号。此处，X^* 表示的是 X 采样后的信号，它与 X 之间的虚线表示信号类型的变化。

将离散时间信号视为仅在采样时刻取值（非采样时刻取值恒为零）的特殊的连续时间信号。按照因果性列方程，有

$$\begin{cases} Y = WH_2 \\ W = X^*H_1 \end{cases}$$

于是

$$Y = WH_2 = X^*H_1H_2 = X^*\overline{H_1H_2}$$

等式两边同时取 Z 变换得

$$Y^* = X^*\overline{H_1H_2}^*$$

所以，图 3-85 所示串联系统的脉冲传递函数

$$H(z) = \frac{Y(z)}{X(z)} = \frac{Y^*}{X^*} = \overline{H_1H_2}^* = H_1H_2(z)$$

3.6.3.2   并联连接

并联连接是指两个或两个以上子系统跨接在相同的两个节点之间。

若两个子系统的类型相同，如均为离散时间系统，则其并联连接可以用图 3-87 表示。合成系统的脉冲传递函数可以表示为各并联子系统脉冲传递函数之和，即

$$H(z) = \frac{Y(z)}{X(z)} = \frac{Y_1(z) + Y_2(z)}{X(z)} = H_1(z) + H_2(z)$$

式中，$H(z)$ 是合成系统的脉冲传递函数；$H_1(z)$ 和 $H_2(z)$ 分别是两个并联子系统的脉冲传递函数。

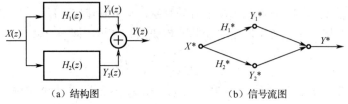

（a）结构图   （b）信号流图

图 3-87   并联连接的图形表示

3.6.3.3   反馈连接

反馈连接是指子系统的输出端返回并连接至其输入端。如果返回并连接至输入端的信号与输

出端信号同相，则为正反馈连接；否则，为负反馈连接。

图 3-88 所示为离散系统负反馈连接的图形表示。合成系统的脉冲传递函数则可以仿照例 3-18 计算，过程如下：

$$\begin{cases} Y^* = E^* H_1^* \\ E^* = X^* - Y^* \end{cases}$$

解方程组，消除中间变量 E^*，有

$$Y^* = (X^* - Y^*)H_1^*$$

$$(1 + H_1^*)Y^* = X^* H_1^*$$

$$H(z) = \frac{Y(z)}{X(z)} = \frac{Y^*}{X^*} = \frac{H_1^*}{1 + H_1^*} = \frac{H_1(z)}{1 + H_1(z)}$$

式中，$H(z)$ 是合成系统的脉冲传递函数；$H_1(z)$ 是反馈连接子系统的脉冲传递函数。

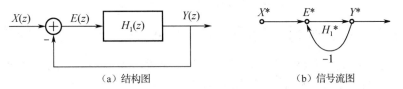

（a）结构图　　　　　　　　　　　（b）信号流图

图 3-88　离散系统负反馈连接的图形表示

当若干子系统以基本连接方式聚合为闭环离散系统时，可以依据信号流图计算其脉冲传递函数。

【例 3-19】试求图 3-89 所示闭环系统的脉冲传递函数。

按照图 3-89 画系统的信号流图，确定采样开关的输入和输出，得到图 3-90。

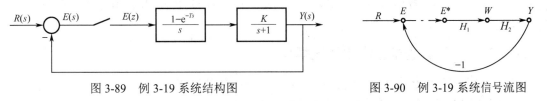

图 3-89　例 3-19 系统结构图　　　　　　　　图 3-90　例 3-19 系统信号流图

以系统输入 R 和采样开关输出 E^* 为信源，按照因果性列写各支路的输入输出关系，得到方程组

$$\begin{cases} Y = WH_2 \\ W = E^* H_1 \\ E = R - Y \end{cases}$$

式中，H_1 即 $H_1(s) = \dfrac{1 - e^{-Ts}}{s}$，$H_2$ 即 $H_2(s) = \dfrac{K}{s+1}$。

利用消元法解方程组，仅保留系统输入 R 和采样开关输出 E^*（或相应的采样开关输入 E），得到

$$\begin{cases} Y = WH_2 = E^* H_1 H_2 \\ Y = R - E \end{cases}$$

对方程组做 Z 变换得

$$\begin{cases} Y^* = E^* \overline{H_1 H_2}^* \\ Y^* = R^* - E^* \end{cases}$$

利用消元法消除采样开关输出 E^*，有

$$Y^* = E^* \overline{H_1 H_2}^* = (R^* - Y^*) \overline{H_1 H_2}^*$$

$$Y^*(1 + \overline{H_1 H_2}^*) = R^* \overline{H_1 H_2}^*$$

所以，闭环系统脉冲传递函数

$$\Phi(z) = \frac{Y(z)}{R(z)} = \frac{Y^*}{R^*} = \frac{\overline{H_1 H_2}^*}{1 + \overline{H_1 H_2}^*} = \frac{H_1 H_2(z)}{1 + H_1 H_2(z)}$$

计算 $H_1 H_2(z)$，得

$$H_1 H_2(z) = Z\left[\frac{1 - e^{-Ts}}{s} \frac{K}{s+1}\right] = \frac{K(1 - e^{-T})z^{-1}}{1 - e^{-T}z^{-1}}$$

于是

$$\Phi(z) = \frac{H_1 H_2(z)}{1 + H_1 H_2(z)} = \frac{K(1 - e^{-T})z^{-1}}{1 + [K - (K+1)e^{-T}]z^{-1}}$$

3.7　线上学习：使用 LabVIEW 建立混合系统模型

　　LabVIEW 是基于数据驱动的程序设计语言。也就是说，程序框图中节点只有在其输入端都具备有效输入之后才可以运行；程序框图节点产生的数据也只能在本节点所有动作完成之后才可以输出，并传送到数据流路径的下一个节点。因此，LabVIEW 程序的执行顺序依赖于数据流经节点的动作，由 LabVIEW 创建的函数或 VI 在描述具有因果性的并发系统时也具有先天的优势，很适合建立混合系统中的连续时间子系统的模型。

　　LabVIEW 也支持文本编程语言的控制流（Control Flow）模式。在控制流模式下，LabVIEW 程序的执行顺序依赖于程序指令的书写顺序，能够确保创建的函数或 VI 在指定条件下被触发，很适合建立混合系统中的离散事件子系统。

3.7.1　通过仿真函数建立混合系统模型

　　【例 3-20】试用仿真函数建立例 3-17 中 HVAC 系统的仿真模型。

　　由例 3-17 知，HVAC 系统的输入输出关系可以写为

$$T = f_{coil}(t)f_c(C,t)Q_c + f_i(C,t)T_i + f_e(R,t)T_e$$

式中，$f_{coil}(t)$ 为加热/制冷过程的数学描述；$f_c(C,t)$ 为线圈与容器经对流换热的数学描述；$f_i(C,t)$ 为进风口新风与容器经对流换热的数学描述；$f_e(R,t)$ 为容器与环境经传导传热的数学描述；Q_c 为加热/制冷过程中产生的热量；T_i 为进风口温度；T_e 为环境温度；T 为容器余温，与出风口温度相同。

　　考虑到 $f_{coil}(t)$ 与线圈工作状态有关，于是，HVAC 系统的输出可以写为

$$T = u_{D1}f_{C1}(t) + u_{D2}f_{C2}(t) + u_{D3}f_{C3}(t) = \begin{cases} H_i(s)T_i + H_e(s)T_e & \text{线圈不工作} \\ H_{coil}^c(s)H_c(s)Q_c + H_i(s)T_i + H_e(s)T_e & \text{线圈为冷凝器} \\ H_{coil}^h(s)H_c(s)Q_c + H_i(s)T_i + H_e(s)T_e & \text{线圈为加热器} \end{cases} \quad (3\text{-}9)$$

式中，u_{D1}、u_{D2}、u_{D3} 为离散事件子系统的输出，其值为

$$[u_{D1} \quad u_{D2} \quad u_{D3}] = \begin{cases} [1 \quad 0 \quad 0] & \text{线圈不工作} \\ [0 \quad 1 \quad 0] & \text{线圈为冷凝器} \\ [0 \quad 0 \quad 1] & \text{线圈为加热器} \end{cases}$$

$H_c(s)$、$H_i(s)$ 和 $H_e(s)$ 是 $f_c(C,t)$、$f_i(C,t)$ 和 $f_e(R,t)$ 在工作点附近的传递函数，由 $f_c(C,t)$、$f_i(C,t)$

和 $f_e(R,t)$ 对时间的偏导数局部线性化得到。$H_{coil}^c(s) / H_{coil}^h(s)$ 是线圈所代表的冷凝器/加热器的传递函数。

于是，可以按以下步骤创建 HVAC 基于传递函数的系统仿真模型：

（1）创建空 VI。

（2）在前面板粘贴集总参数表示的 HVAC 系统示意图，得到图 3-91。

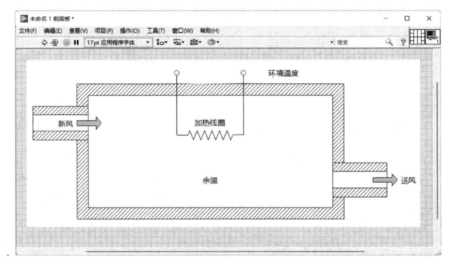

图 3-91　集总参数表示的 HVAC 系统示意图（前面板）

（3）在集总参数表示的 HVAC 系统示意图上，依次添加一个枚举型输入控件和四个数值输入控件，如图 3-92 所示。

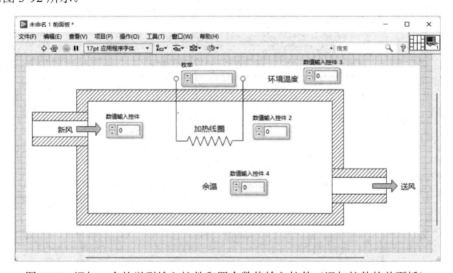

图 3-92　添加一个枚举型输入控件和四个数值输入控件（添加控件的前面板）

（4）右击"枚举"控件，在弹出的快捷菜单中选择"编辑项"命令，按照图 3-93 添加与线圈工作命令相对应的枚举项。并通过"外观"选项卡将"枚举"控件的标签项修改为"线圈命令"。

（5）将图 3-92 中的四个数值输入控件的标签依次修改为"Ti""Tc""Te""T"，并对控件"Tc""T"使用右键快捷命令"转换为显示控件"。最后，对控件"T"使用右键快捷命令"替换→银色-数值-温度计（银色）"，得到图 3-94。

图 3-93　枚举型控件属性设置对话框

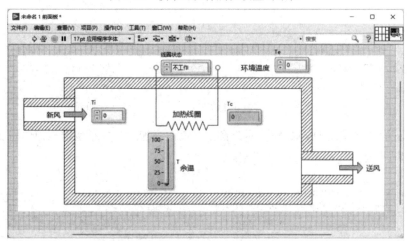

图 3-94　基于仿真函数的 HVAC 系统仿真模型（完成的前面板）

（6）切换到程序框图，放置控件与仿真循环，得到图 3-95。

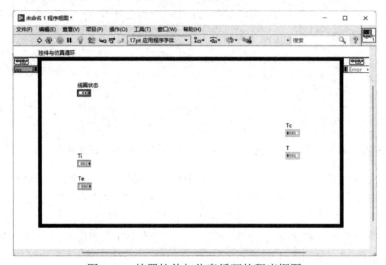

图 3-95　放置控件与仿真循环的程序框图

（7）在控件与仿真循环内部放置传递函数模型 $H_c(s)$、$H_i(s)$、$H_e(s)$、$H_{coil}^c(s)$ 和 $H_{coil}^h(s)$，标签依次为 Hc(s)、Hi(s)、He(s)、Hcc(s)和Hch(s)，如图 3-96 所示。

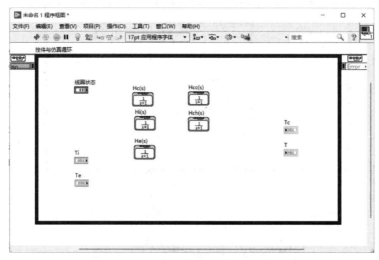

图 3-96　放置传递函数模型的程序框图

（8）在控件与仿真循环内部放置加法器函数（位于"控制设计与仿真→仿真→信号运算函数"选板），并按照图 3-97 连接各节点。

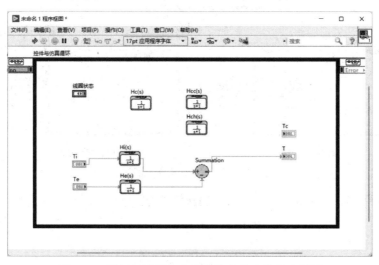

图 3-97　设置加法器函数并连接各节点的程序框图

（9）在控件与仿真循环内部放置"条件结构"（位于"编程→结构"选板），将"线圈状态"控件连接至条件结构的条件选择器端子，并通过右键快捷菜单中"在后面添加新分支"命令在"制冷"分支后面增加"加热"分支，如图 3-98 所示。

（10）按照图 3-99 连线条件结构各分支。注意，务必保证每个分支都为条件结构隧道赋值。或者说，务必保证条件结构隧道的输入端在每个分支都有与之连接的输入数据。

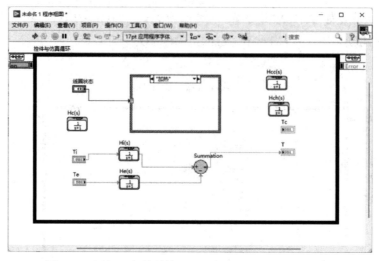

图 3-98　添加"条件结构"和"加热"分支的程序框图

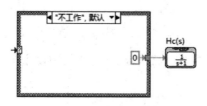

（a）线圈不工作分支

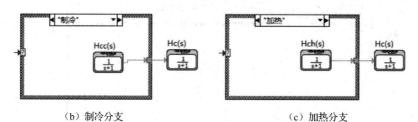

（b）制冷分支　　　　　　　　　　　（c）加热分支

图 3-99　条件结构各分支的连线

（11）双击加法器，单击其接线端，将加法器配置为三个信号相加，如图 3-100 所示。

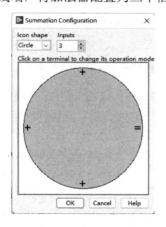

图 3-100　加法器配置对话框

（12）按照图 3-101 完成混合系统连线，并在条件结构"制冷"/"加热"分支为传递函数 Hcc(s)/Hch(s)添加输入常量，设置制冷/加热设备功率。

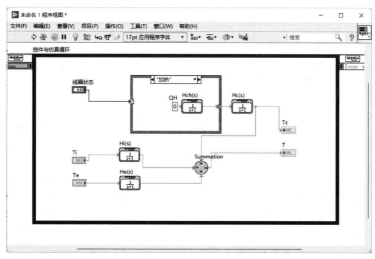

图 3-101　完成混合系统仿真模型的程序框图

（13）单击程序框图工具栏的"整理程序框图"按钮，结果如图 3-102 所示。

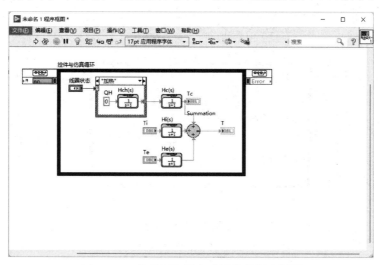

图 3-102　整理后的混合系统仿真程序框图

（14）按照图 3-103 配置控件与仿真循环。图 3-103（a）中，通过将"Final Time"设置为"Inf"，使仿真可以持续进行，直到接收到用户命令才停止。图 3-103（b）中，通过选择"Enable Synchronized Timing"（使能同步定时器）选项，使仿真步长与现实时间同步；"Timing Source"（定时时钟源）选项则用于选择所使用的定时器，本例为 PC 时钟，频率为 1kHz，且在 VI 重启时复位。

（15）进入"控制设计与仿真→仿真→实用函数（Utilities）"选板，选择"Halt Simulation"（停止仿真）函数置于控件与仿真循环内部，为"Halt?"（停止仿真？）接线端添加输入控件并保存文件，如图 3-104 所示。

通过仿真函数建立混合系统模型的本质是基于结构图进行仿真。例 3-20 中，我们使用条件结构仿真外部命令引起的工作状态切换，通过分支子程序将不同工作状态的连续线性模型接入 HVAC 系统。

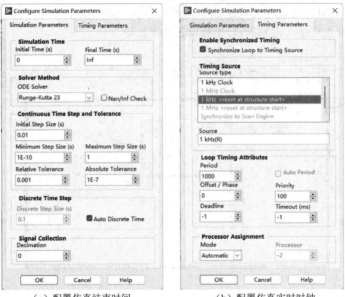

（a）配置仿真结束时间　　　　　（b）配置仿真实时时钟

图 3-103　配置控件与仿真循环

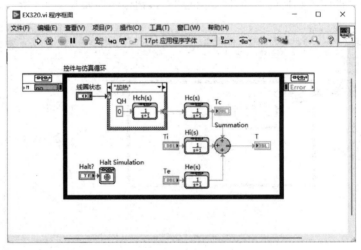

图 3-104　添加停止仿真函数的控件

这种程序结构称为轮询结构，是计算机控制系统工程实现的基本结构之一。通过循环结构内部的选择分支，计算机周期性地查询系统工作状态，以确保能够及时响应混合系统的状态转移事件。

轮询结构的查询周期即循环结构的循环体执行时间，通常取决于状态转移事件的最小时间间隔。在例 3-20 中，轮询周期由控件与仿真循环的仿真步长指定。

需要注意的是，例 3-20 并未如 2.3.5 节一样使用仿真步长代表的虚拟时钟，而是配置外部实时时钟（PC 时钟）进行仿真。这种做法允许用户通过前面板实时调整仿真参数，并观察其引起的变化，更能满足实物/半实物仿真的需要。

相应地，例 3-20 将仿真终止时间设置为无穷大（Inf），并添加停止仿真函数，以保障仿真过程能够在用户需要的时候持续进行，并能够在用户不需要的时候正常退出。

另外需要注意，例 3-20 未设置各环节仿真模型的初始值，所以需要在仿真时根据实际情况离线配置。

3.7.2　通过控件设计 VI 建立混合系统模型

与通过仿真函数基于结构图进行仿真不同，通过控件设计 VI 进行的混合系统仿真本质上是基于信号流图的迭代运算。

【例 3-21】试用控件设计 VI 重做例 3-20。

由例 3-17 可知，HVAC 系统的信号流图如图 3-105 所示。

图 3-105 中，u_{D1}、u_{D2}、u_{D3} 为离散事件子系统的输出，其值为

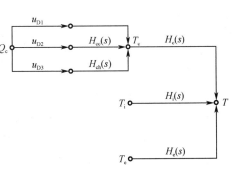

图 3-105　HVAC 系统的信号流图

$$[u_{D1} \quad u_{D2} \quad u_{D3}] = \begin{cases} [1 \quad 0 \quad 0] & \text{线圈不工作} \\ [0 \quad 1 \quad 0] & \text{线圈为冷凝器} \\ [0 \quad 0 \quad 1] & \text{线圈为加热器} \end{cases}$$

$H_c(s)$、$H_i(s)$ 和 $H_e(s)$ 是 $f_c(C,t)$、$f_i(C,t)$ 和 $f_e(R,t)$ 在工作点附近的传递函数，$H_{cc}(s)/H_{ch}(s)$ 是线圈所代表的冷凝器/加热器的传递函数。

于是，可以按以下步骤创建 HVAC 系统基于传递函数的仿真模型。

（1）创建空 VI。

（2）在"编程→结构"选板找到"While 循环"，置于程序框图并拖动到适当大小，如图 3-106 所示。

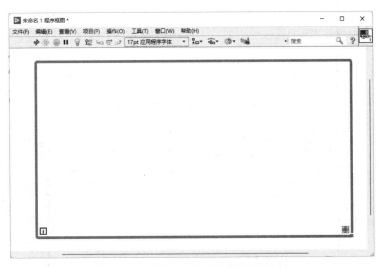

图 3-106　放置 While 循环的程序框图

（3）在 While 循环内部放置传递函数模型 VI，并为 Numerator 接线端和 Denominator 接线端添加输入控件"He(s) Numerator"和"He(s) Denominator"，如图 3-107 所示。

（4）切换到前面板，添加数值输入控件 Te。

（5）切换到程序框图，通过 While 循环右键快捷菜单添加移位寄存器，如图 3-108 所示。

（6）按照图 3-109 连线，并用创建数组 VI（位于"编程→数组"选板）构造一维数组 [Te]，数组元素是输入控件 Te 在各个循环的值。即数组 [Te] 第 0 个元素是第一次执行循环时输入控件 Te 的值，第 1 个元素是第二次执行循环时输入控件 Te 的值，第 2 个元素是第三次执行循环时输入控件 Te 的值，……，依此类推。

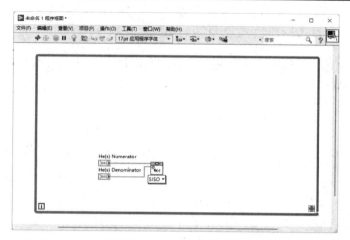

图 3-107　为 Numerator 接线端和 Denominator 接线端添加输入控件的程序框图

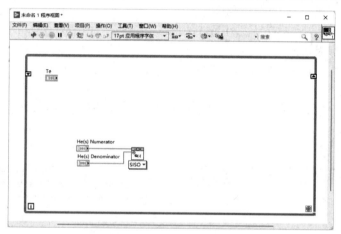

图 3-108　添加移位寄存器的 While 循环

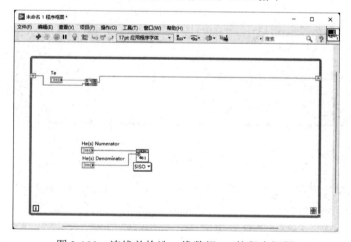

图 3-109　连线并构造一维数组 Te 的程序框图

　　图 3-109 中，移位寄存器（While 循环两侧带矩形的三角符号）是循环结构在不同循环之间传递数据的一种可选机制，用于把当前循环的一个或多个数据传递到下一次循环。或者说，它是一种在不同时刻之间传递信息的数据流，能够暂存当前时刻的一个或多个数据，并在下一个时刻使用。

（7）在"编程→波形"选板中找到创建波形 VI，添加到程序框图后，按照图 3-110 连线，得到 Te 的仿真波形。

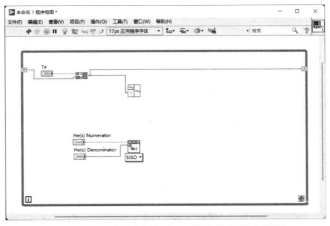

图 3-110　添加创建波形 VI 并连线的程序框图

波形是 LabVIEW 特有的一种复合数据结构，类似于 C 语言中的结构体。它是以特定采样率获取的数据序列集合，包括数据采集信息和相应的数据采集结果，波形组成要素如表 3-6 所示。

表 3-6　波形组成要素

标　签	名　称	数 据 类 型	说　明
t_0	起始时间	时间标识	波形数据的时间起点
dt	采样间隔	双精度浮点数	波形数据相邻元素的时间间隔，以秒为单位
Y	波形数据	双精度浮点数组	采样数据序列，一维数组代表一个采样波形，二维数组代表两个采样波形，……，以此类推。同一个采样波形中，每个采样点的采样时间为"起始时间+波形数据元素索引×采样间隔"
attributes	属性	变体	用户自定义信息，如采集卡信息（型号、通道等）、采样数据信息（量纲、量程等）、错误信息等

（8）在"控制设计与仿真→控件设计→时间响应（Time Response）"选板找到线性仿真（Linear Simulation）VI，添加到程序框图后，按照图 3-111 连线。注意，需手动选择使用线性仿真 VI 的 "TF（Waveform）"实例，以保证可以连接一维波形数组输入。

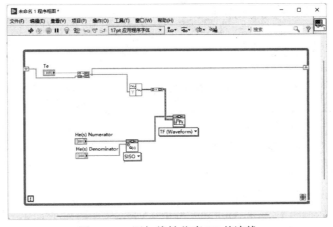

图 3-111　添加线性仿真 VI 并连线

（9）重复步骤（4）～（8），添加 Ti 仿真输出，如图 3-112 所示。

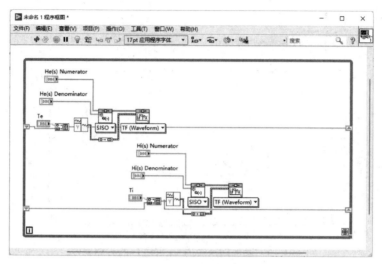

图 3-112　添加 Ti 仿真输出

（10）重复步骤（4）～（8），添加 Qc 仿真输出，如图 3-113 所示。

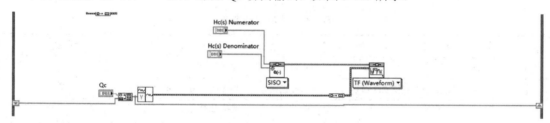

图 3-113　添加 Qc 仿真输出（未完成）

（11）按照图 3-114 连线，用位于"控制设计与仿真→控件设计→模型互联"选板的串联 VI（CD Series VI）和并联 VI（CD Parallel VI）仿真图 3-105 中 Q_c 至 T 的传输通道。（暂不考虑外部命令对离散事件子系统输出 u_{D1}、u_{D2} 和 u_{D3} 的影响）

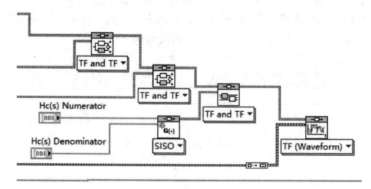

图 3-114　添加串联 VI 和并联 VI 后的连线图（不考虑外部命令的影响）

注意，此时并未指定 $H_{cc}(s)/H_{ch}(s)$ 的具体结构。

（12）考虑离散事件子系统输出 u_{D1}、u_{D2} 和 u_{D3} 的影响，在"控制设计与仿真→控件设计→模型互联"选板找到模型乘法 VI（CD Multiply Models VI），添加到程序框图，并按照图 3-115 连线。注意手动选择使用模型乘法 VI 的"TF×Gain"实例。此处，TF 为线圈各工作状态的传递函数，

Gain 为表示线圈工作状态的数值编码。

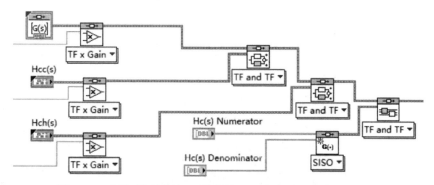

图 3-115　添加模型乘法 VI 并连线（不考虑外部命令的影响）

　　考虑到线圈加热/制冷状态的传递函数需要外部输入，故创建输入控件以便用户调整模型；同时，指定线圈不工作支路的传递函数为常数 1，并通过创建常量实现。

　　（13）为修改离散事件子系统输出 u_{D1}、u_{D2} 和 u_{D3} 的值，需要增加输入外部命令的控件。切换到前面板，添加枚举型控件仿真线圈工作命令；并在程序框图添加图 3-116 所示数组运算，以仿真离散命令引起的工作状态切换。

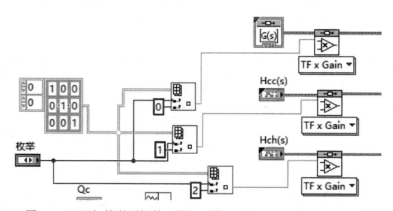

图 3-116　添加枚举型控件和数组运算（增加外部命令输入控件）

　　图 3-116 中，二维数组常量即代表离散事件子程序的向量空间，经枚举型控件索引，就得到与线圈工作状态相对应的行向量 $[u_{D1} \quad u_{D2} \quad u_{D3}]$，再经二次索引取出该行向量的元素 u_{D1}、u_{D2} 和 u_{D3}，依次连接至相应的模型乘法 VI。

　　（14）单击程序框图工具栏的"整理程序框图"按钮，结果如图 3-117 所示。

　　（15）为 While 循环条件接线端添加输入控件，使用等待函数指定 While 循环的循环体执行时间为 20ms，以及使用加法器对 Te、Ti 和 Qc 产生的输出求和，并添加波形图控件显示最终输出，完成 HVAC 仿真系统的程序框图，如图 3-118 所示。

　　例 3-21 仍然使用轮询结构：While 循环每 20ms 查询前面板输入控件，并刷新输出控件。此时，数值输入控件的内容即相当于采样值，波形图显示的波形即相当于混合系统对环境的输出。

　　例 3-21 没有使用条件结构，离散事件子系统引起的工作状态切换通过其状态向量的取值变化来表现。因此，循环体的运算结构虽然是固定的，但某些运算分支会因枚举型控件的取值而加入或退出运算，从而响应混合系统的状态转移事件。

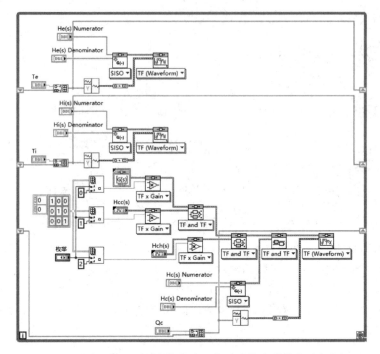

图 3-117　仿真 Q_c 至 T 的传输通道（整理后的完整的程序框图）

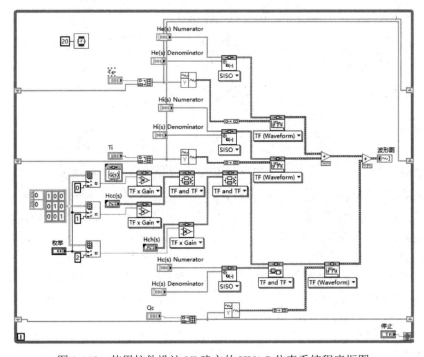

图 3-118　使用控件设计 VI 建立的 HVAC 仿真系统程序框图

　　使用移位寄存器完成迭代运算是需要读者注意的编程技巧。另外，读者还需要注意与波形运算相关的编程。这些内容与 LabVIEW CDS 模块的使用无关，故不在本书讨论范围之内。读者可以通过本书额外提供的线上资源学习，也可以自行查阅 LabVIEW 帮助文件。

3.8 练习题

3-1 连续时间系统的行为描述方法有哪些？它们各自适用于什么情景？

3-2 离散时间系统的行为描述方法有哪些？它们各自适用于什么情景？

3-3 试列举结构图的构成要素，并说明各要素的含义。

3-4 试绘制图 3-5 中电容元件和电感元件的结构图。

3-5 图 3-119 所示为描述平移运动常用的二端口网络，试绘制其结构图。图中，F 是元件所受的力，v 是元件在力的作用下产生的速度，C 是阻尼系数，m 是质量，k 是弹性系数。

提示：可以使用 F 作为势变量，也可以使用 v 作为势变量。两种方法的描述形式虽然不同，但都是正确的。

3-6 图 3-120 所示为描述旋转运动常用的二端口网络，试绘制其结构图。图中，T 是元件所受的力矩，ω 是元件在力矩作用下产生的角速度，C 是阻尼系数，J 是转动惯量，k 是刚度的倒数。

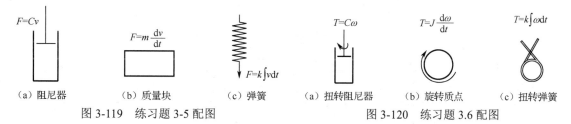

（a）阻尼器　　（b）质量块　　（c）弹簧　　　（a）扭转阻尼器　（b）旋转质点　（c）扭转弹簧

　　　图 3-119　练习题 3-5 配图　　　　　　　图 3-120　练习题 3.6 配图

提示：可以使用 T 作为势变量，也可以使用 ω 作为势变量。两种方法的描述形式虽然不同，但都是正确的。

3-7 试用仿真函数分别建立练习题 3-5 和练习题 3-6 的仿真模型。**

3-8 试列举信号流图的构成要素，并说明各要素的含义。

3-9 试绘制图 3-5 中电容元件和电感元件的信号流图。

3-10 试绘制练习题 3-5 中二端口网络的信号流图。

3-11 试绘制练习题 3-6 中二端口网络的信号流图。

3-12 结构图和信号流图是连续时间系统/离散时间系统常用的图形表示方法，试比较二者的异同。

3-13 什么是脉冲传递函数？它和传递函数有什么联系和区别？

3-14 试比较差分方程和脉冲传递函数的异同。

3-15 假设某离散对象用差分方程表示的输入输出关系为

$$u(k) - 3u(k-1) + 2u(k-2) = 2e(k-1) - 2e(k-2)$$

试求其脉冲传递函数。假设 $k < 0$ 时，$u(k) = e(k) = 0$。

3-16 假设某连续对象的传递函数为

$$H(s) = \frac{1}{s^2(s+1)}$$

试求其 Z 变换。

3-17 某连续对象的传递函数为

$$H(s) = \frac{s+1}{s(s^2+s+1)}$$

按照采样周期 $T = 0.5\text{s}$ 进行采样，试求对应离散对象的脉冲传递函数。

3-18 连续时间系统和离散时间系统的状态空间方程具有几乎相同的形式,二者的状态空间一样吗?为什么?

3-19 试用控件设计 VI 分别建立练习题 3-10 和练习题 3-11 的仿真模型。**

3-20 试用 LabVIEW 建立练习题 3-17 中连续对象的仿真模型。**

3-21 试用 LabVIEW 将练习题 3-17 中连续对象的 TF 仿真模型转换为:(1)ZPK 仿真模型;(2)状态空间仿真模型。**

3-22 试用(1)结构图和(2)信号流图分别描述图 3-121 所示单元电路的行为。*

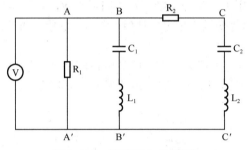

图 3-121 练习题 3-22 配图

3-23 试用(1)仿真函数和(2)控件设计 VI 分别建立图 3-121 所示单元电路的仿真模型。**

3-24 什么是混合系统?试绘制混合系统的一般结构图,并说明其特点。

3-25 试列举系统/子系统之间基本的连接方式,并说明各连接方式的特点。

3-26 试举例说明系统/子系统相互连接必须满足的条件。

3-27 试计算图 3-122 所示串联系统的(1)状态空间方程;(2)脉冲传递函数。

假设图 3-122 所示串联系统的两个子系统均采用状态空间方程表示,且采样周期 $T=1\text{s}$ 。*

3-28 试计算图 3-123 所示并联系统的(1)状态空间方程;(2)脉冲传递函数。

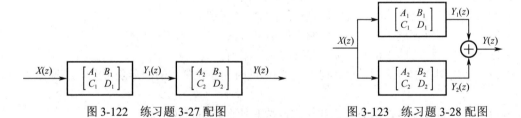

图 3-122 练习题 3-27 配图   图 3-123 练习题 3-28 配图

假设图 3-123 所示并联系统的两个子系统均采用状态空间方程表示,且采样周期 $T=1\text{s}$ 。*

3-29 试用信号流图描述例 3-16 中连续时间子系统的行为。*

3-30 假设每隔 1s 测量一次车速,试用 LabVIEW 仿真例 3-16 中的小车运动过程。**

3.9 思政讨论:多元的观点,相同的立场

【知识】

在自动控制的发展过程中,被控对象的数学描述有多种形式,比如结构图、信号流图、微分方程、差分方程、传递函数、脉冲传递函数、状态空间模型等。每种描述方式都有拟解决问题的适用场景,也都有其忽略的因素。

结构图和信号流图是被控对象的图形描述,既可以用于时域,也可以用于频域。随着计算机辅助分析/设计技术的普及,这两种方法的应用也越来越广泛。

微分方程/差分方程是被控对象的时域描述,也是量化分析的基础。在微分方程基础上发展

起来的稳定性分析开辟了用数学方法研究控制系统的新途径，对控制科学的发展起到极大的推动作用。

传递函数/脉冲传递函数是被控对象的频域描述，也是理论分析和工程实践中应用较多的技术。以此为基础发展的图解法能够兼顾工程实践对系统响应和噪声抑制两方面的要求，有力地推动了控制科学的实践应用。

状态空间模型和 Petri 网模型都是随着计算机技术在控制科学中的应用而逐渐发展起来的方法。它们能够更细致地刻画系统输出的变化规律，但也引入了诸多新问题。

可以看出，每种数学描述方法的提出都源自控制科学解决实际问题的需要。虽然它们解决问题的角度各有侧重，但是其指导实践、解决问题的立场是一致的。因此，选择被控对象数学模型的实质是从多元观点中选择符合设计初衷的立场。

我们在建模的时候不妨多想一下：建模的目的是什么？我们要解决什么问题？问题的主要矛盾是什么？如何才能突出主要矛盾？为此而舍弃的次要因素会产生什么后果？如何补偿？

【活动】

通过网络或图书馆查找议题相关资料，然后以 3～5 人为一组进行讨论。要求：

● 介绍个人查找的议题相关资料。

● 依据个人提供的议题相关资料，介绍个人对于被控对象不同描述方法的理解，包括但不限于该方法提出的历史背景、提出目的、优势和劣势等。

● 基于个人理解，比较不同描述方法的异同，展示自主学习能力，展现勇于探索、求真务实、开拓创新的科学态度和以辩证唯物主义认识论为基础的思维方式。

● 倾听同组其他成员的报告，在理解他人立场的基础上提出个人的疑问，展现多元思考和理性怀疑的科学精神。

● 每小组提交一份报告，阐述自动控制理论被控对象建模方法的发展历史，总结不同建模方法的优势和局限性，并结合具体的控制系统和控制目标说明选择数学模型的原则，展现小组成员在包容多元化讨论的基础上进行科学决策的能力，以及参与社会合作的能力。

第 4 章 期望：行为变化的描述

4.1 学习目标

控制是为实现预期目标而对被控对象采用的行为改善手段，而期望就是对这种行为改善提出的具体要求，如希望对象在何时完成何事、完成质量如何等。为此，需要在描述被控对象动态行为的基础上，进一步考虑被控对象行为变化的数学描述。

本章将以阶跃响应为基础，讨论计算机控制系统的输出行为及描述其变化过程的主要性能指标，并重点讨论采样周期对计算机控制系统行为变化的影响。主要学习内容包括：

- 定义术语
  - □ 时间响应（4.2 节）
  - □ 频率响应（4.2 节）
  - □ 稳定性（4.4 节）
  - □ 快速性（4.4 节）
  - □ 鲁棒性（4.4 节）
- 解释
  - □ 稳定性的意义（4.4 节）
  - □ 快速性的意义（4.4 节）
  - □ 鲁棒性的意义（4.4 节）
- 手工（或使用计算机[**]）计算
  - □ 单位脉冲响应输出序列（4.2 节，4.3 节）
  - □ 单位阶跃响应输出序列（4.2 节，4.3 节）
- 手工（或使用计算机[**]）判断指定系统的稳定性（4.4 节，4.5 节）
- 使用计算机绘制[**]
  - □ 伯德图（4.5 节）
  - □ 奈奎斯特图（4.5 节）
- 根据单位阶跃响应曲线/伯德图/奈奎斯特图，手工（或使用计算机[**]）计算
  - □ 增益（4.3 节，4.4 节，4.5 节）
  - □ 阻尼比（4.3 节，4.4 节，4.5 节）
  - □ 固有频率（4.3 节，4.4 节，4.5 节）
  - □ 上升时间（4.3 节，4.4 节，4.5 节）
  - □ 峰值时间（4.3 节，4.4 节，4.5 节）
  - □ 稳定时间（4.3 节，4.4 节，4.5 节）
  - □ 稳态误差（4.3 节，4.4 节，4.5 节）
  - □ 幅值裕度（4.3 节，4.4 节，4.5 节）
  - □ 相位裕度（4.3 节，4.4 节，4.5 节）
- 分析采样周期对系统稳定性/快速性/鲁棒性的影响（4.4 节）

4.2 混合系统的时间响应

如前所述，混合系统可以看作由离散事件子系统驱动的连续时间子系统的集合，其工作过程

是在离散事件子系统驱动下连续时间子系统在有限工作状态之间进行转移。从本质上看，混合系统是一个非线性时变离散系统；但在实际应用中，混合系统通常被视为与工作状态数量相对应的线性时不变离散系统的集合，且每个线性时不变离散系统都是连续时间子系统在相应工作状态局部线性化的离散观察。

因此，混合系统可以表示为两个向量的积。其中一个向量由混合系统的离散工作状态构成，另一个向量则由与之相应的线性时不变离散系统的数学描述构成。于是，计算混合系统的时间响应，或者说，计算混合系统输入引起的随时间变化的行为，就转换为计算线性时不变离散系统的时间响应。

4.2.1　一般形式

对于线性时不变离散系统，其输入、输出关系用式（3-5）表示，重写于下：

$$a_n y(k) + \cdots + a_1 y(k-n+1) + a_0 y(k-n) = b_m x(k) + \cdots + b_1 x(k-m+1) + b_0 x(k-m) \qquad (4\text{-}1)$$

式中，$a_0, a_1, \cdots, a_n, b_0, b_1, \cdots, b_m$ 是由系统结构决定的常系数（$n \geq m$）；$y(k)$ 是系统的输出变量；$x(k)$ 是系统的输入变量。

若系统的初始状态 $y(0)$ 和输入时间序列 $x(k)$ 均为已知，则输出时间序列 $y(k)$ 可以由方程（4-1）唯一确定：

$$y(k) = \frac{b_m x(k) + \cdots + b_1 x(k-m+1) + b_0 x(k-m) - a_{n-1} y(k-1) - \cdots - a_0 y(k-n)}{a_n} \qquad (4\text{-}2)$$

【例 4-1】假设某闭环系统的输入时间序列为 $x(k)$，输出时间序列为 $y(k)$，且 $y(k) - 1.5y(k-1) + 0.625y(k-2) = 0.5x(k) + 0.375x(k-1)$。当 $k \leq 0$ 时，有 $x(k) = y(k) = 0$；当 $k > 0$ 时，有 $x(1) = T$，$x(2) = 2T$，$x(3) = 3T$，$x(4) = 4T$，$\cdots$，$T = 1\text{s}$ 为采样周期。试计算系统输出 $y(k)$，$k = 0$，1，2，$\cdots$，9。

由式（4-2）可知，系统输出

$$y(k) = 0.5x(k) + 0.375x(k-1) + 1.5y(k-1) - 0.625y(k-2)$$

于是，有

$$y(0) = 0.5x(0) + 0.375x(-1) + 1.5y(-1) - 0.625y(-2) = 0$$
$$y(1) = 0.5x(1) + 0.375x(0) + 1.5y(0) - 0.625y(-1) = 0.5$$
$$y(2) = 0.5x(2) + 0.375x(1) + 1.5y(1) - 0.625y(0) = 2.125$$
$$y(3) = 0.5x(3) + 0.375x(2) + 1.5y(2) - 0.625y(1) = 5.125$$
$$y(4) = 0.5x(4) + 0.375x(3) + 1.5y(3) - 0.625y(2) = 9.484375$$
$$y(5) = 0.5x(5) + 0.375x(4) + 1.5y(4) - 0.625y(3) = 15.0234375$$
$$y(6) = 0.5x(6) + 0.375x(5) + 1.5y(5) - 0.625y(4) = 21.48242$$
$$y(7) = 0.5x(7) + 0.375x(6) + 1.5y(6) - 0.625y(5) = 28.5839816$$
$$y(8) = 0.5x(8) + 0.375x(7) + 1.5y(7) - 0.625y(6) = 36.0744599$$
$$y(9) = 0.5x(9) + 0.375x(8) + 1.5y(8) - 0.625y(7) = 43.7467014$$

式（4-2）是一种递推算法，能够通过有限次数的运算，根据当前系统输入 $x(k)$、历史输入 $x(k-1)$，$x(k-2)$，$\cdots$，$x(k-m)$ 和历史输出 $y(k-1)$，$y(k-2)$，$\cdots$，$y(k-n)$ 获取当前系统输出。该方法易于用计算机实现，但不方便解析分析。

为此，常用 Z 变换将式（4-1）转换为代数方程并求解，得到

$$a_n Y(z) + \cdots + a_1 z^{-(n-1)} Y(z) + a_0 z^{-n} Y(z) = b_m X(z) + \cdots + b_1 z^{-(m-1)} X(z) + b_0 z^{-m} X(z)$$

$$[a_n + \cdots + a_1 z^{-(n-1)} + a_0 z^{-n}] Y(z) = [b_m + \cdots + b_1 z^{-(m-1)} + b_0 z^{-m}] X(z)$$

$$Y(z) = \frac{b_m + \cdots + b_1 z^{-(m-1)} + b_0 z^{-m}}{a_n + \cdots + a_1 z^{-(n-1)} + a_0 z^{-n}} X(z) = H(z) X(z) \qquad (4\text{-}3)$$

式中，$X(z)$ 是系统输入变量的 Z 变换；$Y(z)$ 是系统输出变量的 Z 变换；$H(z)$ 即为系统的脉冲传递函数，仅与系统自身结构有关。

【**例 4-2**】例 3-19 的系统（见图 3-89）中，若 $R(s) = 1/s$，试求系统输出 $Y(z)$。

由例 3-19 知，闭环系统的脉冲传递函数

$$\Phi(z) = \frac{Y(z)}{R(z)} = \frac{G(z)}{1 + G(z)} = \frac{K(1 - e^{-T})z^{-1}}{1 + [K - (K+1)e^{-T}]z^{-1}}$$

于是，系统输出

$$Y(z) = \Phi(z)R(z) = \frac{K(1 - e^{-T})z^{-1}}{1 + [K - (K+1)e^{-T}]z^{-1}} R(z)$$

已知 $R(s) = 1/s$，查 Z 变换表，得 $R(z) = 1/(1 - z^{-1})$。于是

$$Y(z) = \Phi(z)R(z) = \frac{K(1 - e^{-T})z^{-1}}{(1 - z^{-1})[1 + (K - Ke^{-T} - e^{-T})z^{-1}]}$$

式（4-3）可以对系统行为进行解析计算，既便于分析系统结构对其行为的影响，也便于通过结构调整对系统行为进行干预，在系统分析和设计过程中得到普遍应用。

但是，与式（4-2）相比，式（4-3）不能直接应用于计算机程序设计。于是，在工程中，计算机控制系统的输出常用式（4-4）计算：

$$y(k) = Z^{-1}[Y(z)] = Z^{-1}[H(z)X(z)] \tag{4-4}$$

式中，$Z^{-1}[\ ]$ 表示 Z 反变换。

【**例 4-3**】例 4-2 中，若 $T = K = 1$，试计算系统输出 $y(k)$，$k = 0$，1，2，…，9。

由例 3-19 知，系统输出

$$Y(z) = \Phi(z)R(z) = \frac{K(1 - e^{-T})z^{-1}}{(1 - z^{-1})[1 + (K - Ke^{-T} - e^{-T})z^{-1}]}$$

已知 $T = K = 1$，有

$$Y(z) = \frac{K(1 - e^{-T})z^{-1}}{(1 - z^{-1})[1 + (K - Ke^{-T} - e^{-T})z^{-1}]} = \frac{0.632z^{-1}}{(1 - z^{-1})(1 + 0.264z^{-1})} = 0.5\left(\frac{1}{1 - z^{-1}} - \frac{1}{1 + 0.264z^{-1}}\right)$$

查 Z 反变换表，得

$$y(k) = Z^{-1}[Y(z)] = 0.5[1^k - (-0.264)^k]$$

于是

$$y(0) = 0.5 \times (1 - 1) = 0$$
$$y(1) = 0.5 \times (1 + 0.264) = 0.632$$
$$y(2) = 0.5 \times (1 - 0.264^2) = 0.465$$
$$y(3) = 0.5 \times (1 + 0.264^3) = 0.509$$
$$y(4) = 0.5 \times (1 - 0.264^4) = 0.498$$
$$y(5) = 0.5 \times (1 + 0.264^5) = 0.501$$
$$y(6) = 0.5 \times (1 - 0.264^6) = 0.500$$
$$y(7) = 0.5 \times (1 + 0.264^7) = 0.500$$
$$y(8) = 0.5 \times (1 - 0.264^8) = 0.500$$
$$y(9) = 0.5 \times (1 + 0.264^9) = 0.500$$

4.2.2　典型响应

为了比较不同系统或系统参数不同取值对系统行为的影响，经常需要计算系统对特定输入的

响应，常用的是脉冲响应、阶跃响应和频率响应。

4.2.2.1　脉冲响应

系统输入单位脉冲信号

$$\delta(k) = \delta^*(t) = \begin{cases} 1 & k = 0 \\ 0 & k \neq 0 \end{cases}$$

时的输出序列定义为脉冲响应，记作 $h(k)$。

考虑到 $Z[\delta(k)] = 1$，脉冲响应可以利用脉冲传递函数的 Z 反变换计算：

$$h(k) = Z^{-1}[H(z)] \tag{4-5}$$

【例 4-4】若一阶离散系统的脉冲传递函数 $H(z) = 1/(1 - az^{-1})$，试求其脉冲响应。

由式（4-5），一阶离散系统的脉冲响应

$$h(k) = Z^{-1}[H(z)] = Z^{-1}\left[\frac{1}{1 - az^{-1}}\right]$$

查 Z 反变换表，得

$$h(k) = a^{kT}$$

式中，T 为采样周期。

【例 4-5】若被控对象是一阶连续对象 $H(s) = K/(s + a)$，试求图 4-1 所示闭环系统的脉冲响应。

依据图 4-1 绘制系统的信号流图，如图 4-2 所示。

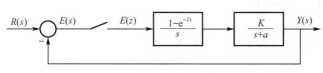
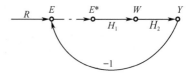

图 4-1　例 4-5 系统结构图　　　　　　图 4-2　例 4-5 系统信号流图

据此得闭环系统的脉冲传递函数

$$\Phi(z) = \frac{Y(z)}{R(z)} = \frac{Y^*}{R^*} = \frac{\overline{H_1 H_2}^*}{1 + \overline{H_1 H_2}^*} = \frac{H_1 H_2(z)}{1 + H_1 H_2(z)}$$

计算 $H_1 H_2(z)$，得

$$H_1 H_2(z) = Z\left[\frac{1 - e^{-Ts}}{s}\frac{K}{s + a}\right] = \frac{K(1 - e^{-T})z^{-1}}{1 - e^{-T}z^{-1}}$$

于是

$$\Phi(z) = \frac{H_1 H_2(z)}{1 + H_1 H_2(z)} = \frac{K}{a}\frac{(1 - e^{-aT})z^{-1}}{1 - e^{-aT}z^{-1}}$$

于是，系统的脉冲响应

$$h(k) = Z^{-1}[H(z)] = Z^{-1}\left[\frac{K(1 - e^{-aT})z^{-1}}{a(1 - e^{-aT}z^{-1})}\right]$$

求 Z 反变换得

$$h(k) = \frac{K(1 - e^{-aT})e^{-a(k-1)T}}{a}$$

考虑到脉冲传递函数 $H(z)$ 是传递函数 $H(s)$ 在频域的采样，计算机控制系统的脉冲响应 $h(k)$ 可以看作对模拟控制系统阶跃响应 $h(t)$ 的采样。于是，与模拟控制系统类似，计算机控制系统也可以用脉冲响应序列直接计算任意输入序列的输出：

$$y(k) = r(k) * h(k)$$

式中，*表示卷积运算；$r(k)$ 是系统输入；$y(k)$ 是系统输出。

实际应用中，由于人们关心的多是有限时间内的系统响应，所以上式一般写为

$$y(k) = r(k) * h(k) = \sum_{m=0}^{k} h(m)r(k-m) \qquad (4\text{-}6)$$

【例4-6】已知系统的脉冲响应 $h(k) = [0, 0.6, 1, 0.4, 0.2, 0.1, 0.05, 0.03, 0.01, 0.003, 0]$，输入为单位阶跃信号。试求解相应的系统输出序列 $y(k)$（$k = 0 \sim 9$）。

已知系统输入为单位阶跃信号，则 $r(k) = [111\cdots]$。于是

$$y(0) = h(0)r(0) = 0$$

$$y(1) = h(0)r(1) + h(1)r(0) = 0.6$$

$$y(2) = h(0)r(2) + h(1)r(1) + h(2)r(0) = 1.6$$

$$y(3) = \sum_{m=0}^{3} h(m)r(k-m) = 2$$

$$y(4) = \sum_{m=0}^{4} h(m)r(k-m) = 2.2$$

$$y(5) = \sum_{m=0}^{5} h(m)r(k-m) = 2.3$$

$$y(6) = \sum_{m=0}^{6} h(m)r(k-m) = 2.35$$

$$y(7) = \sum_{m=0}^{7} h(m)r(k-m) = 2.38$$

$$y(8) = \sum_{m=0}^{8} h(m)r(k-m) = 2.39$$

$$y(9) = \sum_{m=0}^{9} h(m)r(k-m) = 2.393$$

整理，得 $y(k) = [0, 0.6, 1.6, 2, 2.2, 2.3, 2.35, 2.38, 2.39, 2.393]$。

4.2.2.2 阶跃响应

单位脉冲信号 $\delta(k)$ 要求系统在一个采样周期内接收具有单位能量的冲激输入，因此是单位功率信号。

考虑到物理设备自身惯性和固有频率的影响，单位脉冲信号在工程应用中无法精确实现。所以，工程中多用更容易精确实现的单位阶跃信号替代它。单位阶跃信号是单位能量输入，定义为单位脉冲信号在时域的积分：

$$\varepsilon(k) = \varepsilon^*(t) = \int \delta(t) \mathrm{d}t = \begin{cases} 1 & k \geqslant 0 \\ 0 & k < 0 \end{cases}$$

系统在单位阶跃信号激励下产生的输出序列被定义为阶跃响应：

$$y(k) = Z^{-1}\left[\frac{H(z)}{1 - z^{-1}}\right] \qquad (4\text{-}7)$$

式中，$1/(1 - z^{-1})$ 是单位阶跃信号的 Z 变换。

【例4-7】试计算例4-4系统的阶跃响应。

由式（4-7），一阶离散系统的阶跃响应

$$y(k) = Z^{-1}\left[\frac{H(z)}{1 - z^{-1}}\right] = Z^{-1}\left[\frac{1}{(1 - z^{-1})(1 - az^{-1})}\right]$$

查 Z 反变换表，得

$$y(k) = \frac{1}{1-a} Z^{-1} \left[\frac{1}{1-z^{-1}} - \frac{1}{1-az^{-1}} \right] = \frac{1(k) - a^{kT}}{1-a}$$

式中，T 为采样周期。

比较例 4-7 与例 4-4 的结果，阶跃响应与脉冲响应包含的系统输出信息是相同的。但是，与单位脉冲信号相比，单位阶跃信号更容易产生，且系统响应包括动态和稳态两方面的内容。因此，即使脉冲响应更容易计算，计算机控制系统仍然使用阶跃响应分析系统行为。

4.2.2.3　频率响应

脉冲响应和阶跃响应只能描述计算机控制系统对外部输入指令的反应能力。为进一步描述系统对外部输入中特定分量的反应，引入频率响应的概念。

考虑系统输入为离散复指数信号 $e^{jk\omega T}$（T 是采样周期）的情况。若脉冲传递函数已知，则系统输出

$$Y(z) = R(z)H(z) = Z[e^{jk\omega T}]H(z) = \frac{H(z)}{1 - e^{j\omega T} z^{-1}}$$

整理成有理分式形式，有

$$Y(z) = \frac{z}{z - e^{j\omega T}} \frac{N(z)}{\prod_{i=1}^{n}(z - p_i)} = \frac{Az}{z - e^{j\omega T}} + \sum_{i=1}^{n} \frac{B_i z}{z - p_i}$$

式中，p_i 为系统极点；A、B_i 为待定系数。

对 $Y(z)$ 求 Z 反变换，得

$$y(k) = Ae^{jk\omega T} + \sum_{i=1}^{n} B_i p_i^k \tag{4-8}$$

式中第一项代表系统的稳态响应，第二项代表系统的暂态响应。据此可定义计算机控制系统的频率响应

$$H(e^{j\omega T}) = \frac{Y(z)}{R(z)} \bigg|_{z=e^{j\omega T}} = H(z) \big|_{z=e^{j\omega T}} \tag{4-9}$$

由前文可知，$H(z) = H^*(s) \big|_{s=\frac{1}{T}\ln z}$，代入上式，得

$$H(e^{j\omega T}) = H^*(s) \big|_{s=\frac{1}{T}\ln e^{j\omega T}} = H^*(j\omega)$$

可见，引入数学变换 $z = e^{sT}$ 后，计算机控制系统的频率响应可以通过对模拟控制系统的频率响应进行周期 T 的采样获得。

【例 4-8】试计算例 4-4 系统的频率响应。

由式（4-9），一阶离散系统的频率响应

$$H(e^{j\omega T}) = H(z) \big|_{z=e^{j\omega T}} = \frac{1}{1 - ae^{-j\omega T}}$$

式中，T 为采样周期。

需要注意的是，变换 $z = e^{sT}$ 不是双向可逆的线性变换。因此，s 平面的 $H(j\omega)$ 与 z 平面的 $H(e^{j\omega T})$ 不能一一对应。

考虑图 4-3 中的 s 平面，若 $H(j\omega)$ 的相位角 ω 由 $-\pi/T$ 变化到 π/T（d→e→a→b→c）时，$H(e^{j\omega T})$ 的相位角 $\angle H(e^{j\omega T})$ 将由 $-\pi$ 变化到 π（d→e→a→b→c），s 平面上的点正好沿 z 平面单位圆逆时针运动一周，如图 4-3 箭头方向所示。当 $H(j\omega)$ 的相位角 ω 由 $-3\pi/T$ 变化到 $-\pi/T$ 时，

$H(e^{j\omega T})$ 的相位角 $\angle H(e^{j\omega T})$ 从 -3π 变化到 $-\pi$，s 平面上的点在 z 平面上沿相同轨迹运动。以此类推，当 $H(j\omega)$ 的相位角 ω 由 $-\infty$ 变化到 ∞ 时，$H(e^{j\omega T})$ 的相位角 $\angle H(e^{j\omega T})$ 也从 $-\infty$ 变化到 ∞，但 s 平面上不同的点将沿 z 平面单位圆做相同的圆周运动。

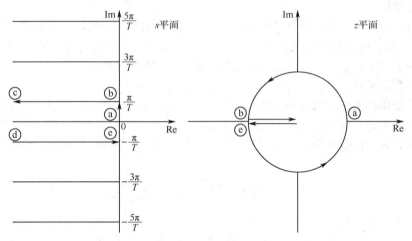

图 4-3　s 平面到 z 平面的映射

这表明，s 平面可以划分成无数个周期带，如图 4-3 所示。每一个周期带的虚轴都会映射为 z 平面的单位圆，虚轴的左半部分都会映射到 z 平面单位圆的内侧，右半部分都会映射到 z 平面单位圆的外侧。

一般称 s 平面 $-\pi/T \sim \pi/T$ 的周期带为主频带，其他周期带为副频带。对于计算机控制系统，副频带不应包含需要处理的信号。

4.3　线上学习：使用 LabVIEW 辅助计算

由于高阶系统时间响应的计算过于复杂，工程中多用实验获得的单位阶跃响应序列代替计算结果。而随着计算机技术的发展，计算机辅助计算和分析日益普及，已逐渐取代物理实验而成为理论分析和工程实现的主要计算工具。

LabVIEW 提供的时间响应计算工具分为三类，包括实现迭代算法的编程 VI、基于结构图的仿真函数和基于信号流图的控件设计 VI。本节主要介绍后两类工具的使用。

4.3.1　使用仿真函数计算

如果在时域计算系统输出，使用仿真函数会比较方便。这种情况下，只需要选择合适的信源和信宿，并按照系统结构图将其与系统模块连接，即可实现仿真图代码。

可以直接使用的信源集中在"控制设计与仿真（Control Design & Simulation）→仿真（Simulation）→信号生成函数（Signal Generation）"选板，包括脉冲信号（Pulse Signal）、阶跃信号（Step Signal）、正弦信号（Sine Signal）等常用信号。

可以直接使用的信宿则分为两类：一类是类似于示波器的图形显示函数，位于"控制设计与仿真（Control Design & Simulation）→仿真（Simulation）→图形应用（Graph Utilities）"选板，包括时域波形图函数（SimTime Waveform Function）和缓冲 XY 图函数（Buffer XY Graph）；另一类是类似于数据采集卡的应用函数，位于"控制设计与仿真（Control Design & Simulation）→仿真（Simulation）→实用函数（Utilities）"选板，包括收集器函数（Collector）、索引器函数（Indexer）和存储器函数（Memory）。

4.3.1.1　时域波形图函数

时域波形图函数只能放置在控件与仿真循环内，如图 4-4 所示，可以代替波形图控件实时绘制系统响应曲线，但仅限于在仿真的主要时间步长上更新。

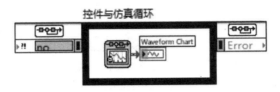

图 4-4　时域波形图函数

与波形图控件相比，时域波形图函数的优势是可以自动完成数据类型转换，而不需要用户额外编程。其输入是以浮点数表示的新添加到当前时间步长的值（相当于当前时刻的采样值），其输出则是以波形数据表示的需要在波形图控件上显示的曲线（相当于在采样缓冲区存储的所有采样值），至于其他显示方面的配置，则与波形图控件相同。

4.3.1.2　收集器函数

收集器函数只能放置在控件与仿真循环内，如图 4-5 所示，作用是记录每个仿真时间步长的信号，并以数组簇的形式返回记录的每个信号值及与之对应的记录时间。

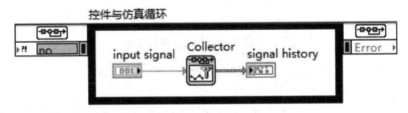

图 4-5　收集器函数

收集器函数的输入和输出是直通的，功能操作类似于 While 循环的自动索引操作，但能够确保记录的数据与数据发生时间正确对应。

收集器函数相当于数据采集卡的数据缓冲区，可以通过对话框（见图 4-6）对其进行配置，也可以通过接线端完成配置。常用参数的意义解释如下：

- 历史长度（history length）：记录数据的时间跨度，以秒为单位。默认值为 Inf，即存储自仿真开始以来的所有数据。

如果当前仿真步长对应的时间是 t，则收集器函数存储的数据是从（ t − 历史长度）到 t 的时间间隔内的所有信号。

- 采样周期（sample period）：指定收集器函数的离散时间步长，以秒为单位。默认值为 1。

如果输入值为-1，则收集器函数将使用控件与仿真循环指定的离散时间步长记录数据；否则，收集器函数使用自身指定的新的离散时间步长记录数据。

该参数适用于多采样率的系统，比如串级控制系统。它可以为不同采样速率的子系统设定各自的采样周期。但新设置的收集器函数的采样周期必须是控件与仿真循环指定的离散时间步长的整数倍。

- 采样时延（sample skew）：指定收集器函数延迟动作的时间，以秒为单位。参数的有效取值介于 0 和采样周期之间，默认为 0。
- 数据抽取（decimation）：指定收集器函数何时动作，即何时记录数据。默认值为 1。

如果输入值为 1，则收集器函数会在每个仿真时间步长动作一次，即记录仿真数据；如果输入值为 N（$N>1$），则收集器函数只会在第 kN（$k \geq 0$ 且为整数）个仿真时间步长动作。

● 动作类型（execution type）：指定收集器函数何时刷新数据。可以从连续刷新、最小时间刷新和断续刷新中选择。

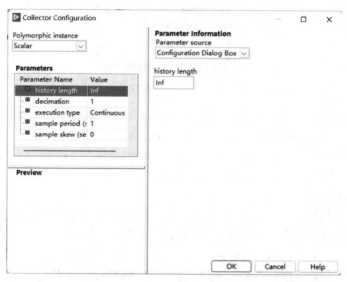

图 4-6　收集器函数的配置对话框

【例 4-9】利用 LabVIEW 仿真函数计算例 4-5 系统的阶跃响应。

（1）运行 LabVIEW，创建空 VI。

（2）在程序框图创建图 4-1 所示闭环系统的仿真图程序（见图 4-7），得到指定闭环系统脉冲响应的图形数据。

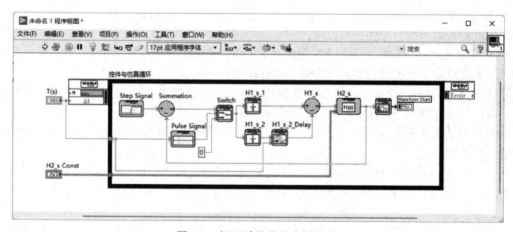

图 4-7　闭环系统的仿真图程序

图 4-7 中，阶跃信号 Step Signal 为系统输入，参数配置如图 4-8 所示；脉冲信号 Pulse Signal 和开关函数 Switch 联合仿真采样开关，参数配置如图 4-9 和图 4-10 所示。

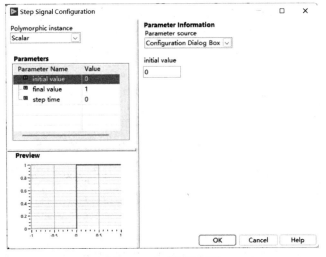

图 4-8 阶跃信号配置

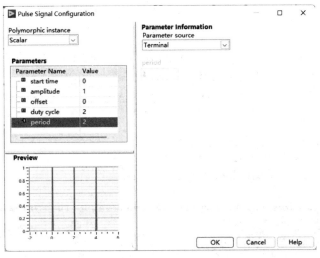

图 4-9 脉冲信号配置

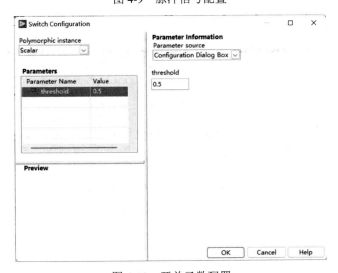

图 4-10 开关函数配置

注意，图 4-9 中，为了便于调整采样周期，脉冲信号的周期 period 被配置为接线端输入。

（3）图 4-7 中，同时选中[①]脉冲信号 Pulse Signal、开关函数 Switch 和与开关函数相连的浮点型数值常量，选择"编辑→创建仿真子系统"菜单命令，结果如图 4-11 所示。

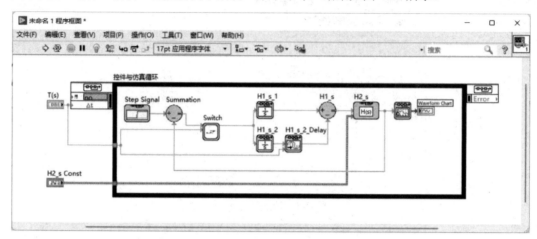

图 4-11　创建采样开关子 VI

可以发现：图 4-7 选中部分的仿真图程序被新的 VI 替换，这个新出现的 VI 称为子 VI，类似于文本编程语言的子程序。它是 LabVIEW 实现层次化设计的主要手段。

（4）使用同样的方法将 H1_s_1、H1_s_2、H1_s_2 Delay 和 H1_s 封装为子 VI，并命名为"H1_s"，如图 4-12 所示。

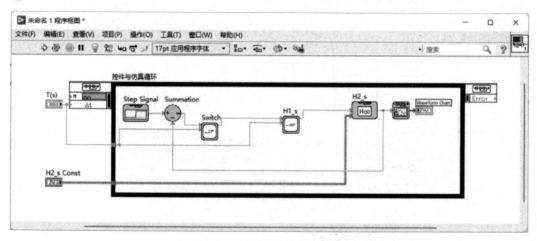

图 4-12　创建零阶保持器子 VI

注意子 VI "H1_s" 使用"传输延迟函数（Transport Delay Function）"仿真零阶保持器的技巧。

比较图 4-7 和图 4-12，可以观察到层次化设计对仿真程序的改善：逻辑结构更加清晰、简洁，程序占用空间大幅减少，程序易读性显著提高。

（5）在图 4-12 所示的程序框图中添加收集器函数，得到图 4-13 所示的程序框图。由于收集器函数可以自动记录指定信号在每一个时间步的仿真结果，其输出就可以作为在线处理仿真结果的依据。

---

① 使用 Shift+鼠标左键完成。

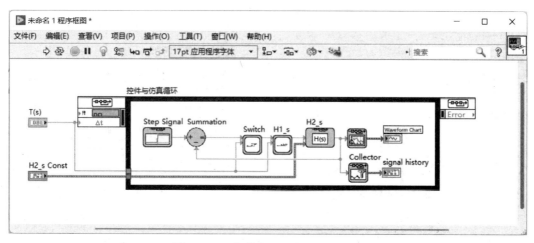

图 4-13　添加收集器函数的程序框图

（6）保存 VI，注意同时保存创建的子 VI。

4.3.2　使用控件设计 VI 计算

如果需要在复频域计算系统输出，可以使用控件设计 VI。控件设计 VI 可以根据要求直接计算时域响应，无须绘制系统的结构图，但需要用户具备一定的编程基础。

相关 VI 集中在"控制设计与仿真（Control Design & Simulation）→控件设计（Control Design）→时域响应（Time Response）"选板，包括脉冲响应 VI（CD Impulse Response VI）、阶跃响应 VI（CD Step Response VI）、零输入响应 VI（CD Initial Response VI）和线性仿真 VI（CD Linear Simulation VI）等计算工具。

4.3.2.1　脉冲响应 VI

脉冲响应 VI 是一个多态 VI，具有 SS、TF 和 ZPK 三个实例，功能是计算指定系统在脉冲激励下产生的输出响应。

图 4-14 所示为该 VI 的 TF 实例，常用接线端说明如下：

- Transfer Function Model（传递函数模型端子）：需要计算脉冲响应的对象或系统的传递函数/脉冲传递函数模型。
- Initial Conditions（初始条件）端子：计算脉冲响应的初始条件/初始状态。默认值为 0。
- Time Range（时间范围）端子：需要计算脉冲响应的时间跨度。具有簇数据结构，包括起始时间 t_0、终止时间 t_f 和时间步长 dt 三个元素。
- Impulse Response Graph（脉冲响应曲线）端子：使用 XY 图返回指定系统在脉冲激励下产生的输出序列。返回的脉冲响应曲线以 t_0 为 X 轴原点，终点是 t_f，最小刻度是 dt。
- Impulse Response Data（脉冲响应序列）端子：使用簇数据结构，返回指定系统在脉冲激励下产生的输出序列。返回的数据簇包括三个元素：输出数据 Outputs Data、状态数据 States Data 和记录时间 Time。其中，状态数据仅在 SS 实例中有意义。

对于不熟悉 LabVIEW 数据结构的用户，建议使用获取时间响应 VI（CD Get Time Response Data VI）从该数据提取所需要的信息。

4.3.2.2　阶跃响应 VI

阶跃响应 VI 同样是多态 VI，具有 SS、TF 和 ZPK 三个实例。除了计算内容是指定系统在阶跃输入下产生的输出，其结构和用法与脉冲响应 VI 几乎相同，阶跃响应 VI 的 TF 实例如图 4-15 所示。

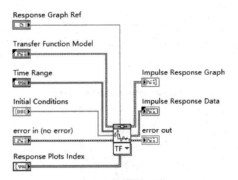

图 4-14　脉冲响应 VI 的 TF 实例　　　　图 4-15　阶跃响应 VI 的 TF 实例

4.3.2.3　线性仿真 VI

线性仿真 VI 具有 SS、TF、ZPK 和 SS（Waveform）、TF（Waveform）、ZPK（Waveform）六个实例，用于计算指定系统在指定输入下产生的输出。其 TF 实例如图 4-16 所示。

图 4-16 中，Simulation Graph（仿真图）端子和 Simulation Data（仿真数据）端子的作用与脉冲响应曲线端子和脉冲响应序列端子类似。新增接线端说明如下：

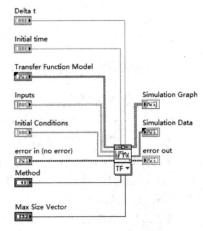

● Inputs（输入信号）端子：指定对象或系统所接收的输入信号，以二维数组表示。

对于单输入的情景，必须将输入定义为只包含"一行"或"一列"的二维数组，非空的行向量或列向量为输入序列；对于多输入的情景，必须注意：二维数组较小的维度对应输入通道数量，二维数组较大的维度对应通道输入序列。比如，1×3矩阵和3×1矩阵都表示一个包含 3 采样数据的输入信号，2×3矩阵和3×2矩阵都表示两个包含 3 采样数据的输入信号。

图 4-16　线性仿真 VI 的 TF 实例

【例 4-10】利用 LabVIEW 控件设计 VI 重做例 4-9。

（1）运行 LabVIEW，创建空 VI。

（2）在程序框图中，利用控件设计 VI 按图 4-17 计算图 4-1 所示闭环系统的脉冲传递函数 $\Phi(z)$。注意：在将连续系统离散为离散系统时，离散化方法应选择"Zero-Order-Hold（零阶保持法）"。

（3）在程序框图中添加指令输入 $R(s)$，并计算相应的 $R(z)$，如图 4-18 所示。注意：此时的离散化方法应选择"Z-Transform（Z 变换）"。

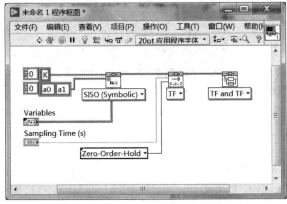

图 4-17　计算闭环系统的脉冲传递函数

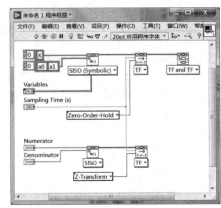

图 4-18　添加指令输入

（4）选择并添加模型乘法 VI（CD Multiply Models VI），计算阶跃响应 $Y(z) = \Phi(z)R(z)$，如图 4-19 所示。

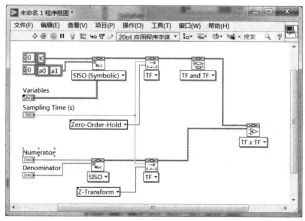

图 4-19　计算阶跃响应

（5）添加绘制传递函数方程 VI，得到图 4-20 所示的程序框图。

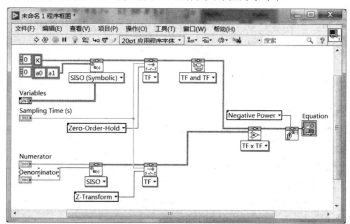

图 4-20　完成后的程序框图

（6）美化前面板并保存 VI，完成后的前面板如图 4-21 所示。

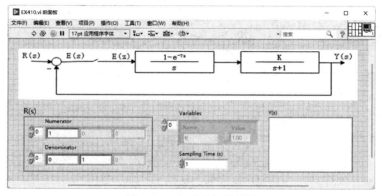

图 4-21　完成后的前面板

注意，例 4-10 对阶跃输入和连续对象分别使用了不同的离散化方法：前者选择 Z 变换法，说明离散化过程是纯粹的数学抽象过程；后者选择零阶保持法，说明离散化过程是通过零阶保持器完成的物理过程。

同时，例 4-10 还使用构建传递函数模型的 SISO（Symbolic）实例代替 SISO 实例，以突出连续对象传递函数各项系数的物理意义，便于和实际物理过程的数学模型相对应。

4.4　基于频域的行为分析

时间响应刻画了系统行为随时间的变化过程。在此基础上，人们才可以对系统行为提出具体要求。比如，系统是否可以输出某个特定大小的值，或者，系统输出是否可以按照某种特定的规律变化？如果可以的话，当系统内部环境或外部环境变化时，这种行为是否能得以维持？如果不能维持，又需要多长时间恢复？等等。

这些要求反映了人们对系统输出在稳定性、鲁棒性和快速性方面的期望，是控制问题提出的背景：只有在被控对象自身无法满足这些期望时，才有必要通过控制策略对其行为进行校正。

因此，在设计控制器之前，往往需要先对被控对象的行为进行定量分析。理论上，这种分析在时域或频域均可进行；但考虑到系统输入不会覆盖全频带，且高精度的频率响应更容易通过实验获取，故下面仅讨论基于频域的分析方法。

4.4.1　稳定性

稳定性是描述系统输出长期趋势的指标，反映系统自由运动的收敛性，是系统再平衡能力的定量指标，也是决定系统能否正常工作的首要条件，因为只有稳定的输出，才可以在现实世界持续存在。

4.4.1.1　基本概念

与连续系统的稳定性定义相似，离散系统的稳定性也通过系统偏离平衡状态（由初值决定）后的行为来定义：假设离散系统在 $kT = 0$ 时偏离平衡状态（静止状态），如果它能依靠自身重新恢复平衡，则称系统是稳定的；否则，称系统是不稳定的。

或者说，系统的稳定性取决于其差分方程描述的解：如果描述系统的差分方程的解是收敛的，则系统稳定；否则，系统不稳定。

以此为依据，计算机控制系统的输出可以分为四种情况：发散振荡、等幅振荡、衰减振荡和非周期衰减，如图 4-22 所示。理论上，除发散振荡以外的三种情况都被认为是稳定的；但在工程应用中，等幅振荡被认为是不稳定的。因为它处于临界状态，很容易因环境扰动而失稳。

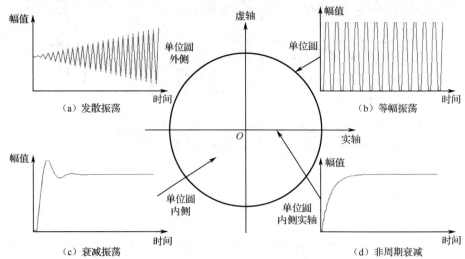

图 4-22　计算机控制系统输出的类型

由相关数学知识，零初始条件下，差分方程的解收敛，仅在其所有特征根 z_i 满足条件 $|z_i|<1$ 时成立。

由于系统的差分方程与脉冲传递函数具有相同的特征方程，故判断系统稳定性的方法为：

若计算机控制系统的特征根都在 z 平面单位圆内部，则系统稳定；否则，系统不稳定。

【例 4-11】试判断例 4-1 系统的稳定性。

由题目知，系统的差分方程为

$$y(k)-1.5y(k-1)+0.625y(k-2)=0.5x(k)+0.375x(k-1)$$

于是，系统的齐次差分方程为

$$y(k)-1.5y(k-1)+0.625y(k-2)=0$$

做 Z 变换，得到特征方程

$$1-1.5z^{-1}+0.625z^{-2}=0$$

解得

$$z_{1,2}=0.75\pm0.25i$$

由于 $|z_{1,2}|<1$，故系统稳定。

【例 4-12】试判断例 4-2 系统的稳定性。

由题目知，系统的脉冲传递函数为

$$\Phi(z)=\frac{Y(z)}{R(z)}=\frac{G(z)}{1+G(z)}=\frac{K(1-\mathrm{e}^{-T})z^{-1}}{1+[K-(K+1)\mathrm{e}^{-T}]z^{-1}}$$

于是，系统的特征方程为

$$1+[K-(K+1)\mathrm{e}^{-T}]z^{-1}=0$$

解得

$$z=(K+1)\mathrm{e}^{-T}-K$$

可见，系统的稳定性与 T 和 K 的取值有关。假设 T 已知，则有 $|K|<1$ 时，系统稳定；$|K|\geq1$ 时，系统不稳定。

4.4.1.2　稳定性判据

虽然可以依据特征方程的解判断系统的稳定性，但高阶方程求解困难，限制了该方法的适用场景。

进一步研究稳定性判定方法会发现：决定系统稳定性的仅仅是特征根的位置，而不是它的精确值。因此，更实用的稳定性判定方法是依据特征方程快速确定特征根的位置范围，而无须具体求解。它分为代数判据和几何判据两类，前者是解析分析的主要手段，后者则更多地应用于工程实践。

1）代数判据

代数判据是借助特征方程系数判断稳定性的，包括朱利判据和劳斯判据。

（1）朱利判据。

朱利判据是利用计算机控制系统特征方程的系数直接判定系统稳定性的。

假设计算机控制系统的特征方程为

$$P(z)=a_nz^n+a_{n-1}z^{n-1}+\cdots+a_1z+a_0$$

则可以列出表 4-1。

表 4-1　朱利稳定性表的一般形式

行　号	z^0	z^1	z^2	$\cdots$	z^{n-1}	z^n
1	a_0	a_1	a_2	$\cdots$	a_{n-1}	a_n

续表

行　号	z^0	z^1	z^2	...	z^{n-1}	z^n
2	a_n	a_{n-1}	a_{n-2}	...	a_1	a_0
3	b_0	b_1	b_2	...	b_{n-1}	
4	b_{n-1}	b_{n-2}	b_{n-3}	...	b_0	
5	c_0	c_1	c_2			
6	c_{n-2}	c_{n-3}	c_{n-4}	...		
⋮			⋮			
$2n-5$	p_0	p_1	p_2	p_3		
$2n-4$	p_3	p_2	p_1	p_0		
$2n-3$	q_0	q_1	q_2			

　　表 4-1 中，第一行和第二行是系统特征方程的系数，但第一行元素按 z 的升幂次序排列，第二行元素按 z 的降幂次序排列；从第三行开始，每两行一组，奇数行按 z 的升幂次序排列，偶数行按 z 的降幂次序排列，各行元素计算公式如下：

$$b_k = \begin{vmatrix} a_0 & a_{n-k} \\ a_n & a_k \end{vmatrix}, \quad c_k = \begin{vmatrix} b_0 & b_{n-1-k} \\ b_{n-1} & b_k \end{vmatrix}, \quad \cdots\cdots, \quad q_k = \begin{vmatrix} p_0 & p_{3-k} \\ p_{3-k} & p_k \end{vmatrix}$$

式中，$k = 0,1,2,\cdots,n-1$。

　　若计算结果满足如下条件：

$$\begin{cases} P(z)\big|_{z=1} > 0 \\ P(z)\big|_{z=-1} < 0(n\text{为奇数})\text{或}P(z)\big|_{z=-1} > 0(n\text{为偶数}) \\ |a_0| < |a_n| \\ |b_0| > |b_{n-1}| \\ |c_0| > |c_{n-2}| \\ |d_0| > |d_{n-3}| \\ \vdots \\ |q_0| > |q_2| \end{cases} \qquad (4\text{-}10)$$

则系统稳定。

【例 4-13】假设系统特征方程 $P(z) = z^4 - 1.2z^3 + 0.07z^2 + 0.3z - 0.08 = 0$，试判断系统的稳定性。

由系统特征方程知，$a_4 = 1$，$a_3 = -1.2$，$a_2 = 0.07$，$a_1 = 0.3$，$a_0 = -0.08$，做朱利稳定性表，有

行号	z^0	z^1	z^2	z^3	z^4
1	-0.08	0.3	0.07	-1.2	1
2	1	-1.2	0.07	0.3	-0.08
3	$\begin{vmatrix} -0.08 & 1 \\ 1 & -0.08 \end{vmatrix} = -0.994$	$\begin{vmatrix} -0.08 & -1.2 \\ 1 & 0.3 \end{vmatrix} = -1.176$	$\begin{vmatrix} -0.08 & 0.07 \\ 1 & 0.07 \end{vmatrix} = -0.076$	$\begin{vmatrix} -0.08 & 0.3 \\ 1 & -1.2 \end{vmatrix} = -0.204$	
4	-0.204	-0.076	-1.176	-0.994	
5	$\begin{vmatrix} -0.994 & -0.204 \\ -0.204 & -0.994 \end{vmatrix} = 0.946$	$\begin{vmatrix} -0.994 & -0.076 \\ -0.204 & -1.176 \end{vmatrix} = -1.153$	$\begin{vmatrix} -0.994 & -1.176 \\ -0.204 & -0.076 \end{vmatrix} = -0.164$		

依次检验以下条件：

① $P(z)\big|_{z=1} = 0.09 > 0$，条件满足；

② $P(z)\big|_{z=-1} = 1.89 > 0$，条件满足（因为 $n = 4$ 为偶数）；

③ $|a_0| = |-0.08| < |a_n| = |1|$，条件满足；

④ $|b_0| = |-0.994| > |b_{n-1}| = |-0.204|$，$|c_0| = |0.946| > |c_2| = |-0.164|$，条件满足。

故系统稳定。

（2）劳斯判据。

劳斯判据同样是利用系统特征方程系数直接判定稳定性的。但与朱利判据不同，劳斯判据的作用域不是 z 平面，而是 w 平面。

假设闭环系统的脉冲传递函数

$$\Phi(z) = \frac{G(z)}{1 + G(z)}$$

式中，$G(z)$ 是其开环传递函数。

为使用劳斯判据，首先需要对 $G(z)$ 进行双线性变换：

$$G(w) = G(z)\big|_{z = \frac{1 + (Tw)/2}{1 - (Tw)/2}}$$

于是，可以得到闭环系统的特征方程：

$$P(w) = 1 + G(w) = b_n w^n + b_{n-1} w^{n-1} + \cdots + b_1 w + b_0$$

进而列出劳斯阵列表（见表 4-2）：

表 4-2　劳斯阵列表的一般形式

w^n 行	b_n	b_{n-2}	b_{n-4}	...	a_1（n 为奇数）或 a_0（n 为偶数）
w^{n-1} 行	b_{n-1}	b_{n-3}	b_{n-5}	...	a_0（n 为奇数）或 0（n 为偶数）
w^{n-2} 行	c_1	c_2	c_3	...	
w^{n-3} 行	d_1	d_2	d_3	...	
$\vdots$					
w^1 行	p_1				
w^0 行	q_0				

表 4-2 中，第一行和第二行是系统特征方程的系数，且按 w 的降幂次序交织排列；从第三行开始，各行元素按如下公式计算：

$$c_1 = \frac{1}{b_{n-1}} \begin{vmatrix} b_{n-2} & b_n \\ b_{n-3} & b_{n-1} \end{vmatrix}, \quad c_2 = \frac{1}{b_{n-1}} \begin{vmatrix} b_{n-4} & b_n \\ b_{n-5} & b_{n-1} \end{vmatrix}, \quad c_3 = \frac{1}{b_{n-1}} \begin{vmatrix} b_{n-6} & b_n \\ b_{n-7} & b_{n-1} \end{vmatrix}, \quad \cdots\cdots$$

$$d_1 = \frac{1}{c_1} \begin{vmatrix} b_{n-3} & b_{n-1} \\ c_2 & c_1 \end{vmatrix}, \quad d_2 = \frac{1}{c_1} \begin{vmatrix} b_{n-5} & b_{n-1} \\ c_3 & c_1 \end{vmatrix}, \quad d_1 = \frac{1}{c_1} \begin{vmatrix} b_{n-7} & b_{n-1} \\ c_4 & c_1 \end{vmatrix}, \quad \cdots\cdots$$

$$\cdots\cdots$$

劳斯阵列表第一列元素的符号改变次数等于特征方程具有正实部根的数量。因此，如果劳斯阵列表第一列元素的符号相同，则系统稳定；否则，系统不稳定，且符号改变次数即为不稳定特征根的数目。

【例 4-14】例 4-5 中，假设采样周期 $T = 1\text{s}$，试判断闭环系统的稳定性。

由例 4-5 知，闭环系统的脉冲传递函数

$$\Phi(z) = \frac{G(z)}{1 + G(z)} = \frac{K}{a} \frac{(1 - e^{-aT}) z^{-1}}{1 - e^{-aT} z^{-1}}$$

对其做双线性变换，得

$$\Phi(w) = \Phi(z)\Big|_{z=\frac{1+(Tw)/2}{1-(Tw)/2}} = \frac{K}{a}\frac{(1-e^{-aT})(2-Tw)}{(2+Tw)-e^{-aT}(2-Tw)}$$

已知 $T = 1$，于是

$$\Phi(w) = \frac{K}{a}\frac{(1-e^{-a})(2-w)}{(2+w)-e^{-a}(2-w)} = \frac{K}{a}\frac{2(1-e^{-a})-e^{-a}w}{(1+e^{-a})w+2(1-e^{-a})}$$

$$P(w) = (1+e^{-a})w + 2(1-e^{-a}) = 0$$

列劳斯阵列表（见表 4-3）。

表 4-3　例 4-14 劳斯阵列表

w^1 行	$b_1 = (1+e^{-a})$
w^0 行	$b_0 = 2(1-e^{-a})$

　　按照劳斯判据，如果系统稳定，则需要劳斯阵列表第一列元素的符号相同，即

$$2(1+e^{-a})(1-e^{-a}) > 0$$

解不等式，得系统稳定的条件是 $a < 0$。

　　写劳斯阵列表时，如果遇到 w^{n-1} 行系数全为零的情况，则说明特征方程在 w 平面存在共轭虚根。此时，应使用 w^j 行的系数 α_1，α_2，…构造辅助方程

$$\alpha_1 w^n + \alpha_2 w^{n-2} + \alpha_3 w^{n-4} + \cdots = 0$$

并使用辅助方程导数的系数重写劳斯阵列表的 w^{n-1} 行。

　　2）几何判据

　　几何判据是将特征方程表示为矢量轨迹曲线，并据此判定系统稳定性的。

　　工程应用中，通常无法得到足够精确的系统特征方程，但很容易通过实验获得高精度的频率特性曲线。所以，人们在很多情况下会倾向于使用几何判据，通过奈奎斯特图或伯德图判定系统的稳定性。

　　由于方程的根只取决于方程的系数，而与变量的表示方法无关，所以离散系统频率特性曲线的绘制方法与连续系统相同。但是，因为二者的参考系不同，它们对曲线的解释并不一样。

　　（1）奈奎斯特判据。

　　假设闭环系统的脉冲传递函数

$$\Phi(z) = \frac{G(z)}{1+G(z)}$$

其特征方程则为

$$P(z) = 1 + G(z) = 0$$

式中，$G(z)$ 是其开环脉冲传递函数。

　　于是，可以使用与连续系统相同的方法绘制 z 平面上的奈奎斯特图，并将连续系统的奈奎斯特判据推广到离散系统：

　　假设计算机控制系统的开环脉冲传递函数为 $G(z)$，令 N 为奈奎斯特图沿顺时针方向环绕 -1 点的次数，P 为 $G(z)$ 不稳定极点的数目，则可以计算 $\Phi(z)$ 不稳定极点的数目 $Z = N + P$。

　　若 $Z = 0$，则系统稳定；否则，系统不稳定。

　　具体使用时，需要注意以下三个问题：

　　① 如何获得奈奎斯特图？

　　解析计算时，建议使用 LabVIEW 或 MATLAB 等计算机辅助分析工具绘制 $G(e^{j\omega})$；工程应用

时，则建议通过正弦响应测试数据绘制 $G(\mathrm{e}^{\mathrm{j}\omega})$。

② 如何选择奈奎斯特路径？

在 s 平面，奈奎斯特路径通常选择覆盖整个 s 右半平面且沿顺时针方向变化的无穷大半径的半圆 [见图 4-23（a）]。具体说来，它是从 s 平面原点（a）出发且沿虚轴正方向至无穷远处，再沿半径为无穷大的半圆顺时针扫过整个右半 s 平面至虚轴负方向无穷远处，最后沿虚轴返回原点。

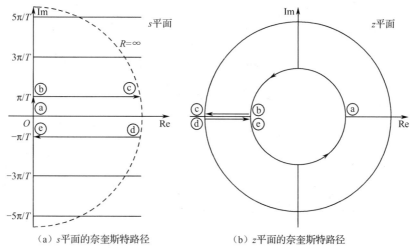

（a）s 平面的奈奎斯特路径　　　（b）z 平面的奈奎斯特路径

图 4-23　奈奎斯特路径从 s 平面到 z 平面的变化

考虑 4.2 节讨论的 s 平面到 z 平面的映射，s 平面高频段的奈奎斯特路径映射到 z 平面之后，会与低频段映射重叠。于是，s 平面奈奎斯特路径在 z 平面将映射为沿逆时针方向变化的单位圆与沿顺时针方向变化的无穷大半径的半圆的联合，如图 4-23（b）所示。具体来说，只需要考虑图 4-23（a）中路径 a→b→c→d→e→a 在 z 平面的映射，于是，得到图 4-23（b）。

③ 如何计算 N 值？

直观的方法是以 $(-1,\mathrm{j}0)$ 为起点、以奈奎斯特曲线任意点为终点构造矢量，遍历奈奎斯特曲线并计算其返回起点时累积旋转的角度，以此计算 N 值；另一种更直接的方法是以 $(-1,\mathrm{j}0)$ 为起点，向任意方向画一条射线，并计算奈奎斯特曲线穿越该射线的次数之和，以此计算 N 值。

注意：以上两种方法都以顺时针方向为正。

【例 4-15】图 4-24 所示系统，假设采样周期 $T=1\mathrm{s}$，系统增益 $K=1$，试用奈奎斯特图判定其稳定性。

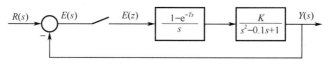

图 4-24　例 4-15 系统结构图

由图 4-24 知，系统的开环脉冲传递函数

$$G(z) = Z\left[\frac{1-\mathrm{e}^{-Ts}}{s}\frac{K}{s^2-0.1s+1}\right] = Z\left[\frac{1-\mathrm{e}^{-s}}{s}\frac{1}{s^2-0.1s+1}\right]$$

利用 LabVIEW 绘制 $G(z)$ 的奈奎斯特图 $G(\mathrm{e}^{\mathrm{j}\omega})$，得到图 4-25。

图 4-26 中，奈奎斯特曲线与 $(-1,\mathrm{j}0)$ 沿实轴负半轴方向的射线没有交点，故 $N=0$；而 $G(z)$ 有两个不稳定极点，故 $P=2$。因此，$Z=N+P=2\neq 0$，系统不稳定。

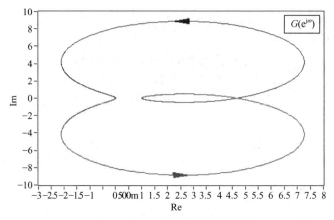

图 4-25   例 4-15 系统奈奎斯特图

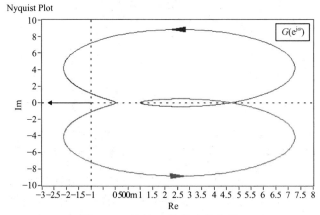

图 4-26   计算 N 值的直接方法

也可以用另一种方法计算 N 值，如图 4-27 所示。

以 (−1, j0) 为起点，以奈奎斯特曲线实轴上距其最近的点为终点，构造矢量，如图 4-27（a）中黑色有向箭头所示，使构造的矢量沿奈奎斯特曲线代表 z 从零到正无穷变化的方向（LabVIEW 绘制的曲线为红色）移动，直到再次穿越实轴，如图 4-27（b）所示（图中灰色有向箭头表示遍历曲线的过程，黑色有向箭头表示穿越实轴的位置）。此时，计算有向箭头转过的角度，为 0°。继续沿奈奎斯特曲线移动矢量箭头，直到返回起点，如图 4-27（d）所示。累加黑色箭头在各穿越位置的旋转角度，为 0°，故 N = 0°/360° = 0。

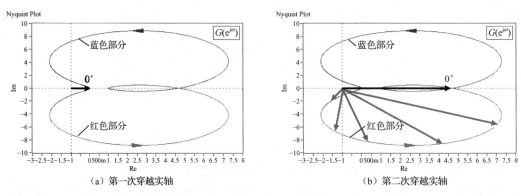

（a）第一次穿越实轴   （b）第二次穿越实轴

图 4-27   计算 N 值的直观方法

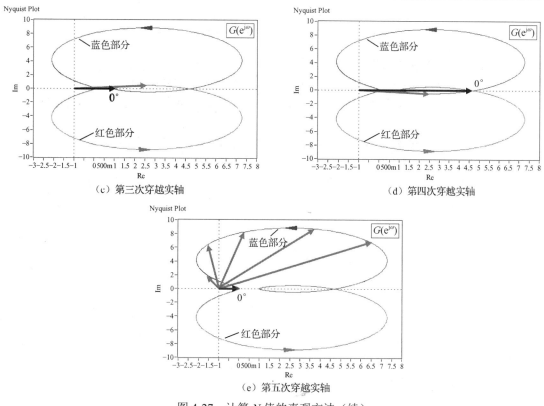

（c）第三次穿越实轴　　　　　　（d）第四次穿越实轴

（e）第五次穿越实轴

图 4-27　计算 N 值的直观方法（续）

也可以在 w 平面使用奈奎斯特判据。这种情况下，奈奎斯特轨迹位于 w 平面，是沿顺时针方向包围 w 右半平面的无穷大半径的半圆；奈奎斯特曲线为 $G(\mathrm{j}\omega_w)=G(z)\big|_{z=\frac{1+\mathrm{j}(T\omega_w/2)}{1-\mathrm{j}(T\omega_w/2)}}$ 。

综上可知，奈奎斯特曲线可以利用 $G^{*}(\mathrm{j}\omega)$、$G(\mathrm{e}^{\mathrm{j}\omega})$ 和 $G(\mathrm{j}\omega_w)$ 在三个不同的复平面绘制，所得曲线形状相同，但有不同的解释，如表 4-4 所示。

表 4-4　奈奎斯特曲线在不同平面的解释

开环脉冲传递函数	频率变化范围
$G^{*}(\mathrm{j}\omega)$	$-\omega_s/2 \leqslant \omega \leqslant \omega_s/2$
$G(\mathrm{e}^{\mathrm{j}\omega})$	$-\pi/T \leqslant \omega \leqslant \pi/T$
$G(\mathrm{j}\omega_w)$	$-\infty \leqslant \omega_w \leqslant \infty$

（2）奈奎斯特判据在伯德图中的应用。

与代数判据相比，奈奎斯特判据不仅适用于开环脉冲传递函数未知的系统，也适用于具有时间延迟环节的系统，在实际应用中具有相当的优势。其不足之处是难以处理高阶系统，尤其是回路参数变化的情景。伯德图就是为了解决这一问题而引入的。

计算机控制系统的伯德图一般在 w 平面绘制。此时，有

$$G(\mathrm{j}\omega_w)=G(z)\big|_{z=\frac{1+\mathrm{j}(T\omega_w/2)}{1-\mathrm{j}(T\omega_w/2)}}$$

于是得到幅频特性和相频特性的表达式为

$$\left|G(\mathrm{j}\omega_w)\right|=\mathrm{Re}\left[G(z)\big|_{z=\frac{1+\mathrm{j}(T\omega_w/2)}{1-\mathrm{j}(T\omega_w/2)}}\right]=\left|G(z)\big|_{z=\frac{1+\mathrm{j}(T\omega_w/2)}{1-\mathrm{j}(T\omega_w/2)}}\right|$$

$$\angle G(\mathrm{j}\omega_w) = \mathrm{Im}\left[\left.G(z)\right|_{z=\frac{1+\mathrm{j}(T\omega_w/2)}{1-\mathrm{j}(T\omega_w/2)}}\right] = \angle\left[\left.G(z)\right|_{z=\frac{1+\mathrm{j}(T\omega_w/2)}{1-\mathrm{j}(T\omega_w/2)}}\right]$$

由此可以得到奈奎斯特图与伯德图的映射关系（见图 4-28）：

① 奈奎斯特图以原点为圆心的单位圆映射为伯德图幅频特性的零分贝线；

② 奈奎斯特图的正实轴映射为伯德图相频特性的 0° 线，负实轴映射为伯德图相频特性的 $-180°$ 线；

③ 奈奎斯特图以原点为圆心的单位圆的内侧映射为伯德图幅频特性零分贝线以下的半平面；

④ 奈奎斯特图以原点为圆心的单位圆的外侧映射为伯德图幅频特性零分贝线以上的半平面；

⑤ 奈奎斯特曲线穿越负实轴的行为映射为伯德图相频特性曲线穿越 $-180°$ 线的行为，且奈奎斯特曲线顺时针穿越负实轴对应相频特性曲线自上而下穿越 $-180°$ 线，奈奎斯特曲线逆时针穿越负实轴对应相频特性曲线自下而上穿越 $-180°$ 线。

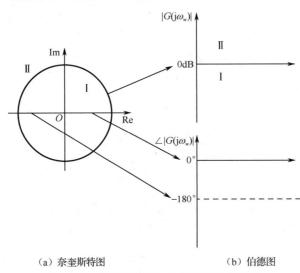

（a）奈奎斯特图　　　　　　　　（b）伯德图

图 4-28　奈奎斯特图与伯德图的映射关系

于是可以将奈奎斯特判据推广到伯德图：

假设计算机控制系统的开环脉冲传递函数为 $G(z)$。观察相频特性与幅频特性为正的频段所对应部分，每次自下向上穿越 $-180°$ 线，记为 $+1$；自上向下穿越 $-180°$ 线，记为 -1，累加和为 $2N$。若 $G(z)$ 不稳定极点的数目记为 P，则 $\Phi(z)$ 不稳定极点的数目 $Z = N + P$。

若 $Z = 0$，则系统稳定；否则，系统不稳定。

【例 4-16】试用伯德图重做例 4-15。

利用 LabVIEW 绘制 $G(z)$ 的伯德图 $G(\mathrm{j}\omega_w)$，得到图 4-29。图中，观察相频特性与幅频特性为正的频段所对应部分，发现它没有穿越 $-180°$ 线，故 $N = 0$。而 $P = 2$，于是，$Z = N + P = 2 \neq 0$，系统不稳定。

如果在前向通道串联一个积分环节，使

$$G(s) = Z\left[\frac{1}{s}\frac{1-\mathrm{e}^{-s}}{s}\frac{1}{s^2 - 0.1s + 1}\right]$$

将得到图 4-30 所示的伯德。图中，观察相频特性与幅频特性为正的频段所对应部分，发现它自下而上穿越 $-180°$ 线，故 $N = 1$。于是，$Z = N + P = 1 \neq 0$，系统仍不稳定，但 $\Phi(z)$ 的不稳定极点减少一个。可以合理推断，如果继续增加积分环节，则可以得到稳定的闭环系统。这就是行为校正的基本思想。

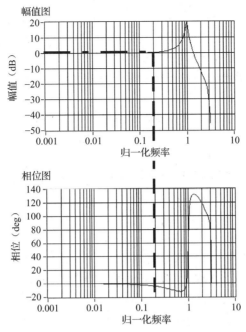

图 4-29 例 4-16 的伯德图（$K=1$）

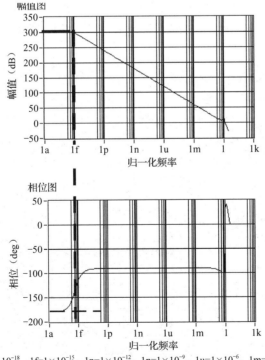

$1a=1\times10^{-18}$，$1f=1\times10^{-15}$，$1p=1\times10^{-12}$，$1n=1\times10^{-9}$，$1u=1\times10^{-6}$，$1m=1\times10^{-3}$，$1k=1\times10^{3}$

图 4-30 例 4-16 增加积分环节的伯德图（$K=1$）

4.4.2 鲁棒性

工程实际中，仅仅知道系统稳定是不够的，还必须知道系统保持稳定的程度，以评估控制系统对变化的对象模型及干扰信号的适应能力。

　　以电子线路设计为例。人们可以设计电子电路，使其产生持续可观察的输出信号，即稳定输出。但是，考虑到工艺限制，加工好的真实电路的工作环境与设计环境是不同的：输入信号与设计输入会不一致，电源会有纹波，电路使用元件的实际工作参数会小幅偏离设计参数。在这种情况下，如果真实电路仍然能够产生与设计预期相同的稳定输出，则说明设计的鲁棒性好，系统能够在环境扰动作用下保持稳定。

　　因此，鲁棒性也称相对稳定性，是对系统扰动适应能力的描述，通常用幅值裕度、相位裕度或稳定裕度表示。

4.4.2.1　幅值裕度和相位裕度

　　幅值裕度（ΔG）定义为相频特性曲线穿越 $-180°$ 时的幅值增益倒数，反映闭环系统不稳定之前，开环增益允许增加的最大值。

$$\Delta G = \frac{1}{\left| G(\mathrm{e}^{-\mathrm{j}\omega_{w\pi}}) \right|} \tag{4-11}$$

式中，$\omega_{w\pi}$ 是相频特性曲线穿越 $-180°$ 处的频率。

　　相位裕度（$\Delta\phi$）定义为幅频特性曲线穿越零分贝线时的相位与 $-180°$ 线的距离，反映系统达到稳定极限所需要增加的相位滞后。

$$\Delta\phi = 180° + \angle G(\mathrm{e}^{-\mathrm{j}\omega_{wD}}) \tag{4-12}$$

式中，ω_{wD} 是幅频特性曲线穿越零分贝线处的频率，即截止频率。

　　幅值裕度和相位裕度是经典的鲁棒尺度，可以在伯德图中确定（幅值裕度和相位裕度在伯德图中的表示，如图 4-31 所示），也可以在奈奎斯特图中确定（鲁棒性指标在奈奎斯特图中的表示，如图 4-32 所示）。

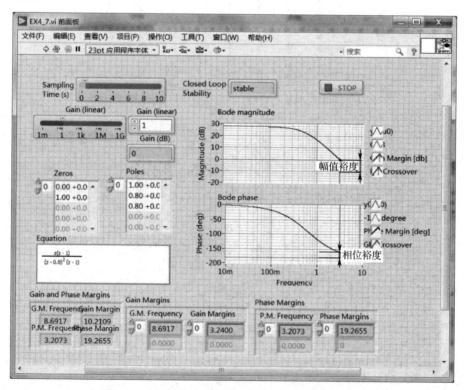

图 4-31　幅值裕度和相位裕度在伯德图中的表示

描述系统鲁棒性时，幅值裕度和相位裕度必须同时给出，其值一般取 2～5dB 和 30°～60°。需要注意的是，即使幅值裕度和相位裕度都是合理的，系统鲁棒性仍有不够的可能。

4.4.2.2 稳定裕度

系统的鲁棒性也可以用稳定裕度（ΔM）表示。稳定裕度定义为以 [−1, j0] 点为圆心且与奈奎斯特曲线相切的圆的半径（见图 4-32），反映奈奎斯特曲线到临界点的最短距离。

$$\Delta M = \left|1 + G(e^{-j\omega_w})\right|_{\min} \tag{4-13}$$

稳定裕度能用一个数值表示系统的鲁棒性，不仅定义了系统抑制扰动性能的下限，而且定义了系统对可能存在的非线性或时变特性的容忍度，在实际应用中非常重要。其值一般不小于 −6dB。

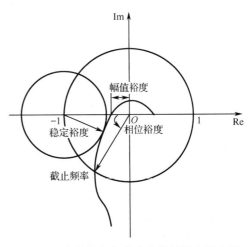

图 4-32 鲁棒性指标在奈奎斯特图中的表示

4.4.3 快速性

快速性反映系统输出跟随输入信号变化而变化的能力，是对系统从一个稳定状态向另一个稳定状态迁移时发生的过渡过程的定量描述。

4.4.3.1 时域指标

快速性可以通过系统对外部指令的响应速度进行直观解释，一般用单位阶跃响应（见图 4-33）描述，常用指标如下：

- 终值（y_∞）：定义为 $k \to \infty$ 时的系统输出。
- 增益（K）：又称放大倍数，定义为 $k \to \infty$ 时系统输出与输入的比值。
- 稳态误差（e_{ss}）：反映系统的控制精度，定义为系统期望终值与实际终值的偏差。

稳态误差可以用绝对值表示，也可以用相对值表示。以单位阶跃响应为例，有 $e_{ss} = y_\infty - K$ 或 $e_{ss} = 100\% \times (y_\infty - K)/K$。

- 上升时间（t_r）：反映系统的响应速度，定义为系统输出第一次到达终值所需要的时间。

实际测试时，常用系统输出从终值 10% 上升到终值 90% 所需的时间代替。

- 峰值时间（t_p）：定义为系统输出第一次到达峰值所需要的时间。
- 稳定时间（t_s）：反映系统的过渡时间，定义为系统输出第一次到达终值并稳定在终值允许误差带内（±10%、±5% 或 ±2%）所需要的时间。
- 超调量（σ）：反映系统过渡的平稳性，定义如下：

$$\sigma = 100\% \times \frac{y_{t_p} - y_\infty}{y_\infty}$$

式中，y_{t_p} 为峰值时间的系统输出，是系统的最大瞬时输出。

4.4.3.2 频域指标

描述系统快速性的时域指标直观、易懂，但在系统模型未知的情景下，通过实验绘制闭环系统的单位阶跃响应曲线并非易事。

考虑到开环系统频率特性曲线容易通过实验获得的事实，大多数分析设计场景更倾向于使用频域指标描述系统的快速性。常用指标如下：

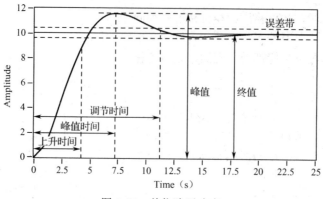

图 4-33　单位阶跃响应

● 增益（K）：反映系统的稳态误差。

由于开环系统低频段[①]幅频特性曲线（或其延长线）在 $\omega=1$ 处的值为 $20\lg K$ （见图 4-34），故可由伯德图直接获取。

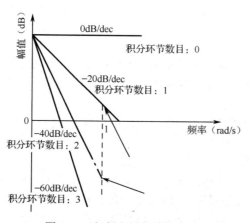

图 4-34　低频段幅频特性曲线

图 4-34 中，开环系统所包含的积分环节数目决定了低频段幅频特性曲线的斜率：积分环节数目越多，低频段幅频特性曲线越陡，开环增益就越大，稳态误差则越小。

● 截止频率（ω_c）和相位裕度（$\Delta\phi$）：反映系统的响应速度和过渡过程的平稳性。

截止频率和相位裕度可以通过伯德图中频段[②]曲线测定。

4.4.3.3　频域指标和时域指标的对应关系

一般情况下，非专业用户偏向于使用时域指标描述系统快速性；但专业技术人员多使用频域指标对系统快速性进行分析和设计。而通过时域和频域之间的映射关系，可以很好地满足非专业用户和专业技术人员双方的需要。

1）一阶系统

$$\omega_{wc}=\frac{1}{\tau} \tag{4-14}$$

式中，ω_{wc} 是系统带宽，即幅频特性曲线下降 3dB 处的频率；τ 是系统时间常数。

---

① 频率特性曲线在第一次转折出现之前的部分。

② 频率特性曲线在截止频率附近的部分。

2）二阶系统

$$\omega_{wD} = \omega_n \sqrt{\sqrt{1 + 4\xi^4} - 2\xi^2} \tag{4-15}$$

$$\Delta\phi = \arctan\frac{2\xi}{\sqrt{\sqrt{1+4\xi^4} - 2\xi^2}} = \arctan\frac{2\xi\omega_n}{\omega_{wD}} \tag{4-16}$$

$$t_r = \frac{\pi - \cos^{-1}\xi}{\omega_n\sqrt{1-\xi^2}} \tag{4-17}$$

$$t_p = \frac{\pi}{\omega_n\sqrt{1-\xi^2}} \tag{4-18}$$

$$t_s = \frac{\left|\ln\left(\varepsilon\sqrt{1-\xi^2}\right)\right|}{\xi\omega_n} \tag{4-19}$$

$$\sigma = 100\% \times e^{-\frac{\pi\xi}{\sqrt{1-\xi^2}}} \tag{4-20}$$

式中，ω_n 是系统的自然频率；ξ 是系统的阻尼比；ω_{wD} 和 $\Delta\phi$ 是截止频率和相位裕度；t_r、t_p、t_s 和 σ 依次是上升时间、峰值时间、稳定时间和超调比。

3）高阶系统（三阶以上）

对于大多数系统，系统增益随频率的增加而减小。如果系统增益在开始减小前增大，则表明系统临界稳定，即出现谐振。此时有

$$\omega_{wm} = \omega_n\sqrt{1 - 2\xi^2} \tag{4-21}$$

$$M_r \approx \frac{1}{\sin\Delta\phi} \tag{4-22}$$

$$t_s = \frac{\pi}{\omega_{wD}}[2 + 1.5(M_r - 1) + 2.5(M_r - 1)^2], 34° \leqslant \Delta\phi \leqslant 90° \tag{4-23}$$

$$\sigma = 0.16 + 0.4(M_r - 1), 1 \leqslant M_r \leqslant 1.8 \tag{4-24}$$

式中，M_r 是系统幅频特性的相对峰值，一般允许的值是 0～4dB。

4.5 线上学习：使用 LabVIEW 辅助分析

LabVIEW 的频域分析工具集中在"控制设计与仿真(Control Design & Simulation)→控件设计（Control Design）→频率响应（Frequency Response）"选板，主要分为两类：一类是数值分析工具，如带宽 VI（CD Bandwidth.vi）、频率响应 VI（CD Evaluate at Frequency.vi）、裕度 VI（CD All Margins.vi）等，能够以数值形式返回指定系统的带宽、频率响应、幅值裕度、相位裕度等频域特性指标；另一类是图形分析工具，包括伯德图 VI（CD Bode.vi）、奈奎斯特图 VI（CD Nyquist.vi）、尼科尔斯图 VI（CD Nichols.vi）及幅值裕度和相位裕度 VI（CD Gain and Phase Margin.vi），除了能够绘制指定系统的伯德图、奈奎斯特图和尼科尔斯图，还能够返回所绘制曲线的坐标供分析频域特性使用。

本节只介绍常用的图形分析工具。

4.5.1 伯德图 VI

伯德图 VI 是多态 VI，除了绘制指定系统的伯德图，还能返回绘制曲线的数据。图 4-35 是其 TF 实例，各输入输出端子介绍如下：

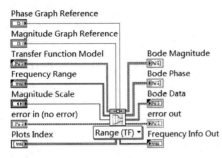

图 4-35　伯德图 VI 的 TF 实例

● Transfer Function Model（传递函数模型）端子。

该端子指定需要绘制伯德图的系统模型，可以是系统的数学模型（如传递函数模型），也可以是系统的频域采样数据。

注意：不管 VI 连接的系统模型采用何种形式，伯德图 VI 都会在计算时将其自动转换为 TF 模型。

● Frequency Range（频率范围）端子。

该端子指定频率响应的计算范围，包含 4 个元素，如表 4-5 所示。

表 4-5　Frequency Range 簇结构

元　素　名　称	说　　　明
Initial frequency	用于计算频率响应时的最小频率，默认值为-1
Final frequency	用于计算频率响应时的最大频率，默认值为-1
Minimum number of points	用于计算频率响应的最小点数，默认值为 100
Frequency Unit	频率单位，Hz（0）或 rad/s（1），默认值为 1

● Magnitude Scale（幅值标尺）端子。

该端子指定频率响应幅值使用的坐标，可以是线性坐标（0），也可以是对数坐标（1），默认值为 1。

● Magnitude Graph Reference（幅值图引用）端子。

该端子返回伯德图（幅频特性曲线）的引用句柄，以便通过编程配置幅频特性曲线的绘图信息。如果使用默认配置，或由用户在程序运行期间在线配置，则不要连接该端子。

● Phase Graph Reference（相位图引用）端子。

该端子返回伯德图（相频特性曲线）的引用句柄，以便通过编程配置相频特性曲线的绘图信息。如果使用默认配置，或由用户在程序运行期间在线配置，则不要连接该端子。

● Plots Index（曲线索引）端子。

该端子适用于 MIMO 系统，指定需要绘制伯德图的 I/O 对，默认绘制全部 I/O 对。

● Bode Magnitude（幅值图）端子。

该端子返回指定系统的伯德图（幅频特性曲线）。

● Bode Phase（相位图）端子。

该端子返回指定系统的伯德图（相频特性曲线）。

● Bode Data（伯德图数据）端子。

该端子以数组簇的形式返回指定系统的伯德图，包含 4 个元素，如表 4-6 所示。

表 4-6　Bode Data 簇结构

元　素　名　称	说　　　明
plot type	枚举型数据，0 代表幅频特性曲线，1 代表相频特性曲线
Frequency	一维数组，包含计算伯德图的所有频率值
Magnitude	三维数组，包含指定系统伯德图的幅频特性曲线数据
Phase	三维数组，包含指定系统伯德图的相频特性曲线数据

● Frequency Info Out（频率信息输出）端子。

该端子返回绘制伯德图的频率范围。

图 4-36 即为用伯德图完成例 4-15 的程序框图。

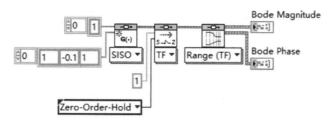

图 4-36　用伯德图完成例 4-15 的程序框图

4.5.2　奈奎斯特图 VI

与伯德图 VI 类似，奈奎斯特图 VI 也是多态 VI，可以绘制指定系统的奈奎斯特曲线，并返回绘图数据。图 4-37 是其 TF 实例，部分端子的用法与伯德图 VI 同名端子相同，其他端子的用法介绍如下：

● Separate Contour?（围线分离？）端子。

该端子指定奈奎斯特曲线的显示形式。如果为 TRUE，则用两种颜色分别显示奎斯特曲线的正频率分支（红色曲线）和负频率分支（蓝色曲线）；如果为 FALSE，则用一种颜色（蓝色）显示奈奎斯特曲线。

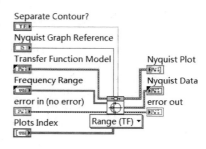

图 4-37　奈奎斯特图 VI 的 TF 实例

● Nyquist Graph Reference（奈奎斯特图引用）端子。

该端子返回奈奎斯特图的引用句柄，以便通过编程配置曲线绘图信息。

如果用户使用默认配置，或在程序运行期间手动在线配置，则不要连接该端子。

● Nyquist Plot（奈奎斯特曲线）端子。

该端子返回指定系统的奈奎斯特曲线。

● Nyquist Data（奈奎斯特数据）端子。

该端子以数组簇的形式返回指定系统奈奎斯特曲线的绘图数据。数组簇的结构如表 4-6 所示，但枚举型簇元素 plot type 的取值为 3。

图 4-38 即为用奈奎斯特图完成例 4-15 的程序框图。

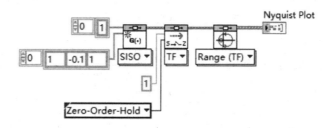

图 4-38　用奈奎斯特图完成例 4-15 的程序框图

4.6 练习题

4-1 定义术语：时间响应和频率响应，并比较二者的应用场景。

4-2 已知离散系统的脉冲传递函数 $G(z) = \dfrac{0.5z^{-1}}{1-0.5z^{-1}}$，试求其单位阶跃响应（计算 10 个采样周期，即 $k = 0\sim9$ ）。

4-3 图 4-39 所示系统中，零阶保持器 ZOH 的传递函数为 $\dfrac{1-\mathrm{e}^{-Ts}}{s}$，若被控对象 $G(s) = \dfrac{5s}{s+0.1}$，采样周期 $T = 1\mathrm{s}$，试求：（1）单位阶跃输入所产生的脉冲响应序列；（2）单位脉冲输入所产生的脉冲响应序列。

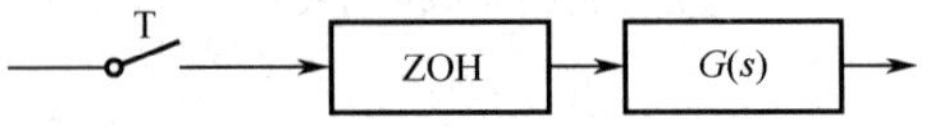

图 4-39 练习题 4-3 的系统结构图

4-4 图 4-39 中，若被控对象 $G(s) = \dfrac{5}{s^2+2s+2}$，试重做练习题 4-3。

4-5 图 4-39 中，若被控对象 $G(s) = \dfrac{\omega_n^2}{s^2+2\xi\omega_n s+\omega_n^2}$，试重做练习题 4-3。式中，$\xi$ 为二阶系统的阻尼比，ω_n 为自然频率。*

4-6 图 4-39 中，若被控对象（1）$G(s) = \dfrac{K}{as+1}$；（2）$G(s) = \dfrac{\omega_n^2}{s^2+2\xi\omega_n s+\omega_n^2}$，试计算其频率响应。*

4-7 图 4-40 中，假设 $R_1 = 1\mathrm{M}\Omega$，$R_2 = 100\mathrm{k}\Omega$，$C = 0.7\mathrm{nF}$，试：（1）证明输出电压 $V_o(s) = -V_{in}(s)\dfrac{0.1s+212.8}{s}$，$V_{in}(s)$ 为输入电压；（2）用 LabVIEW 建立电路仿真模型，并绘制 $V_o(t)$；（3）设计仿真实验，验证（1）的结论成立；（4）在 R_1 和 $V_{in}(s)$ 之间增加一个采样开关，重做仿真实验，（1）的结论是否仍成立？为什么？**

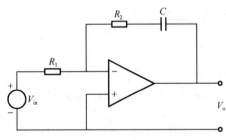

图 4-40 练习题 4-7 的放大电路

4-8 定义术语：稳定性，并结合个人经验，举例说明稳定性为什么重要。

4-9 列举判断系统稳定性的方法，并比较不同方法的应用场景。

4-10 试判断具有下述特征方程的系统是否稳定，并说明理由。（1）$z^3+5z^2+3z+2=0$；（2）$z^4+5z^2+3z+2=0$；（3）$z^3-2.2z^2+1.55z-0.35=0$；（4）$z^3+0.5z^2-1.34z+0.24=0$。

4-11 试确定以下开环系统的稳定性：（1）$G(z) = \dfrac{4(z-2)}{(z-2)(z-0.1)}$；（2）$G(z) = \dfrac{4(z-0.1)}{(z-2)(z-0.1)}$；（3）$G(z) = \dfrac{4(z-0.3)}{(z-2)(z-0.1)}$；（4）$G(z) = \dfrac{8(z-0.2)}{(z-0.1)(z-1)}$。

4-12 试确定由练习题 4-11 给出的 $G(z)$ 组成的单位负反馈系统的稳定性。

4-13 如果练习题 4-10 中存在不稳定系统，有没有办法使其稳定？应如何做？*

4-14 在图 4-41 中，假设采样周期为 1s，试判断闭环控制系统的稳定性。

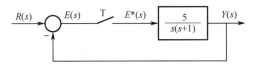

图 4-41　练习题 4-14 的系统结构图

4-15　图 4-42 中，零阶保持器 ZOH 的传递函数为 $\dfrac{1-\mathrm{e}^{-Ts}}{s}$，若被控对象 $G(s)=\dfrac{5(s+1)}{s(s+2)}$，试求使系统稳定的采样周期。*

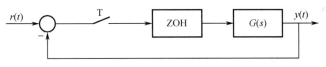

图 4-42　练习题 4-15 的系统结构图

4-16　图 4-42 中，若被控对象 $G(s)=\dfrac{K}{3s+20}$，采样周期 $T=0.5\mathrm{s}$，（1）在采样和不采样两种情况下，分别计算使系统稳定的 K 值；（2）分析计算结果，推断采样周期对系统稳定性的影响。*

4-17　图 4-43 是某开环系统 $G(z)$ 的奈奎斯特图。假设 $T=0.1\mathrm{s}$，试判断系统 $G(z)$ 的稳定性，并说明理由。

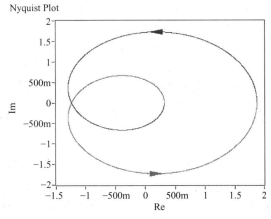

图 4-43　练习题 4-17 的奈奎斯特图

4-18　图 4-44 是某开环系统 $G(z)$ 的伯德图。假设 $T=0.1\mathrm{s}$，试判断系统 $G(z)$ 的稳定性，并说明理由。

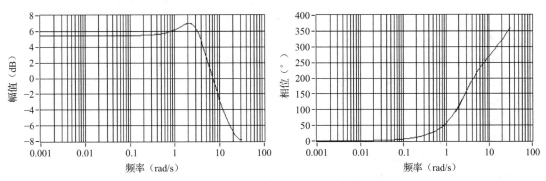

图 4-44　练习题 4-18 的伯德图

4-19 定义术语：鲁棒性，并结合个人经验，举例说明鲁棒性和抗干扰性是否相同。*

4-20 试计算图 4-43 和图 4-44 所示系统的（1）幅值裕度；（2）相位裕度。

4-21 结合个人经验，举例说明什么是系统的快速性。

4-22 图 4-45 是某系统 $G(z)$ 的单位阶跃响应。假设 $T = 0.1s$，试计算：（1）终值；（2）增益；（3）上升时间；（4）峰值时间；（5）稳定时间；（6）超调量。

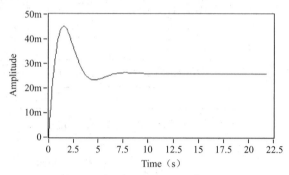

图 4-45 练习题 4-22 的单位阶跃响应

4-23 列举定量描述系统快速性的时域指标和频域指标，比较二者的应用场景。

4-24 本章介绍了依据系统模型获得其时域响应曲线或频域响应曲线的方法。应用中，也可以反过来，依据系统的时域响应曲线或频域响应曲线推导系统模型。假设图 4-44 和图 4-45 所对应的系统均为最小相位系统，试写出其脉冲响应函数。*

4-25 练习题 3-30 仿真了例 3-16 的小车运动过程。试用 LabVIEW（1）计算该运动系统的单位脉冲响应和单位阶跃响应；（2）绘制该运动系统的脉冲响应曲线、奈奎斯特图和伯德图；（3）改变采样周期，观察并记录不同采样周期下的系统响应，概括采样周期对系统响应的影响。**

4.7 思政讨论：联结个人与社会，释放创新活力

【知识】

控制科学在中国已经经过了半个多世纪的发展，期间涌现了不少的杰出人才，也取得了诸多优异的成绩。譬如，谢绪恺、聂义勇两位教授在判别系统稳定性方面所做的工作。

在控制科学领域，稳定性是系统最重要的特性。但在实际运行过程中，控制系统不可避免地会受到一些干扰，如运行环境的变动、控制系统参数的改变等，因此，分析和设计控制系统的基本任务就是分析系统的稳定性，并找出切实可行的措施加以保证。

本章介绍了多种判别系统稳定性的方法，既包括以劳斯判据为代表的代数判据，也包括以奈奎斯特判据为代表的几何判据。这些方法都提供了线性系统稳定的充要条件，虽应用广泛，但形式复杂，难于快速判定系统参数对稳定性的影响。

解决该问题的一种可行方案是谢聂判据。谢聂判据是结合当时社会的工程应用实际，由谢绪恺、聂义勇两位教授经过长期持续工作而得到的一种新的稳定性代数判据。它是国际上自动化学界首次以中国人名字命名的成果，不仅形式简单，而且计算量小，对推动自动化工程在当时工业界的发展起到了促进作用。

【活动】

通过网络或图书馆查找资料，了解：

● 谢聂判据的具体内容。

● 自动化工程在中国的发展历史。

通过走访本专业教师或本地企业，了解：

● 自动化专业在本校的发展历史。

● 自动化技术在本地企业中的应用情况。

以 3～5 人为一组进行讨论，要求：

● 介绍个人查找的议题相关资料。

● 依据个人提供的议题相关资料，介绍个人对于创新的理解，包括但不限于创新的定义、创新方向的选择、个体意愿和能力在其中的作用，以及社会环境对创新的影响。

介绍应结合个人经验，展示自主学习和独立思考的能力，展现勇于探索、求真务实的科学态度和以辩证唯物主义认识论为基础的思维方法。

● 倾听同组其他成员的报告，在理解他人立场的基础上提出个人的疑问，表现多元思考和理性怀疑的科学精神。

● 每组提交一份报告，阐述小组成员对于创新的理解，以及对于个体和社会在创新中所扮演角色的理解。报告应体现小组成员在包容多元化讨论的基础上进行科学决策的能力，以及参与社会合作的能力。

决策篇

　　决策设计是性能分析的目的，是构造系统行为方程以使被控对象行为满足期望的过程。这个过程包括确定理想回路（开环或闭环）结构、选择合适的方程阶次，以及确定所选方程各阶次的系数。

　　与模拟控制相比，计算机控制决策设计所需要解决的基本问题并没有变化，但解决方案有根本不同。总的说来，这些解决方案可以归纳为两大类：模拟设计方案和数字设计方案。前者将计算机控制器等效为模拟控制器的采样，而后者则通过采样技术将模拟对象等效为数字对象进行处理。

　　无论哪种设计方案，决策设计都建立在对被控对象行为的精确建模和分析的基础上。而近年来，随着人工智能（Artificial Intelligence，AI）技术的迅速发展，不完全依赖对象行为模型而进行决策设计的智能控制方案日益完善，并在计算机控制系统中得到越来越广泛的应用。

　　无论哪一种设计方案，采用计算机控制都可以：

- 改善控制精度，更好地抑制干扰；
- 选择并使用更复杂有效的控制策略；
- 降低对模型参数变化的敏感度，提高系统的鲁棒性；
- 简化控制器参数的调节过程。

第 5 章　离散时间控制：模拟设计方法

5.1　学习目标

- 解释
  - □ 模拟设计的基本思想（5.2 节）
  - □ 积分饱和产生的原因及其影响（5.4 节）
  - □ 数字微分的影响（5.4 节）
- 列举
  - □ 模拟设计步骤（5.2 节）
  - □ 常用的离散化方法（5.3 节）
  - □ 离散化方法引入的问题（5.4 节）
  - □ 消除或抑制积分饱和影响的技术方法（5.4 节）
  - □ 消除或抑制数字微分影响的技术方法（5.4 节）
- 从映射关系和控制性能两方面，比较不同离散化方法的优势与局限（5.3 节）
- 手工（或使用计算机[**]）计算模拟控制器的离散化结果。要求使用以下方法：
  - □ 前向差分法（5.3 节）
  - □ 后向差分法（5.3 节）
  - □ 双线性变换法（5.3 节）
  - □ 脉冲响应不变法（5.3 节）
  - □ 阶跃响应不变法（5.3 节）
- 手工（或使用计算机[**]）设计数字 PID 控制器，完成预期控制任务。要求能够：
  - □ 选择合适的控制结构（5.4 节，5.5 节）
  - □ 选择合适的采样周期（5.4 节，5.5 节）
  - □ 选择合适的离散化方法（5.4 节，5.5 节）
  - □ 选择合适的控制系数（5.4 节，5.5 节）

5.2　设计思想

假设执行单元与测量单元的传递函数为 1，典型的模拟控制系统可以表示为图 5-1。图中，$G(s)$ 为被控对象的传递函数，$D(s)$ 为设计完成的模拟控制器。

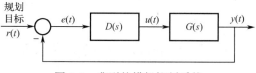

图 5-1　典型的模拟控制系统

维持执行单元与测量单元的传递函数为 1 的假设不变。考虑图 1-5 所示的典型计算机控制系统，并将反馈回路的 ADC 移至前向通路，得到图 5-2。

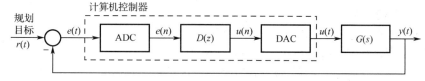

图 5-2　等效的典型计算机控制系统

比较计算机控制系统与模拟控制系统（见图 5-1），可以发现，DAC、数字控制器 $D(z)$ 和 ADC 串联构成的计算机控制器等价于模拟控制器 $D(s)$；或者说，在相同输入信号的作用下，二者时域输出相同。

不失一般性，假设 ADC 和 DAC 的增益为 1，即忽略数模转换和模数转换产生的误差，则可以认为数字控制器 $D(z)$ 与模拟控制器 $D(s)$ 的输出相同。也就是说，在数值运算的精度范围内，二者的时域响应相同，只是信号形式不同。

因此，数字控制器输出可以被视为对模拟控制器输出进行抽取采样的结果。或者说，数字控制器可以被视为一个数字滤波器，能够通过衰减或增强特定频带信号而获得与模拟控制器相同的时域输出。

于是，数字控制器设计可以在模拟控制器设计的基础上，借助信号处理领域成熟的数字滤波方法完成。具体步骤如下：

（1）将计算机控制系统看作连续控制系统，根据给定性能指标，设计模拟控制器 $D(s)$。

（2）选择离散化方法，对模拟控制器进行抽取采样，得到等效的数字控制器 $D(z)$。

（3）使用数字控制器 $D(z)$ 构建计算机控制系统，检验其闭环性能是否满足要求。

（4）如果满足要求，则设计结束；否则，提高采样频率并重复以上步骤，直到满足要求。

这种以模拟控制器设计为基础的数字控制器设计方法称为计算机控制的模拟设计方法。

考虑到人们对模拟控制器的设计比较熟悉，模拟设计方法是易于理解和掌握的。但它把数字控制器看作模拟控制器的采样，隐含了以下要求：

（1）离散化过程必须稳定；

（2）离散化前后，数字控制器与模拟控制器在采样频率范围（$0 \sim \omega_s/2$）内的频率特性必须相同或高度相似。ω_s 为采样频率。

上述要求并不难满足。因为工程中的大多数控制都是简单控制，而且大部分工业对象的响应速度都比计算机慢得多，所以在多数情况下，只要选择合适的采样周期，就可以使用模拟设计方法获得令人满意的计算机控制器。

5.3　离散化方法

模拟设计方法中，数字控制器是对模拟控制器采样得到的，这个采样过程可以看作某种数字滤波过程。于是，数字控制器模拟设计的关键问题就转化为滤波器设计。

实际应用中，有多种离散化方法可以对模拟控制器进行滤波，如数值积分法、响应不变法、Z 变换法、零极点匹配法等。但是，任何一种离散化方法都不能保证模拟控制器在滤波前后具有完全相同的脉冲响应特性和频率响应特性。多数情况下，设计者必须做出选择：保留时域性能，或保留频域性能。

5.3.1　第一类近似：移动平均滤波

用数值积分近似计算定积分是较容易理解也较常见的离散化方法。这类方法本质上是移动平均滤波，基本原理是选择一个包括若干元素的矩形滤波器内核，并用它对模拟控制器输出不断地进行加权求和运算。

5.3.1.1　前向差分法

前向差分法是一种基于数值积分的离散化方法。

设模拟控制器 $D(s)$ 的输出和输入分别是 $u(t)$ 和 $e(t)$，则有

$$u(k) = u(k-1) + \mathrm{d}u(k)$$

其中，$\mathrm{d}u(k)$ 是系统输出在一个采样周期内的增量，可以用矩形面积近似，如图 5-3 所示。

$$\mathrm{d}u(k) = u(k) - u(k-1) = \int_{(k-1)T}^{kT} e(\tau)\mathrm{d}\tau \approx e(k-1)T$$

对上式做 Z 变换，有

$$U(z) - z^{-1}U(z) = z^{-1}E(z)T$$

于是

$$D(z) = \frac{U(z)}{E(z)} = \frac{z^{-1}T}{1-z^{-1}}$$

考虑到积分环节的传递函数

$$D(s) = \frac{U(s)}{E(s)} = \frac{1}{s}$$

可以得到 $D(s)$ 与 $D(z)$ 的关系：

$$D(z) = D(s)\Big|_{s=\frac{1-z^{-1}}{z^{-1}T}}$$

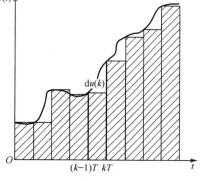

图 5-3　前向差分法矩形面积近似图

这就是利用前向差分法对 $D(s)$ 进行离散化的公式。

☞ **稳定性**

在 s 平面任取一点 $\sigma + \mathrm{j}\omega$，经离散化后，该点将映射为 z 平面上的点：

$$z = (1+\sigma T) + \mathrm{j}\omega T$$

其幅值和相角分别为

$$|z| = \sqrt{(1+\sigma T)^2 + (\omega T)^2}$$

$$\angle z = \arctan\frac{\omega T}{1+\sigma T}$$

考虑左半 s 平面（见图 5-4），此时 $\sigma < 0$，但 $|z|$ 未必小于 1：

$$|z| = \sqrt{(1+\sigma T)^2 + (\omega T)^2} = \sqrt{1+2\sigma T + (\sigma T)^2 + (\omega T)^2}$$

这说明，稳定的模拟控制器经前向差分法离散后可能变得不稳定。这一点在使用前向差分法时务必要注意。

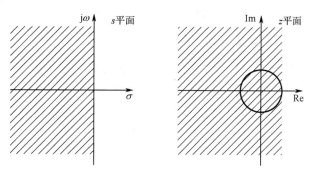

图 5-4　s 平面到 z 平面的映射（前向差分法）

【例 5-1】 利用 LabVIEW 观察二阶模拟控制系统离散化前后的时域特性和频域特性。

打开 LabVIEW 的"NI 范例查找器"，搜索并打开"CDEx Continuous to Discrete Conversion.vi"。

在前面板设置二阶模拟控制系统的数学模型（Fixed Model），并选择 Discretization Method（离散化方法）为 Forward（前向差分法），如图 5-5 所示。

图 5-5 所示的前面板中，设定采样周期为 1s，则可以在面板右侧得到离散化后的数字控制器的脉冲传递函数。同时，面板下部会显示出控制器在离散化前后的伯德图。

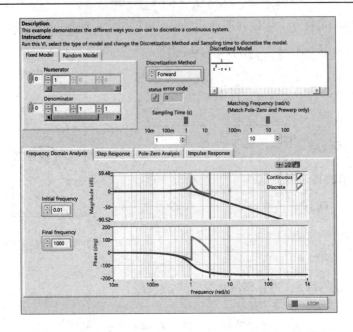

图 5-5　CDEx Continuous to Discrete Conversion.vi 前面板

改变采样周期，观察伯德图的变化，分析采样周期对离散化效果的影响。

切换标签，依次观察控制器离散化前后在时域和频域发生的变化。

5.3.1.2　后向差分法

后向差分法也是基于数值积分的离散化方法。

在后向差分法中，系统输出增量 $du(k)$ 采用图 5-6 中的矩形近似。于是

$$du(k) = u(k) - u(k-1) = \int_{(k-1)T}^{kT} e(\tau)\mathrm{d}\tau \approx e(k)T$$

经 Z 变换后，有

$$U(z) - z^{-1}U(z) = E(z)T$$

于是

$$D(z) = \frac{U(z)}{E(z)} = \frac{T}{1 - z^{-1}}$$

考虑到积分环节的传递函数

$$D(s) = \frac{U(s)}{E(s)} = \frac{1}{s}$$

得到 $D(s)$ 与 $D(z)$ 的关系：

$$D(z) = D(s)\Big|_{s = \frac{1 - z^{-1}}{T}}$$

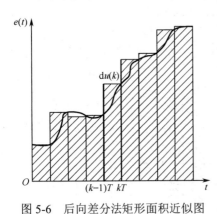

图 5-6　后向差分法矩形面积近似图

【例 5-2】已知模拟控制器

$$D(s) = \frac{4(s+1)}{s+2}$$

试用后向差分法求其等效数字滤波器。

$$D(z) = D(s)\Big|_{s = \frac{1-z^{-1}}{T}} = \frac{4(s+1)}{s+2}\Big|_{s = \frac{1-z^{-1}}{T}} = \frac{4\left(\dfrac{1 - z^{-1}}{T} + 1\right)}{\dfrac{1 - z^{-1}}{T} + 2} = \frac{4[z + (T-1)]}{z + (2T-1)}$$

☞ **稳定性**

在 z 平面取一点 $\sigma + j\omega$，则该点对应 s 平面上的点：

$$s = \frac{z-1}{Tz} = \frac{(\sigma-1)+j\omega}{T(\sigma+j\omega)}$$

其实部：

$$\mathrm{Re}(s) = \mathrm{Re}\left[\frac{(\sigma-1)+j\omega}{T(\sigma+j\omega)}\right]$$

考虑左半 s 平面（见图 5-7）。此时

$$\mathrm{Re}(s) = \mathrm{Re}\left[\frac{(\sigma-1)+j\omega}{T(\sigma+j\omega)}\right] < 0$$

因 $T > 0$，故

$$\mathrm{Re}\left[\frac{(\sigma-1)+j\omega}{(\sigma+j\omega)}\right] = \mathrm{Re}\left(\frac{\sigma^2-\sigma+\omega^2}{\sigma^2+\omega^2}\right) < 0$$

即

$$\sigma^2 - \sigma + \omega^2 < 0$$

$$\left(\sigma - \frac{1}{2}\right)^2 + \omega^2 < \left(\frac{1}{2}\right)^2$$

上式说明，s 平面的稳定区域经后向差分法映射为 z 平面的一个圆，圆心为 $\sigma = 1/2$，$\omega = 0$，半径是 $1/2$。因此，只要模拟控制器是稳定的，经后向差分法离散得到的数字控制器就一定是稳定的。

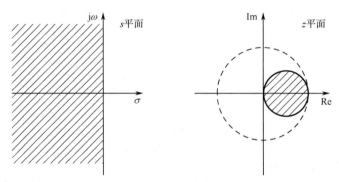

图 5-7　s 平面到 z 平面的映射（后向差分法）

【例 5-3】利用 LabVIEW 观察二阶模拟控制系统离散化前后的时域特性和频域特性。

在图 5-5 所示的前面板中，选择 Discretization Method（离散化方法）为 Backward（后向差分法）。重复例 5-1 中的步骤，观察后向差分法在时域和频域引起的特性变化。

总体来说，后向差分法计算简单，容易实现，是实际应用中经常使用的离散化方法。其主要特点包括：

● 若 $D(s)$ 稳定，则 $D(z)$ 必然稳定。

● 离散化前后保持稳态增益不变。

● 与 $D(s)$ 相比，等效数字控制器 $D(z)$ 的时间响应与频率响应有较大改变。为了减小其影响，应选择足够小的采样周期。

5.3.1.3　双线性变换法

双线性变换法也称梯形积分法或 Tustin 变换法，是另一种常用的基于数值积分的离散化方法。

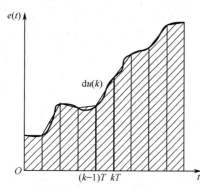

图 5-8 双线性变换法梯形面积近似图

它用梯形面积近似计算系统输出增量，如图 5-8 所示。

$$du(k) = u(k) - u(k-1) = \int_{(k-1)T}^{kT} e(\tau)d\tau \approx \frac{e(k-1)+e(k)}{2}T$$

经 Z 变换后，有

$$U(z) - z^{-1}U(z) = \frac{z^{-1}E(z)+E(z)}{2}T$$

于是

$$D(z) = \frac{U(z)}{E(z)} = \frac{T}{2}\frac{1+z^{-1}}{1-z^{-1}} = D(s)\Big|_{s=\frac{2}{T}\frac{1-z^{-1}}{1+z^{-1}}}$$

【例 5-4】试用双线性变换法求例 5-2 中模拟控制器的等效数字控制器。

$$D(z) = D(s)\Big|_{s=\frac{2}{T}\frac{1-z^{-1}}{1+z^{-1}}} = \frac{4(s+1)}{s+2}\Big|_{s=\frac{2}{T}\frac{1-z^{-1}}{1+z^{-1}}} = \frac{4\left(\frac{2}{T}\frac{1-z^{-1}}{1+z^{-1}}+1\right)}{\frac{2}{T}\frac{1-z^{-1}}{1+z^{-1}}+2} = \frac{2[(2+T)z+(2-T)]}{(1+T)z-(1-T)}$$

☞ 稳定性

考虑左半 s 平面。此时

$$Re(s) = Re\left(\frac{2}{T}\frac{1-z^{-1}}{1+z^{-1}}\right) = Re\left(\frac{2}{T}\frac{z-1}{z+1}\right) < 0$$

令 $z = \sigma + j\omega$，有

$$Re\left(\frac{z-1}{z+1}\right) = Re\left(\frac{\sigma+j\omega-1}{\sigma+j\omega+1}\right) < 0$$

整理得

$$Re\left(\frac{\sigma^2-1+\omega^2+j2\omega}{(\sigma+1)^2+\omega^2}\right) < 0$$

上式等价于

$$\sigma^2 + \omega^2 < 1$$

说明左半 s 平面经双线性变换后会映射为 z 平面的单位圆。因此，稳定的模拟控制器经双线性变换后必然得到稳定的数字控制器。

需要注意的是，双线性变换是把整个左半 s 平面映射为 z 平面的单位圆，而 Z 变换是把左半 s 平面映射为 z 平面上无数个重叠的单位圆。因此，双线性变换不会产生频率混叠，是应用中较常采用的一种离散化方法。

【例 5-5】利用 LabVIEW 观察二阶模拟控制系统离散化前后的时域特性和频域特性。

在图 5-5 所示的前面板中，选择 Discretization Method（离散化方法）为 Tustin（双线性变换法）。重复例 5-1 中的步骤，观察双线性变换法在时域和频域引起的特性变化。

双线性变换法的主要特点如下：

● 若 $D(s)$ 稳定，则 $D(z)$ 必然稳定。

● 离散化会引入一定的衰减。

● 与 $D(s)$ 相比，等效数字控制器 $D(z)$ 的暂态响应有显著畸变，频率响应也有一定畸变。

5.3.2 第二类近似：加窗滤波

移动平均滤波的执行速度极快，但频率响应的过渡带较长，阻带的纹波也比较大。为改善频

率响应特性，可以考虑使用加窗滤波方法。

这类方法使用经矩形窗截断的时域响应作为滤波器内核，可以改善数字控制器的过渡带和阻带衰减。但它的本质是有限冲激响应（Finite Impulse Response，FIR）滤波器，因此具有吉布斯效应，需要用户合理选择滤波器内核长度，以便平衡数字控制器的宽度和运算时间。

5.3.2.1 脉冲响应不变法

脉冲响应不变法也称 Z 变换法，要求等效数字控制器 $D(z)$ 的脉冲响应与原模拟控制器 $D(s)$ 的脉冲响应在采样时刻相等，即

$$Z^{-1}[D(z)] = TL^{-1}[D(s)]\big|_{t=kT}$$

式中，T 表示采样周期；L^{-1} 表示拉普拉斯逆变换。

对上式做 Z 变换，得

$$D(z) = TZ[D(s)]$$

可见，脉冲响应不变法得到的数字控制器 $D(z)$ 与 $D(s)$ 的 Z 变换成正比，其频率响应是 $D(s)$ 频率响应的无限重叠，故有发生频率混叠的可能。所以，脉冲响应不变法只适用于 $D(s)$ 衰减大且为有限带宽信号的场合。

☞ **稳定性**

由前述可知，Z 变换会把左半 s 平面映射为 z 平面无数个重叠的单位圆（参见图 4-3）。所以，只要模拟控制器稳定，脉冲响应不变法不存在稳定性问题。

【**例 5-6**】利用 LabVIEW 观察二阶模拟控制系统离散化前后的时域特性和频域特性。

在图 5-5 所示的前面板中，选择 Discretization Method（离散化方法）为 Z-Transform（Z 变换法）。重复例 5-1 中的步骤，观察离散化前后控制器的特性变化。

5.3.2.2 阶跃响应不变法

阶跃响应不变法要求等效数字控制器 $D(z)$ 的阶跃响应与原模拟控制器 $D(s)$ 的阶跃响应在采样时刻相等，即

$$Z^{-1}\left[\frac{D(z)}{1-z^{-1}}\right] = Z^{-1}\left[\frac{D(s)}{s}\right]_{t=kT}$$

对上式做 Z 变换，得

$$\frac{D(z)}{1-z^{-1}} = Z\left[\frac{D(s)}{s}\right]$$

整理后得

$$D(z) = (1-z^{-1})Z\left[\frac{D(s)}{s}\right] = Z\left[\frac{1-z^{-1}}{s}D(s)\right]$$

它表示 $D(z)$ 是通过串联零阶保持器与模拟控制器得到的，所以也称零阶保持法。该方法可以很好地保持模拟控制器的动态特性，但脉冲响应和频率响应都会产生畸变。

与脉冲响应不变法相同，阶跃响应不变法也会产生频率混叠，也仅限于在有限带宽信号的场合使用。不同的是，由于积分项的存在，阶跃响应不变法增加了对高频分量的衰减环节，由此引起的误差较小。

同时，阶跃响应不变法有现实的物理过程与之对应（零阶采样保持），而不是一种抽象的数值近似算法。因此，与实际采样过程相关的离散化方法只能选择阶跃响应不变法，但抽象的采样运算可以根据需要选择该方法。

☞ **稳定性**

与脉冲响应不变法相同，只要模拟控制器稳定，阶跃响应不变法不存在稳定性问题。

【例 5-7】利用 LabVIEW 观察二阶模拟控制系统离散化前后的时域特性和频域特性。

在图 5-5 所示的前面板中，选择 Discretization Method（离散化方法）为 Zero-Order-Hold（零阶保持法）。重复例 5-1 中的步骤，观察离散化前后控制器的特性变化。

5.3.2.3 零极点匹配法

零极点匹配法要求等效数字控制器 $D(z)$ 的零极点分布与模拟控制器 $D(s)$ 相同，从而保证二者具有相同的动态性能。

假设模拟控制器

$$D(s) = \frac{U(s)}{E(s)} = K \frac{\prod\limits_{i=1}^{m}(s + z_i)}{\prod\limits_{j=1}^{n}(s + p_j)}$$

式中，z_i 表示 $D(s)$ 的零点；p_j 表示 $D(s)$ 的极点，$m \leqslant n$。

根据关系式 $z = e^{st}$，将 $D(s)$ 的零点 z_i 和极点 p_j 映射到 z 平面相应位置。具体为

$$s = -z_i \rightarrow z = e^{-z_i T}$$
$$s = -p_i \rightarrow z = e^{-p_i T}$$

以 $e^{-z_i T}$ 为零点，$e^{-p_i T}$ 为极点，在 z 平面构建数字控制器

$$D(z) = K'(z+1)^{n-m} \frac{\prod\limits_{i=1}^{m}(z - e^{-z_i T})}{\prod\limits_{j=1}^{n}(z - e^{-p_i T})}$$

上式即为利用零极点匹配法获得的数字控制器。

为了完成设计，还需要调整 K'，使 $D(z)$ 和 $D(s)$ 在特定频率处具有相同的增益。基本原则如下：

如果重视低频段的特性，则调整 K' 使 $D(z)|_{z=1} = D(s)|_{s=0}$；

如果重视高频段的特性，则调整 K' 使 $D(z)|_{z=-1} = D(s)|_{s=\infty}$；

如果重视某特定频率处的特性，则调整 K' 使 $D(z)|_{z=e^{j\omega T}} = D(s)|_{s=j\omega}$。

与其他几种方法相比，零极点匹配法具有如下特点：

（1）若 $D(s)$ 稳定，则 $D(z)$ 一定稳定。

（2）$D(z)$ 与 $D(s)$ 有近似的系统特性，能保证某频率处的增益相同。

（3）可防止频率混叠。

（4）需要获得全部的零极点，使用时不太方便。

【例 5-8】利用 LabVIEW 观察二阶模拟控制系统离散化前后的时域特性和频域特性。

在图 5-5 所示的前面板中，选择 Discretization Method（离散化方法）为 Matched（零极点匹配法），并设定 Matching Frequency（匹配频率）。重复例 5-1 中的步骤，观察离散化前后控制器的特性变化。

5.4 数字 PID 控制

所谓 PID 控制，是指对闭环系统偏差信号进行比例运算、积分运算和微分运算，并通过线性组合构成控制量，对被控对象实施控制。

根据现代控制理论的观点，PID 控制具有本质的鲁棒性，符合二次型最优选型原则，且具有智能化的专家特色，是一种理想的过程控制方案。因此，多年来，尽管各种新型控制器不断涌现，但 PID 控制器仍能在市场中占据主导地位，在电力、冶金、机械、化工等行业得到广泛应用。

随着计算机技术的发展，数字 PID 控制器已经基本取代了模拟 PID 控制器。尽管二者要解决的控制问题没有根本区别，但某些针对数字 PID 控制设计提出的解决方案却不适用于模拟 PID 控制设计，一些性能良好的数字 PID 控制器也没有与之对应的模拟 PID 控制器。

5.4.1　模拟 PID 控制器

模拟 PID 控制器的微分方程描述为

$$u(t) = K\left[e(t) + \frac{1}{T_i}\int_0^t e(\tau)\mathrm{d}\tau + T_d\frac{\mathrm{d}e(t)}{\mathrm{d}t} \right] \tag{5-1}$$

式中，$e(t)$ 为控制器的偏差输入；$u(t)$ 为控制器的输出；K 为比例系数；T_i 为积分时间常数；T_d 为微分时间常数。

经拉氏变换后，可以得到模拟 PID 控制器的传递函数

$$D(s) = \frac{U(s)}{E(s)} = K\left(1 + \frac{1}{T_i s} + T_d s \right) = K_P + \frac{K_I}{s} + K_D s \tag{5-2}$$

式中，$K_P = K$，为模拟 PID 控制器的比例系数；$K_I = K/T_i$，为模拟 PID 控制器的积分系数；$K_D = KT_d$，为模拟 PID 控制器的微分系数。

可见，模拟 PID 控制器由三部分组成：比例控制环节 $D_P(s) = K_P$、积分控制环节 $D_I(s) = K_I/s$ 和微分控制环节 $D_D(s) = K_D s$。其中，比例控制环节决定了控制器性能的边界，积分控制环节可以改善控制器的低频性能，而微分控制环节则对控制器的高频性能进行修正。各组成部分的作用讨论如下。

5.4.1.1　比例控制环节

比例控制也称 P 控制，是最基本的控制方法。其控制规律为

$$D_P(s) = \frac{U(s)}{E(s)} = K = K_P$$

$$u(t) = K_P e(t)$$

可以看出，比例控制环节是一个纯粹的放大环节，其输出 $u(t)$ 对输入偏差 $e(t)$ 的变化是即时响应的。也就是说，偏差 $e(t)$ 一旦出现，控制器立即产生控制作用，使被控量朝着减小偏差的方向变化，变化的速度则取决于比例系数 K_P。

考虑其频率响应，有

$$D_P(\mathrm{j}\omega) = K_P$$

于是，其奈奎斯特曲线（见图 5-9）为固定点 $(K_P, 0)$；其幅频特性曲线为一条水平直线，大小为 $20\lg K_P$，其相频特性曲线也为一条直线，大小恒为 0，如图 5-10 所示。

因此，理想的比例控制环节只会成比例地放大偏差输入，而不会影响其相位。但是，引入比例控制环节后，原开环系统的幅频特性曲线会向上平移，使截止频率增大，相位裕度和响应时间随之减小，从而影响系统的稳定性和快速性。

整体来看，比例控制环节结构简单、响应迅速，但存在稳态误差。因为它是一个纯粹的增益单元，只有在输入偏差存在时，控制器才会产生输出。一旦输入偏差为零，其控制作用也会消失，导致偏差迅速增大。

在许多应用场景中，稳态误差是不允许存在的。在这种情况下，如果采用比例控制，只能尽可能地增大比例系数以使稳态误差减小到可以忽略的程度，但无法完全消除。而且，如果比例系数过大，系统可能会产生振荡，失去稳定性。

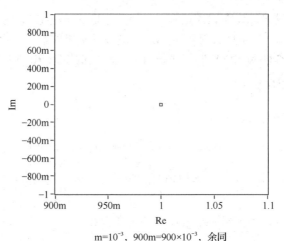

m=10^{-3}，900m=900×10^{-3}，余同

图 5-9　比例控制的奈奎斯特图（$K_{\mathrm{P}}=1$）

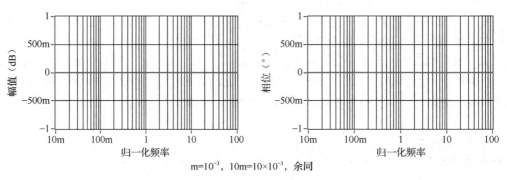

m=10^{-3}，10m=10×10^{-3}，余同

图 5-10　比例控制的伯德图（$K_{\mathrm{P}}=1$）

5.4.1.2　积分控制环节

积分控制也称 I 控制，一般与比例控制联合使用，主要作用是提高系统在低频段的抗扰动能力，消除稳态误差。

积分控制的控制规律为

$$D_{\mathrm{I}}(s)=\frac{U(s)}{E(s)}=\frac{K}{T_is}=\frac{K_{\mathrm{I}}}{s}$$

$$u(t)=K_{\mathrm{I}}\int_0^t e(\tau)\mathrm{d}\tau$$

可以看出，积分控制除与当下的输入偏差 $e(t)$ 有关外，还与输入偏差的历史有关。这表明，积分控制器的输出变化落后于偏差输入变化，控制幅度与输入偏差当下的值也没有关系，而是正比于历史上输入偏差的和，系数为 K_{I}。

考虑其频率响应

$$D_{\mathrm{I}}(\mathrm{j}\omega)=\frac{K_{\mathrm{I}}}{\mathrm{j}\omega}$$

于是，其奈奎斯特曲线落在 s 平面的虚轴上，如图 5-11 所示；其幅频特性曲线是穿过 $(K_{\mathrm{I}},0)$ 点的直线，斜率为 $-20\mathrm{dB/dec}$，而相频特性曲线则是一条大小恒为 $-\pi/2$ 的水平直线，如图 5-12 所示。

因此，理想的积分控制器会引入 $\pi/2$ 的相位滞后，并以穿过原开环系统幅频特性曲线对应 $\omega=K_{\mathrm{I}}$ 位置且斜率为 $-20\mathrm{dB/dec}$ 的直线校正系统增益。这说明，只要选择合适的积分系数，必然可以使原开环系统幅频特性曲线的低频段穿越预期位置，即稳态误差为零。代价是相频特性曲线

整体向下平移 $\pi/2$。而考虑到闭环系统的稳定性[①]，引入积分控制会减小原开环系统的穿越频率和截止频率，使其相位裕度增大，响应时间延长。

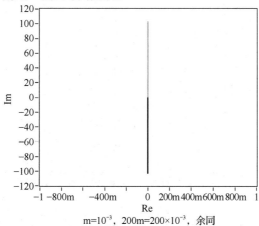

m=10⁻³，200m=200×10⁻³，余同

图 5-11　积分控制的奈奎斯特图（$K_I = 1$）

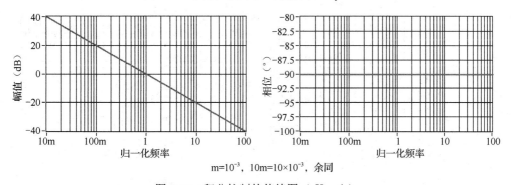

m=10⁻³，10m=10×10⁻³，余同

图 5-12　积分控制的伯德图（$K_I = 1$）

整体看来，积分控制环节最大的优势是能消除稳态误差，且积分系数越大，消除稳态误差的能力越强。但是，与之相应地，系统过渡时间也越长。

5.4.1.3　微分控制环节

微分控制也称 D 控制，通常与比例控制或比例积分控制联合使用，能够提升系统的快速响应能力，但容易引起高频振荡。

微分控制的控制规律为

$$D_D(s) = \frac{U(s)}{E(s)} = KT_d s = K_D s$$

$$u(t) = K_D \frac{de(t)}{dt}$$

上式表明，微分控制的强弱主要由 $e(t)$ 的变化率决定。因此，即使偏差不大，只要有突变，微分控制也一样可以产生很大的输出，其大小取决于 K_D。

考虑其频率响应

$$D_D(j\omega) = K_D j\omega$$

---

① 闭环系统仅在其开环传递函数的截止频率 ω_D 小于穿越频率 ω_π 时稳定。

绘制其奈奎斯特图（见图5-13）和伯德图（见图5-14）。

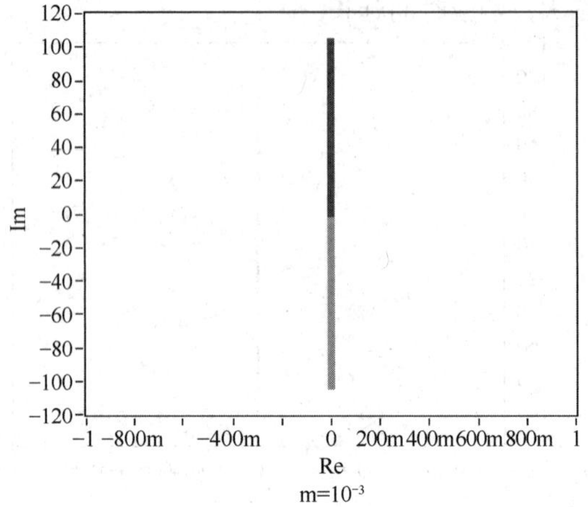

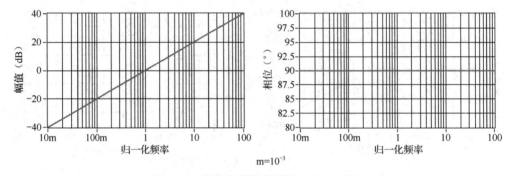

图 5-13　微分控制的奈奎斯特图（$K_D = 1$）

图 5-14　微分控制的伯德图（$K_D = 1$）

可以发现，微分控制环节的频率特性和积分控制环节的频率特性很相似：奈奎斯特曲线同样落在 s 平面的虚轴上，但方向相反；幅频特性曲线同样是直线，穿过 $(1/K_D, 0)$ 点，但斜率为 20dB/dec，而相频特性曲线则是大小恒为 $\pi/2$ 的水平直线。

因此，理想的微分控制环节会引入 $\pi/2$ 的相位超前，并以穿过原开环系统幅频特性曲线对应 $\omega = 1/K_D$ 位置且斜率为 20dB/dec 的直线校正系统增益。这说明，引入微分控制会使原开环系统的相频特性曲线向下平移 $\pi/2$，导致穿越频率和截止频率增大，使相位裕度增大，响应时间缩短。同时，幅频特性曲线的校正会大幅增加高频段的增益，并使低频段的增益迅速减小。

整体看来，微分控制环节的优势是能引入超前控制，从而改善系统在高频段的表现；但同时，微分控制会增大穿越频率处的增益，从而使幅值裕度减小。

5.4.2　数字 PID 控制器

由 5.2 节知，数字 PID 控制器是模拟 PID 控制器低通滤波的结果。因此，将式（5-2）离散化，就可以得到相应的数字 PID 控制器。

模拟控制器离散化时有多种方法可以选择，不同离散化方法得到的数字控制器参数不同，但它们的结构是一致的。因为控制器设计最关心的问题是控制器结构的建立，所以，为了计算简便且不失一般性，后面一律采用后向差分法①进行运算。

于是，与式（5-2）等效的数字 PID 控制器为

$$D(z) = D(s)\big|_{s=\frac{1-z^{-1}}{T}} = K_P + \frac{K_I}{\frac{1-z^{-1}}{T}} + K_D \frac{1-z^{-1}}{T} = K_p + \frac{K_i}{1-z^{-1}} + K_d(1-z^{-1}) \tag{5-3}$$

式中，$K_p = K_P = K$，为数字控制器的比例系数；$K_i = K_I T = KT/T_i$，为数字控制器的积分系数；$K_d = K_D/T = KT_d/T$，为数字控制器的微分系数。

式（5-3）表明，数字 PID 控制器同样由三部分组成：比例控制环节 $D_P(z) = K_p$、积分控制环节 $D_I(z) = K_i/(1-z^{-1})$ 和微分控制环节 $D_D(s) = K_D(1-z^{-1})$，各个控制环节的作用也没有发生改变。

【例 5-9】利用 LabVIEW 观察不同离散化方法对数字 PID 控制器的影响，并考察采用后向差分法的情况下，比例控制/积分控制/微分控制输出与对应系数的关系。

打开 LabVIEW 的"NI 范例查找器"，搜索并打开 CDEx Discretizing a PID Controller.vi 前面板，如图 5-15 所示。

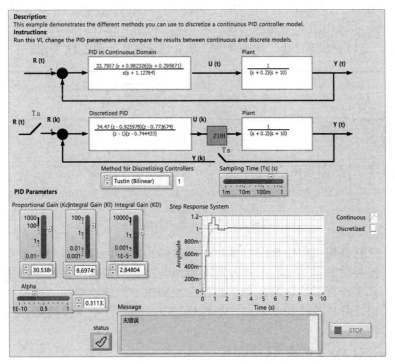

图 5-15　CDEx Discretizing a PID Controller.vi 前面板

在图 5-15 所示前面板中，选择离散化方法（Discretization Method），观察 Discretized PID 给出的数字 PID 控制器的脉冲传递函数，考虑离散化方法对控制器结构和参数的影响。

选择后向差分法，并设置采样时间（Sampling Time）为 1s，将积分增益（Integral Gain）和微分增益（Derivative Gain）调为零，观察比例控制的阶跃响应曲线。

固定采样时间，改变比例系数，观察阶跃响应曲线的变化，验证比例系数对系统性能的影响。

固定比例系数，改变采样时间，观察阶跃响应曲线的变化，考虑比例系数和采样周期对系统性能的影响。

---

① 实际应用时，以双线性变换法最为常用。

重复上述步骤，验证积分系数和微分系数对系统性能的影响。

5.4.3 离散化产生的问题与对策

模拟设计方法中，数字控制器被视为模拟控制器的数值近似，并假定二者的时域特性相同。但它们的运算机制毕竟是不同的，离散化过程会不可避免地引入新问题。

5.4.3.1 数字积分的影响与处理

离散化产生的第一个问题是数字积分带来的。

众所周知，真实世界的执行机构输出功率是有限的（$[u_{min}, u_{max}]$）。如果指令信号要求的输出 $u_k \in [u_{min}, u_{max}]$，执行机构的动作将与指令信号要求一致，控制效果符合预期。否则，执行机构输出只能是其上限值 u_{max}（或下限值 u_{min}），而不是指令信号要求的输出。

在模拟控制器中，由于指令信号是通过模拟运算装置产生的，其输出功率同样是有限的，不会超出执行机构的可执行范围；但在数字控制器中，指令信号是数值运算的结果，理论上可以无穷大，很可能会超出执行机构的实际可执行范围。

于是，在计算机控制系统中，当指令信号要求的输出 $u_k \in [u_{min}, u_{max}]$，控制器输出得以落实，控制效果符合预期；而当指令信号要求的输出 $u_k \notin [u_{min}, u_{max}]$，控制器输出不会完全落实，实际控制效果会被削弱。此时，称系统进入饱和状态，积分饱和现象如图 5-16 所示。

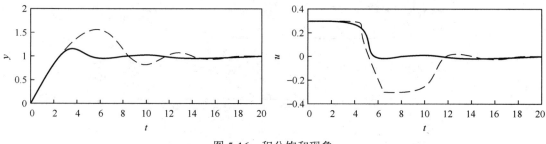

图 5-16　积分饱和现象
（虚线是产生积分饱和的情况）

饱和期间，执行机构工作在极限位置，控制器输出对其已没有影响。于是，系统相当于处于开环状态，被控对象自然过渡，在控制器输出与执行机构输出之间将产生偏差。这个偏差对于比例控制几乎没有影响，但是会引起积分控制输出的持续增加，使控制器输出进一步远离执行机构输出，导致偏差持续增加，最终使积分控制器产生明显超调。因此，这种现象一般称为积分饱和。

【例 5-10】利用 LabVIEW 观察积分饱和。

打开 LabVIEW 的"NI 范例查找器"，搜索并打开含饱和的手动-自动控制前面板，如图 5-17 所示。

在图 5-17 所示的前面板中，调节"输出控制器范围"的上限和下限，然后改变设定值（SP），在"含饱和输出"窗口观察积分饱和曲线。

积分饱和会使稳定系统不停地振荡，对于变化缓慢的对象尤其明显。它并非计算机控制系统所特有的现象，但更容易出现。

为了克服积分饱和，最好的做法是把积分钳位在恰好饱和的位置，即 (积分值×K_i + 偏差)×K_p 刚好大于最大值。模拟 PID 控制器一般会使用钳位二极管完成运算，而数字 PID 控制器则有更加灵活的解决方案。

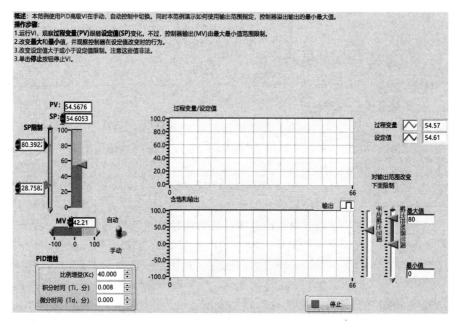

图 5-17　含饱和的手动-自动控制前面板

1）遇限削弱积分 PID 算式

基本思想是：在 $u(k)$ 进入饱和状态后，只执行削弱积分项的运算，停止增大积分项的运算。为此，可以在计算 $u(k)$ 之前判断 $u(k-1)$ 是否进入饱和状态，如果进入，则根据 $e(k)$ 的符号进一步判断系统是否停留在饱和状态，再据此决定是否计算积分项。具体算式如下：

$$D(z) = K_p + \frac{K_{ia}K_i}{1-z^{-1}} + K_d(1-z^{-1})$$

式中

$$K_{ia} = \begin{cases} 0 & u(k-1) \geq u_{max} 且 e(k) > 0 \\ & 或者 u(k-1) \leq u_{min} 且 e(k) < 0 \\ 1 & 其他 \end{cases}$$

2）积分分离 PID 算式

消除积分饱和的关键在于不能使积分项积累过大。为了达到这一目的，可以在系统偏差较大时取消积分作用，而在偏差达到一定阈值后再进行积分，即采用积分分离 PID 算式

$$D(z) = K_p + \frac{K_{ib}K_i}{1-z^{-1}} + K_d(1-z^{-1})$$

式中

$$K_{ib} = \begin{cases} 0 & |e(k) > A| \\ 1 & 其他 \end{cases}$$

其中 A 为输入的阈值。

3）抗积分饱和 PID 算式

抗积分饱和 PID 算式的思路恰与积分分离 PID 算式相反。它在一开始进行积分，但在进入限制范围后停止积分。具体来说，就是在计算 $u(k)$ 时，首先判断 $u(k-1)$ 是否超出允许范围。如果未超出，则正常积分；否则停止积分。

$$D(z) = K_p + \frac{K_{ic}K_i}{1-z^{-1}} + K_d(1-z^{-1})$$

式中

$$K_{ic} = \begin{cases} 0 & |u(k-1)| > B \\ 1 & \text{其他} \end{cases}$$

其中 B 为输出的饱和值。

5.4.3.2　数字微分的影响与处理

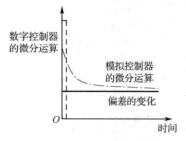

图 5-18　数字控制器与模拟控制器的微分运算的差别

除了数字积分，数字 PID 控制器还有一些特殊的问题需要面对，比如数字控制器的微分运算与模拟控制器的微分运算的差别，如图 5-18 所示。

在模拟 PID 控制器中，微分运算是通过物理设备进行的。由于设备自身惯性的影响，微分运算不是理想的，其输出不会突变。相应地，微分控制环节的输出也不会突变。

但是，数字 PID 控制器的微分运算是通过计算机实现的，是一种纯粹的数学运算。从阶跃响应来看，这种微分作用只能维持在一个采样周期内。考虑到计算机控制系统的采样周期通常很小，数字 PID 控制器的微分控制环节即使在偏差不大的情况下也很有可能产生巨大的输出。

与积分饱和类似，数字微分引起的控制器突变也会迫使系统饱和，并产生超调。为了消除其影响，基本思想是修正数字微分算法以模拟物理设备的微分过程。通常是对数字微分结果进行低通滤波，把一个采样周期内产生的突变分配到 3～10 个采样周期，从而使微分控制作用能够逐步减弱，以达到减弱振荡的目的。图 5-19 所示为将一个采样周期内产生的突变分配到 3 个采样周期的情况。

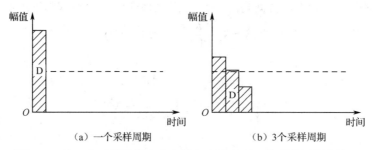

（a）一个采样周期　　　　　　　（b）3 个采样周期

图 5-19　将一个采样周期内产生的突变分配到 3 个采样周期的情况

图 5-20 为修正后的 PID 控制器结构图，其传递函数

$$D(s) = \frac{U(s)}{E(s)} = K_P + \frac{K_I}{s} + \frac{K_D s}{1 + \frac{T_d}{N} s}$$

式中，N 为滤波参数，一般取值为 3～10。

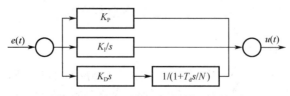

图 5-20　修正后的 PID 控制器结构图

将其离散化，得到等效数字 PID 控制器的脉冲传递函数

$$D(z) = D(s)\big|_{s=\frac{1-z^{-1}}{T}} = K_p + \frac{K_i}{1-z^{-1}} + \frac{\left(1 - \dfrac{T_d}{NT+T_d}\right)K_d(1-z^{-1})}{1 - \dfrac{T_d}{NT+T_d}z^{-1}}$$

令 $\alpha = T_d/(NT+T_d)$，则有

$$D(z) = K_p + \frac{K_i}{1-z^{-1}} + \frac{(1-\alpha)K_d(1-z^{-1})}{1-\alpha z^{-1}}$$

考虑到偏差 $e(t) = r(t) - y(t)$，指令信号 $r(t)$ 和反馈信号 $y(t)$ 的突变都可能引起偏差信号 $e(t)$ 的突变。因此，在给定值频繁升降的场合，可以只对指令信号 $r(t)$ 进行微分，以避免控制器输出因指令输入的频繁变动而产生超调；而在高频干扰严重的场合，则可以只对反馈信号 $y(t)$ 进行微分，以抑制高频干扰。

5.4.4　参数整定

虽然 PID 控制适用于多种场合，但如果控制参数选择不当，控制效果未必使人满意。PID 参数整定就是根据被控对象选择比例度（比例系数的倒数）、积分时间常数和微分时间常数的过程。

对于数字 PID 控制，除了需要整定以上参数，还需要确定采样周期。

5.4.4.1　选择控制结构

不同应用对控制器的要求是不相同的。在选定控制规律时，设计者必须根据应用实际需要的性能来选择。选择的控制算式越复杂，所需要的数字处理能力就越强，需要的外部资源就越昂贵，调试的难度也越大。设计者必须在性能和费用之间进行平衡，以决定值得付出的代价是多少。

针对不同的被控对象和负载，选择 PID 控制规律的一般原则如下：

（1）若被控对象为一阶惯性环节，且负荷变化不大，工艺要求不高，则可采用纯比例（P）控制。

（2）若被控对象为具有纯滞后特性的一阶惯性环节，虽然负荷变化不大，但是工艺要求较高，则可以采用比例积分（PI）控制。

（3）若被控对象纯滞后时间大，负荷变化大，工艺要求也高，则采用比例积分微分（PID）控制。

（4）对于具有纯滞后特性的高阶（二阶以上）惯性环节，当负荷变化大，控制要求高时，可以采用多回路控制（如串级控制、前馈反馈控制、前馈串级控制或纯滞后补偿控制等）。

5.4.4.2　选择采样周期

理论上说，采样周期可以根据采样定理计算得到。但在工程实践中，采样周期受各种因素影响，必须根据具体应用环境和实际控制要求进行选择。一般原则如下：

（1）采样周期应远小于被控对象的时间常数，否则无法实时反映被控对象的瞬变过程。

（2）采样周期应远小于被控对象的扰动周期，并与系统主要扰动呈整倍数关系，以便抑制干扰。

（3）采样周期应适应执行机构的响应速度，如果执行机构响应较慢，过短的采样周期反而达不到控制目的。

（4）采样周期应满足控制品质的要求。

（5）对于具有纯滞后特性的系统，采样周期选择应考虑纯滞后时间，并尽量使其与滞后时间呈整倍数关系。

具体选择时，可以先根据经验数据（见表 5-1）选取，

表 5-1　采样周期经验数据表

被 控 参 数	采 样 周 期
温度	15～20s
压力	3～10s
流量	1～5s
液位	6～8s
成分	15～20s
速度	5～20ms
电流	1～5ms
位置	10～50ms

再根据现场试验结果进行修正。

需要注意的是，计算机控制系统往往含有多个不同的控制回路，此时应按响应速度最快的控制回路选取采样周期。

5.4.4.3 选择控制系数

进行 PID 参数整定之前，需要熟悉各系数变化对系统响应的影响。概括说来，增大比例系数有利于减小稳态误差，加快系统响应，但比例系数过大时会引起系统振荡；增加积分时间可以减小超调，有利于系统稳定，但会使系统响应速度变慢；增加微分时间可以加快系统响应，减小超调，增加系统稳定性，但会使系统抗干扰能力减弱。

数字 PID 控制的参数整定是参考模拟 PID 控制参数整定方法进行的，常用的方法包括扩充临界比例度法和经验整定法。

1）扩充临界比例度法

扩充临界比例度法又称"闭环振荡法"，使用时不需要预先获得被控对象的动态特性，可以直接在闭环控制系统中进行整定；常用于自衡对象，但在某些不允许振荡的场合则无法使用。具体步骤如下：

（1）选择足够短的采样周期。通常可选采样周期为被控对象纯滞后时间的 1/10。

（2）采用纯比例控制，即把控制器的积分时间设置为最大，微分时间设置为零。

（3）给系统施加阶跃输入信号，观察由此引起的输出振荡。

（4）按照由大到小的顺序减小比例度（比例系数的倒数），观察输出变化是发散的还是衰减的。如果输出是衰减的，则继续减小比例度；否则增大比例度。

（5）重复（3）（4）两步，直到输出产生恒定幅度和周期的振荡，即持续 4～5 次等幅振荡。此时的比例度示值就是临界比例度，振荡波形的周期就是临界振荡周期。记录临界比例度 δ_u 及临界振荡周期 T_u。

（6）选择控制度。所谓控制度，就是以模拟 PID 控制为基准给出的控制效果评价函数，用于评价数字 PID 控制器对模拟 PID 控制器的近似度。

（7）根据选定的控制度，查表 5-2，得到数字控制器的 K_p、T_i、T_d 及采样周期 T。

（8）按选择的参数在线运行并观察控制效果。如果不能满足控制要求，可以重复以上步骤，直到获得满足要求的输出。

表 5-2　按扩充临界比例度法整定参数

控制度	控制规律	T	K_p	T_i	T_d
1.05	PI	$0.03T_u$	$0.53\delta_u$	$0.88T_u$	—
	PID	$0.014T_u$	$0.63\delta_u$	$0.49T_u$	$0.14T_u$
1.2	PI	$0.05T_u$	$0.49\delta_u$	$0.91T_u$	—
	PID	$0.043T_u$	$0.47\delta_u$	$0.47T_u$	$0.16T_u$
1.5	PI	$0.14T_u$	$0.42\delta_u$	$0.99T_u$	—
	PID	$0.09T_u$	$0.34\delta_u$	$0.43T_u$	$0.20T_u$
2.0	PI	$0.22T_u$	$0.36\delta_u$	$1.05T_u$	—
	PID	$0.16T_u$	$0.27\delta_u$	$0.40T_u$	$0.22T_u$

2）经验整定法

经验整定法是工程上应用最广泛的参数整定方法。它根据各参数的作用进行整定，具体步骤如下：

（1）采用纯比例控制。令给定值做阶跃扰动，按照由小到大的顺序调节比例系数 K_p，直至获得反应快、超调小的响应曲线。此时若系统无稳态误差或稳态误差已在允许范围内，且动态响应满足要求，则参数整定结束，控制器使用比例调节器即可。

（2）若稳态误差不满足设计要求，则加入积分控制环节。整定时可将积分时间 T_i 设置为较大值，并将经第（1）步整定得到的 K_p 减小些，然后减小 T_i，并在系统保持良好动态响应的情况下，消除稳态误差。在这个过程中，可根据响应曲线状态反复改变 K_p 及 T_i，直到得到令人满意的输出。

（3）若系统动态过程仍不能令人满意，可加入微分控制环节。需在第（2）步基础上，逐步增大 T_d，同时相应地改变 K_p 和 T_i，逐步试凑以获得满意的结果。

5.5　线上学习：倒立摆的控制（基于模拟设计方法）

5.5.1　基于模型的控制设计

基于模型的控制设计是解决复杂控制问题的一种数字化设计范式。它以模型仿真为核心，可以快速完成高效、动态的系统开发，已在现代工业、汽车、航天、电力等领域得到广泛的应用。

本节将结合 LabVIEW 工具介绍基于模型的控制设计方法。基于模型的控制设计流程（见图 5-21）包括三个环节：模型分析、决策设计和系统实现，依次说明如下。

● 模型分析。聚焦问题域。主要任务是确定组成物理系统的具体对象及彼此间的连接形式，并在建立各物理对象数学描述的基础上，按照层次结构加以组织，构建与物理系统等效的数字仿真系统。如果通过有效性检验，则可据此分析系统的时域和频域特性，定量描述需要解决的具体问题。

● 决策设计。聚焦抽象的问题求解方案。通常是将已建立的数字仿真系统看作 $D(z)=1$ 的控制系统，进而根据控制任务的具体要求重构 $D(z)$，使其阶次和系数满足期望。如果通过有效性检验，则可进行下一步。

● 系统实现。聚焦具体的问题求解方案。主要工作是根据控制任务的具体要求，结合实际拥有的资源，重新定义 $D(z)$ 的运算过程，将仿真模型部署到具体的物理设备，并验证求解方案的有效性。

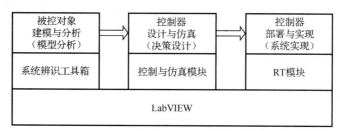

图 5-21　基于模型的控制设计流程

目前已有多种计算机工具可以完全覆盖以上工作流程，LabVIEW 即为其中的一种。

如图 5-21 所示，在模型分析阶段，LabVIEW CDS 模块提供系统辨识（System Identification）函数，来帮助技术人员根据测试得到的物理对象响应特性建立数学模型；也提供控件设计（Control Design）函数，允许技术人员根据物理对象的运行机理建立数学模型。根据建立的数学模型可以通过仿真（Simulation）函数和控件设计函数构建数字仿真系统，进行可视化的时域分析和频域分析，从而为不同专业领域和不同技术储备的人员提供简洁、直观且有效的问题描述。

进入决策设计阶段之后，用户可以使用 LabVIEW CDS 模块提供的仿真函数、控件设计函数和 PID 函数构造数字控制器，并借助前一阶段建立的数字仿真系统验证控制器性能。

一旦通过验证，用户就可以进入系统实现阶段，通过循环结构或控件与仿真循环（Control & Simulation Loop）函数把设计结果部署到 PC，或通过 RT 模块部署到嵌入式系统，如 DSP、FPGA 或 ARM 等。

接下来，将以车杆问题（Cart-Pole Problem）为例，概要说明如何使用基于模型的方法求解控制问题。

5.5.2 车杆问题

5.5.2.1 问题描述

车杆问题也称为倒立摆（Inverted Pendulum）问题，是控制科学领域广为人知的问题。几十年来，它一直被用于测试各种控制方案的功效，研究人员已发表大量论文从理论和应用的不同角度研究其解决方案。

图 5-22 车杆问题的原理图（CDEx Cart-Pole Control and Simulation.vi）

图 5-22 是车杆问题的原理图。它包括一个不受限制的推车和一根长度为 l、质量为 m 的加重杆。加重杆通过枢轴固定在推车上，可以围绕枢轴进行单维度的旋转，并借此保持自身平衡。

控制任务是使加重杆保持图 5-22 所示的平衡状态。或者说：通过外力 F 使推车沿水平面左右移动距离 x，以保持杆的直立状态（$\varphi=0$，φ 为杆在沿推车运动方向的垂直平面内与竖直轴的夹角）；同时限制推车位移在允许范围内（$x \in [-x_{max}, x_{max}]$）。

这种平衡行为称为稳定问题。尽管结构简单，却有三个有趣的特性，使其极具挑战性。

（1）高度不稳定性：控制目标处在临界稳定点，稍有扰动即失去平衡。

（2）高度非线性：描述运动行为的微分方程包含非线性项。

（3）欠驱动系统：系统有两个自由变量，但只有一个输入变量，虽然可以降低成本，却使控制问题变得复杂。

这些特性使得看似简单的车杆问题具有高精度的实时控制要求，并且能够展示高自主性的运动技能。因此，它一直是控制工程和机器人研究领域最重要的例子，并在许多复杂系统模型中得到应用。

5.5.2.2 系统仿真

为了使用基于模型设计的方法求解车杆问题，需要先建立图 5-22 所示的数学模型。

物理对象建模首先考虑使用已有的数学模型。此处，将直接使用 LabVIEW 提供的车杆模型[①]，其参考系如图 5-23 所示。

由图 5-23 可知，被控对象具有两个自由度：推车沿 X 轴的线性运动和加重杆在 XY 平面上绕原点的旋转运动。因此，利用牛顿第二运动定律和拉格朗日方程，可以得到两个动力学方程：

图 5-23 车杆问题的参考系

① 该模型由 S.Ramamoorthy 和 B.Kuipers 建立，2003 年发表于 Hybrid Systems: Computation and Control, Lecture Notes in Computer Science。

$$M\ddot{x} = u - F\dot{x}$$

$$\varphi = \frac{g}{L}\sin\varphi - \frac{1}{L}\ddot{x}\cos\varphi$$

式中，x 为推车沿 X 轴方向线性运动的位移，$\dot{x}$ 和 $\ddot{x}$ 是相应的线速度和线加速度；φ 为加重杆在 XY 平面上绕原点的旋转运动；M 为推车与加重杆的质量和；F 为推车和水平面的摩擦力；g 为重力加速度；L 为加重杆的长度。

据此建立的 VI 模型如图 5-24 所示。图中，输入变量 Control action 为 u，输出变量 Cart position 为 x，Pole position 为 φ；模型结构参数自上而下，依次为 Cart friction(F)、Total mass(M)、g(g)、Pole length(L)。

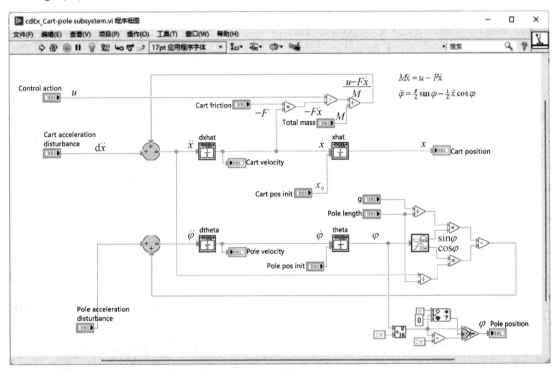

图 5-24　车杆问题的 VI 模型

不失一般性，模型增加了代表环境扰动的输入变量 Cart acceleration disturbance 和 Pole acceleration disturbance，以及代表对象初始状态的输入变量 Cart pos init 和 Pole pos init。前者反映水平运动线加速度和旋转运动角加速度的波动，后者则反映推车和加重杆在施加控制前偏离平衡位置的情况。

同时，模型构建了状态输出变量 Cart velocity 和 Pole velocity，以更精细地反映对象运动情况，供后续计算使用。

将物理原型（或拟设计物理原型）的参数输入 VI，可以仿真其时域响应，并测试其开环频率特性，进而分析其行为特征，判断预期目标能否实现。

也可以按照图 5-25 建立闭环仿真系统，测试其闭环时域响应和闭环频率特性，分析预期目标的可实现性。

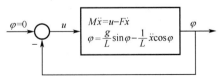

图 5-25　车杆模型闭环系统结构图（无控制）

5.5.2.3　控制设计

图 5-25 所示系统可以看作 $D(z)=1$ 的闭环控制系统，其结构图如图 5-26 所示，进而可以表示为图 5-27 所示的一般形式。

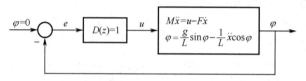

图 5-26　车杆模型闭环系统结构图（$D(z)=1$）

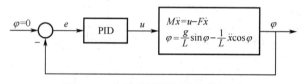

图 5-27　车杆模型闭环系统结构图

由于车杆模型具有两个自由变量：x 和 φ，于是，在对 φ 施加控制之前，要求先对 x 进行控制以保持 $\ddot{x}$（二阶微分）稳定。这样就需要在图 5-27 的基础上增加一个控制回路，得到图 5-28。可据此进行仿真设计。

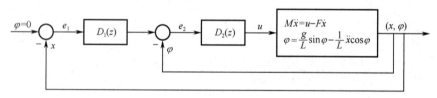

图 5-28　车杆模型的串级控制系统结构图

图 5-28 中，两个 PID 控制器串联，故称此类控制回路为串级控制回路。它包括多个控制器，每个控制器调节一个自由变量，相互之间按照计算次序串联连接。

串级控制回路最外面的闭合回路称为主控回路，里面的闭合回路则称为副控回路。相应地，主控回路的控制器称为主控制器，控制变量称为主控变量；副控回路的控制器则称为副控制器，控制变量是副控变量。

通常情况下，副控回路的时间常数会比较小，反应更灵敏，故常把系统中频繁出现的主要干扰设置在副控回路中，以便快速调节。

进行数字控制时，如果主控回路和副控回路的采样周期不同，则应按照整倍数关系选择，且保证副控回路的采样频率是主控回路采样频率的 3 倍以上，以避免回路间产生谐振。

【例 5-11】依据图 5-28，利用 LabVIEW 仿真求解车杆问题。

（1）运行 LabVIEW，创建空 VI。

（2）在程序框图放置控件与仿真循环。

（3）通过"文件→打开…"命令，打开 CDEx Cart-Pole Control and Simulation.vi，并进入其程序框图，如图 5-29 所示。

（4）选中图 5-29 中的子 VI，将其拖入空 VI 的程序框图，创建车杆模型的仿真对象，得到图 5-30。

（5）继续向控件与仿真循环内部添加 VI，完成图 5-31 所示的程序框图。

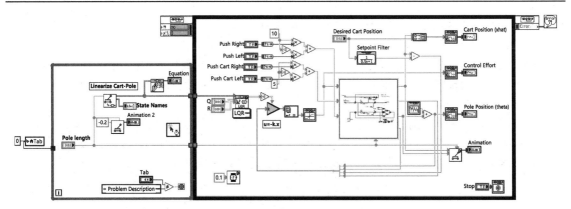

图 5-29　CDEx Cart-Pole Control and Simulation.vi 的程序框图

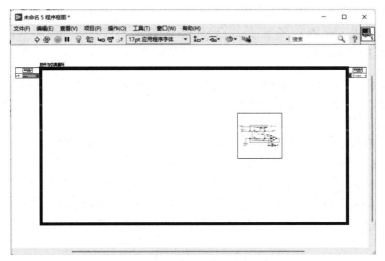

图 5-30　创建车杆模型的程序框图

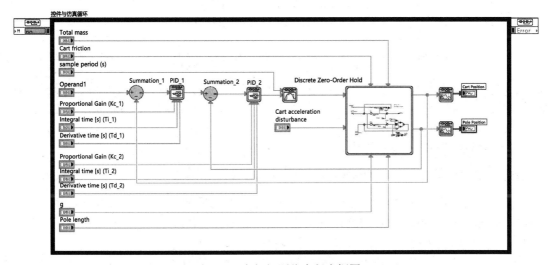

图 5-31　车杆问题仿真程序框图

图 5-31 中，PID 函数位于"控制设计与仿真（Control Design & Simulation）→仿真

（Simulation）→连续线性系统模型（Continuous Linear Systems）"选板，具体用法可以查阅帮助文件。

（6）切换到前面板，将物理原型（或拟设计物理原型）的参数输入 VI，设定期望 Operand1。

（7）选择控制器类型，建议副控回路选用 PD 控制，主控回路选用 P 控制或 PI 控制。

（8）选择采样周期。

（9）先对副控制器进行参数整定，再对主控制器进行参数整定，以获得期望的输出。

例 5-11 忽略了一些问题，比如输入量和输出量的量程限制、推车和加重杆的加速度扰动、数值运算精度等。读者可根据实际情况自行添加针对上述具体问题的仿真。

5.6　练习题

5-1　什么是模拟设计方法？它有什么优势？

5-2　列举模拟设计方法的设计步骤。

5-3　列举模拟设计方法常用的离散化方法，并比较它们的异同。

5-4　假设模拟控制器 $G(s) = \dfrac{2}{(s+1)(s+2)}$，若采样周期 $T = 0.1\text{s}$，试用模拟设计方法构造与之等效的数字控制器，计算数字控制器在 z 平面的极点，并与模拟控制器在 s 平面的极点在 z 平面的映射位置做比较。要求使用：（1）前向差分法；（2）后向差分法；（3）双线性变换法。

5-5　针对图 5-32 所示系统，试：

（1）设计模拟控制器 $G(s)$，使闭环系统单位阶跃响应的稳定时间不超过 5s，超调量不超过 20%，稳态误差小于 2%；

（2）在不指定采样周期 T 具体取值的情况下，使用后向差分法构造数字控制器 $D(z)$；

（3）考虑由 $D(z)$ 构成的闭环系统，计算其单位阶跃响应的稳定时间、超调量和稳态误差；

（4）比较（1）和（3），你觉得应该如何选择采样周期 T？为什么？[*]

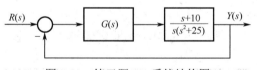

图 5-32　练习题 5-5 系统结构图

5-6　假设模拟控制器 $G(s) = \dfrac{2}{(s+1)(s+2)}$，若采样周期 $T = 0.1\text{s}$，试用 LabVIEW 辅助设计等效的数字控制器，计算数字控制器的幅值裕度和相位裕度，并与模拟控制器的相应指标进行比较。要求使用：（1）前向差分法；（2）后向差分法；（3）双线性变换法；（4）阶跃响应不变法；（5）脉冲响应不变法；（6）零极点匹配法。[**]

5-7　列举数字 PID 控制器的基本控制环节，并说明各环节的控制特点。

5-8　假设 PID 控制器的脉冲传递函数 $D(z) = \dfrac{28.55z^2 - 55.63z - 27.08}{z^2 - z}$，若采样周期 $T = 0.1\text{s}$，且 $u(0) = 0$，试：（1）确定比例系数 K_P、积分系数 K_I 和微分系数 K_D；（2）计算 PID 控制器对输入脉冲序列 $e(k) = \{-1, -0.5, 0.3, -0.4, 0.1\}$ 的响应 $u(k)$，$k = 1, 2, \cdots, 10$。

5-9　什么是积分饱和？它是怎样产生的？有什么方法可以消除？

5-10　练习题 5-8 中，如果 PID 控制器输出限幅为 0.6，即 $-0.6 \leqslant u(t) \leqslant 0.6$，试重新计算 PID 控制器对输入脉冲序列 $e(k) = \{-1, -0.5, 0.3, -0.4, 0.1\}$ 的响应 $u(k)$。

5-11　数字微分有什么特点？它对数字控制器会产生什么影响？如何消除？

5-12　练习题 5-8 中，控制器的微分控制环节是否需要修正？如果需要修正，应怎样修正？

5-13　在考虑模拟 PID 控制器的数字实现时，应如何选择采样周期？

5-14　试用 LabVIEW 工具重做练习题 5-5。**

5.7　思政讨论：站在前人的肩膀上，继往开来

【知识】

在人类历史长河中，每一代人都需要在前人的基础上不断探索、创新和发展。正如牛顿所说，如果我看得更远，那是因为我站在巨人的肩膀上。离散控制系统设计就是其中的一个例子。

传统的连续控制系统设计基于微分方程，通过时域分析和频域分析，构造符合期望的控制器以校正和优化系统行为。而离散控制系统设计则以此为基础，利用 Z 变换等数学工具将连续控制系统设计方法推广到离散控制系统，发展出一套完整的分析和设计方法。

不仅如此，技术人员还借鉴其他领域的技术和成果，在充分考虑新技术和新需求的基础上，结合离散时间控制的新特性，通过创造性地发展一系列强大算法和工具，使离散控制系统能够充分发挥自身优越性，更好地应对实际工程问题。

而随着人工智能技术的飞跃性发展，离散控制系统设计也与之紧密结合，在自主决策和智能控制等方面展现出新气象。在工业自动化系统和机器人控制系统等领域，一系列更加智能化和高效的问题解决方案被提出。

由此看来，正是因为有了前人在科学技术领域的探索和积累，我们才能不断地尝试新方法，通过一系列试错来推动社会的进步。我们也只有保持开放的心态，并在继承的基础上勇于创新，才能在新时代的激烈竞争中脱颖而出。

【活动】

个人或分组整理 4.7 节调研材料，从中选择并整理一个相对完整的技术改造案例，并思考：

● 案例解决的技术问题是什么？

● 该问题的解决方案是什么？

● 当时的社会背景和技术背景如何？

● 在时代背景下，案例解决方案有何意义？

● 在该问题的解决过程中，行业前辈的工作精神应如何评价？

● 如果当时你也是课题组的成员，你会怎么做？

在此基础上，个人或分组展示案例（包括技术问题、技术方案和你或你所在小组的评价）。

展示形式可以是技术报告、独幕剧、日记等。

展示内容应当反映：（1）对于创新的理解；（2）对于传承与发展的理解；（3）展示应体现你或你所在小组进行技术评价时的逻辑性、专业性和批判性。

第6章 离散时间控制:数字设计方法

6.1 学习目标

- 定义术语
  - □ 状态（6.5 节）
  - □ 能控性（6.5 节）
  - □ 能观性（6.5 节）
- 解释
  - □ 数字设计方法的基本思想（6.2 节）
- 列举
  - □ 数字设计的基本步骤（6.2 节）
  - □ 频率响应法的基本设计步骤（6.3 节）
  - □ 基于 Ragazzini 法的无限冲激响应滤波设计步骤（6.4 节）
  - □ 基于 Ragazzini 法的有限冲激响应滤波设计步骤（6.4 节）
  - □ 状态空间设计法的基本设计步骤（6.5 节）
- 比较
  - □ 模拟设计方法和数字设计方法（6.2 节）
  - □ 频率响应法、Ragazzini 法和状态空间设计法（6.3 节，6.4 节，6.5 节）
  - □ 开环观测器、预测观测器和实时观测器（6.6 节）
  - □ 能控性和能观性（6.5 节）
- 针对给定系统，手工（或使用计算机[**]）判断：
  - □ 系统能控性（6.5 节）
  - □ 系统能观性（6.5 节）
- 手工（或使用计算机[**]）设计数字 PID 控制器，完成预期控制任务。要求能够：
  - □ 在 w 平面使用频率响应法完成（6.3 节，6.6 节）
  - □ 在 s 平面使用 Ragazzini 法完成（6.4 节，6.6 节）
  - □ 在 z 平面使用 Ragazzini 法完成（6.4 节，6.6 节）
  - □ 在 z 平面使用状态空间设计法完成（6.5 节，6.6 节）

6.2 设计思想

假设执行单元与测量单元的传递函数为 1，并将 ADC 和 DAC 与被控对象视为一体，则可以将图 1-5 所示的典型计算机控制系统等效为图 6-1 所示的简化的计算机控制系统。

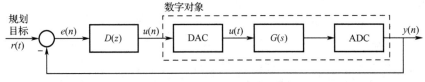

图 6-1 简化的计算机控制系统

将其与图 5-1 所示模拟控制系统进行比较。可以发现，如果把连续被控对象 $G(s)$ 和 DAC、ADC 代表的零阶保持器看作数字对象 $G_d(z)$，计算机控制系统则具有和模拟控制系统相同的结构形式，如图 6-2 所示。

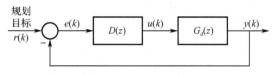

图 6-2　数字对象的计算机控制系统

此时，计算机控制器相当于数字滤波器，其作用是对 $y(k)$ 的不同频率成分进行不同程度的衰减和放大，以获得有限长度的预期输出 $u(k)$。因此，可以像设计数字滤波器一样，在离散域里按照控制指标直接构造 $D(z)$。这种设计方法称为数字设计方法。

与模拟设计方法相比，数字设计方法根据控制要求直接在离散域求解差分方程，既可以构造 IIR 数字滤波器，也可以构造 FIR 数字滤波器。所以，数字设计方法能够精确求解差分方程，获得计算精度和计算速度均高于模拟设计结果的数字控制策略。

相应地，数字设计方法的设计成本也比较高，且因为缺少现成的可以直接套用的设计公式，设计过程相对复杂。

6.3　频率响应法

如果把 $D(z)$ 视作数字滤波器，最直观的设计思路自然是在频域完成构造过程。这个过程与模拟控制器的频率响应法类似，除了要求设计在 w 平面而非 s 平面进行。

自动控制原理中，针对模拟控制器设计的频率响应法需要处理整个左半 s 平面。而 Z 变换会把左半 s 平面的主带和次带映射到 z 平面单位圆内的同一位置，导致伯德图无法直接应用于 z 平面。因此，在进行频域设计时，需要先对 z 平面的脉冲传递函数进行双线性变换，使其在 w 平面与 s 平面主带建立一一对应关系，以便应用伯德图。

经 Z 变换和双线性变换后，左半 s 平面的主带先映射到 z 平面的单位圆内部，再映射到左半 w 平面。左半 s 平面内的点与左半 w 平面内的点一一对应，且 s 平面的虚轴对应 w 平面的虚轴，如图 6-3 所示。

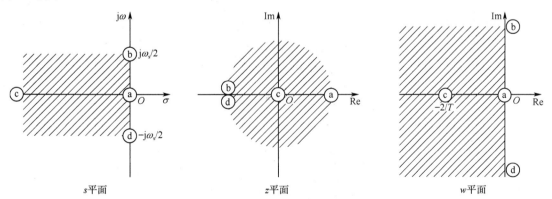

图 6-3　从 s 平面到 w 平面的映射关系

注意，虽然 w 平面的频带是 $-\infty \sim +\infty$，但其在物理世界的频带只是 $-\omega_s/2 \sim +\omega_s/2$，如表 4-4 所示。

下面以图 6-1 所示系统为例，概述基于频率响应的设计步骤：

（1）选择合适的采样周期，得到数字对象的脉冲传递函数

$$G_d(z) = Z\left[\frac{1-e^{-Ts}}{s}G(s)\right]$$

式中，$(1-e^{-Ts})/s$ 是 DAC 所代表的零阶保持器的传递函数。

（2）对数字对象 $G_d(z)$ 进行双线性变换，得到

$$G_d(w) = G_d(z)\Big|_{z=\frac{1+(T/2)w}{1-(T/2)w}}$$

（3）令 $w = j\omega_w$，绘制 $G_d(w)$ 的伯德图，确定其稳态误差、相位裕度和幅值裕度。

（4）将期望的频域设计指标（稳态误差、相位裕度和幅值裕度）转换到 w 平面。

注意：

由于双线性变换，虽然计算机控制系统在 w 平面的稳定域与模拟控制系统在 s 平面的稳定域相同，但两个平面同坐标极点的瞬态响应却不一样。因此，为了获得期望的频率响应，必须将 s 平面的频域设计指标等效变换到 w 平面上。变换公式为

$$w = \frac{2}{T}\frac{1-z^{-1}}{1+z^{-1}}\Big|_{z=e^{sT}} = \frac{2}{T}\frac{1-e^{-sT}}{1+e^{-sT}}$$

（5）比较 $G_d(w)$ 指标与期望指标的差异，确定数字控制器 $D(w)$ 的频域指标——低频增益 a_0、零点 w_o 和极点 w_p。

（6）依据选定的频域指标，在 w 平面构造数字控制器

$$D(w) = \frac{a_0(1-w/w_o)}{1-w/w_p}$$

（7）对 $D(w)$ 进行逆变换，得到

$$D(z) = D(w)\Big|_{w=\frac{2}{T}\frac{1-z^{-1}}{1+z^{-1}}} = \frac{K_d(z-z_0)}{z-z_p}$$

【例 6-1】图 6-1 中，假设 $D(z)$ 是 PID 控制器。试确定 PID 控制器的参数，使系统具有指定的幅值裕度 ΔG_m 和相位裕度 $\Delta\phi_m$。

假设 PID 控制器在 w 平面的传递函数

$$D(w) = K_{Pw} + \frac{K_{Iw}}{w} + K_{Dw}w$$

则设计问题可以表述为：选择 K_{Pw}、K_{Iw} 和 K_{Dw}，使满足

$$D(j\omega_{w\pi})G_d(j\omega_{w\pi}) = \Delta G\angle(-\pi)$$
$$D(j\omega_{wD})G_d(j\omega_{wD}) = 1\angle(-\pi + \Delta\phi_m)$$

式中，$\omega_{w\pi} = \dfrac{2}{T}\tan\dfrac{\omega_\pi T}{2}$ 和 $\omega_{wD} = \dfrac{2}{T}\tan\dfrac{\omega_D T}{2}$ 是 w 平面上与频率 ω_π 和 ω_D 对应的虚频率。

若 PID 控制器的频率响应

$$D(j\omega_w) = K_{Pw} + j\left(-\frac{K_{Iw}}{\omega_w} + K_{Dw}\omega_w\right) = |D(j\omega_w)|e^{j\theta} = |D(j\omega_w)|(\cos\theta + j\sin\theta)$$

$$\theta = \arctan\left(-\frac{K_{Iw}}{K_{Pw}\omega_w} + \frac{K_{Dw}\omega_w}{K_{Pw}}\right)$$

则有

$$D(j\omega_{w\pi})G_d(j\omega_{w\pi}) = \left[K_{Pw} + j\left(-\frac{K_{Iw}}{\omega_{w\pi}} + K_{Dw}\omega_{w\pi}\right)\right]G_d(j\omega_{w\pi}) = \Delta G\angle(-\pi)$$

$$D(j\omega_{wD})G_d(j\omega_{wD}) = \left[K_{Pw} + j\left(-\frac{K_{Iw}}{\omega_{wD}} + K_{Dw}\omega_{wD}\right)\right]G_d(j\omega_{wD}) = 1\angle(-\pi + \Delta\phi_m)$$

于是，有

$$\left|D(j\omega_{w\pi})\right|\left|G_d(j\omega_{w\pi})\right| = \Delta G$$

$$\arctan\left(-\frac{K_{Iw}}{K_{Pw}\omega_{w\pi}} + \frac{K_{Dw}\omega_{w\pi}}{K_{Pw}}\right) + \angle G_d(j\omega_{w\pi}) = -\pi$$

$$\left|D(j\omega_{wD})\right|\left|G_d(j\omega_{wD})\right| = 1$$

$$\arctan\left(-\frac{K_{Iw}}{K_{Pw}\omega_{wD}} + \frac{K_{Dw}\omega_{wD}}{K_{Pw}}\right) + \angle G_d(j\omega_{wD}) = -\pi + \Delta\phi_m$$

这四个方程包含三个未知数，故依据幅值裕度或相位裕度均可确定 PID 控制器的参数。以考虑相位裕度为例。

解方程

$$\left|D(j\omega_{wD})\right|\left|G_d(j\omega_{wD})\right| = 1$$

有

$$\left|D(j\omega_{wD})\right| = \frac{1}{\left|G_d(j\omega_{wD})\right|}$$

而

$$\left|D(j\omega_{wD})\right| = \left|D(j\omega_{wD})\right|\cos\theta = K_{Pw}$$

于是

$$K_{Pw} = \frac{1}{\left|G_d(j\omega_{wD})\right|}$$

继而考虑穿越频率和截止频率处的相角，有

$$\arctan\left(-\frac{K_{Iw}}{K_{Pw}\omega_{w\pi}} + \frac{K_{Dw}\omega_{w\pi}}{K_{Pw}}\right) + \angle G_d(j\omega_{w\pi}) = -\pi$$

$$\arctan\left(-\frac{K_{Iw}}{K_{Pw}\omega_{wD}} + \frac{K_{Dw}\omega_{wD}}{K_{Pw}}\right) + \angle G_d(j\omega_{wD}) = -\pi + \Delta\phi_m$$

由于 K_{Pw}、$\omega_{w\pi}$、ω_{wD}、$\angle G_d(j\omega_{w\pi})$、$\angle G_d(j\omega_{wD})$ 和 $\Delta\phi_m$ 均已知，可解联立的方程组，得到 K_{Iw} 和 K_{Dw} 的值。

将求得的 K_{Pw}、K_{Iw} 和 K_{Dw} 代入 $D(z)$，检验幅值裕度是否满足要求。如果满足要求，则设计结束；否则，可以重新调整 K_{Iw} 和 K_{Dw}，以使幅值裕度和相位裕度都满足要求。

需要注意的是，在使用 PID 控制器校正被控对象行为时，因为微分控制环节的增益会随频率的增大而不断增大，所以系统稳定性会变差。因此，在实际设计中，需要为 PID 控制器的微分项增加一个极点。于是，理想的 PID 控制器被修正为

$$D(w) = K_{Pw} + \frac{K_{Iw}}{w} + \frac{K_{Dw}w}{1 + \dfrac{w}{w_P}}$$

式中，$w_P = 2/T = \omega_s/\pi$ 为引入的极点。

回顾 5.4 节，可以发现，此处对微分项的处理方法与对数字微分的处理方法一致。

6.4 Ragazzini 法

6.4.1 无限冲激响应滤波

频率响应法的实质是窗函数加权运算。该运算同样可以在 z 平面借助 Ragazzini 法完成，设计步骤如下：

（1）仍以图 6-1 所示系统为例，选择合适的采样周期，得到数字对象的脉冲传递函数模型

$$G_{\mathrm{d}}(z) = Z\left[\frac{1-\mathrm{e}^{-Ts}}{s}G(s)\right] = \frac{z^{-w}K\prod\limits_{i=1}^{m}(1-a_i z^{-1})}{\prod\limits_{j=1}^{n}(1-b_j z^{-1})}$$

（2）根据期望的时域设计指标（稳态误差、稳定时间、超调量等）构造系统特征多项式 $F(s)$。

（3）求解特征方程，获得闭环系统极点 p_{sj}（$j=1,2,\cdots,n$），并将其映射到 z 平面，获得闭环系统在 z 平面的极点 $p_{zj} = \mathrm{e}^{Tp_{sj}}$。

（4）依据 p_{zj} 写出系统在 z 平面的特征多项式 $F(z)$。

（5）构造系统的闭环脉冲传递函数

$$\Phi(z) = \frac{F_1(z)}{F(z)}$$

式中，$F_1(z)$ 为系数未知的有理多项式。

（6）计算 $\Phi(z)$ 的时域响应，并与期望的时域设计指标进行比较，获得关于 $F_1(z)$ 待定系数的方程组。

（7）求解方程组，确定 $F_1(z)$，进而确定 $\Phi(z)$。

（8）构造数字控制器

$$D(z) = \frac{1}{G_{\mathrm{d}}(z)}\frac{\Phi(z)}{\Phi_{\mathrm{e}}(z)}$$

（9）检验设计指标，如果满足，则设计结束；否则，返回调整。

【例 6-2】图 6-1 中，已知 $G(s)=1/[s(10s+1)]$。试设计数字控制器 $D(z)$，使系统单位阶跃响应的稳定时间在 10s 左右，且超调量不超过 17%。相应的阻尼比 $\xi=0.5$。

由题目知，阻尼比 $\xi=0.5$ 时，期望系统的稳定时间

$$t_{\mathrm{s}} = \frac{\left|\ln(\varepsilon\sqrt{1-\xi^2})\right|}{\xi\omega_{\mathrm{n}}} = 10$$

令 $\varepsilon=1\%$，则有

$$t_{\mathrm{s}} = \frac{\left|\ln(\varepsilon\sqrt{1-\xi^2})\right|}{\xi\omega_{\mathrm{n}}} \approx \frac{5}{\xi\omega_{\mathrm{n}}} = 10$$

于是，$\omega_{\mathrm{n}}=1$。

由此可以写出期望系统的特征多项式

$$F(s) = s^2 + 2\xi\omega_{\mathrm{n}}s + \omega_{\mathrm{n}}^2 = s^2 + s + 1$$

进而得到系统在 s 平面的极点 $p_{s1,2} = -0.5 \pm (\sqrt{3}/2)\mathrm{j}$。

将 $p_{s1,2}$ 映射到 z 平面，得到期望系统在 z 平面的闭环极点 $p_{z1,2} = \mathrm{e}^{Tp_{s1,2}} = r_0\mathrm{e}^{\pm j\Omega} = \mathrm{e}^{-0.5T}\mathrm{e}^{\pm(\sqrt{3}/2)T}$，其中 T 为采样周期。

据此写出期望系统在 z 平面的特征方程

$$F(z) = z^2 - 2(r_0 \cos \Omega)z + r_0^2 = 0$$

进而得到闭环系统的脉冲传递函数

$$\Phi(z) = \frac{F_1(z)}{F(z)} = \frac{b_0 z^2 + b_1 z + b_2}{z^2 - 2(r_0 \cos \Omega)z + r_0^2} = \frac{b_0 + b_1 z^{-1} + b_2 z^{-2}}{1 - 2(r_0 \cos \Omega)z^{-1} + r_0^2 z^{-2}}$$

式中，b_0、b_1 和 b_2 为待定系数。

考虑系统的因果性，即 $\Phi(z)$ 的物理可实现性，有 $b_0 = 0$。于是

$$\Phi(z) = \frac{z^{-1}(b_1 + b_2 z^{-1})}{1 - 2(r_0 \cos \Omega)z^{-1} + r_0^2 z^{-2}}$$

考虑到 $\Phi(z)$ 包含不稳定极点 $z = 1$，故 $\Phi_e(z) = 1 - \Phi(z)$ 应包含零点 $z = 1$，即

$$\Phi_e(z) = 1 - \Phi(z) = \frac{z^2 - 2(r_0 \cos \Omega)z + r_0^2 - b_1 z - b_2}{z^2 - 2(r_0 \cos \Omega)z + r_0^2} = \frac{(z-1)(z-\alpha)}{z^2 - 2(r_0 \cos \Omega)z + r_0^2}$$

其中，α 为待定的零点。

比较分子有理多项式的系数，有

$$b_1 = \alpha + 1 - 2r_0 \cos \Omega$$
$$b_2 = r_0^2 - \alpha$$

于是

$$\Phi(z) = \frac{z^{-1}[(\alpha + 1 - 2r_0 \cos \Omega) + (r_0^2 - \alpha)z^{-1}]}{1 - 2(r_0 \cos \Omega)z^{-1} + r_0^2 z^{-2}}$$

由题目知

$$G(s) = \frac{1}{s(10s+1)}$$

故选择采样周期 $T = 1\text{s}$。于是 $r_0 = \text{e}^{-0.5}$，$\Omega = \sqrt{3}/2$，且

$$G_d(z) = Z\left[\frac{1 - \text{e}^{-Ts}}{s}\frac{1}{s(10s+1)}\right] = \frac{0.0484z^{-1}(1 + 0.9672z^{-1})}{(1 - 0.9048z^{-1})(1 - z^{-1})}$$

相应地，有

$$\Phi(z) = \frac{z^{-1}\left[\left(\alpha + 1 - 2\text{e}^{-0.5}\cos\dfrac{\sqrt{3}}{2}\right) + (\text{e}^{-1} - \alpha)z^{-1}\right]}{1 - 2\left(\text{e}^{-0.5}\cos\dfrac{\sqrt{3}}{2}\Omega\right)z^{-1} + \text{e}^{-1}z^{-2}} = \frac{z^{-1}[(\alpha + 0.2142) + (0.3679 - \alpha)z^{-1}]}{1 - 0.7858z^{-1} + 0.3679z^{-2}}$$

若选择 $\alpha = 0.4$，则有

$$\Phi(z) = \frac{z^{-1}(0.6142 - 0.0321z^{-1})}{1 - 0.7858z^{-1} + 0.3679z^{-2}}$$

计算得，稳定时间 $t_s = 8\text{s}$，超调量 $\sigma = 16.7\%$，满足设计要求。

于是，相应的数字控制器

$$D(z) = \frac{1}{G_d(z)}\frac{\Phi(z)}{1 - \Phi(z)} = \frac{0.6632(1 - 0.9048z^{-1})(1 - z^{-1})(19.1340 - z^{-1})}{(1 + 0.9672z^{-1})(1 - 1.4z^{-1} + 0.4z^{-2})}$$

Ragazzini 法通过零极点对消获得期望的时域特性。求解过程中，它利用有限精度运算对系统的时间响应进行截断，相当于对系统响应进行加窗运算。所以，上述方法得到的控制器是无限冲激响应滤波器，其输出可以逼近期望特性，却不能和期望特性完全一致。

6.4.2 有限冲激响应滤波

受窗函数影响，无限冲激响应滤波器的频率特性会不可避免地偏离期望。因此，为了获得与期望特性完全一致的输出，可以考虑将控制器 $D(z)$ 设计为有限冲激响应滤波器。

仍以图 6-1 所示系统为例，考虑 $e(k) = r(k) - y(k)$。假设系统在经过有限采样周期后，稳态误差为零，即 $e(k) = 0$，当 $k \geq k_N$ 时（k_N 为不小于 1 的整数）。于是，可以把 $e(k)$ 视为有限长时间响应序列。

据此，使用 Ragazzini 法构造 $D(z)$，设计结果相当于梳状滤波器。它可以在采样点上完全复现期望特性，但采样点之间的性能由内插函数和采样点数目决定。

下面是设计步骤：

（1）选择合适的采样周期，得到数字对象的脉冲传递函数

$$G_d(z) = Z\left[\frac{1-e^{-Ts}}{s}G(s)\right] = \frac{z^{-w}K\prod_{i=1}^{m}(1-a_i z^{-1})}{\prod_{j=1}^{n}(1-b_j z^{-1})}$$

（2）假设数字控制器 $D(z)$ 已知，写出系统的闭环脉冲传递函数

$$\Phi(z) = \frac{D(z)G_d(z)}{1+D(z)G_d(z)}$$

（3）依据因果性构造 $\Phi(z)$。

由上式，有

$$D(z) = \frac{1}{G_d(z)}\frac{\Phi(z)}{1-\Phi(z)}$$

由于 $D(z)$ 是物理可实现的，故必然是有限值或零。因此，$\Phi(z)$ 在无穷远处应有足够多的零点，以抵消 $G_d(z)$ 在无穷远处零点的影响。也就是说，$\Phi(z)$ 至少应具有与 $G_d(z)$ 同样多的延迟环节，或 $\Phi(z)$ 至少应包含 w 个 z^{-1} 环节。于是，有

$$\Phi(z) = z^{-w}F_{\Phi 1}(z)$$

（4）依据稳定性构造 $\Phi(z)$。

将 $G_d(z)$ 改写为

$$G_d(z) = \frac{z^{-w}K\prod_{i=1}^{m}(1-a_i z^{-1})}{\prod_{j=1}^{n}(1-b_j z^{-1})} = \frac{\mathrm{NUM}_{Gd+}(z)\mathrm{NUM}_{Gd-}(z)}{\mathrm{DEN}_{Gd+}(z)\mathrm{DEN}_{Gd-}(z)}$$

式中，$\mathrm{NUM}_{Gd+}(z)$ 是 $G_d(z)$ 包含稳定零点的因式；$\mathrm{NUM}_{Gd-}(z)$ 是 $G_d(z)$ 包含不稳定零点的因式；$\mathrm{DEN}_{Gd+}(z)$ 是 $G_d(z)$ 包含稳定极点的因式；$\mathrm{DEN}_{Gd-}(z)$ 是 $G_d(z)$ 包含不稳定极点的因式。

于是，有

$$D(z) = \frac{1}{G_d(z)}\frac{\Phi(z)}{1-\Phi(z)} = \frac{\mathrm{DEN}_{Gd+}(z)\mathrm{DEN}_{Gd-}(z)}{\mathrm{NUM}_{Gd+}(z)\mathrm{NUM}_{Gd-}(z)}\frac{\Phi(z)}{1-\Phi(z)}$$

由于 $D(z)$ 是稳定的，故必然有

$$\Phi(z) = \mathrm{NUM}_{Gd-}(z)F_{\Phi 2}(z) = z^{-w}\mathrm{NUM}_{Gd-}(z)F_{\Phi 1}(z)$$

$$\Phi_e(z) = 1 - \Phi(z) = \mathrm{DEN}_{Gd-}(z)F_{\Phi e}(z)$$

也就是说，$\Phi(z)$ 的零点应包含 $G_d(z)$ 所有的不稳定零点，且 $\Phi_e(z)$ 的零点应包含 $G_d(z)$ 所有的

不稳定极点。

（5）依据准确性构造 $\varPhi_{\mathrm{e}}(z)$。

令输入为 $R(z)$，则有

$$E(z) = R(z) - Y(z) = [1 - \varPhi(z)]R(z) = \varPhi_{\mathrm{e}}(z)R(z)$$

考虑到

$$r(t) = r_0 + r_1 t + \frac{r_2}{2!}t^2 + \cdots + \frac{r_{q-1}}{(q-1)!}t^{q-1}$$

则有

$$R(z) = \frac{B(z)}{(1 - z^{-1})^q}$$

于是，有

$$E(z) = \varPhi_{\mathrm{e}}(z)R(z) = \frac{\varPhi_{\mathrm{e}}(z)B(z)}{(1 - z^{-1})^q}$$

由于设计要求 $E(z)$ 是有限长时间序列，故 $\varPhi_{\mathrm{e}}(z)$ 应包含 $(1 - z^{-1})^q$ 因式，且有 $e(\infty) = 0$。

于是，有

$$\varPhi_{\mathrm{e}}(z) = 1 - \varPhi(z) = \mathrm{DEN}_{Gd-}(z)F_{\varPhi\mathrm{e}}(z) = (1 - z^{-1})^p \mathrm{DEN}_{Gd-}(z)F(z)$$

式中，p 是不小于 q 的整数。

大多数情况下，要求设计的数字控制器具有最简形式。故令 $F(z) = 1$，由此得到

$$\varPhi_{\mathrm{e}}(z) = 1 - \varPhi(z) = (1 - z^{-1})^p \mathrm{DEN}_{Gd-}(z)$$

假设 $G_{\mathrm{d}}(z)$ 有 v 个不稳定极点（不包含 $z = 1$ 的极点），则有

$$\varPhi_{\mathrm{e}}(z) = 1 - \varPhi(z) = (1 - z^{-1})^p \prod_{j=1}^{v}(1 - b_j z^{-1})$$

（6）依据期望时域特性构造 $\varPhi(z)$。

假设 $G_{\mathrm{d}}(z)$ 有 u 个不稳定零点，则有

$$\varPhi(z) = z^{-w}F_{\varPhi 1}(z)\prod_{i=1}^{u}(1 - a_i z^{-1}) = z^{-w}(\varphi_0 + \varphi_1 z^{-1} + \cdots + \varphi_{p+v-1}z^{-p-v+1})\prod_{i=1}^{u}(1 - a_i z^{-1})$$

式中，φ_0，φ_1，$\cdots$，φ_{p+v-1} 为待定系数。

结合给定的期望时域特性，可以获得关于 φ_0，φ_1，$\cdots$，φ_{p+v-1} 的 $p+v$ 个方程。

解方程组，可得 $\varPhi(z)$。

注意：期望时域特性提出的约束条件会根据具体需要变化，如最小拍控制会对稳定时间提出约束，无纹波控制会对控制器输出提出约束，以及大林算法会对超调量提出约束等。不同的约束条件需要不同的方程来构造，故 Ragazzini 法不存在一般的可套用的公式。

（7）构造数字控制器。

$$D(z) = \frac{1}{G_{\mathrm{d}}(z)}\frac{\varPhi(z)}{\varPhi_{\mathrm{e}}(z)}$$

（8）检验设计指标，如果满足，则设计结束；否则，返回调整。

【例 6-3】图 6-1 中，假设 $G(s) = 1/[s(10s+1)]$。试设计数字控制器 $D(z)$，使系统输出能在最短时间内跟踪单位速度输入。

由题目知

$$G(s) = \frac{1}{s(10s+1)}$$

故采样周期选择 $T = 1\mathrm{s}$。于是

$$G_d(z) = Z\left[\frac{1-\mathrm{e}^{-Ts}}{s}\frac{1}{s(10s+1)}\right] = \frac{0.0484z^{-1}(1+0.9672z^{-1})}{(1-0.9048z^{-1})(1-z^{-1})}$$

可见，$G_d(z)$ 包含一个无穷远处的零点（$w=1$）。于是，依据因果性约束，有

$$\Phi(z) = z^{-w}F_{\Phi 1}(z) = z^{-1}F_{\Phi 1}(z)$$

考虑 $G_d(z)$ 的零极点分布。它有一个不稳定极点（$v=1$），没有不稳定零点（$u=0$）。于是，依据稳定性约束，有

$$\Phi_e(z) = 1 - \Phi(z) = (1-z^{-1})F_{\Phi e}(z)$$

考虑系统输入

$$R(z) = \frac{B(z)}{(1-z^{-1})^q} = \frac{z^{-1}}{(1-z^{-1})^2}$$

可见 $q = 2$。于是，依据稳态误差约束，有

$$\Phi_e(z) = 1 - \Phi(z) = (1-z^{-1})^p$$

式中，$p \geqslant q = 2$。

注意，此处因准确性约束已经包含了稳定性约束，故只考虑准确性约束即可。

继续考虑其他的约束条件。

由于要求系统输出在最短时间内跟踪单位速度输入，即要求 $\Phi_e(z)$ 包含最小数目的非零项，故有 $p = q = 2$，即

$$\Phi_e(z) = 1 - \Phi(z) = (1-z^{-1})^2$$

于是

$$\Phi(z) = z^{-1}F_{\Phi 1}(z) = z^{-1}(\varphi_0 + \varphi_1 z^{-1})$$

考虑 $e(\infty) = 0$，即

$$e(\infty) = \lim_{z \to 1}[(1-z^{-1})\Phi_e(z)R(z)] = 0$$

于是有

$$\begin{cases} \Phi(1) = \varphi_0 + \varphi_1 = 1 \\ \Phi'(1) = \varphi_0 + 2\varphi_1 = 0 \end{cases}$$

解方程组，得 $\varphi_0 = 2$，$\varphi_1 = -1$。于是

$$\Phi(z) = z^{-1}F_{\Phi 1}(z) = z^{-1}(2 - z^{-1})$$

$$D(z) = \frac{1}{G_d(z)}\frac{\Phi(z)}{\Phi_e(z)} = \frac{20.6612(1-0.9048z^{-1})}{1+0.9672z^{-1}}$$

例 6-3　要求系统输出在最少的采样周期内跟踪指定的输入，称为最小拍控制。它是一种时间最优控制。对于一般的输入，可以使用下面的方法构造前述设计步骤（6）要求的 $p+v$ 个方程[1]。

考虑 $e(\infty) = 0$，即

$$e(\infty) = \lim_{z \to 1}[(1-z^{-1})\Phi_e(z)R(z)] = \lim_{z \to 1}\frac{[1-\Phi(z)]B(z)}{(1-z^{-1})^{q-1}} = 0$$

于是有

---

[1] 因要求系统输出在最短时间内跟踪单位速度输入，即要求 $\Phi_e(z)$ 包含最小数目的非零项，故有 $p = q$。

$$\begin{cases} \varPhi(1) = 1 \\ \varPhi'(1) = \dfrac{\mathrm{d}\varPhi(z)}{\mathrm{d}t}\bigg|_{z=1} = 0 \\ \qquad \vdots \\ \varPhi^{(q-1)}(1) = \dfrac{\mathrm{d}^{q-1}\varPhi(z)}{\mathrm{d}t}\bigg|_{z=1} = 0 \\ \varPhi(b_j) = 1 \qquad j = 1, 2, \cdots, v \end{cases}$$

解方程组可得 $\varPhi(z)$。

6.5　状态空间设计法

无论在 s 平面设计，还是在 z 平面设计，Ragazzini 法都依赖于零极点对消。而在工程实践中，准确判定被控对象的零极点并长期保持其稳定，几乎是不可能完成的任务。因此，Ragazzini 法在实际工程中只得到有限的应用。

但是，Ragazzini 法提供了一种直接设计的思路：对来自数字对象的反馈信号进行数字滤波，有针对性地放大或衰减某些特定频率信号，从而获得具有期望特性的滤波输出，并激励数字对象完成预期行为。

受被控对象零极点分布的限制，Ragazzini 法只能对数字对象反馈信号的有限频率进行梳状滤波。可以想象，如果能够自由配置梳状滤波器，就能够对数字对象的反馈信号进行任意调整，从而进行更精细的控制，也就有可能获得更好的行为校正结果。

状态空间设计法就是这样的设计方法。它假设系统的全状态向量能够被检测，这样就可以用全状态向量的线性组合描述系统反馈信号。在此基础上，通过自由分配的闭环系统特征根构造梳状滤波器，对反馈信号的特定成分进行放大或衰减，以获得与期望完全相同的系统响应。

遗憾的是，对于绝大部分物理系统，全状态向量检测是不可行的，或不经济的。但是，利用计算机构建的数字对象，可以通过有限的可检测信息估计物理对象的全状态，进而实现近似的全状态反馈控制。

以此为基础进行的控制器设计包括两个阶段：第一阶段为极点配置阶段，假设所有的系统状态可测，并以此为基础构造数字控制器；第二阶段为状态估计阶段，工作内容是构造状态观测器以获得系统全状态。

为简单起见，本节仅讨论状态空间设计法用于单输入单输出调节系统的情况，即仅介绍零输入条件下，使系统从非零初始状态衰减到零状态的控制器设计。

6.5.1　极点配置

6.5.1.1　设计思想

图 6-4 所示系统中，假设被控对象是 n 阶的，采样周期是 T，状态空间描述为

$$\boldsymbol{x}(k+1) = \boldsymbol{F}\boldsymbol{x}(k) + \boldsymbol{G}u(k)$$

$$y(k) = \boldsymbol{C}\boldsymbol{x}(k)$$

式中，$\boldsymbol{x}(k)$ 是第 k 次采样时刻的 n 维状态向量；$y(k)$ 是第 k 次采样时刻的 n 维系统输出；$u(k)$ 是第 k 次采样时刻的控制输出；$\boldsymbol{F}$ 是 $n{\times}n$ 维矩阵；$\boldsymbol{G}$ 是 $n{\times}1$ 维列向量；$\boldsymbol{C}$ 是 $1{\times}n$ 维行向量。

模仿 Ragazzini 法，定义控制器输出

$$u(k) = -[K_1 \quad K_2 \quad \cdots \quad K_n]\boldsymbol{x}(k) = -\boldsymbol{K}\boldsymbol{x}(k)$$

$\boldsymbol{K}$ 为反馈增益矩阵。

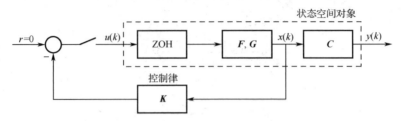

图 6-4　带状态反馈的单输入单输出系统

将 $u(k) = -\boldsymbol{K}\boldsymbol{x}(k)$ 代入描述方程，得

$$\boldsymbol{x}(k+1) = (\boldsymbol{F} - \boldsymbol{G}\boldsymbol{K})\boldsymbol{x}(k)$$

求 Z 变换，有

$$z\boldsymbol{X}(z) = (\boldsymbol{F} - \boldsymbol{G}\boldsymbol{K})\boldsymbol{X}(z)$$

由此，得到闭环系统的特征方程

$$\alpha(z) = \left| z\boldsymbol{I} - \boldsymbol{F} + \boldsymbol{G}\boldsymbol{K} \right| = 0$$

式中，$\boldsymbol{I}$ 为 $n \times n$ 维单位矩阵。

假设系统的期望极点为 $z_i = \beta_i$（$i = 1, 2, \cdots, n$），得到系统的期望特征方程

$$\alpha_c(z) = (z - \beta_1)(z - \beta_2)\cdots(z - \beta_n) = 0$$

比较闭环系统的特征方程和期望特征方程，令两式对应系数相等，即可解得未知增益矩阵 $\boldsymbol{K}$。

与 Ragazzini 法不同，极点配置只根据系统的期望响应选择闭环极点，而不需要考虑被控对象自身的零极点分布，因此在改善系统动态特性方面有更大的自由度。

【例 6-4】对于单输入系统，给定二阶系统的状态方程

$$\begin{bmatrix} x_1(k+1) \\ x_2(k+1) \end{bmatrix} = \begin{bmatrix} 0 & 0.1 \\ 0 & 1 \end{bmatrix} \begin{bmatrix} x_1(k) \\ x_2(k) \end{bmatrix} + \begin{bmatrix} 0.005 \\ 1 \end{bmatrix} u(k)$$

试设计状态反馈控制律，使闭环极点为 $z_{1,2} = 0.8 \pm 0.25\mathrm{j}$。

由题目知，闭环系统的期望特征方程

$$\alpha(z) = (z - z_1)(z - z_2) = z^2 - 1.6z + 0.6 = 0$$

设反馈增益矩阵 $\boldsymbol{K} = [K_1 \quad K_2]$，则有

$$\alpha_c(z) = \left| z\boldsymbol{I} - \boldsymbol{F} + \boldsymbol{G}\boldsymbol{K} \right| = z^2 - (2 - 0.005K_1 - 0.1K_2)z + (1 - 0.005K_1 - 0.1K_2) = 0$$

于是，有

$$\begin{cases} 2 - 0.005K_1 - 0.1K_2 = 1.6 \\ 1 - 0.005K_1 - 0.1K_2 = 0.6 \end{cases}$$

解得 $K_1 = 10$，$K_2 = 3.5$。于是，所求反馈增益矩阵为 $\boldsymbol{K} = [10 \quad 3.5]$。

例 6-4 中的控制器可以通过图 6-5 所示系统实现。图 6-5（a）所示系统中，假定传感器的增益为单位 1，而这些增益实际上可能并不为 1。因此，实际系统应该调整为图 6-5（b）所示的结构，以根据回路实际增益调整控制律。

6.5.1.2　反馈增益矩阵求解方法

极点配置的实质是通过反馈增益矩阵 $\boldsymbol{K}$ 将系统的闭环极点移动到期望位置，从而改善系统动态特性。因此，反馈增益矩阵 $\boldsymbol{K}$ 的求解将是极点配置的重点。

最直接的方法是比较闭环系统特征方程和期望特征方程的系数，利用待定系数法求解反馈增益矩阵 $\boldsymbol{K}$，如 6.5.1.1 节所述。这种方法容易理解，但过程烦琐，运算量大，且不容易通过计算机实现。

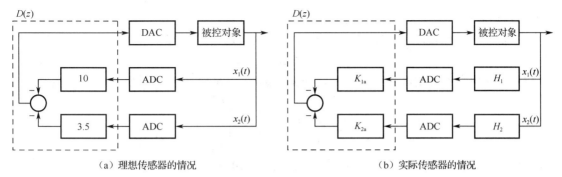

（a）理想传感器的情况　　　　　　　　　　（b）实际传感器的情况

图 6-5　极点配置的硬件实现

也可以先对被控对象的描述方程进行非奇异变换，转换为所谓的能控标准型后，再计算反馈增益矩阵。

以图 6-4 为例。假设被控对象的描述方程为 $\boldsymbol{x}(k+1) = \boldsymbol{F}\boldsymbol{x}(k) + \boldsymbol{G}u(k)$，则反馈增益矩阵的计算步骤如下：

（1）取变换矩阵 $\boldsymbol{T} = \boldsymbol{M}\boldsymbol{W}$，将被控对象的描述方程变换为能控标准型

$$\overline{\boldsymbol{x}(k+1)} = \overline{\boldsymbol{F}}\,\overline{\boldsymbol{x}}(k) + \overline{\boldsymbol{G}}u(k)$$

式中

$$\boldsymbol{M} = [\boldsymbol{G} \quad \boldsymbol{F}\boldsymbol{G} \quad \cdots \quad \boldsymbol{F}^{n-1}\boldsymbol{G}]$$

$$\boldsymbol{W} = \begin{bmatrix} a_1 & a_2 & \cdots & a_{n-1} & 1 \\ a_2 & a_3 & \cdots & 1 & 0 \\ \vdots & \vdots & & \vdots & \vdots \\ a_{n-1} & 1 & \cdots & 0 & 0 \\ 1 & 0 & \cdots & 0 & 0 \end{bmatrix}$$

$$\overline{\boldsymbol{F}} = \boldsymbol{T}^{-1}\boldsymbol{F}\boldsymbol{T} = \begin{bmatrix} 0 & 1 & 0 & \cdots & 0 & 0 \\ 0 & 0 & 1 & \cdots & 0 & 0 \\ \vdots & \vdots & \vdots & & \vdots & \vdots \\ 0 & 0 & 0 & \cdots & 0 & 1 \\ -a_0 & -a_1 & -a_2 & \cdots & -a_{n-2} & -a_{n-1} \end{bmatrix}$$

$$\overline{\boldsymbol{G}} = \boldsymbol{T}^{-1}\boldsymbol{G} = \begin{bmatrix} 0 \\ 0 \\ \vdots \\ 0 \\ 1 \end{bmatrix}$$

（2）取反馈增益矩阵 $\overline{\boldsymbol{K}} = [K_1 \quad K_2 \quad \cdots \quad K_n]$，写出闭环系统的特征方程

$$\begin{aligned} \alpha(z) &= \left| z\boldsymbol{I} - \overline{\boldsymbol{F}} + \overline{\boldsymbol{G}}\,\overline{\boldsymbol{K}} \right| \\ &= z^n + (a_{n-1} + K_n)z^{n-1} + (a_{n-2} + K_{n-1})z^{n-2} + \cdots + (a_1 + K_2)z + (a_0 + K_1) \\ &= 0 \end{aligned}$$

（3）写出闭环系统的期望特征方程

$$\begin{aligned} \alpha_c(z) &= (z - \beta_1)(z - \beta_2)\cdots(z - \beta_n) \\ &= z^n + \alpha_{n-1}z^{n-1} + \alpha_{n-2}z^{n-2} + \cdots + \alpha_1 z + \alpha_0 \\ &= 0 \end{aligned}$$

式中，β_i（$i=1,2,\cdots,n$）是系统期望的极点。

（4）比较$\alpha(z)$和$\alpha_c(z)$，确定反馈增益矩阵

$$\overline{K}=[\alpha_0-a_0 \quad \alpha_1-a_1 \quad \cdots \quad \alpha_{n-1}-a_{n-1}]$$

【例6-5】考虑线性定常系统$x(k+1)=Fx(k)+Gu(k)$。式中，

$$F=\begin{bmatrix}0 & 1 & 0\\0 & 0 & 1\\-1 & -5 & -6\end{bmatrix}, G=\begin{bmatrix}0\\0\\1\end{bmatrix}$$

试设计反馈增益矩阵$\overline{K}$，使闭环系统极点为$-2\pm4j$和-10。

由题目知，系统是能控标准型的，其特征多项式

$$\alpha(z)=|zI-F|=z^3+6z^2+5z+1$$

闭环系统的期望特征多项式

$$\alpha_c(z)=(z+2-4j)(z+2+4j)(z+10)=z^3+14z^2+60z+200$$

比较以上两式，得到能控标准型下的反馈增益矩阵

$$\overline{K}=[\alpha_0-a_0 \quad \alpha_1-a_1 \quad \alpha_2-a_2]=[199 \quad 55 \quad 8]$$

更常用的方法是使用阿克曼（Ackermann）公式求解，步骤如下：

（1）写出闭环系统的期望特征方程

$$\begin{aligned}\alpha_c(z)&=(z-\beta_1)(z-\beta_2)\cdots(z-\beta_n)\\&=z^n+\alpha_{n-1}z^{n-1}+\alpha_{n-2}z^{n-2}+\cdots+\alpha_1z+\alpha_0\\&=0\end{aligned}$$

（2）依据$\alpha_c(z)$的期望系数构建矩阵多项式

$$\alpha_c(F)=F^n+\alpha_{n-1}F^{n-1}+\alpha_{n-2}F^{n-2}+\cdots+\alpha_1F+\alpha_0I=0$$

（3）使用阿克曼公式计算反馈增益矩阵

$$K=[0 \quad 0 \quad \cdots \quad 0 \quad 1][G \quad FG \quad \cdots \quad F^{n-1}G]^{-1}\alpha_c(F)$$

【例6-6】用阿克曼公式重新求解例6-5。

由题目可以确定闭环系统的期望特征多项式

$$\alpha_c(z)=(z+2-4j)(z+2+4j)(z+10)=z^3+14z^2+60z+200$$

于是，有

$$\alpha_c(F)=F^3+\alpha_2F^2+\alpha_1F+\alpha_0I=\begin{bmatrix}199 & 55 & 8\\-8 & 159 & 7\\-7 & -43 & 117\end{bmatrix}$$

所以，反馈增益矩阵

$$K=[0 \quad 0 \quad 1][G \quad FG \quad F^2G]^{-1}\alpha_c(F)=[199 \quad 55 \quad 8]$$

不管使用哪种方法，在进行极点配置时都应注意：

（1）$M=[G \quad FG \quad \cdots \quad F^{n-1}G]$可逆是极点配置的充分必要条件。

（2）应用极点配置法时，应在z平面选定闭环系统的期望极点；如果系统的期望极点是在s平面给出的，则应先将其映射到z平面。

（3）理论上，反馈增益越大，系统频带越宽，快速性越好，但也容易导致执行元件饱和，使系统性能降低。因此，在选择反馈增益矩阵时需考虑反馈增益物理实现的可能性。

（4）n维控制系统需要配置n个期望极点。

（5）期望极点应是物理上可实现的，即为实数或共轭复数对。

（6）选取期望极点位置时，需考虑它们与零点分布状况的关系，以及对系统品质的影响（离虚轴的位置）。具体说来，离虚轴较近的主导极点收敛慢，对系统性能影响大；离虚轴较远的极点收敛快，对系统性能只有极小的影响。

6.5.2　状态估计

极点配置法需要检测被控对象的所有状态，但在实际工程中，大多数系统只能测量输出变量，无法满足全状态反馈的要求。在这种情况下，需要对不能直接测量的状态变量进行估计。

6.5.2.1　状态观测器的原理

根据被控对象可用信息估计其状态的系统就称为状态观测器。实际应用中，它是一组通过计算机求解的差分方程，可以根据系统输出和控制输出来估算或观测系统的状态变量。

构成状态观测器的方法依需求的不同而有差别。最简单的是开环观测器（见图 6-6）。这种观测器实质上是一个对被观测系统复制得到的模型，但状态变量可以直接输出。

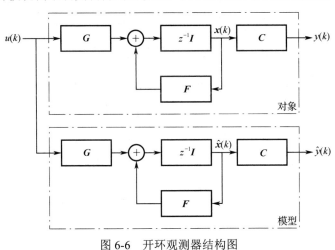

图 6-6　开环观测器结构图

假设开环观测器的数学模型为

$$\hat{x}(k+1) = F\hat{x}(k) + Gu(k)$$

则开环观测器的估计误差

$$
\begin{aligned}
e(k+1) &= x(k+1) - \hat{x}(k+1) \\
&= [Fx(k) + Gu(k)] - [F\hat{x}(k) + Gu(k)] \\
&= F[x(k) - \hat{x}(k)]
\end{aligned}
$$

可见，只要开环观测器的初始条件和被观测系统相同，开环观测器输出就可以作为系统状态的精确估计。

但是，这个条件往往很难满足。而且，开环观测器抗外界干扰的特性和对参数变动的灵敏度也很差。这些因素都决定了开环观测器不可能产生良好的状态估计。实际上，很多系统同时用输出量 $y(k)$ 和控制量 $u(k)$ 估计系统状态 $\hat{x}(k)$，并通过反馈控制估计质量，如图 6-7 所示。

图 6-7 确定的预测观测器可以描述为

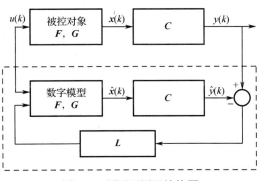

图 6-7　预测观测器结构图

$$\hat{x}(k+1) = F\hat{x}(k) + Gu(k) + L[y(k) - C\hat{x}(k)]$$
$$= (F - LC)\hat{x}(k) + Gu(k) + Ly(k)$$

式中，L 为预测观测器增益矩阵，相当于图 6-4 中反馈增益矩阵 K，求法也与之相同，此处不再赘述。

实现无误差估计时，上式可简化为

$$\hat{x}(k+1) = F\hat{x}(k) + Gu(k)$$
$$y(k) - \hat{y}(k) = 0$$

它与系统的状态方程相同。因此，预测观测器的响应与原系统完全相同。

6.5.2.2 带状态观测器的控制系统

现在将极点配置和状态观测器联系起来，考虑带状态观测器的控制系统。

图 6-8 中，假设状态观测器的方程为

$$\hat{x}(k+1) = (F - LC)\hat{x}(k) + Gu(k) + Ly(k)$$

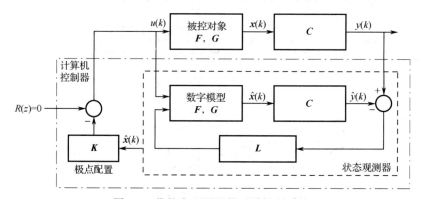

图 6-8　带状态观测器的反馈控制系统

定义控制律为 $u(k) = -K\hat{x}(k)$。于是，有

$$\hat{x}(k+1) = (F - LC - GK)\hat{x}(k) + Ly(k)$$

做 Z 变换，得

$$z\hat{X}(z) = (F - LC - GK)\hat{X}(z) + LY(z)$$
$$\hat{X}(z) = (zI - F + LC + GK)^{-1}LY(z)$$
$$U(z) = -K\hat{X}(z) = -K(zI - F + LC + GK)^{-1}LY(z)$$

由此，得到数字控制器的脉冲传递函数

$$D(z) = \frac{U(z)}{Y(z)} = -K(zI - F + LC + GK)^{-1}L$$

接下来，讨论状态观测器对闭环系统特征方程的影响。

假设系统的状态方程和输出方程分别为

$$x(k+1) = Fx(k) + Gu(k)$$
$$y(k) = Cx(k)$$

状态观测器的状态方程和输出方程分别为

$$\hat{x}(k+1) = F\hat{x}(k) + Gu(k) + L[y(k) - C\hat{x}(k)]$$
$$\hat{y}(k) = C\hat{x}(k)$$

于是，状态重构误差

$$e(k+1) = x(k+1) - \hat{x}(k+1)$$

继而得到观测误差的状态方程

$$e(k+1) = Fx(k) + Gu(k) - F\hat{x}(k) - Gu(k) - L[y(k) - C\hat{x}(k)]$$
$$= Fx(k) + Gu(k) - F\hat{x}(k) - Gu(k) - L[Cx(k) - C\hat{x}(k)]$$
$$= (F - LC)e(k)$$

上式表明，误差信号的动态特性是由特征方程的特征值决定的。或者说，状态重构误差的动态性能取决于特征方程根的分布。若 $F - LC$ 快速收敛，则对于任何初始误差，$e(k)$ 都将快速收敛到零。因此，只要适当地选择增益矩阵 L，就可以获得要求的状态重构性能。

如果联立 $x(k)$ 和 $e(k)$，那么可以把系统的状态方程重新写为

$$\begin{bmatrix} x(k+1) \\ e(k+1) \end{bmatrix} = \begin{bmatrix} F - GC & GC \\ 0 & F - LC \end{bmatrix} \begin{bmatrix} x(k) \\ e(k) \end{bmatrix}$$

其特征方程为

$$|zI - F + GC||zI - F + LC| = \alpha_c(z)\alpha_e(z) = 0$$

上式说明：闭环系统特征方程的根包括两部分，一部分通过极点配置获得，另一部分则由状态观测器决定。两部分相互独立，可以分别设置。

因此，在选择增益矩阵 L 时，可以只考虑状态观测器的需求，通常遵循以下原则：

（1）通常选择状态观测器极点的最大时间常数为控制系统最小时间常数的 1/4～1/2，并由此确定状态观测器的增益矩阵 L。

（2）状态观测器极点时间常数越小，观测值越能够快速收敛到真实值，增益矩阵 L 也越大。而增益过大将增大测量噪声，降低状态观测器平滑滤波能力，增大观测误差。

（3）状态观测器输出与对象输出接近时，L 的修正作用较小，故可以选择小一些的 L。

（4）当对象参数不准或观测值与真实值偏差较大时，应选择大一些的 L。

（5）测量值受到严重干扰时，应选择小一些的 L。

6.5.2.3　实时观测器

预测观测器对 $k+1$ 采样时刻的估计 $\hat{x}(k+1)$ 依赖于 k 采样时刻对 $y(k)$ 的测量，二者之间存在一个采样周期大小的固定时延。这使得控制器输出只包含对前一个采样时刻状态的响应，无法完全体现对当前时刻状态的控制作用。

为了获得更好的实时性，考虑改良预测观测器。

假设系统模型为

$$x(k+1) = Fx(k) + Gu(k)$$
$$y(k) = Cx(k)$$

为了用 $\hat{x}(k)$ 估计 $x(k)$，首先构建方程

$$\hat{x}(k+1) = F\hat{x}(k) + Gu(k)$$

表示基于当前时刻系统状态和控制输出而进行的预测估计。

进而构建方程

$$x(k+1) = \hat{x}(k+1) + F\hat{x}(k) + L[y(k+1) - C\hat{x}(k+1)]$$

表示利用 $k+1$ 时刻的系统实测值对预测结果进行修正。式中，预测观测器增益矩阵 L 表现为测量值与期望值之间的差值在 $k+1$ 时刻的权重。

将预测结果代入修正公式，得

$$x(k+1) = (F - LCF)\hat{x}(k) + (G - LCG)u(k) + Ly(k+1)$$

于是，得到实时观测器的特征方程

$$|zI - F + LCF| = 0$$

与预测观测器相同，它也由系统的期望极点决定，可以表示为

$$\alpha_e(z) = (z - \beta_1)(z - \beta_2)\cdots(z - \beta_n)$$
$$= z^n + \alpha_{n-1}z^{n-1} + \alpha_{n-2}z^{n-2} + \cdots + \alpha_1 z + \alpha_0$$
$$= 0$$

β_i（$i = 1, 2, \cdots, n$）是系统的期望极点，取决于用户对观测误差衰减过程的要求。

同样，可以利用阿克曼公式计算实时观测器的增益矩阵 $\boldsymbol{L}$：

$$\boldsymbol{L} = \alpha_e(\boldsymbol{F})\boldsymbol{W}_o^{-1}[0 \quad 0 \quad \cdots \quad 1]^{\mathrm{T}}$$

式中

$$\alpha_e(\boldsymbol{F}) = \boldsymbol{F}^n + \alpha_{n-1}\boldsymbol{F}^{n-1} + \alpha_{n-2}\boldsymbol{F}^{n-2} + \cdots + \alpha_1\boldsymbol{F} + \alpha_0\boldsymbol{I}$$
$$\boldsymbol{W}_o = [\boldsymbol{CF} \quad \boldsymbol{CF}^2 \quad \cdots \quad \boldsymbol{CF}^n]^{\mathrm{T}}$$

6.5.3 能控性和能观性

在 6.5.2 节中，无论是极点配置还是观测器设计，都需要利用阿克曼公式完成。前者要求矩阵 $[\boldsymbol{G} \quad \boldsymbol{FG} \quad \cdots \quad \boldsymbol{F}^{n-1}\boldsymbol{G}]$ 的逆矩阵必须存在，后者要求矩阵 $[\boldsymbol{C} \quad \boldsymbol{CF} \quad \cdots \quad \boldsymbol{CF}^{n-1}]^{\mathrm{T}}$ 的逆矩阵必须存在。而这两个矩阵的逆矩阵是否存在，可以通过系统的能控性和能观性来描述。

能控性和能观性是状态空间解析和设计的两个基本概念。前者讨论系统在无约束控制向量的作用下，是否能够在有限时间内从初始状态转移到任意指定状态；而后者则是在系统输出和控制序列已经确定的条件下，讨论系统状态是否可以用有限时间的输出序列和控制序列表示。

6.5.3.1 状态能控性

状态能控性讨论的是系统输入控制状态空间中任意初始状态运动到坐标原点（平衡态）的能力。

与线性连续系统状态能控性问题一样，对线性离散系统的状态能控性问题，也可只考虑系统状态方程，而与输出方程和输出变量无关。

能控性定义

线性定常离散系统

$$\boldsymbol{X}(k+1) = \boldsymbol{FX}(k) + \boldsymbol{G}u(k)$$

若对某个初始状态 $\boldsymbol{X}(0)$，存在控制序列 $\{u(0), u(1), u(2), \cdots, u(n)\}$，使系统在第 n 步到达原点，即 $\boldsymbol{X}(n) = 0$，则称状态能控。

若状态空间中所有状态都能控，则称系统状态完全能控；否则称系统状态不完全能控，简称系统状态不能控。

可以证明：若离散系统在 n 步之内不存在满足要求的控制作用，则在 n 步以后也不存在控制作用使状态在有限步之内控制到原点。故在定义中，只要求系统在 n 步之内寻找控制作用，使得系统状态在第 n 步到达原点。

对于前述系统，当且仅当矩阵 $[\boldsymbol{G} \quad \boldsymbol{FG} \quad \cdots \quad \boldsymbol{F}^{n-1}\boldsymbol{G}]$ 满秩时，系统状态才是完全能控的。

【例 6-7】判断给定离散系统的状态能控性。

$$\boldsymbol{X}(k+1) = \begin{bmatrix} 1 & 2 & -2 \\ 0 & 1 & 0 \\ 1 & -4 & 3 \end{bmatrix}\boldsymbol{X}(k) + \begin{bmatrix} 0 \\ 0 \\ 1 \end{bmatrix}u(k)$$

由题目，可以确定系统状态能控性判别矩阵

$$[\boldsymbol{G} \quad \boldsymbol{FG} \quad \boldsymbol{F}^2\boldsymbol{G}] = \begin{bmatrix} 0 & -2 & -8 \\ 0 & 0 & 0 \\ 1 & 3 & 7 \end{bmatrix}$$

很明显，能控性判别矩阵的秩小于 3。因此，给定离散系统状态不完全能控。

6.5.3.2　状态能观性

与线性连续系统一样，线性离散系统的状态能观性只与系统输出 $y(k)$、系统矩阵 G 和输出矩阵 C 有关，因此，只需考虑齐次状态方程和输出方程。

能观性定义

对线性定常离散系统

$$X(k+1) = GX(k)$$
$$y(k) = CX(k)$$

若根据 n 个采样周期的输出序列 $\{y(0), y(1), y(2), \cdots, y(n-1)\}$ 能唯一确定系统的初始状态 $X(0)$，则称状态能观。

若对状态空间中的所有状态都能观，则称系统状态完全能观；若存在某个状态不满足上述条件，称此系统是状态不完全能观的，简称系统状态不能观。

上述定义只要求依据 n 个采样周期内的输出来确定系统状态。

同样可以证明：如果由 n 个采样周期内的输出序列不能唯一确定系统的初始状态，则由多于 n 个采样周期的输出序列也不能唯一确定系统的初始状态，故定义只要求依据 n 个采样周期内的输出来确定系统状态。

对于前述系统，当且仅当矩阵 $[\begin{matrix} C & CF & \cdots & CF^{n-1} \end{matrix}]^{\mathrm{T}}$ 满秩时，系统才是完全能观的。

【例 6-8】判断给定离散系统的状态能观性。

$$X(k+1) = \begin{bmatrix} 1 & 2 & -2 \\ 0 & 1 & 0 \\ 1 & -4 & 3 \end{bmatrix} X(k) + \begin{bmatrix} 0 \\ 0 \\ 1 \end{bmatrix} u(k)$$

$$y(k) = [\begin{matrix} 0 & 0 & 1 \end{matrix}] X(k)$$

由题目，可以确定系统的状态能观性判别矩阵

$$\begin{bmatrix} C \\ CF \\ CF^2 \end{bmatrix} = \begin{bmatrix} 0 & 0 & 1 \\ 1 & -4 & 3 \\ 4 & -14 & 7 \end{bmatrix}$$

因为 $\mathrm{rank} \begin{bmatrix} C \\ CF \\ CF^2 \end{bmatrix} = 3$，所以系统状态能观。

6.6　线上学习：倒立摆的控制（基于数字设计方法）

6.6.1　层次化设计

LabVIEW 是一种图形化编程语言，程序编写是通过定义功能节点并将其连接成信号处理网络完成的；直观、易学，很适合非计算机专业的技术人员使用。

但 LabVIEW 易学难精。一般说来，LabVIEW 的应用练习往往因为功能节点数量少，逻辑有限，而使得编程过程相对烦琐，无法表现其优越性；其工程应用则因为功能节点数量多，逻辑复杂，容易使程序框图占用过多的阅读空间，导致连线混乱，拓扑结构模糊，逻辑关系含混不清，最终降低程序的执行效率和可读性。

因此，对于 LabVIEW 用户，熟练掌握结构化软件设计方法尤为重要。而对非计算机专业的技术人员来说，通过模块化结构完成层次化设计是一个比较好的选择。

　　所谓层次化设计，就是把信号处理网络中若干联系密切、功能相关的功能节点单独封装，建立信号的分层处理结构，从而使复杂功能网络分割为若干简单功能网络。这种方法不仅可以减小程序框图的复杂度，增强代码可读性，更重要的是，可以对某些通用的信号处理功能进行重构和复用，从而大幅提高程序设计效率。

6.6.1.1　LabVIEW 的层次结构

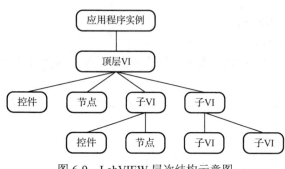

图 6-9　LabVIEW 层次结构示意图

　　LabVIEW 采用了面向对象的层次化设计方法，LabVIEW 层次结构示意图如图 6-9 所示。

　　最上方的根部是 LabVIEW 开发系统创建并在 LabVIEW 运行环境中执行的应用程序实例，可以理解为用户创建的 VI 应用程序的运行环境，适用于 LabVIEW 项目的各个终端。

　　其下方的顶层 VI 是应用程序入口，类似于 C 语言的 main 函数，是用户与应用程序交互的界面。它包含了用户所创建应用的全部信号处理功能，是用户编写的 VI 程序。

　　顶层 VI 调用的独立 VI 称为子 VI。它是一组封装好的图形代码，可以实现应用程序的某个具体功能，类似于 C 语言的函数。

　　从图 6-9 可以看出，顶层 VI 和子 VI 都是由控件和节点组成的可独立运行的程序，都包括图标和连线板，二者之间没有明显的分界线。也就是说，任何一个 VI，既可以用作顶层 VI，也可以用作子 VI。这是 LabVIEW 与其他编程语言的不同之处。

　　如果硬要区分的话，可以从连线板考虑：对于子 VI，连线板是必需的，是子 VI 与上一级 VI 进行信息交互的通道；而对于顶层 VI，可以不需要连线板。

6.6.1.2　数据结构的层次化

　　LabVIEW 虽然是图形化程序设计语言，但背后仍是数据的定义和处理。因此，组织和使用数据仍然是使用 LabVIEW 最需要注意的问题。

　　一方面，软件运行速度是与数据的内存使用成反比的。良好的数据结构有助于提高内存使用效率，加快数据存储访问速度，提高程序的运行速度。另一方面，LabVIEW 的控件和程序框图都是数据的可视化表现，是数据组织和处理过程的不同表现形式。良好的数据结构有助于减少前面板控件和程序框图连线的数量，有利于前面板和程序框图的层次化设计，便于提高人机交互界面和程序框图的可读性。

　　数据结构应在程序开发的设计阶段就开始规划，并以简单、高效、有意义作为最基本的原则。考虑到 VI 是数据流驱动的应用，技术人员应该先确定系统的输入和输出，分析其来源和目的，明确数据所代表的信号类型、量程、精度等信息，并进行数据评估。接下来，可以根据评估结果分配数据，把需要与环境交互的数据（如人机交互数据、数据采集设备信息、文件交互数据等）分配为前面板控件，而不需要与环境交互的数据（如运算常量、固定不变的设备信息等）则分配为程序框图节点。最后，定义数据的属性，并开始进行程序设计。

6.6.1.3　前面板的层次化

　　VI 前面板具有传统仪器操作/显示面板的功能，也是图形化的程序界面。作为传统仪器操作/显示面板使用时，VI 前面板适用于布置应用程序运行过程中持续使用的信源和信宿，作为图形化程序界面使用时，VI 前面板则适用于布置应用程序某个运行阶段使用的信源和信宿。

　　信源和信宿所使用的控件类型取决于数据本身。一般来说，简单数据应优先选择布尔、数值等控件，由简单数据构成的复杂数据应优先选择数组控件或簇控件，而由简单数据和复杂数据联合构成的有意义的数据，则可以考虑选用时间戳、矩阵、波形、变体等高级控件。

不同数据类型有不同的存储格式，占据大小不同的存储空间。读者可以查阅 LabVIEW 帮助文件的"LabVIEW 如何在内存中保存数据"主题，此处不再赘述。

对于应用程序临时使用的信源和信宿，可以考虑用以下方法组织数据。

1）限制控件的作用域

动态修改控件属性，使其仅在某个特定的工作阶段可用。详见 LabVIEW 帮助文件的"基础→以编程方式控制 VI→概念→控制前面板对象"主题。

2）使用选项卡

选项卡控件位于前面板的"控件→新式→容器"选板，包含多个相对独立的面板空间（选项卡），每个选项卡都相当于一个小的前面板，如图 6-10 所示。

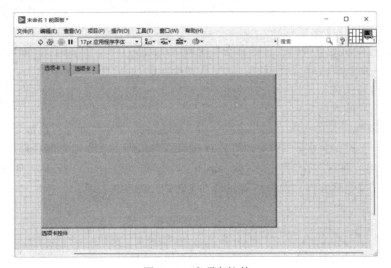

图 6-10　选项卡控件

当前面板控件较多时，可以对前面板需要显示的内容进行分类，将其分别放置在不同的页面上，每次只显示一个类别的内容；当程序功能比较复杂时，也可以对程序功能进行分组，将每个功能组看作一个独立 VI，并通过一个页面实现。

选项卡控件使用选项卡标签切换不同的选项卡，其数据类型是枚举类型，即用数值表示的文本。因此，选项卡控件可以直接连接条件结构的条件输入端，也可以直接连接数值控件或参与数值运算。

默认情况下，选项卡标签位于选项卡控件的顶部，可以通过右键菜单的"高级→选项卡位置"命令，将其移动到选项卡控件的底部、左侧或右侧。

使用右键菜单的"高级→选项卡布局"命令可以选择选项卡标签的外观，有"仅文本""仅图像""图像—文本""文本—图像"四种选择，默认为"仅文本"形式。如果选择了包含图像的方式，需要用户把图像导入剪切板，再通过"高级→选项卡布局→从剪切板导入图像"命令完成配置。

也可以使用右键菜单的"高级→选项卡大小"命令来调整选项卡外观，有"根据内容调整选项卡大小"、"根据最大选项卡调整选项卡大小"和"固定选项卡大小"三种选择，默认为"根据内容调整选项卡大小"形式。

3）使用子 VI

子 VI 是在其他程序框图中使用的 VI，类似于文本编程语言的子程序。其创建与配置方法见

LabVIEW 帮助文件的"基础→创建 VI 和子 VI→概念→创建模块化代码"主题。

在 LabVIEW CDS 模块中，可以用仿真子系统（Simulation Subsystem）代替子 VI。仿真子系统是一种仿真图代码的模块化封装方法，允许用户将多个仿真函数和 VI 组合为一个相对独立的子系统。

仿真子系统可以在控件与仿真循环外部使用，或者说，可以脱离控件与仿真循环使用，因为其内部封装有控件与仿真循环。此时，每次调用仿真子系统只能得到一个时间步的解。

仿真子系统也可以在控件与仿真循环内部使用。此时，仿真子系统内部封装的控件与仿真循环将继承上一级 VI 的仿真参数设置。

6.6.1.4　程序框图的层次化

程序框图的层次化过程与前面板类似，因为它和前面板一样，都是数据的图形化表示。

前面讲过，程序框图类似于传统仪器的线路板，程序框图的功能节点相当于线路板的分立元件，函数或子 VI 则相当于集成电路。

图形化编程时，一定不要把程序框图看作无限大的绘图空间，而应把它当作固定大小的线路板，有意识地使用结构化程序设计方法，限制程序框图的绘制空间。

LabVIEW 中，常用的程序设计结构是循环结构和条件结构。这两种结构可以视为叠层电路板，是信号处理过程在空间域的形式化表现。

以循环结构为例。现实世界中，从接收信号开始到完成信号处理过程，需要一段时间。假设这个处理过程用一个时间片表示，整个信号处理就可以表示为一系列沿时间轴顺序排列的时间片，如图 6-11（a）所示。如果每个时间片对应 LabVIEW 循环过程的一个循环体，则图 6-11（b）中，层叠的 While 循环就是现实世界信号处理过程在 LabVIEW 中的表现。

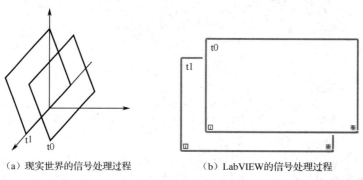

（a）现实世界的信号处理过程　　　　（b）LabVIEW 的信号处理过程

图 6-11　信号处理过程示意图

因此，在设计 VI 时，首先要分析数据流，找出需要 VI 持续完成的信号处理过程，并尽量把它安排在一个循环结构中；其他需要 VI 在特定条件下触发的信号处理任务，则可以安排在条件结构中。

分配任务后，只需要依次编写每个处理过程的图形化程序，就可以用有限空间的数据流描述无限时间的信号处理过程。

编程期间，如果某个程序设计结构占用的空间超出预期，可以考虑使用子 VI 以减少空间占用。

子系统类似于集成电路，是经过封装的若干功能节点的组合。它可以分为两个层次：顶层是用户可见的输入/输出端子，底层是对用户隐藏的真实逻辑结构。因此，子系统具有等效于原模块组合的功能，但占用空间小、复用性强，因为用户不需要了解其内部逻辑，只需要将其作为一个功能节点使用。

6.6.2　车杆问题及求解

下面以车杆问题为例，介绍使用层次化设计求解控制问题的基本方法。

5.5.2 节给出了车杆模型的串级控制系统结构图（见图 5-28）。用状态反馈控制代替串级控制，将系统结构图重绘，如图 6-12 所示。

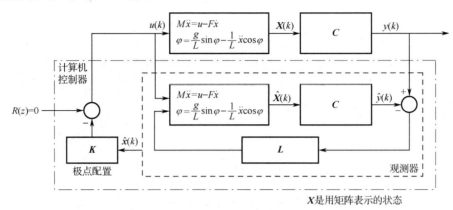

图 6-12　车杆模型的状态反馈控制系统结构图

由图 6-12 可知，车杆模型控制系统包括两个子系统：车杆模型和控制器。其中，车杆模型除要求来自控制器的输入 $u(k)$ 外，还需要用户输入模型参数和控制要求，其输出则是车杆的位移 $y(k)$；而控制器则根据 $R(z)$ 和 $y(k)$，实时计算控制器输出。

据此，可分配数据结构如下。

车杆模型参数：前面板输入/程序框图数值常量，浮点型数据。

控制要求：前面板输入/程序框图数值常量，浮点型数据。

车杆位移：前面板输出，浮点型数组/波形数据。

控制器输入：程序框图变量，浮点型数据/数组。

控制器输出：程序框图变量，浮点型数据/数组。

程序运行期间，程序的主要任务是实时仿真车杆运动，即周期性地刷新车杆模型的状态参数。但在执行任务之前，需要有程序启动和初始化的过程，以分配任务资源；任务结束之后，需要有程序退出的过程，以回收任务资源；在任务执行期间，需要响应用户输入的模型参数和控制指标。这几个任务都是临时性任务，有的只执行一次，有的只在特定条件下执行。

据此，可将实时仿真任务分配为主循环，其他任务则依据触发条件分配。任务分配后，即可仿照例 5-11 设计 VI。

本节不打算继续介绍 VI 设计的步骤，而准备结合 LabVIEW 例程，介绍一下层次化设计方法在 VI 设计中的具体应用。

打开 CDEx Cart-Pole Control and Simulation.vi，并进入其程序框图，可以看到图 5-29 所示的程序框图。

图 5-29 包括五个功能节点，由左向右依次是：数值常量 0（整型）、全局变量 Tab、循环结构、控件与仿真循环结构和简易错误处理器 VI。因此，仿真程序将顺序执行以下任务：

（1）程序启动时，完成初始化，分配整型数值常量 0；

（2）初始化选项卡控件，将其转换到第一个页面；

（3）等待用户输入仿真命令（切换选项卡页面）；

（4）仿真车杆运动，并实时刷新仿真数据，直到用户按下"Stop"按钮；

（5）回收任务资源，并退出程序，如有错误则启动默认的处理程序。

此时 VI 的前面板如图 6-13 所示。它用选项卡控件的两个页面区分任务阶段，不仅能够保持前面板的简洁，而且能够引导用户操作。各控件由相应数据的属性决定，没有太多的选择余地。但控件布局和外观设计应尽量遵循人机交互原则。

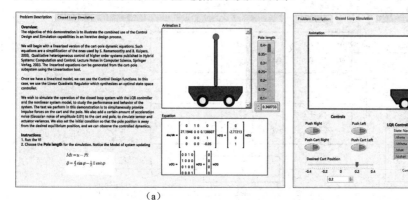

（a）　　　　　　　　　　　　　　　（b）

图 6-13　CDEx Cart-Pole Control and Simulation.vi 的前面板

使用菜单命令"查看→VI 层次结构"，得到图 6-14 所示窗口，该窗口列出了当前 VI 的层次结构及各层次之间的关系，包括所用到的库和库内的 VI。

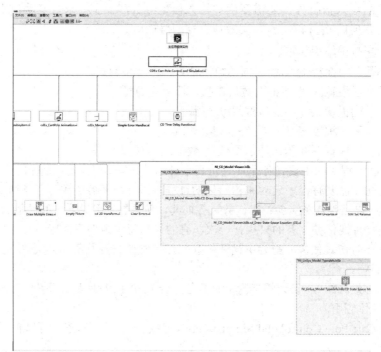

图 6-14　CDEx Cart-Pole Control and Simulation.vi 的层次结构及各层次之间的关系

如果不包含 VI 库，CDEx Cart-Pole Control and Simulation.vi 的层次结构如图 6-15 所示。可见，它包含四个子 VI，由左至右依次是 cdEx_Cart-pole subsystem.vi、cdEx_Merge.vi、cdEx_CartPole Animation.vi 和 cdEx_SIM Linearizer ABCD.vi，依次完成车杆模型建构、车杆问题数据建构、车杆模型仿真动画绘制和车杆模型线性化的任务。读者可以根据自己的需要修改或使用这些子 VI。

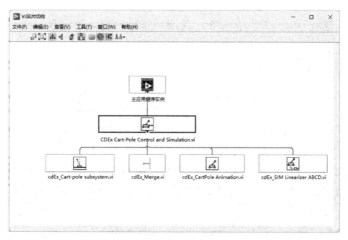

图 6-15　CDEx Cart-Pole Control and Simulation.vi 的层次结构（不含 VI 库）

CDEx Cart-Pole Control and Simulation.vi 使用线性二次型控制器（Linear Quadratic Regulator，LQR）解决车杆问题。它是一类在极点配置基础上发展起来的最优控制器，本节并未介绍，有兴趣的读者可以自行查阅相关资料。

本例中，读者只需要用自己设计的状态反馈控制器代替 LQR（见图 6-16），就可以使用例程完成前述设计任务。而这也是层次化设计最大的优势。

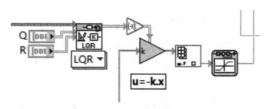

图 6-16　CDEx Cart-Pole Control and Simulation.vi 的 LQR

6.7　练习题

6-1　什么是数字设计方法？它有什么优势？

6-2　列举数字设计方法的设计步骤。

6-3　比较模拟设计方法和数字设计方法的异同，并举例说明。

6-4　列举频率响应法的设计步骤。

6-5　图 6-2 中，假设采样周期 $T = 0.6\mathrm{s}$，广义被控对象的传递函数为

$$G_\mathrm{d}(z) = \frac{0.041}{z - 0.741}$$

试用频率响应法设计数字控制器，要求相位裕度为 45°，直流增益不超过 120。

6-6　列举 Ragazzini 法的设计步骤。

6-7　图 6-1 中，假设 ADC 和 DAC 的增益均为 1，被控对象的传递函数为

$$G(s) = \frac{0.6}{s(s+3)}$$

如果希望被控对象的输出能够无偏差地跟踪单位速度输入，且闭环系统的期望极点为 −5.0752，−29.5678。试：

（1）设计满足要求的数字 PID 控制器；

（2）如果控制器输出满足 $-7 \leqslant u(t) \leqslant 5$，且控制器输出变化率满足 $-20 \leqslant \dfrac{\mathrm{d}u(t)}{\mathrm{d}t} \leqslant 20$，会出现什么情况？应如何处理？*

6-8   图 6-2 中，假设采样周期 $T = 0.1\mathrm{s}$，广义被控对象的传递函数

$$G_\mathrm{d}(z) = \frac{0.0084z^2 + 0.0170z + 0.0019}{z^3 - 1.5032z^2 + 0.5530z - 0.0498}$$

试用 Ragazzini 法设计数字控制器，使系统输出能够在最短时间内完全跟踪单位速度输入，即实现针对单位速度输入的最小拍无差控制。

6-9   试用 Ragazzini 法设计数字控制器，对练习题 6-8 中的广义被控对象进行针对单位速度输入的最小拍无差无纹波控制，即不仅要求系统输出在最短时间内完全跟踪单位速度输入，还要求控制器输出在进入稳态后为常数。*

6-10   试结合个人经验，举例说明术语"状态"的内涵。

6-11   列举状态空间设计法的设计步骤。

6-12   已知系统的状态方程

$$\boldsymbol{x}(k+1) = \begin{bmatrix} 1 & 0.0952 \\ 0 & 0.905 \end{bmatrix} \boldsymbol{x}(k) + \begin{bmatrix} 0.0048 \\ 0.0952 \end{bmatrix} u(k)$$

试用极点配置法求解反馈增益矩阵，使系统的阻尼比 $\xi = 0.46$，时间常数 $\tau = 0.5\mathrm{s}$。

6-13   试设计预测观测器实现练习题 6-12 中的控制系统。要求预测观测器特征方程的根是相等的实数，且时间常数为 $0.5\mathrm{s}$。假设 $y(k) = x_1(k)$。

6-14   试比较开环观测器、预测观测器和实时观测器的异同。

6-15   试结合个人经验，举例说明系统状态能控性和能观性的异同。

6-16   试用 LabVIEW 编写通用程序，根据用户给定的状态方程和闭环系统期望特征方程计算反馈增益矩阵。**

6-17   试用 LabVIEW 编写通用程序，根据用户给定的状态方程和闭环系统期望特征方程计算观测器增益矩阵。**

6-18   试用 LabVIEW 编写通用程序，判断用户给定系统的稳定性。**

6.8   思政讨论：追随时代的脚步，精益求精

【知识】

随着科学技术人员对未知领域的不断探索，越来越多的新技术被应用到社会生活中，并逐渐对生产方式产生影响，成为生产力发展的直接驱动力。

在 18 世纪，这种驱动力是以蒸汽机为代表的机械设备，促使人类社会以规模化生产取代手工劳作，标志着人类社会进入机器时代。

在 19 世纪，这种驱动力是以电动机为代表的电气设备，促使人类社会以基于劳动分工的流水线作业优化规模化生产，标志着人类社会进入电气时代。

在 20 世纪，这种驱动力是以信息技术为代表的数字化设备，促使人类社会以自动化生产优化生产要素管理，标志着人类社会进入信息时代。

而在 21 世纪，这种驱动力则表现为信息技术与物理世界相融合而产生的智能化设备，意味着人类社会将进入智能化时代，基于网络的智能化设备或许能够更全面地调度和优化社会生产要素，并推动生产力进入一个全新的阶段。

【活动】

走访本专业教师，并通过网络或图书馆查找资料，了解：

- 历次工业革命的演进过程。
- 国家近年来的科技发展政策。

个人或分组整理调研材料，反思并讨论：

- 当前技术革命的本质是什么？
- 计算机控制技术与当前技术革命的关系如何？
- 在技术革命的背景下，计算机控制技术有哪些机遇和风险？
- 如果在现阶段解决 5.7 节的技术问题，你会怎么做？

在此基础上，个人或分组展示在当前技术条件下对 5.7 节技术问题给出的解决方案，并展现对新技术的态度。

展示形式可以与 5.7 节相同，也可以选择新的形式。

展示内容应当反映：（1）对于创新的理解；（2）对于传承与发展的理解；（3）展示应体现你或你所在小组进行技术评价时的逻辑性、专业性和批判性。

施效篇

　　系统实现是系统设计实例化的过程，是加工物理设备以获取控制器设计的制造行为。

　　系统设计是为解决具体控制问题而以离散时间动力学系统形式给出的确定的系统配置。但是，绝大多数的工程控制目标具有典型的不确定性。因此，如何使针对一般性问题的系统设计能够适用于具有不确定性的工程问题，就是控制系统实现的主要任务。

　　为此，需要考虑：

- 算法结构对控制器性能的影响；
- 算法数据流的物理实现；
- 算法控制流的物理实现。

第 7 章　从函数到算法

7.1　学习目标

计算机控制器的理论设计结果是一组方程，而其工程实现则是一组密切关联的设备或元件。二者之间存在显著的差异。

本章将讨论这种差异的来源和影响，并概要介绍减小差异的技术措施。主要学习内容包括：

- 定义术语
  - □ 计算时延（7.2 节）
  - □ 量化（7.2 节）
  - □ 量化误差（7.2 节）
- 列举
  - □ 时延问题产生的原因与对策（7.2 节）
  - □ 精度问题产生的原因与对策（7.2 节）
  - □ 可控实现形式的基本构成要素（7.3 节）
- 针对给定系统描述，书写系统的可控实现形式（7.3 节）
- 针对给定系统的可控实现形式，绘制系统信号流图，包括：
  - □ 直接型（7.4 节）
  - □ 串联型（7.4 节）
  - □ 并联型（7.4 节）
- 比较系统的不同运算结构，主要考虑以下方面：
  - □ 运算精度（7.4 节）
  - □ 运算时间（7.4 节）
  - □ 占用资源（7.4 节）
- 根据给定的系统运算结构，合理选择系统的
  - □ 采样周期/运算速度（7.4 节）
  - □ 量化字长/运算精度（7.4 节）
- 使用 LabVIEW 编写 VI，利用给定系统的可控实现形式计算控制器输出（7.5 节）

7.2　计算问题

控制理论中，系统设计结果一般是由脉冲响应函数表示的离散时间动力学系统。它要求参与控制运算的信息以无限精度的数字表示，同时忽略函数运算时间，即认为控制运算会在偏差信号采样的瞬间完成。

在工程实现时，这些假设都不成立。受自身性能的限制，不论模拟运算装置还是数字运算装置，其运算速度和运算精度都是有限的。前者相当于理想控制器与时间延迟环节串联，后者则相当于理想控制器的输入端有叠加脉冲干扰。

对于计算机控制器，这两个问题具体表现为计算时延和量化的问题。

7.2.1　计算时延引起的问题

7.2.1.1　计算时延

用计算机实现控制律时，由于硬件和软件的原因，控制输出总会落后于采样脉冲输入，如图 7-1 所示。这种延迟称为计算时延，会降低系统的稳定性，是计算机控制器物理实现需要考虑的一个问题。

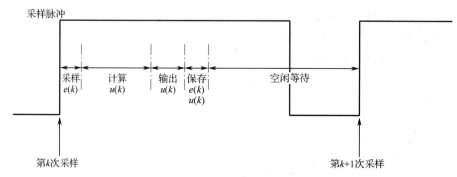

图 7-1　算法程序执行顺序图

从图 7-1 可以看出，使计算机控制系统产生计算时延的原因主要有以下三种。

1）采样动作

在反馈通道引入的时延，主要包括非电信号转换为电信号的时间、电信号调理的时间和模数转换的时间。一般以模数转换时间为主。

产生的原因是：采样开关动作不能瞬时完成，因此实际采样时刻落后于采样命令发出时刻，致使偏差输入延迟作用到控制器。

2）控制律运算过程

在前向通道引入时延，主要影响因素是 CPU 的时钟频率、运算速度和数字控制律算法的复杂程度。大多数情况下，数字控制律算法的复杂程度是影响前向通道引入时延的主要因素。

3）施效动作

在前向通道引入的时延，主要包括数模转换时间和功率输出时间。一般以数模转换时间为主。

注意，在图 7-1 中，采样动作必须在施效动作完全结束之后才可以开始，否则会有电信号交叉耦合的风险。

另外，还需要注意，在多任务并发的系统中，控制律运算过程产生的时延有不确定性。它可能会被高优先级任务打断或终止，从而表现为一个随机大小的时延。此时，计算时延需要按照统计量处理。

7.2.1.2　问题与对策

计算时延可以等效为控制器与延迟环节的串联。与采样动作和施效动作等效的延迟环节，其时间常数为 ADC 或 DAC 的工作时间；与控制律运算过程等效的延迟环节，其时间常数由控制算法决定。前者是固定时间的延迟，后者则是可变时间的延迟。

合理选择程序结构可以抑制计算时延的影响。通常有以下两种操作方法。

1）运算过程耗时较长的情况

如果控制律运算过程复杂，耗时较长，计算时间超过采样周期 T_s 的一半，可以考虑延时读写，为控制器引入额外的固定时间的延迟。

图 7-2 中，如果计算 $u(k)$ 所需要的时间超过了 $0.5T_s$，则可以用 t_k 时刻采样的反馈输入计算 t_k

时刻的控制输出，即用 $u(k)$ 代替 $u(k+1)$。此时，计算机控制将额外引入一个时间常数为 T_s 的固定时间延迟。

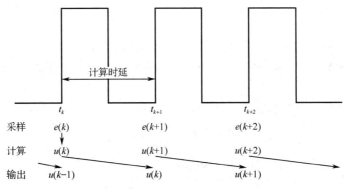

图 7-2　运算过程耗时较长的情况

预测控制器即应用于此种场景。

2）运算过程耗时较短的情况

如果控制律运算过程简洁、迅速，计算时间不足采样周期 T_s 的一半，则可以忽略控制器引入的时间延迟。

图 7-3 中，计算 $u(k)$ 所需要的时间不超过 $0.5T_s$，由此产生的计算时延可能会产生一个新的零点，也可能会改变现有零点的位置，但因为延迟时间很小，其影响可以不计。故可以用 t_k 时刻采样的反馈输入计算 $u(k)$，并在计算结束后立刻输出控制信号。

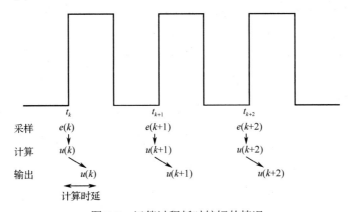

图 7-3　运算过程耗时较短的情况

实时控制器即应用于此种场景。

7.2.2　量化引起的问题

7.2.2.1　量化

控制器实现过程中，除了计算时延问题，还需要考虑控制器输出的数值精度问题。

数值精度问题主要由信息输入环节的量化过程产生，并在控制运算过程中积累放大。当模数转换的分辨率和控制算法的运算精度足够高时，其影响可以忽略；否则，就必须在控制器设计过程中加以考虑，或者运用统计方法修正。

所谓量化，是指把无限精度数字表示为有限精度数值的近似过程，也是连续信号在值域的离散化过程。具体到计算机控制系统，就是用有限字长的二进制数值表示参与控制运算的量程内可无限取值的物理量，如图 7-4 所示。

图 7-4 中，假设电压信号的量程是 0～10V，则量程内任意电压值都可以用[0，10]中的数字唯一表示。若将量程等分为八个不重叠的区间（量化区间），则量程内任意电压会落入唯一的量化区间。

如果每个量化区间用唯一的二进制数值表示，则量程内任意电压可以唯一地表示为某个二进制数值。于是，输入电压信号的无限取值就被转化为有限的八个二进制数值：000、001、010、011、100、101、110、111。

这种无限精度连续信号到有限精度离散数值的映射称为量化，表示为

$$N = \mathrm{INTEGER}\left(\frac{M}{\mathrm{FS}} \times (v_i - V_{\mathrm{RL}})\right)$$

式中，N 是量化后的二进制数值（以十进制数表示）；M 是量化区间的数量，可以取 2^n 或 $2^n - 1$（n 是二进制数值的位数）；v_i 是量化前的连续信号；$\mathrm{FS} = V_{\mathrm{RH}} - V_{\mathrm{RL}}$ 是其量程，V_{RH} 是量程上限，V_{RL} 是量程下限；函数 INTEGER() 表示取整运算。

7.2.2.2 量化误差

量化过程中，连续信号的无限取值可以被有限的离散数值集合代替。考虑到一个离散数值只能对应一个连续信号，则信号在量化前后必然存在误差。这种误差称为量化误差，其大小除与量化区间的数量有关外，还与量化过程的取整方式有关。

以图 7-5 为例，图中 1.25～2.50V 的电压都会表示为二进制数值 001，但数值 001 仅能与该量化区间中某个数字量（如 1.875V）对应。于是，原始信号与根据量化结果重构的信号可能存在不一致，即量化误差。

若函数 INTEGER() 选择向下取整方法，即用量化区间下限与离散的二进制数值对应（见图 7-5），则数值 001 将对应 1.25V 电压，由此产生的量化误差为 0～1.25V，即 0～q，$q = \mathrm{FS}/(2n)$ 为量化区间长度。很明显，当量化区间数量增加时，量化区间长度 q 必然减小，量化误差也随之减小。

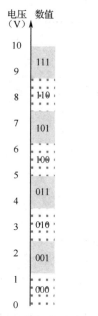

图 7-4　量化示意图

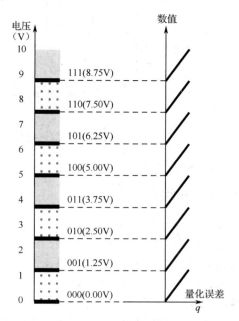

图 7-5　量化（向下取整）与量化误差

同理，若函数 INTEGER() 选择向上取整方法，即用量化区间上限与离散二进制数值对应，则可以得到图 7-6，其量化误差为 $-q \sim 0$。

也可以选择舍入取整的方法，即用量化区间平均值与离散二进制数值对应，如图 7-7 所示，其量化误差为 $-q/2 \sim q/2$。

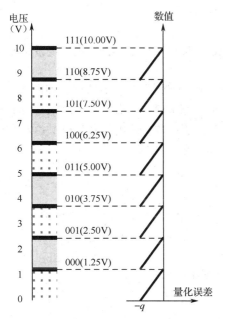

图 7-6　量化（向上取整）与量化误差

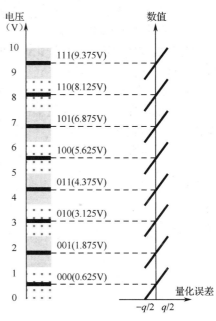

图 7-7　量化（舍入取整）与量化误差

对于计算机系统，不同编码的取整方式是不一样的，由此产生的量化误差也不相同，如图 7-8 所示。可见，即便是同样的模拟输入信号，在计算机内部的表达方式也可能是不同的，其量化误差具有显著差异。这一点需要初学者格外注意。

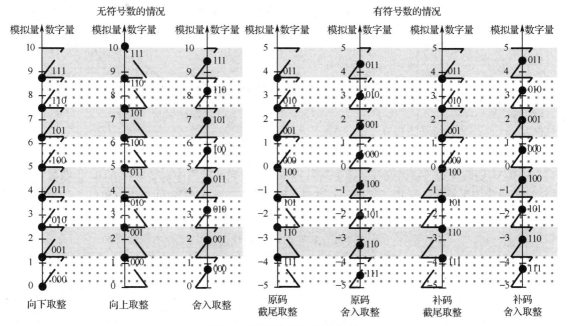

图 7-8　不同编码的量化误差

7.2.2.3 量化误差的产生与影响

量化是计算机控制系统非线性效应的一种，可能来自模拟信号与数字信号的信号转换过程，也可能来自控制律的有限精度运算过程。其直接影响是产生量化噪声与极限环，前者是一种类似电子噪声的背景干扰，后者是幅值远超量化单位的低频低强度振荡。

在计算机控制系统中，量化过程主要存在于下面四个环节。

1）反馈信号输入环节

被控量的模数转换过程是量化误差的重要来源。相应地，反馈通道的 ADC 是决定系统数值精度的关键部件。

根据 IEEE 标准，理想 ADC 的输入输出特性是通过量程中点的均匀阶梯状直线，如图 7-9 所示。可以看出，理想 ADC 采用了舍入取整的量化方法，但在测量原点和满量程点时都只用了半个量化区间。这种量化方案没有改变量化区间的数量，却可以保证数字输出信号与模拟输入信号的读数一致，符合日常习惯。与之相应的量化误差如图 7-10 所示。

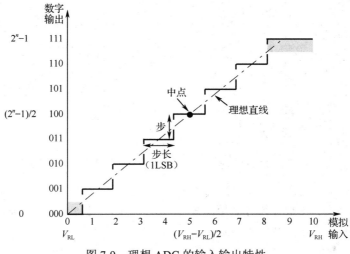

图 7-9　理想 ADC 的输入输出特性

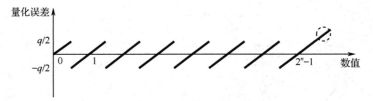

图 7-10　理想 ADC 的量化误差

常用 ADC 的字长（输出位数）表示其量化误差，定义为分辨率。它反映 ADC 在理想情况下能识别的最小模拟量输入变化，如表 7-1 所示。由表 7-1 可知，ADC 的输出位数越多，满量程输入电压越小，分辨率越高，也越容易受到环境噪声的影响。

表 7-1　常用 ADC 的量化误差

字长	分辨率（1LSB）	相对误差（%）	绝 对 误 差		
			满量程电压 20V	满量程电压 5V	满量程电压 2V
8	1/256	0.4	78.1mV	19.5mV	7.81mV
10	1/1024	0.1	19.5mV	4.88mV	1.95mV

续表

字长	分辨率（1LSB）	相对误差（%）	绝对误差		
			满量程电压 20V	满量程电压 5V	满量程电压 2V
12	1/4096	0.024	4.88mV	1.22mV	4.88μV
14	1/16384	0.006	1.22mV	305μV	1.22μV
16	1/65536	0.0015	305μV	76.3μV	30.5μV

工程中，一般用精度表示 ADC 实际的量化误差。它定义为 ADC 输出数字量对应模拟信号与实际输入模拟信号之间的偏差，是包括分辨率、偏置误差、增益误差、微分非线性误差和积分非线性误差在内的多项技术指标的综合，反映 ADC 与其理想模型的接近程度。

需要注意的是，精度和分辨率是两个完全不同的技术指标。高精度的 ADC 必然具有高分辨率，但高分辨率的 ADC 未必具有高精度。

另外，若被控量变化速度过快，ADC 的精度会降低。这是因为 ADC 的工作速率有限，所以当被控量在一个采样周期内的变化速率超出 ADC 的跟踪能力时，ADC 不能及时跟踪模拟量的输入，导致量化误差增加。

针对这种情况，可以考虑选用速度更快的 ADC 或对模拟输入增加限速电路，以减小反馈通道的量化误差。

2）控制信号输出环节

前向通道的控制量输出也会产生量化误差。在反馈控制系统中，控制器输出的数字信号经过 DAC 还原为连续信号，量化误差则以量化噪声的形式再生，大小为

$$U_\varepsilon(z) = D(z)\varepsilon(z)$$

它经反馈通道抵达控制器输入端，并对后续的控制器输出产生影响。

当系统使用的 DAC 的位数比反馈通道 ADC 的位数低时，量化噪声的影响会格外明显。图 7-11 中，前向通道和反馈通道的模拟信号量程相同，但 ADC 的输入是 3 位的，而 DAC 的输出只有 2 位。于是，在 DAC 输出数值 1（001B）时，其实际输出的模拟电压可能是 1.25~3.75V 中的任意值，导致 ADC 读入的结果可能是 1（001B，对应 1.25~1.875V）、2（010B，对应 1.875~3.125V）或 3（011B，对应 3.125~3.75V）。

这种情况显然是无法允许的。因此，在物理实现中，一般应在前向通道选择与 ADC 位数相同的 DAC。如果无法找到合适的 DAC，则有必要在数字控制器内部对控制量输出进行取整运算，以便抑制前向通道的量化噪声。

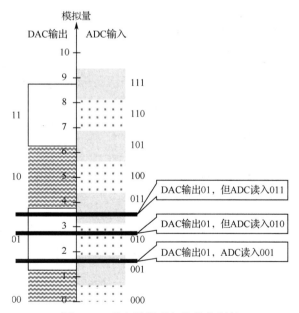

图 7-11 前向通道引入的量化误差

3）控制律数字化过程

控制律一般用有理多项式表示，各项的系数是有理实数，但计算机只能以字节为单位存储二进制整数。因此，在用计算机实现数字控制器时，需要对有理实数表示的控制律系数进行量化。量化结果可以通过定点表示法或浮点表示法表示，但无论采用哪种表示法，都会引入量化误差，

如表 7-2 所示。

表 7-2   控制律数字化过程产生的量化误差

表 示 法			截尾误差 ε_{T}	舍入误差 ε_{R}
定点表示法	正数		$-q \leqslant \varepsilon_{\mathrm{T}} \leqslant 0$	$-\dfrac{q}{2} < \varepsilon_{\mathrm{R}} < \dfrac{q}{2}$
	负数	原码	$0 \leqslant \varepsilon_{\mathrm{T}} \leqslant q$	
		补码	$-q \leqslant \varepsilon_{\mathrm{T}} \leqslant 0$	
		反码	$0 \leqslant \varepsilon_{\mathrm{T}} \leqslant q$	
浮点表示法	正数		$-2q \leqslant \varepsilon_{\mathrm{T}} \leqslant 0$	$-q < \varepsilon_{\mathrm{R}} < q$
	负数	原码	$-2q \leqslant \varepsilon_{\mathrm{T}} \leqslant 0$	
		补码	$0 \leqslant \varepsilon_{\mathrm{T}} \leqslant 2q$	
		反码	$-2q \leqslant \varepsilon_{\mathrm{T}} \leqslant 0$	

（1）定点表示法。

定点表示法是指计算机中所有数的小数点位置固定不变，因此可以用整数形式表示小数，如图 7-12 所示。

定点纯小数：约定小数点位置固定在符号位之后，表示的数值范围为 $1-2^m \sim -(1-2^m)$ ，m 为小数位数。

定点纯整数：约定小数点位置固定在最低有效位之后，表示的数值范围为 $-(2^n-1) \sim 2^n-1$ ，n 为整数位数。

一般定点数：约定小数点位置固定在任意有效位之后，小数点之前的数位为整数位，小数点之后的数位为小数位，表示的数值范围为 $2^{n-m} \sim 2^{m-n}$ 。

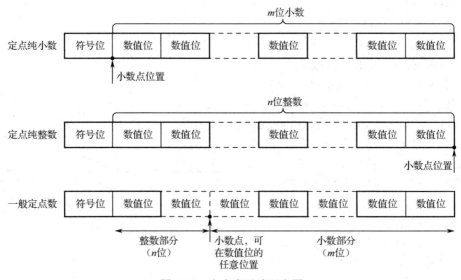

图 7-12   定点表示法示意图

（2）浮点表示法。

在浮点表示法中，计算机中的数表示为"尾数 $\times 2^{\text{指数}}$"的形式，小数点位置可以自由"浮动"。浮点数表示一般遵循 IEEE 标准，包括符号域、指数域和尾数域三部分，如图 7-13 所示。

符号域：固定为 1 位，表示数值的正负。

指数域：数值的指数部分，可以为 8 位（单精度）或 11 位（双精度），采用偏差值计算方法，用定点纯整数表示。

尾数域：数值的尾数部分，可以为 23 位（单精度）或 52 位（双精度），采用偏差值计算方法，用定点纯小数表示（因尾数的整数部分固定为 1，故不需要存储）。

	定点纯整数		定点纯小数
符号（1位）	指数（8位/11位）		尾数（23位/52位）
符号域	指数域	小数点	尾数域

图 7-13　浮点表示法示意图

显然，浮点数的数值表示范围比定点数大得多，计算能力显著提高。但浮点数运算复杂，耗时较长，在实时性要求较高的场合应慎重使用。

另外，初学者还需要注意，并非所有实数都可以采用浮点数表示。而且，对浮点数的比较必须通过有限精度运算或取整运算进行，以避免截尾误差或舍入误差的影响。

控制律系数量化会改变控制器的零极点位置，位置改变量的大小则取决于控制器零极点的分布情况、相互距离、系数的量化字长及控制器的运算结构。

对于这种类型的量化误差，仅增加量化字长不能完全抑制其影响，因为再小的零极点偏移也可能改变根轨迹的形状。更多情况下，技术人员需要改变控制器的运算结构，以降低系统对零极点位置的敏感性。

4）控制律运算过程

控制律可以使用定点数计算（定点运算），也可以使用浮点数计算（浮点运算）。比较而言，定点运算虽然计算范围小，但是执行速度快，且只有乘法运算产生舍入误差，适用于资源有限但要求快速响应的场合；而浮点运算虽然执行速度慢，且加法运算和乘法运算都会产生舍入误差，但计算范围大，适合对响应速度没有严格要求、对资源也没有严格约束的场合。

控制律运算过程中，除控制律数字化环节外，其他环节引入的量化误差会不断累积，累积速度取决于控制律的算法结构。良好的数值算法可以利用量化误差的符号消减其累积效果，使运算结果的量化误差长期维持在可以接受的范围内；糟糕的数值算法则可能在短时间内累积巨大的量化误差，破坏系统的稳定性。

因此，除了注意选择适当的字长，数字控制器还应注意选择合适的运算结构，以避免放大量化误差。

7.3　可控实现形式

如前所述，数字控制器 $D(z)$ 的本质是一个数字滤波器。它可能是一个有限冲激响应滤波器，即单位阶跃响应可以用有限长时间序列表示。此时，$D(z)$ 就是一个有限项的有理多项式，基于 $D(z)$ 的控制律就可以精确地计算出控制器输出。它也可能是一个无限冲激响应滤波器，即单位阶跃响应需要用无限长时间序列表示。此时，$D(z)$ 是一个不能除尽的有理分式，而控制律的运算时间是有限的，于是，基于 $D(z)$ 的控制律只能用有限长时间序列的计算结果近似求解，从而引入系统误差。

因此，为了准确求解，计算机控制系统的数字控制器通常不直接使用脉冲传递函数计算控制输出，而是将其转换为可控实现形式再进行计算。两者的转换过程如下。

（1）把数字控制器的脉冲传递函数表示为有理分式形式，即

$$D(z) = \frac{U(z)}{E(z)} = \frac{\sum_{j=0}^{m} b_j z^{-j}}{1 + \sum_{i=1}^{n} a_i z^{-i}}$$

（2）将等式两边有理分式的分子和分母交叉相乘，得

$$U(z)\left[1 + \sum_{i=1}^{n} a_i z^{-i}\right] = E(z)\sum_{j=0}^{m} b_j z^{-j}$$

（3）考虑到 z 域中的因子 z^{-i} 意味着信号在时域中延迟 i 个采样周期，上面的方程可以用差分方程表示为

$$u(k) + \sum_{i=1}^{n} a_i u(k-i) = \sum_{j=0}^{m} b_j e(k-j)$$

（4）移位，得到当前控制器的可控实现形式

$$u(k) = \sum_{j=0}^{m} b_j e(k-j) - \sum_{i=1}^{n} a_i u(k-i)$$
$$= b_0 e(k) + \sum_{j=1}^{m} b_j e(k-j) - \sum_{i=1}^{n} a_i u(k-i)$$

与脉冲传递函数形式不同，在计算控制器输出时，可控实现形式只需要有限时间内的偏差信号采样输入和控制信号历史输出，系统误差为零；且只进行加法运算和乘法运算，量化误差可控，因此更便于计算机快速准确地实现相应的运算。

【例 7-1】已知某数字控制器的脉冲传递函数

$$D(z) = \frac{21.8(1-0.5z^{-1})(1-0.368z^{-1})}{(1-z^{-1})(1+0.718z^{-1})}$$

试确定其控制输出 $u(k)$。

已知

$$D(z) = \frac{U(z)}{E(z)} = \frac{21.8(1-0.5z^{-1})(1-0.368z^{-1})}{(1-z^{-1})(1+0.718z^{-1})}$$

于是

$$(1-z^{-1})(1+0.718z^{-1})U(z) = 21.8(1-0.5z^{-1})(1-0.368z^{-1})E(z)$$

用差分方程表示为

$$u(k) - 0.282u(k-1) - 0.718u(k-2) = 21.8[e(k) - 0.868e(k-1) + 0.184e(k-2)]$$

整理后得

$$u(k) = 21.8e(k) - 1809224e(k-1) + 4.0112e(k-2) + 0.282u(k-1) + 0.718u(k-2)$$

考虑到计算机字长固定，可控实现形式中的 a_i、b_j、$e(k-j)$ 和 $u(k-i)$ 在计算机中只能用固定精度的变量表示。这种情况必然会带来精度损失，产生数值精度问题。同时，考虑到计算机程序执行需要一定的时钟周期，而非瞬时完成，因此必然引入时间滞后。这些问题是数字控制器实现过程中无法避免的，需要设计者重点关注。

7.4　运算结构

计算机控制的主要目标是利用计算机程序实时求解 $D(z)$。一般情况下，$D(z)$ 被看作一个具有多种可能运算结构的动力学系统。对于无限精度运算，不同运算结构的输入输出模型是等价的，信道容量相同；但是，对于有限精度运算，考虑到量化过程引入的非线性，不同运算结构的信道

容量是不一样的。有的运算结构会对量化误差非常敏感，而另一些运算结构会比较耗时。

因此，在实现数字控制器时，有必要合理地选择控制律运算结构，以满足系统实时性和鲁棒性的要求。

7.4.1 基本运算单元

考虑控制器的可控实现形式

$$u(k) = b_0 e(k) + \sum_{j=1}^{m} b_j e(k-j) - \sum_{i=1}^{n} a_i u(k-i)$$

可以发现，它只包含三种运算：加法运算、乘法运算和延时运算，如图 7-14 所示。

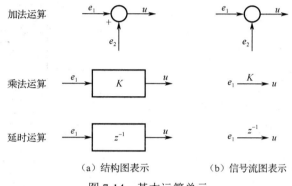

（a）结构图表示　　　（b）信号流图表示

图 7-14　基本运算单元

在控制律运算中，加法运算的时间可以忽略不计，乘法运算的时间取决于 CPU 性能，而延时运算的时间则是一个采样周期。三种运算的误差依次为

$$\Delta u(k) = \Delta e_1(k) + \Delta e_2(k)$$
$$\Delta u(k) = K \Delta e_1(k) + e_1(k) \Delta K$$
$$\Delta u(k) = \Delta e_1(k-T)$$

7.4.2 直接型结构

7.4.2.1 0 型结构

绘制可控实现形式的信号流图，得到图 7-15。

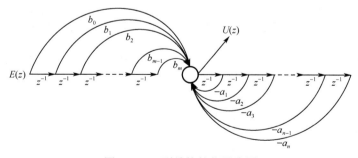

图 7-15　0 型结构的信号流图

这种结构称为 0 型结构。它的左侧反映了系统的零点，右侧反映了系统的极点，每次运算都需要完成 $m+n+1$ 次乘法运算、$m+n$ 次加法运算和 $m+n$ 次移位运算，同时完成 $m+n$ 次数据读写（占用 $m+n$ 个存储单元，实际存储空间的大小随数据结构变化），以操作前 m 个采样时刻的偏差输入和前 n 个采样时刻的控制输出。

图 7-16 给出了 0 型结构的程序流程。图中，历史数据的更新过程放在控制器输出之后，以缩短采样脉冲输入与控制器输出之间的计算时延。

为了进一步减小时间延迟，还可以采用图 7-17 所示的程序流程，在更新历史数据之后计算并保存 $\sum_{j=1}^{m} b_j e(k-j)$ 和 $\sum_{i=1}^{n} a_i u(k-i)$，以便在下一次计算控制器输出 $u(k)$ 时可以用加法运算代替乘法运算，减少运算时间。

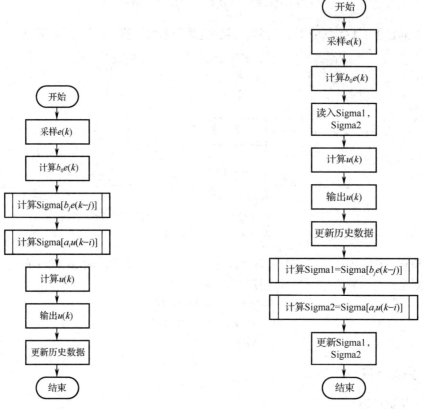

图 7-16   0 型结构的程序流程（1）   图 7-17   0 型结构的程序流程（2）

基于状态空间的理解

也可以定义新的变量 $X(z)$ 将图 7-15 转换为图 7-18。图中，控制器输出

$$u(k) = b_m x(k) + b_{m-1} x(k+1) + \cdots + b_2 x(k+m-2) + b_1 x(k+m-1) + b_0 x(k+m) - \sum_{i=1}^{n} a_i u(k-i)$$

上式可进一步改写为

$$\left\{ \begin{array}{l} \begin{bmatrix} x(k+1) \\ x(k+2) \\ \vdots \\ x(k+m) \end{bmatrix} = \begin{bmatrix} 1 & 0 & \cdots & 0 \\ 0 & 1 & \cdots & 0 \\ \vdots & \vdots & & \vdots \\ 0 & 0 & \cdots & 1 \end{bmatrix} \begin{bmatrix} x(k) \\ x(k+1) \\ \vdots \\ x(k+m-1) \end{bmatrix} \\[3em] u(k) = \begin{bmatrix} b_m & b_{m-1} & \cdots & b_1 \end{bmatrix} \begin{bmatrix} x(k) \\ x(k+1) \\ \vdots \\ x(k+m-1) \end{bmatrix} + \begin{bmatrix} -a_1\delta(k-1) & 0 & \cdots & 0 \\ 0 & -a_2\delta(k-2) & \cdots & 0 \\ \vdots & \vdots & & \vdots \\ 0 & 0 & \cdots & -a_n\delta(k-n) \end{bmatrix} u(k) + b_0 x(k+m) \end{array} \right.$$

考虑到 $e(k) = x(k+m)$，于是有

$$
\begin{cases}
\begin{bmatrix} x(k+1) \\ x(k+2) \\ \vdots \\ x(k+m) \end{bmatrix} = \begin{bmatrix} 1 & 0 & \cdots & 0 \\ 0 & 1 & \cdots & 0 \\ \vdots & \vdots & & \vdots \\ 0 & 0 & \cdots & 1 \end{bmatrix} \begin{bmatrix} x(k) \\ x(k+1) \\ \vdots \\ x(k+m-1) \end{bmatrix} \\[6ex]
u(k) = \begin{bmatrix} b_m & b_{m-1} & \cdots & b_1 \end{bmatrix} \begin{bmatrix} x(k) \\ x(k+1) \\ \vdots \\ x(k+m-1) \end{bmatrix} + \begin{bmatrix} -a_1\delta(k-1) & 0 & \cdots & 0 \\ 0 & -a_2\delta(k-2) & \cdots & 0 \\ \vdots & \vdots & & \vdots \\ 0 & 0 & \cdots & -a_n\delta(k-n) \end{bmatrix} u(k) + b_0 e(k)
\end{cases}
$$

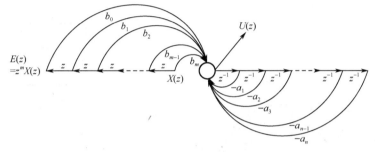

图 7-18　0 型结构的状态空间

可见，若把 $x(k), x(k+1), \cdots, x(k+m-1)$ 视为系统状态，则可控实现形式可以视为系统状态空间描述的一种计算机实现。从这个角度理解计算机控制系统，可以把控制问题求解理解为在图数据中寻找符合控制要求的路径，使系统能够从给定的初始状态转移到期望状态。

7.4.2.2　1 型结构

假设数字控制器

$$
D(z) = \frac{U(z)}{E(z)} = \frac{\displaystyle\sum_{j=0}^{m} b_j z^{-j}}{1 + \displaystyle\sum_{i=1}^{m} a_i z^{-i}} = \frac{M(z)}{N(z)}
$$

令

$$
W(z) = \frac{E(z)}{N(z)}
$$

则

$$
E(z) = W(z)N(z) = W(z)\left[1 + \sum_{i=1}^{m} a_i z^{-i}\right]
$$

做反变换，有

$$
e(z) = w(k)\left[1 + \sum_{i=1}^{m} a_i w(k-i)\right]
$$

将所有已知项移到等式的一侧，有

$$
w(k) = e(k) - \sum_{i=1}^{m} a_i w(k-i)
$$

又由 $D(z)$ 定义可知：

$$U(z) = D(z)E(z) = \frac{M(z)}{N(z)}E(z) = M(z)W(z) = \sum_{j=0}^{m} b_j z^{-j} W(z)$$

于是

$$u(k) = \sum_{j=0}^{m} b_j w(k-j)$$

据此可绘制可控实现形式的另一种类型的信号流图，如图 7-19 所示。

这种程序结构称为 1 型结构，其程序流程如图 7-20 所示。它的每次运算都需要完成 $m+n+1$ 次乘法运算、$m+n$ 次加法运算和 n 次移位运算，同时完成 n 次数据读写（占用 n 个存储单元），以操作前 n 个采样时刻的 w。

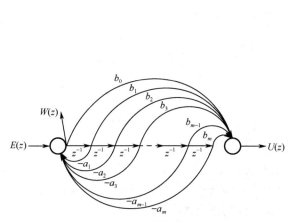

图 7-19　1 型结构的信号流图

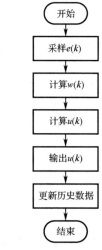

图 7-20　1 型结构的程序流程

基于状态空间的理解

图 7-19 中，若将引入的中间变量 $w(k)$，$w(k+1)$，$\cdots$，$w(k+m-1)$ 视为系统状态，定义新的变量 $W(z)$，同样可以将图 7-19 绘制成图 7-21。

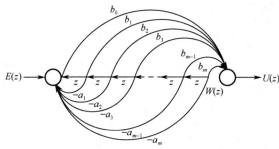

图 7-21　1 型结构的状态空间[①]

比较 0 型结构和 1 型结构，可以发现：虽然 1 型结构的延时运算比 0 型结构的少，但它们的运算时间近似相等（都需要 $m+n+1$ 次乘法运算）；且都是直接利用控制律系数计算 $u(k)$ 的，量化效应显著，致使运算对系数变化过于敏感，容易产生较大误差，甚至使系统失稳；同时，1 型结构的系数虽能反映零极点位置，但二者之间的关联不明显，不便于系统调试。

7.4.3　串联型结构

串联型结构是将 $D(z)$ 写成若干一阶环节与二阶环节相乘的形式得到的，即

$$D(z) = d \prod_{i=1}^{l} D_i(z)$$

式中，d 为增益系数；$D_i(z)$ 为一阶或二阶环节的脉冲传递函数

---

① 需要注意的是，无论是图 7-18 还是图 7-21，都是为了便于理解而人为绘制的。

$$D_i(z) = \frac{b_{i0} + b_{i1}z^{-1}}{1 + a_{i1}z^{-1} + a_{i2}z^{-2}}$$

其中，当 $D_i(z)$ 为一阶系统时，$b_{i1} = a_{i2} = 0$。

于是，每个 $D_i(z)$ 环节都采用 1 型结构实现（见图 7-22），其程序流程如图 7-23 所示。

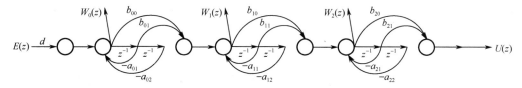

图 7-22　数字控制器的串联型结构

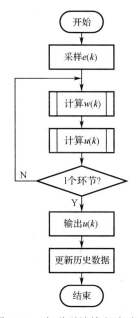

图 7-23　串联型结构程序流程

可见，串联型结构即此前使用的 ZPK 模型，它由若干相互独立的子环节串联构成，每个子环节反映 $D(z)$ 的一对零极点。

与直接型结构相比，串联型结构的控制律系数即子环节的零极点，且不同子环节的零极点互不影响。因此，调整串联型结构各子环节的控制律系数可以实现 $D(z)$ 的零极点对消，便于调试系统性能。

另外，串联型结构数字控制程序是通过一阶/二阶系统的循环计算完成的，量化误差较小，对零极点的漂移也不敏感，但运算时间较长。

7.4.4　并联型结构

并联型结构是将 $D(z)$ 写成若干一阶环节与二阶环节相加的形式得到的，即

$$D(z) = c + \sum_{i=1}^{l} D_i(z)$$

式中，c 为常数项；$D_i(z)$ 为一阶或二阶环节的脉冲传递函数。

于是，每个 $D_i(z)$ 环节都采用 1 型结构实现（见图 7-24），其程序流程如图 7-25 所示。

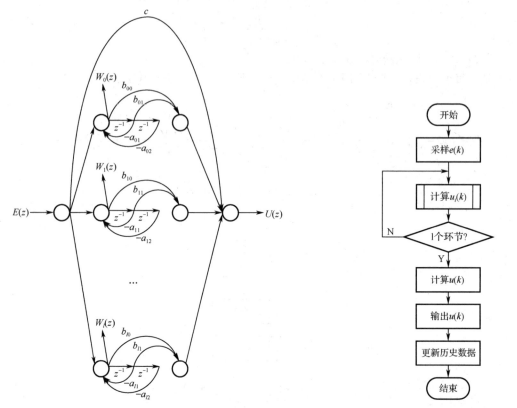

图 7-24　数字控制器的并联型结构　　　　　图 7-25　并联型结构程序流程

与串联型结构比较，并联型结构的运算速度更快，量化误差更小，尤其适合于对零点位置要求严格的场合。另外，并联型结构的控制律系数同样是子环节的零极点，互不影响，因此可以单独调整。但因为无法对消，所以只能单独调整子环节的极点位置，而不能调整零点位置。

7.4.5　不同结构的比较

不同结构的数字控制器 $D(z)$ 在数学上是等价的，但由于运算结构不同，对控制系统的影响也不同，主要区别如下：

（1）直接型结构的控制律系数不具有明显的物理意义，对系数变化敏感，不便调试，且运算时间长，量化误差大，一般不用于二阶以上系统的实现。

（2）串联型结构的控制律系数能够反映零极点位置，对系数变化不敏感，便于零极点对消，且对数据存储空间的需求最小，运算时间居中，量化误差也居中。

（3）并联型结构的控制律系数能够反映零极点位置，对系数变化不敏感，能单独调节子环节的极点位置，但不能调整零点位置，运算时间最短，量化误差最小。

7.5　线上学习：数字 PID 控制算法

7.5.1　数字 PID 控制

7.5.1.1　运算结构

5.4.2 节给出数字 PID 控制器的脉冲传递函数为

$$D(z) = K_{\mathrm{p}} + \frac{K_{\mathrm{i}}}{1-z^{-1}} + K_{\mathrm{d}}(1-z^{-1})$$

如果直接使用有理分式求解，则有

$$D(z) = K_{\mathrm{p}} + K_{\mathrm{i}}(1 + z^{-1} + z^{-2} + z^{-3} + \cdots) + K_{\mathrm{d}}(1-z^{-1})$$
$$= (K_{\mathrm{p}} + K_{\mathrm{i}} + K_{\mathrm{d}}) + (K_{\mathrm{i}} - K_{\mathrm{d}})z^{-1} + K_{\mathrm{i}}(z^{-2} + z^{-3} + \cdots)$$

于是

$$U(z) = D(z)E(z) = [(K_{\mathrm{p}} + K_{\mathrm{i}} + K_{\mathrm{d}}) + (K_{\mathrm{i}} - K_{\mathrm{d}})z^{-1} + K_{\mathrm{i}}(z^{-2} + z^{-3} + \cdots)]E(z)$$
$$u(k) = (K_{\mathrm{p}} + K_{\mathrm{i}} + K_{\mathrm{d}})e(k) + (K_{\mathrm{i}} - K_{\mathrm{d}})e(k-1) + K_{\mathrm{i}}e(k-2) + K_{\mathrm{i}}e(k-3) + \cdots$$

由于计算机自身能力的限制，计算 $u(k)$ 时，只能从上式顺序截取有限项处理。因此，必然引入系统误差。

故工程实现的数字控制器会采用可控实现形式，此时

$$D(z) = \frac{U(z)}{E(z)} = \frac{K_{\mathrm{p}}(1-z^{-1}) + K_{\mathrm{i}} + K_{\mathrm{d}}(1-z^{-1})^2}{1-z^{-1}}$$

$$u(k) = (K_{\mathrm{p}} + K_{\mathrm{i}} + K_{\mathrm{d}})e(k) - (K_{\mathrm{p}} + 2K_{\mathrm{d}})e(k-1) + K_{\mathrm{d}}e(k-2) + u(k-1)$$

可见，只需要使用当前偏差输入采样和前两个采样周期的历史数据，计算机就能够计算 $u(k)$，且不会引入任何系统误差。

但此时的控制律系数不具有实际的物理意义，与 PID 参数整定的要求不完全一致，会给参数整定增加难度。

于是，可以对 $D(z)$ 进行分解，令

$$D(z) = K_{\mathrm{p}} + \frac{K_{\mathrm{i}}}{1-z^{-1}} + K_{\mathrm{d}}(1-z^{-1}) = D_{\mathrm{p}}(z) + D_{\mathrm{i}}(z) + D_{\mathrm{d}}(z)$$

得到并联型结构的数字 PID 控制器。此时的控制律系数与 PID 参数整定要求一致，但不容易根据观察结果调整参数。

也可以将 $D(z)$ 转换为 ZPK 模型，即

$$D(z) = \frac{K_{\mathrm{p}}(1-z^{-1}) + K_{\mathrm{i}} + K_{\mathrm{d}}(1-z^{-1})^2}{1-z^{-1}}$$
$$= (K_{\mathrm{p}} + K_{\mathrm{i}} + K_{\mathrm{d}})\frac{(z-z_{\mathrm{z}}^1)(z-z_{\mathrm{z}}^2)}{z(z-1)}$$
$$= K_{\mathrm{p}}' D_1(z) D_2(z)$$

式中，z_{z}^1、z_{z}^2 是数字 PID 控制器的零点。此时，容易根据观察结果调整参数，但整定的 PID 参数与子环节最初的控制律系数并不一致。

7.5.1.2 运算形式

7.5.1.1 节给出的数字 PID 控制算法能够计算控制量的绝对大小，称为位置式 PID。它的数值运算范围较大，运算精度不容易提高，适于驱动要求绝对位置输入的机构，如阀门、晶闸管、伺服电机等。

也可以只计算相邻采样周期的控制器输出增量

$$\Delta u(k) = u(k) - u(k-1)$$
$$= (K_{\mathrm{p}} + K_{\mathrm{i}} + K_{\mathrm{d}})e(k) - (K_{\mathrm{p}} + 2K_{\mathrm{d}})e(k-1) + K_{\mathrm{d}}e(k-2)$$

这时，数字 PID 控制算法的输出是执行机构的动作增量，称为增量式 PID。它的数值运算范围比较小，运算精度容易提高。但是，它要求输出机构必须具有积分环节，能够保存历史动作，以便在历史动作的基础上产生增量动作，适于驱动步进电机等要求相对位置输出的机构。

与位置式 PID 比较，增量式 PID 更容易实现迭代运算，所以在实践中应用更多，以致在需要

位置式 PID 输出的场合，多利用下式实现：

$$u(k) = u(k-1) + \Delta u(k)$$

7.5.2 LabVIEW 中的数字 PID 控制

下面以 LabVIEW 提供的 PID 控制器 VI 为例，继续学习数字 PID 控制器的程序设计。

7.5.2.1 使用位置式 PID

LabVIEW 在"控制设计与仿真→控件设计→模型构建（Model Construction）"选板提供了构造 PID 控制器的控件 VI，如图 7-26 所示。

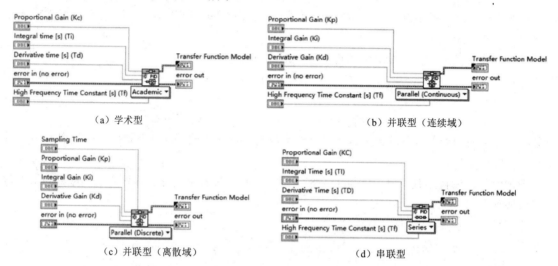

（a）学术型　　　　　　　　　　　　　　（b）并联型（连续域）

（c）并联型（离散域）　　　　　　　　　　（d）串联型

图 7-26　构建 PID 模型 VI

它是一个多态 VI，包含四种实例，分为学术型、并联型（包含连续域和离散域实例）和串联型三类，必须在使用前手动选择。不同类型的 PID 模型使用不同的运算结构（见表 7-3），但都采用位置式算法。

表 7-3　不同类型的 PID 控制器

类　型	计　算　公　式
学术型	$\dfrac{U(s)}{E(s)} = K_{\mathrm{c}}\left(1 + \dfrac{1}{T_i s} + \dfrac{T_d s}{T_f s + 1}\right)$
并联型	$\dfrac{U(s)}{E(s)} = K_{\mathrm{P}} + \dfrac{K_{\mathrm{I}}}{s} + \dfrac{K_{\mathrm{D}} s}{T_f s + 1}$ （连续域）
	$\dfrac{U(z)}{E(z)} = \dfrac{(2K_p T + K_I T^2 + 4K_d)z^2 + (2K_I T^2 - 8K_d)z + (-2K_p T + K_I T^2 + 4K_d)}{2Tz^2 - 2T}$ （离散域）
串联型	$\dfrac{U(s)}{E(s)} = K_{\mathrm{c}}\left(1 + \dfrac{1}{T_i s}\right)\left(1 + \dfrac{T_d s}{T_f s + 1}\right)$

以图 7-27 所示的构建 PID 模型 VI（学术型）的程序框图为例。可以看出，整个运算过程包括顺序执行的五部分：

（1）使用 Check PID Parameters 子 VI 构造 PID 参数，依次为：

● Proportional Gain (Kc)：比例增益，默认值为 1。

● Integral Time (s) (Ti)：积分时间，以秒（s）为单位，默认值为 0。

● Derivative Time (s) (Td)：微分时间，以秒（s）为单位，默认值为 0。

● High Frequency Time Constant (s) (Tf)：高频时间常数，代表模拟 PID 控制器微分控制环节的低通滤波时间常数，以秒（s）为单位，默认值为 0。

（2）使用 PID Parameters Utility 子 VI 计算 PID 控制器传递函数的分子多项式和分母多项式。

（3）构造 PID 控制器的脉冲传递函数。

（4）根据情况，选择是否需要转换到离散域。因 VI 使用常数 0 连接条件结构选择器标签，故不会计算学术型 PID 在离散域的脉冲传递函数。但该结构必须保留，以满足离散域并联型结构的需要。

（5）计算 PID 控制器的最小相位形式，并通过 Transfer Function Model 返回 PID 控制器的传递函数模型。

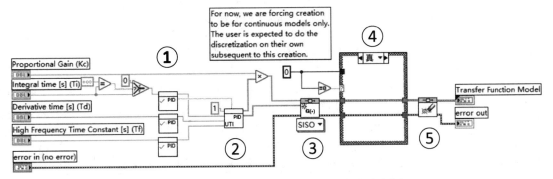

图 7-27　构建 PID 模型 VI（学术型）的程序框图

图 7-27 利用子 VI 减小程序框图占用空间，并使运算流程清晰、简洁，体现了层次化设计的思想。其中，PID Parameters Utility 子 VI 是整个程序的核心，其程序框图如图 7-28 和图 7-29 所示。

图 7-28 中，由于不存在积分项，故可以利用高频时间常数 T_f 直接构造 PD 控制器的分母多项式 $T_f s + 1$；分子多项式则利用比例增益 K_c 与 $T_f s + 1$ 相乘后，再与微分控制环节的分子多项式 $T_d s$ 相加得到。

图 7-29 的计算过程与图 7-28 类似。从数据流的入口参数开始，首先利用创建数组函数，构造 PID 控制器微分控制环节的分母多项式 $T_f s + 1$；然后经乘法运算和创建数组函数，得到 PID 控制器的分母多项式 $T_i (T_f s + 1)$。分子多项式则是在分母多项式的基础上，通过两个多项式相加 VI 求和得到的。

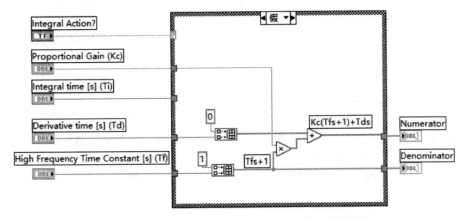

图 7-28　PID Parameters Utility VI PD 控制器计算分支

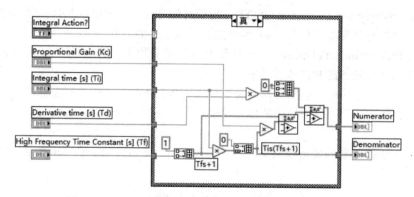

图 7-29　PID Parameters Utility VI PID 控制器计算分支

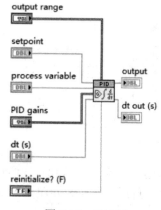

图 7-30　PID VI

其他类型的 PID 模型实例大同小异，不再赘述。

7.5.2.2　使用增量式 PID

工程实践中，受运算精度和运算速度的限制，大量的实时控制器选择使用增量式 PID。为此，LabVIEW CDS 模块专门提供了一个 PID 选板，以满足工程场景的使用需求。

PID VI（见图 7-30）即为其中的一种。它位于"控制设计与仿真→PID"选板，能够为需要 PID 控制的简单应用或高速控制应用提供一个具有抗积分饱和算法和无扰动输出的 PID 控制器。

PID VI 是多态 VI，需要用户通过右键快捷菜单选择需要使用的实例（默认为 DBL 实例）。其中，DBL 实例应用于单回路控制循环；DBL 数组实例则用于并行多回路控制循环；兼容性实例则提供了使用工程术语描述的回路控制。

☞ **工程中的 PID 控制**

工程应用中，对 PID 控制器参数有一些约定俗成的称谓。这些称谓与教科书对 PID 控制器的描述不一致，但意义相同。常见的情况包括：

- 保持：PID 控制器是否忽略过程变量的变化并暂停积分操作。默认为否（F）。
- 自动/手动：回路控制由计算机控制器自动完成，还是由现场技术人员手动完成。默认为自动控制（T）。
- 比例带：PID 控制器是否使用比例带（$100/K_c$）表示比例增益。默认为不使用（F）。
- 反作用：控制器输出极性与偏差极性相同（正作用），还是相异（反作用）。如果是前者，控制器输出会随着偏差的增大而逐渐增大；如果是后者，控制器输出则会随着偏差的增大而逐渐减小。控制器采用正作用还是反作用，应视系统具体要求而定。默认为反作用（T）。
- 设定值/过程变量：前者是对过程变量的期望，即 $r(t)$；后者是被控对象的输出，即 $y(t)$。

PID VI 的兼容性实例就针对这种情况。通过在"选项"输入端为技术人员提供熟悉的工程术语，该 VI 能够使人机交互更加人性化。

PID VI（DBL 实例）的程序框图如图 7-31 所示。其主体是一个 While 循环，循环两侧边框以箭头表示的移位寄存器则相当于延时运算，用于将当前循环产生的输出变量传递到下一轮循环的输入端。所以，图 7-31 中循环左侧边框的移位寄存器变量[①]是 $y(k-1)$、$u_d(k-1)$、$e(k-1)$ 和 $u(k-1)$，

---

① 未标注的移位寄存器变量是积分控制环节的累积偏差 $\sum e(k-1)$。

相应地，循环右侧边框的移位寄存器变量是 $y(k)$、$u_d(k)$、$e(k)$ 和 $u(k)$。PID 控制器参数（kp, ti, td）、采样周期 dt、设定值 setpoint 和过程变量的采样 process variable 则通过隧道从 While 循环的左侧边框输入。

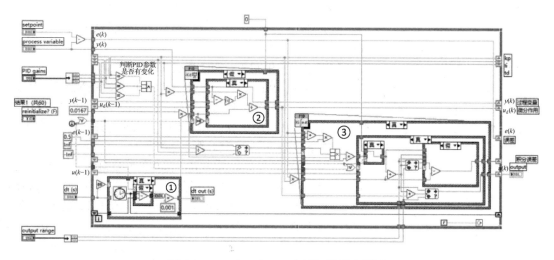

图 7-31　PID VI（DBL 实例）的程序框图

图 7-31 所示的运算过程主要包括以下三个部分：

（1）定时程序，按照指定的采样周期输出 $u(k)$。

（2）计算 PD 控制环节的输出。

（3）计算 PID 控制环节的输出。

为了响应用户在前面板的输入，程序在开始计算 $u(k)$ 之前加入了一组逻辑判断，只有在前面板 PID 控制器参数输入控件的值与当前循环所使用的 PID 控制器参数值相等的情况下，PID 控制环节的计算才能够开始。

PID 控制器的输出采用并联型结构计算，PID 运算程序框图如图 7-32 所示。

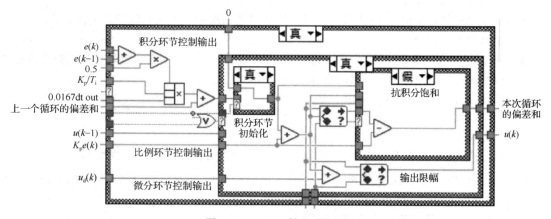

图 7-32　PID 运算程序框图

图 7-32 中，比例环节和微分环节的控制输出都在条件结构外部完成计算，条件结构只计算积分环节的控制输出[1]，并对各子系统的控制输出进行求和。

---

[1] 由于工程使用的 PID 控制器采用双线性变换法，故此处的计算公式与本书前面给出的不同。

条件结构嵌套的部分用于处理积分饱和：当积分环节控制输出超出执行器动作范围时，积分环节将停止工作，但偏差累积计算正常执行。

条件结构另一个嵌套部分负责积分环节的初始化工作，在 VI 启动或前面板输入的 PID 控制参数变化时，用于强制积分环节控制输出为零。

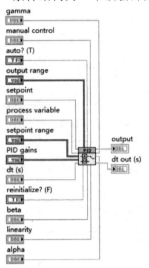

图 7-33　PID 高级 VI(DBL 实例)

微分环节控制输出的计算过程与之类似，请读者在练习题部分自行分析。

7.5.2.3　实用问题：PID 高级 VI

如前所述，PID 控制算法除了要完成基本的控制输出计算，还需要处理数字控制特有的一些问题，如图 7-27 和图 7-31 中对积分饱和问题和数字微分问题的考虑。除此之外，PID 控制算法还需要考虑若干工程实用问题。

位于"控制设计与仿真→PID"选板的 PID 高级 VI（见图 7-33）可以作为这方面的参考。它也是一个多态 VI，包括 DBL 和 DBL 数组两个实例。其最大的特点是提供若干高级可选功能，以满足工程实施 PID 控制对二自由度控制、误差平方控制、手动-自动无扰动切换等操作的需求。

考虑图 7-33 所示的 DBL 实例，其输入输出端子大致分为以下几类。

（1）PID 控制器输入输出。

- setpoint（设定值）：浮点数，可以是纯数字或物理量，反映操作人员对被控变量的期望。
- process variable（过程变量）：浮点数，可以是纯数字或物理量，反映仿真对象的运算输出或物理对象的传感器输出。
- PID gains（PID 增益）：簇，包括三个浮点数：比例增益 K_c、积分时间 T_i 和微分时间 T_d。其中，比例增益是纯数字，积分时间和微分时间的单位是秒。
- dt（采样周期）：浮点数，单位是秒，反映相邻两次控制输出之间的时间间隔。默认值为-1，即为连续控制器输出。
- output（控制器输出）：浮点数，可以是纯数字或物理量，并联 PID 控制输出。

（2）PID 控制器的修正。

- alpha（微分滤波时间常量）：浮点数，介于 0 和 1 之间，用于对微分环节控制输出进行额外滤波，以增大数字微分操作的衰减，减小由此引起的振荡。

引入该系数后，微分环节控制输出变为

$$\text{OUT}_d = -K_c \frac{T_d}{(1+\alpha T_d)\Delta T}[e(k)-e(k-1)]$$

式中，OUT_d 是微分控制环节输出；α 是微分滤波时间常量 alpha；ΔT 是采样周期。

- beta（比例操作的设定点权重）：浮点数，默认值为 1，也可以是 0 和 1 之间的小数，用于调节设定值的抗干扰强度，以反映负载变化。

引入该系数后，比例控制环节的输出变为

$$\text{OUT}_p = K_c[\beta \text{SP}(k)-\text{PV}(k-1)]$$

式中，OUT_p 是比例控制环节输出；β 是二自由度控制的比例设定点权重 beta；$\text{SP}(k)$ 是当前采样时刻的设定值；$\text{PV}(k-1)$ 是上一个采样时刻的过程变量。

- gamma（微分操作的设定点权重）：浮点数，默认值为 1，也可以是 0 和 1 之间的小数，用于调节作用至微分环节的设定值增量，以避免设定值调节所引起的微分冲击。

使用该系数后，微分控制环节的偏差输入变为

$$e_d(k) = \gamma \text{SP}(k) - \text{PV}(k)$$

式中，γ 是二自由度控制的微分设定点权重 gamma；$\text{SP}(k)$ 和 $\text{PV}(k)$ 是当前采样时刻的设定值和过程变量。

相应地，微分环节控制输出变为

$$\text{OUT}_d = -K_c \frac{T_d}{(1+\alpha T_d)\Delta T}\left[e_d(k) - e_d(k-1)\right]$$

● linearity（线性度）：浮点数，默认值为 1，即正常线性响应；也可以是 0 和 1 之间的小数，反映误差拟合曲线偏离线性的程度。

VI 会使用该系数计算非线性误差，计算公式为

$$e_b(k) = e(k)\left[L + (1-L)\frac{|e(k)|}{\text{SP}_{\text{Range}}}\right]$$

式中，SP_{Range} 是设定值的量程。

（3）对数字仿真结果的修正。

● setpoint range（设定值范围）：簇，包括两个元素：设定值下限和设定值上限，可以是纯数字（百分比）或物理量，反映设定值的变化范围。默认值为 0 和 100，对应于满量程的百分比。

● output range（控制器输出范围）：簇，包括两个元素：控制器输出下限和控制器输出上限，可以是纯数字（百分比）或物理量，反映控制器输出的允许范围。默认值为-100 和 100，对应于满量程输出的百分比。

注意，当 PID 控制器的计算值超出控制器输出范围时，PID 高级 VI 会自动调用抗积分饱和算法。

（4）PID 控制实用功能。

● auto？（自动控制？）：布尔值，指定是否使用自动控制。如果为 True，则使用自动控制；否则，使用手动控制。默认值为 True。

注意，当由手动控制切换到自动控制时，该 VI 能够自动进行无扰动切换。

● manual control（手动控制）：浮点数，仅在"自动控制？"端子为 False 时有效，输入手动控制器的输出值。

● reinitialize？（重新初始化？）：布尔值，指定是否重新初始化控制器。如果为 True，则能在不退出当前应用程序的情况下重启控制器，相当于对控制器进行上电复位；否则，只能在退出当前应用程序后才可以重启控制器，相当于系统重启。默认值为 False。

● dt out（采样周期输出）：浮点数，单位是秒。如果 dt 为-1，该端子返回相邻两次控制输出之间的运算时间；否则，该端子返回 dt 的值。

双击 PID 高级 VI，可以打开子程序框图。进入它的程序框图后，即可查看和分析例程的程序框图。读者可自行分析。

7.6　练习题

7-1　试定义术语：计算时延，并结合个人经验举例说明。

7-2　列举计算时延对数字控制器性能的影响，并结合个人经验谈一谈消除或抑制这些影响的策略。

7-3　试定义术语：量化、量化误差，并结合个人经验举例说明。

7-4　列举系统可能引入量化误差的渠道。

7-5　列举量化误差对数字控制器性能的影响，并结合个人经验谈一谈消除或抑制这些影响的策略。

7-6　已知某数字控制器的脉冲传递函数

$$D(z) = \frac{21.8(1-0.5z^{-1})(1-0.368z^{-1})}{(1-z^{-1})(1+0.718z^{-1})}$$

试用信号流图写出其 0 型结构。

7-7　已知某闭环系统的脉冲传递函数

$$H(z) = \frac{1.4-1.12z^{-1}}{1-1.6z^{-1}+0.6z^{-2}}$$

试用信号流图写出其 1 型结构。

7-8　使用后向差分法时，数字 PID 控制器的脉冲传递函数可以表示为

$$D(z) = \frac{U(z)}{E(z)} = \frac{K_{\mathrm{P}}\left[(1-z^{-1})+\dfrac{T}{T_{\mathrm{I}}}+\dfrac{T_{\mathrm{D}}}{T}(1-z^{-1})^2\right]}{1-z^{-1}}$$

假设采样周期 T 和 PID 参数 K_{P}、T_{I}、T_{D} 已知，试：（1）绘制程序框图，说明如何编写数字 PID 控制程序，可实现根据 $E(z)$ 计算 $U(z)$；（2）分析程序，判断程序实际输出的稳态误差和设计的期望是否一致，并说明依据；（3）分析程序，估算程序运行需要占用的系统资源，包括（但不限于）每次计算 $U(z)$ 所占用的 CPU 时间和存储空间。

7-9　对于练习题 7-8 给出的数字 PID 控制器，试：（1）将其改写为串联型结构形式；（2）绘制串联型结构的信号流图；（3）根据信号流图写出其状态空间描述。**

7-10　对于练习题 7-8 给出的数字 PID 控制器，试：（1）将其改写为并联型结构形式；（2）绘制并联型结构的信号流图；（3）根据信号流图写出其状态空间描述。**

7-11　图 7-34 是 PID VI DBL 实例（见图 7-31）的微分控制计算程序框图，试分析其运算过程。**

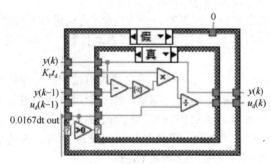

图 7-34　练习题 7-11 程序框图

7-12　图 7-35 是 PID 高级 VI DBL 实例的程序框图。试与 PID VI DBL 实例的程序框图（见图 7-31）进行比较，说明：

（1）图 7-35 所示的运算过程；

（2）与图 7-31 相比，图 7-35 所示的程序做了哪些改变；

（3）这些改变各自完成什么运算；

（4）从运算过程来看，这些改变的目的是什么？**

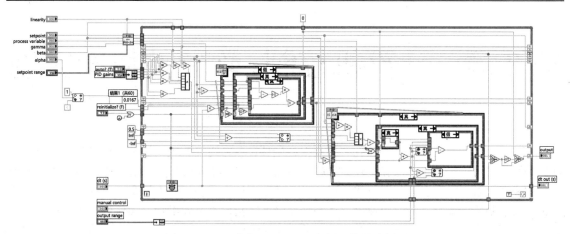

图 7-35　PID 高级 VI（DBL 实例）的程序框图

第8章 计算机控制：软硬件协同实现

8.1 学习目标

工程中，数字控制算法必须依托一定规模的硬件设备才可以实现。这些硬件设备除完成数值计算的运算设备外，还包括保存运算结果的存储设备、采集偏差信号输入的采样设备、输出控制决策的驱动设备、实现多控制器协作的通信设备及与操作人员协作的人机交互设备。它们的性能对计算机控制器的复杂度、响应速度、控制精度等关键指标有重要影响，如何恰当地选择和操作它们是工程人员在实现计算机控制系统时必须考虑的问题。

本章简要介绍构建计算机控制系统所涉及的关键设备，并重点介绍计算机控制器对外部设备的操作方法及不同操作方法对控制器性能的影响。主要学习内容包括：

- 定义术语
  - □ 软硬件协同设计（8.2 节）
  - □ 软件（8.2 节）
  - □ 硬件（8.2 节）
  - □ 组件（8.2 节）
  - □ 接口（8.2 节）
  - □ 数字滤波（8.5 节）
  - □ 标度变换（8.5 节）
- 复述
  - □ 计算机控制系统的层次结构：信息处理角度（8.2 节）
  - □ I/O 接口的本质：信息处理角度（8.2 节）
  - □ 线性标度变换工作原理（8.5 节）
- 列举
  - □ I/O 接口的信号类型（8.2 节）
  - □ I/O 接口的信号处理要求（8.4 节）
  - □ I/O 接口的存储器映射方式（8.4 节）
  - □ I/O 接口的信号读写策略（8.4 节）
- 比较
  - □ 数字滤波和模拟滤波（8.5 节）
  - □ 数字滤波算法（8.5 节）
- 选择
  - □ 数字控制器运算平台（8.3 节）
  - □ 数字控制器 I/O 接口（8.4 节）
- 设计
  - □ I/O 接口地址译码（8.4 节）
  - □ I/O 接口数据缓冲（8.4 节）
- 编写
  - □ I/O 接口数据读写程序（8.6 节）
  - □ 数字滤波程序（8.5 节）
  - □ 标度变换程序（8.5 节）

8.2　从信号耦合网络到能量耦合网络

8.2.1　软硬件协同设计

控制算法确定之后，需要选择合适的计算架构以执行算法。选择依据通常是运算复杂性、实时性要求和资源约束，同时考虑成本最小化和/或能量最小化。

这个过程可以视作系统建模的逆过程，也就是说，是把抽象数学运算具体化的过程。其主要工作是把信号耦合网络还原为能量耦合网络，直至具体的物理设备，使其在满足控制算法精度要求和速度要求的同时，也能够满足能量要求和成本要求。

如果把"软件"定义为功能可调整的运算设备，把"硬件"定义为功能固定不变的运算设备，控制算法的实现过程就可以定义为将控制算法所需运算分配到软件和硬件的过程。具体地说，就是人为界定软件和硬件的边界，将能耗较小且功能多变的运算过程分配为软件，将能耗较高且功能单一的运算过程分配为硬件。

在过去很长的时间里，软件和硬件的分配多依靠设计人员的经验来完成。但近年来，随着人们对计算机控制系统性能要求越来越高，较少依赖经验而强调客观性的软硬件协同设计方法逐渐得到技术人员的关注。

顾名思义，软硬件协同设计是权衡硬件和软件以共同实现满足多重约束的特定运算过程的系统级设计方法。它关注的不是硬件或软件的具体实现技术，而是特定算法物理实现的多目标优化方案。或者说，软硬件协同设计的目标是寻找一种软件和硬件的组合，使其在满足算法的功能要求的前提下，同时满足精度、速度、能耗、成本等多方面的优化指标。具体的操作过程描述如下：

（1）整体上，将代表问题解决方案的控制算法视为软件，并用信号耦合网络表示。

（2）将其中涉及信号类型变化（如量纲不同的信号相互转换，或量纲相同但量程不同的信号相互转换）的环节替换为能量耦合网络，估算并分配性能指标。

（3）将剩余部分中有明确功率要求的环节替换为能量耦合网络，估算并分配性能指标。

（4）将剩余部分逐一替换为能量耦合网络，估算并分配性能指标，同时评估整体性能，如果精度、速度、能耗、成本等均符合要求，则保留为能量耦合网络；否则，还原为信号耦合网络。

（5）分配方案确定后，按照能量耦合网络分配的性能指标选择物理设备，或设计新的物理设备。

（6）连接物理设备，完成预设的控制算法，并测试系统整体性能。

以 5.5 节车杆问题的串级控制方案（见图 8-1）为例。图中，白色矩形框表示软件运算，灰色矩形框表示硬件运算。可见，计算机控制器的输出（控制变量 u）是施加到推车上的水平方向作用力；输入则是推车水平位移 x 和加重杆角位移 φ。

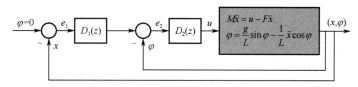

$$M\ddot{x} = u - F\dot{x}$$
$$\ddot{\varphi} = \frac{g}{L}\sin\varphi - \frac{1}{L}\ddot{x}\cos\varphi$$

图 8-1　车杆问题的串级控制方案

考虑到计算机的输入和输出只能是电压信号，u、x 和 φ 都涉及信号类型变化：u 需要将电压信号转换为水平方向的作用力，x 和 φ 需要将水平位移和角位移分别转换为电压信号。于是，在前向通道增加 DAC 和电机及传动机构，从而为推车提供水平方向的作用力；在反馈通道增加水平位移和角位移的测量装置和 ADC，以获得数字表示的水平位移和角位移。相应地，控制算法也根据分配给硬件的功能进行调整，从而得到图 8-2。

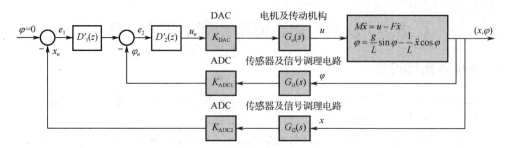

图 8-2　考虑信号变换的串级控制方案

　　一般来说，为了推动推车，会对水平方向作用力的功率提出一定要求。可以据此进一步定义电机及传动机构环节，明确电机及其驱动单元和传动机构各自完成的运算功能。考虑到电机和传动机构普遍具有非线性特性，可以得到图 8-3。

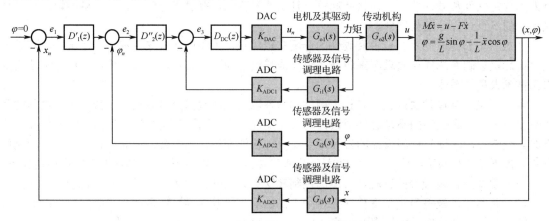

图 8-3　考虑功率输出的串级控制方案

　　图 8-3 中，$D_{DC}(z)$ 是电机控制器，目的是使电机能够稳定地输出所需力矩，进而使电机输出经传动机构作用到推车的水平作用力符合要求。而为了使电机能够输出期望的力矩，可以考虑图 8-4 所示的电机的力矩输出控制方案。于是，整个系统的解决方案可以表示为图 8-5。

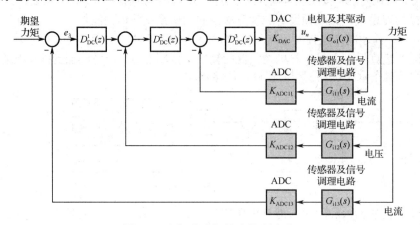

图 8-4　电机的力矩输出控制方案

　　对于图 8-5 所示的系统，可以将所有的软件分配到同一台计算机上（见图 8-6），也可以将部分软件分配到电机控制单元上（见图 8-7），甚至可以将软件分配到不同的智能传感器和智能执行器上（见图 8-8）。估算不同方案的性能指标，并从中选择符合设计要求的最优方案。

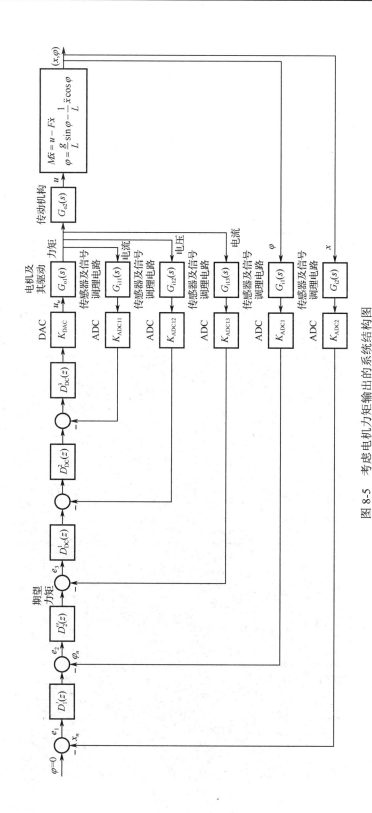

图 8-5 考虑电机力矩输出的系统结构图

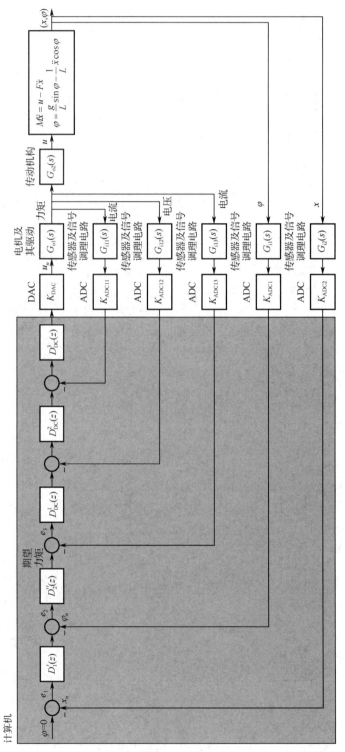

图 8-6　车杆问题的串级控制方案（直接控制）

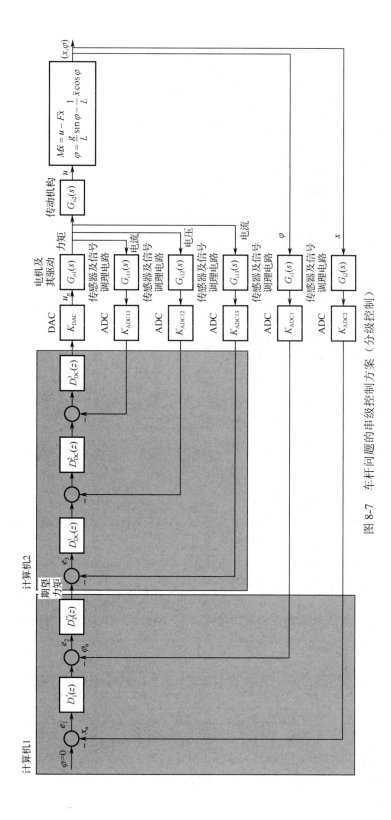

图 8-7　车杆问题的串级控制方案（分级控制）

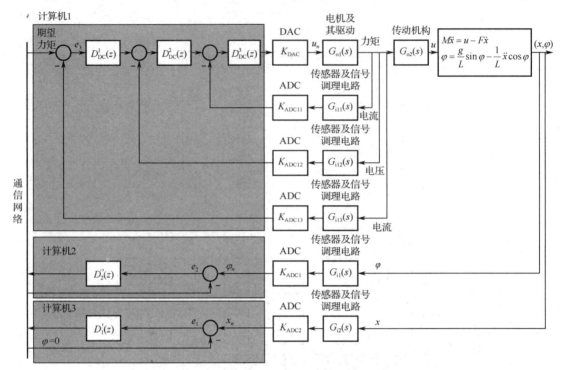

图 8-8　车杆问题的串级控制方案（网络控制）

　　需要注意的是，软硬件协同设计同样依赖设计人员的经验。但与传统设计方法不同的是，即使设计人员经验不足，或设计要求提出的多重优化目标超出了设计人员的经验，他们也可以利用计算机辅助设计，从多种备选方案中筛选出最优方案。

8.2.2　从信息处理角度看计算机控制

　　图 8-6、图 8-7 和图 8-8 虽然形式不同，但在本质上都表示一个非线性信息处理系统，其结构都可以用数据处理器（Processor，P）、数据存储器（Memory，M）和数据交换器（Switch，S）的组合来表示，如图 8-9、图 8-10 和图 8-11 所示。

　　在图 8-9、图 8-10、图 8-11 中，数据处理器 P 代表可以读取和理解外部指令并执行相应操作的数字运算单元，通常是执行某种算法的代码；数据存储器 M 代表临时或永久记录数据的数字存储单元，可能是计算机的内部存储器（如 RAM、ROM），也可能是计算机的外部存储器（如硬盘等）或缓冲存储器（如数据采集卡的数据缓冲区）；数据交换器 S 则代表可以根据处理器 P 的要求重构的数据传输链路，可以是计算机的内部总线或外部总线，也可以是连接计算机或计算机外设的通信网络。

　　因此，从信息处理角度理解，图 1-5 所示的典型计算机控制系统也可以表示成图 8-12 的形式。它以计算机（CPU+内部存储器）为核心，通过数据交换器与计算机内部的 ADC、DAC 等设备（如 ADC 和 DAC）和计算机外部的键盘和显示器连接，借助一定的控制算法完成特定的控制功能。

　　图 8-12 中，代表人机交互的设备和代表 ADC/DAC 的设备被表示为数据转换器 T（Transducer），代表该单元仅改变信号形式而不修改其携带的信息。理想情况下，数据转换器执行系数为 1 的比例运算；但在实际工程中，一般会把它的比例系数视为常数 k。

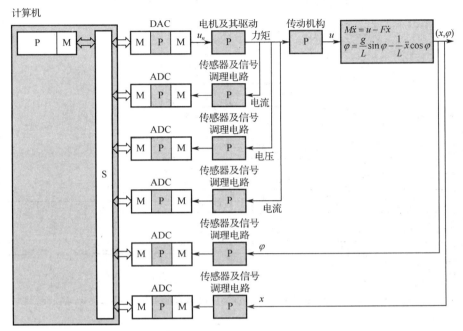

图 8-9　车杆问题串级控制方案（直接控制）的 PMS 表示

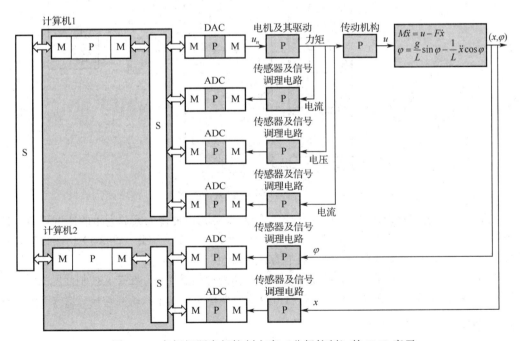

图 8-10　车杆问题串级控制方案（分级控制）的 PMS 表示

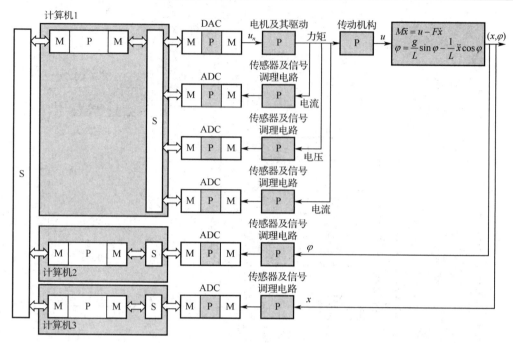

图 8-11 车杆问题串级控制方案（网络控制）的 PMS 表示

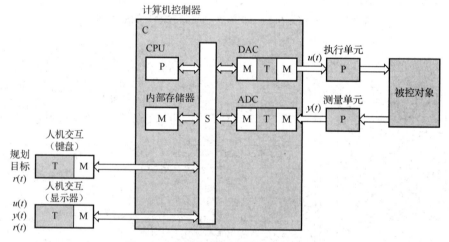

图 8-12 计算机控制系统的 PMS 表示

在前面介绍的控制器设计过程中，执行单元和测量单元也被视为系数为 1 的比例环节。但在实际工程中，该假设大多不成立，尤其是在量程比较大的情况下。因此，图 8-12 仍然将其表示为数据处理器 P，代表它们是用于完成部分控制算法的硬件运算电路。

需要说明的是，执行单元和传感单元并不一定要作为控制器处理。在定义控制问题的时候，如果执行单元和传感单元已经确定下来，二者就可以视作被控对象的子系统并与被控对象合并考虑。

8.2.3 组件、接口和信号

8.2.3.1 组件

对于计算机，图 8-12 可以进一步抽象为图 8-13。可见，对计算机控制器来说，外部设备是不存在的。尽管构成计算机控制系统的外部设备种类繁多、结构各异，但计算机需要面对的只是 I/O

接口，实现计算机控制器所需要考虑的也只是对 I/O 接口性能和操作策略的选择。

从图 8-13 可以看出，典型计算机控制系统的外部设备（包括 ADC、DAC、传感器、执行器等）是经由 I/O 接口与计算机控制器连接在一起的，并由计算机通过 I/O 接口协调其工作。这些外部设备是计算机与现实世界连接的桥梁，是计算机控制系统得以实现的基础。

与软件算法不同，外部硬件设备受物理规律的限制，具有不可更改性，很难进行功能和性能的封装，它虽然擅长以较快速度响应外部简单事件，但在解决复杂工程问题方面却不具有优势。因此，为了提高复杂系统设计和维护的便利性，许多计算机控制系统在开发过程中使用组件技术。

关于组件（Component），维基百科的解释是若干符合某种规范的可以提供特定功能的系统构成要素的模型。它们在物理空间上是分立的设备，但功能相似，处理内容相同，操作方法一致，在系统分析和设计过程中经常被归并考虑。前面使用的数据处理器 P、数据存储器 M 和数据交换器 S 即为高度抽象的组件。

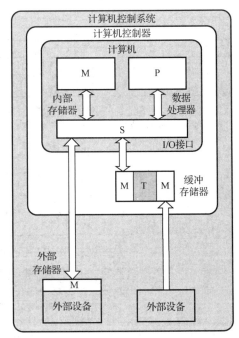

图 8-13　计算机控制系统的层次结构

组件的出现有助于提取工程实现中反复出现的普遍问题的共性，对提高设计方案的可重用性、缩短开发周期、增强复杂系统稳定性有极大的帮助。其优势主要体现在以下几个方面。

（1）改善了模型视图的一致性，简化了问题域的描述。

（2）提供了可重用的建模工具，增强了对并发性的内在支持。

（3）改善了系统的稳定性，提高了系统的可靠性。

8.2.3.2　I/O 接口

在计算机控制系统中，组件设备表现为映射到计算机内存空间的数据，I/O 接口则是组件设备之间可重构的数据交换通道。它既可以是简单的一对一的连接（见图 8-14），也可以是一对多（见图 8-15）或多对多（见图 8-16）的连接。无论哪种形式，I/O 接口的主要作用都是在数据处理器和数据存储器之间进行数据传输：将数据存储器发布的数据写入 I/O 接口相当于操作相应的外部设备执行规定动作，从 I/O 接口读入来自外部设备的数据则相当于对相应外部设备进行采样或检查它的工作状态。

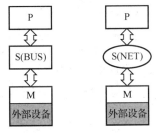

（a）通过总线连接　　（b）通过网络连接

图 8-14　一对一的连接情况

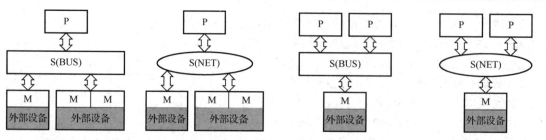

（a）一个数据处理器连接多个　　（b）一个数据处理器连接多个　　（c）多个数据处理器连接一个　　（d）多个数据处理器连接一个
　　数据存储器（通过总线）　　　　数据存储器（通过网络）　　　　数据存储器（通过总线）　　　　数据存储器（通过网络）

图 8-15　一对多或多对一的连接情况

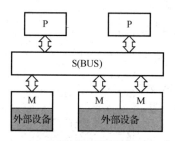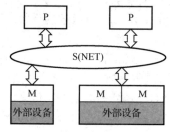

（a）多个数据处理器连接多个　　　　　　（b）多个数据处理器连接多个
　　数据存储器（通过总线）　　　　　　　　数据存储器（通过网络）

图 8-16　多对多的连接情况

【例 8-1】一对一连接示例：AD574 单极性接口电路。

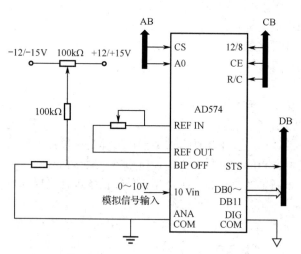

图 8-17　AD574 单极性接口电路

图 8-17 中，来自传感器的 0～10V 电压信号不能直接输入计算机。为了使计算机可以读取传感器的输出，使用 AD574（一种 ADC）把来自组件设备（传感器）的电压信号转换为 TTL 电平的数字量，方便计算机读取。此处，AD574 起到数据转换器的作用：将 0～10V 电压信号转换为 8 位二进制数据，并保存在自身的缓冲存储器里，供数据处理器（如数据采集程序）使用。

对于计算机，组件设备（传感器）是不存在的。它操作的只是连接在 I/O 接口上的 AD574：向指定的存储器写入采样命令就可以进行数据采样，从指定的存储器读出数据就可以获得采样结果。

对 I/O 接口的读写可以通过底层代码直接访问硬件设备完成，也可以通过驱动程序完成。从系统安全性和可靠性的角度考虑，设计人员应尽量避免直接访问硬件设备，以防止用户程序诱发潜在的资源冲突和系统错误。

驱动程序（见图 8-18）是作用于 I/O 接口和应用软件之间的一组可调用函数，通常由设备生产商提供。它定义了底层数据交换的细节，为应用程序操作 I/O 接口提供了可靠方法。同时，驱动程序也容易被整合进操作系统，有助于提高系统的可靠性和安全性。

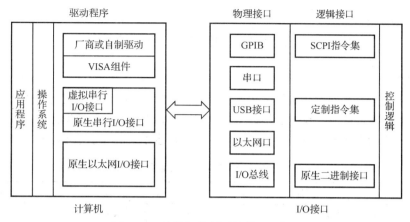

图 8-18 计算机控制系统的 I/O 接口

I/O 接口可以根据交换数据的类型分为两类：数字 I/O 接口和模拟 I/O 接口。前者用于传输来自开关、按钮等二进制设备的信息，后者用于传输来自热电偶等模拟设备的信息。

数字 I/O 接口能够以"位"为单位组织外部设备的读写控制，多用于检测组件设备的离散运行状态，如开关的断开与闭合、设备的运行与停止等；或使具有离散运行状态的组件设备动作，如打开或关闭阀门、使电机正转或反转等。

连接组件设备时，有的数字 I/O 接口允许把接口的任何一条引线独立设置为输入或者输出，并可以在软件中独立寻址（位操作）；而有的数字 I/O 接口则只允许把接口的引线同时设置为输入或者输出，在软件中的操作也只能成组进行。使用中应注意分辨这两种情况，且对后一种情况，应尽量按 8 的倍数成组设置 I/O 引线，以方便微处理器读写。

数字 I/O 接口常采用标准电平。若以 TTL 电平为例，任何低于 0.8V 的电压都被认为是逻辑 0，高于 2.0V 的电压都被认为是逻辑 1，而介于两者之间的电平则认为无效。此时，为了保证输入数据的稳定性，I/O 引线需要通过电阻上拉至 Vcc 或下拉至地，以确保输入电压不会漂移到无效区域。

【例 8-2】数字 I/O 接口示例：独立式按键电路。

图 8-19 所示为独立式按键开关的数字 I/O 接口。图 8-19（a）所示电路中，在开关闭合前，输出端经上拉电阻连接至电压源，输出电压被钳位至高电平（逻辑 1），以防止无开关动作时的信号干扰；在开关闭合后，输出端经闭合的开关接地，输出电压为低电平（逻辑 0）。图 8-19（b）所示电路则与之相反。

需要注意的是，使用机械开关作为输入时，开关触点几乎不会在闭合或断开的瞬间完成开关动作，而是需要一个过渡期。在此期间，开关触点会因弹性作用而多次接触和脱离，或者说会产生一系列振动。这种现象称为抖动，持续时间通常为几毫秒到 100ms。

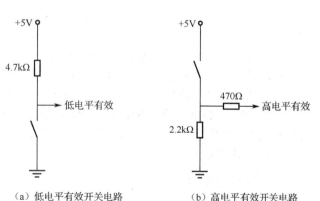

（a）低电平有效开关电路 （b）高电平有效开关电路

图 8-19 独立式按键开关的数字 I/O 接口

为避免计算机响应抖动，在读入数字 I/O 接口数据时，需要对数据进行去抖动处理。具体措施可以是硬件上的，如在 I/O 引线上增加 RC 滤波器；也可以是软件上的，如读入数据后再延迟一段时间（一般为 10ms），以确认读入数据的有效性。

8.2.3.3　接口信号

在计算机控制系统中，I/O 接口处理的数据内容通常以电信号表示，主要分为三类：数值信号、状态信号和命令信号。

1）数值信号

数值信号是数据处理器完成运算所需要的输入和输出，包括来自外部设备的数值输入和数据处理器的数值输出。数值信号是 I/O 接口需要处理的主要内容，可以根据组件设备的不同而采用多种表达形式，不同表达形式（信号类型）有不同的信号特征和信号处理要求，如表 8-1 所示。

表 8-1　信号类型和处理要求

信号类型	信号特征	表示信息	处理要求
开关信号	以电平高低表示信号有无，关注信号幅度	开关和按键状态、位置状态、通断状态等	限幅、整形、消抖、隔离、电平转换、锁存等
脉冲信号	以脉冲边沿表示信号有无，关注脉冲的数量、占空比和频率	频率、时间、计数、报警触发、中断请求等	限幅、电平转换、隔离、计数、锁存等
编码信号	可以是二进制编码（如 BCD 码）信号或非二进制编码（如格雷码）信号，每位只有"0"和"1"两种取值。关注数值、码宽	数码开关的参数和量程，数字传感器检测到的温度、压力、流量、位移、速度、质量等	隔离、电平转换、锁存、校验纠错、串/并联转换等
模拟信号	在时间和幅值上是连续的，通常需要关心信号频率范围和精度	模拟传感器检测到的温度、压力、流量、位移、速度、质量、电压、电流、功率等	放大、隔离、滤波、采样保持、V/F 变换、A/D 转换、非线性变换、标度变换等

2）状态信号

状态信号又称应答信号、握手信号，反映组件设备自身的工作状态，如设备是否工作正常、数据是否准备就绪等，是保证组件设备正常工作的重要辅助信息。

3）命令信号

命令信号用于配置组件设备的工作状态，保证组件设备的工作时序。

8.3　运算设备

数字控制器是计算机控制系统的核心单元，而计算机则是数字控制器的核心部件。在通过软硬件协同设计确定系统结构以后，如何选择计算机以实现数字控制就成为系统实现要解决的问题。

可以用作实时控制器的计算机很多，一般分为两类：一类是通用计算机，另一类是嵌入式计算机。选择时，应依据软硬件协同设计确定的软件组件功能，挑选实时性、运算能力、可扩展性、功耗和成本等性能指标符合要求的计算机。同时，也要考虑系统可靠性、可维护性和体积等能否满足工程的实用性要求。

8.3.1　通用计算机

通用计算机包括个人计算机（Personal Computer，PC）和工业控制计算机，前者用于办公室环境，完成信息管理任务；后者用于工程现场，完成实时控制任务。

通用计算机的实时性相对嵌入式计算机要差一些，且体积大，对环境要求高，但运算能力强，资源丰富，配套设备完善，在工程中仍得到广泛应用。而工业控制计算机尽管结构与个人计算机相同，但可靠性更高，在安全性、互操作性和互换性方面更适合工程环境，更是通用计算机在工程现场应用时的首选。

8.3.2　嵌入式计算机

与通用计算机不同，嵌入式计算机是与应用密切相关的、可嵌入对象内部的、软硬件可裁剪的专用计算机。它以应用为中心，能够很好地满足计算机控制系统对可靠性、可维护性、成本、体积、功耗等方面的要求，特别适合实时多任务应用。

嵌入式计算机有多种结构，应用领域非常广泛。不同结构的嵌入式计算机适用于不同领域，彼此之间难以相互代替。

8.3.2.1　单片机

单片机是嵌入式计算机最常见的结构。由于在单一芯片上集成了计算机的基本部件，单片机能够完成计算机的大部分功能。事实上，它是世界上应用最广、数量最多的计算机，广泛应用于当前的电子和机械产品中，如手机、计算器、电子玩具及计算机配件中都有单片机，汽车上一般配备 40 多个甚至上百个单片机，复杂的工业控制系统甚至可能包含数百个单片机。

单片机成本低、体积小、种类繁多，一般分成 SCM（Single Chip Microcomputer，单片微型计算机）、MCU（Microcontroller Unit，微控制器）和 SoC（System on Chip，片上系统）三类。SCM 主要强调计算机的单片嵌入式体系结构，是一种通用型单片机；MCU 在 SCM 的基础上扩展各种外部电路与接口电路，突显了其控制能力；而 SoC 则更强调把应用系统集成在单一芯片上，资源更为丰富。

8.3.2.2　DSP

DSP（Digital Signal Processor，数字信号处理器）是专门的可编程数字信号处理芯片，具有专用的浮点处理器，结构复杂，数据处理能力强，实时运行速度可达每秒数千万条指令，远超单片机，广泛应用于各种高速实时数据处理场合（如图形处理、大规模数据的实时运算）。

8.3.2.3　ARM

ARM 是一款面向低预算设计市场的 32 位 RISC 微处理器，目前有 ARM-11 系列、ARM-9 系列和 ARM-7 系列，分别为高性能处理器、常规处理器和面向普通应用的处理器，以适应不同的应用需求。与单片机相比较，它的时钟频率更高，存储容量更大，外部资源更丰富，同时功耗更大，在各种低预算高性能设计中应用广泛。

8.3.2.4　PLC

PLC（Programmable Logic Controller，可编程逻辑控制器）是工业控制领域的专用计算机，具有模块化结构，功能丰富，编程方便，容易扩展，可靠性高，在机床、电力、化工、汽车等行业的开关控制、过程控制、位置控制等方面有广泛应用。

8.3.2.5　PLD

PLD（Programmable Logic Device，可编程逻辑器件）是一种通用集成电路，其逻辑功能由用户编程设定，可以用于数字控制器的硬件实现。目前常用的产品是 CPLD（Complex Programmable Logic Device，复杂可编程逻辑器件）和 FPGA（Field-Programmable Gate Array，现场可编程门阵列）。

CPLD 是一种大规模集成电路，结构复杂，需要用户借助集成开发软件，用硬件描述语言根据自身需要构造逻辑功能。它最大的优点是所设计的电路具有时间可预测性，其内部采用了固定长度的金属线进行逻辑互连。

FPGA 则是一种半定制电路。它采用高速 CHMOS 工艺，内部有丰富的触发器和 I/O 引脚，克服了 CPLD 内部门电路数目有限的缺点，设计周期短、开发费用低、风险小，是小批量系统提高系统集成度的最佳选择之一。

8.4　通用 I/O 接口

组件设备是计算机控制器与物理世界交互的窗口。从外观上看，它可以是连接串行端口或并行端口的独立设备，如基于 USB 的采样设备；也可以是计算机内部的插入式电路板，如工业控制系统中广泛使用的各种采集卡；还可以是另外一个计算机控制系统，如经以太网连接的远程控制器。但从软件处理角度来看，无论哪种类型的组件都是计算机存储空间中的一组寄存器，即一个 I/O 接口。

因此，在构建计算机控制系统时，组件设备的具体类型并不是最重要的，真正需要关心的是它所映射的 I/O 接口。

8.4.1　技术指标

I/O 接口的数学模型可以用惯性环节表示，其幅值反映计算机处理的数值量与组件设备电量信号之间的增益，通常用 bit/V（输入接口）或 V/bit（输出接口）表示；相位则反映 I/O 接口等待数据稳定所引入的时延。理想情况下，前者应当为 1，后者应当为 0。

选择 I/O 接口应尽量使其数学模型接近理想特性。由于 I/O 接口的数据处理器 P 一侧的性能和计算机相同，而与外部设备一侧的性能有明显差别，因此，影响 I/O 接口性能的主要因素是所连接外部设备的性能，主要有三个评价指标：精度、分辨率和响应速度。

I/O 接口的精度和分辨率影响其增益，其值取决于所连接的外部设备，可以依据误差合成原理进行估算。精度和分辨率对系统的影响如下：在反馈通道，I/O 接口精度能直接影响计算机控制器的数值精度；而在前向通道，则因反馈通道捡拾输出噪声而间接影响计算机控制器的数值精度。

【例 8-3】某温度控制系统，已知温度测量范围为 0～1000℃，精度为 0.25℃。若反馈通道使用精度为 0.003% 的仪表放大器，精度为 0.0025% 的多路开关，以及精度为 0.01% 的功率放大器，问是否可以选用 12 位的 ADC？

由前文知，在控制系统中，前向通道的精度不会比反馈通道的精度高。因此，在考虑系统误差时，可以只考虑反馈通道。

对题目给出的系统，若选用 12 位 ADC，则模数转换的精度为 1/2LSB，即

$$\frac{1}{2 \times 4096} \approx 0.01\%$$

于是，根据误差合成公式，反馈通道的误差估计为

$$\sqrt{(0.003\%)^2 + 0.0025^2 + (0.01\%)^2 + 0.01^2} = 0.0147\%$$

而系统的温度测量范围为 0～1000℃，要求精度为 0.25℃，即系统期望误差为

$$\frac{0.25}{1000} \times 100\% = 0.025\% > 0.0147\%$$

可见，选用 12 位 ADC 能够满足系统要求。

I/O 接口响应速度对系统的影响则比较复杂。一般来说，若 I/O 接口连接的 ADC（或 DAC）转换速度慢，或者 I/O 接口连接组件的惯性大，I/O 接口的响应速度就会变慢。这种情况相当于将理想 I/O 接口与低通滤波器串联，会在系统中引入额外的相位滞后，限制系统的稳定性。

同时，迟缓的响应速度也会降低 CPU 工作效率。假设计算机控制器在采样周期内的时间可以表示为

$$总时间 = CPU 运算时间 + I/O 时间$$

若 I/O 接口响应速度降低，则 I/O 时间增加。考虑到总时间保持不变，I/O 时间增加时，CPU 运算时间将会缩短，这意味着控制器工作效率降低。

如果 I/O 接口的响应速度是固定不变的，并且可以预先确定，其对系统的影响容易消除。但在实际应用中，I/O 接口的响应速度是可变的（如受环境温度影响）；而且，考虑到计算机控制系统的 I/O 操作常与运算操作重叠，故准确估计 I/O 接口的响应速度会更加困难。因此，在大多数情况下，会用 I/O 操作引入的时延代替 I/O 接口的响应速度。

8.4.2　存储器映射

8.4.2.1　直接映射

在计算机的存储空间（存储器）中，外部设备表现为一组连续的寄存器（见图 8-20），并通过 I/O 接口与计算机交换数据，计算机则通过读写 I/O 接口实现对组件设备的操作。

图 8-20 中，命令寄存器定义 I/O 接口的操作模式，多用于配置 I/O 接口连接组件的工作模式，指定组件完成要求的外部操作；状态寄存器定义 I/O 接口的工作状态，多用于获取接口连接组件的工作状态，判断期望的外部操作是否可以执行，或者已执行的操作是否顺利完成；输出寄存器和输入寄存器则分别保存向外部组件设备发送的数据和从外部组件设备接收的数据，用作计算机和组件设备交换信息的通道。

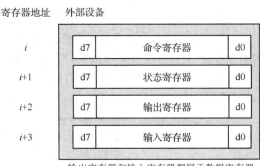

图 8-20　I/O 接口的存储器映射

四个寄存器在存储空间的具体位置取决于总线宽度。以图 8-20 为例，假设组件设备的每个数值寄存器中均为 8 位二进制数，若使用 8 位总线的系统，各寄存器的地址如图 8-20 所示，依次为 i、$i+1$、$i+2$ 和 $i+3$；若使用 32 位总线的系统，则各寄存器的地址将变为 i、$i+4$、$i+8$ 和 $i+12$。

8.4.2.2　更紧凑的映射

一般情况下，I/O 接口的命令寄存器和输出寄存器只需要执行写入操作，而状态寄存器和输入寄存器只需要执行读出操作。因此，可以考虑在存储空间采用更为紧凑的映射模式（见图 8-21）。

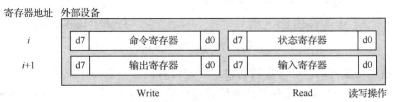

图 8-21　更紧凑的 I/O 接口存储器映射

图 8-21 中，I/O 接口提供了 4 个寄存器，却只占用存储空间的两个地址：i 和 $i+1$（假设使用 8 位总线）。但由于同时使用读写信号辅助寻址，计算机对四个寄存器的操作不会产生混淆：执行写操作（读写信号为 0）时，CPU 操作的是命令寄存器（地址为 i）或输出寄存器（地址为 $i+1$）；而执行读操作（读写信号为 1）时，CPU 操作的是状态寄存器（地址为 i）或输入寄存器（地址为 $i+1$）。

可见，这种映射模式虽然降低了外部设备对计算机资源的需求，但作为代价，同时放弃了对外部设备的部分控制。

8.4.2.3　复用技术

若 I/O 接口的命令寄存器和输出寄存器映射到存储器的同一位置（二者地址重合），状态寄存器和输入寄存器映射到存储器的同一位置（二者地址重合），则外部设备占用的存储器资源可进一步减少。这种情况称作地址复用，能够大幅提高计算机的资源利用率，在工程应用中得到普遍使用。

复用的 I/O 接口如果存在多个可读写的内部寄存器，则可以考虑使用指针位共享可读写寄存器地址，如例 8-4 的地址位 A0，以减少 CPU 存储器分配给 I/O 接口的地址。

【例 8-4】AD574 的单极性输入接口。

图 8-22（a）给出了 AD574 单极性电路与计算机连接的一种方式，对应的存储器映射关系如图 8-22（b）所示。

从图 8-22（b）可以看出，对计算机来说，0～10V 模拟输入相当于保存在存储空间中的一个 8 位二进制数或 12 位二进制数，实际的字长取决于 AD574 启动 8 位 ADC 还是 12 位 ADC。

向 AD574 的命令寄存器写入任意数据可以启动模数转换.计算机写入命令寄存器的数据可以是任意值，其大小没有实际意义。真正有意义的是写操作本身（R/C=0），以及写入的地址（A0 为 0 还是 1）。若写入命令寄存器的地址是偶数地址（A0 为 0），则启动 12 位 ADC；否则，启动 8 位 ADC。

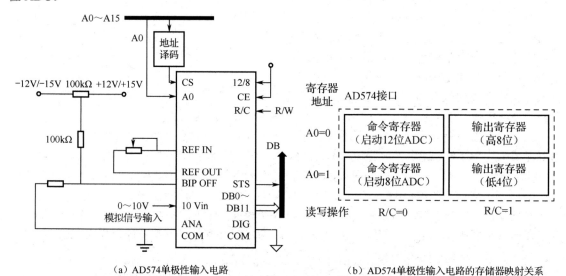

(a) AD574单极性输入电路　　　　　　　　　　(b) AD574单极性输入电路的存储器映射关系

图 8-22　AD574 单极性输入电路的 I/O 接口

同样的问题也可以使用指针寄存器解决。在这种解决方案里，计算机先通过指针寄存器访问 I/O 接口，然后通过数据寄存器保存的地址偏移访问所有 I/O 接口内部寄存器。例 8-5 即是此种应用场景的例子。

【例 8-5】AD7714 的存储器映射。

AD7714 是低频测量应用的 24 位 Sigma-Delta 式串行 ADC,具有 3 个差分模拟输入或 5 个准差分模拟输入，单电源供电，可以通过软件配置工作通道、信号极性和通道增益，并提供自校准、系统校准和背景校准选项。

为了实现上述功能，AD7714 需要大量的片内寄存器，如图 8-23 所示。若使用单独的地址访问这些寄存器，会占用大量的 CPU 存储空间，既不经济，也不容易实现。

实际上，AD7714 的片内寄存器中只有一个是计算机可见的，就是图 8-23 左上角的通信寄存器。其他片内寄存器对计算机都是不可见的，需要经由通信寄存器的指针位 RS0～RS2 及 CH0～CH2 间接寻址，从而极大地减少了对 CPU 存储空间的占用。

通信寄存器	寄存器选择			通道选择			
0/DRDY	RS2	RS1	RS0	R/W	CH2	CH1	CH0

寄存器选择 ＼ 通道选择	000		001		010		011		100		101		110		111	
	AIN1	AIN6	AIN2	AIN6	AIN3	AIN6	AIN4	AIN6	AIN1	AIN2	AIN3	AIN4	AIN5	AIN6	AIN6	AIN6
000 通信寄存器																
001 模式寄存器																
010 滤波器高寄存器																
011 滤波器低寄存器																
100 测试寄存器																
101 数据寄存器																
110 零刻度校准寄存器																
111 满刻度校准寄存器																

图 8-23　AD7714 的存储器映射

更常见的应用场景是计算机通过复用技术操作多个外部组件。一般情况下，计算机控制系统需要大量的外部组件设备协助完成控制任务。如果每个组件设备都使用一个独立 I/O 接口，就会占用大量存储空间。显然，这种解决方案会显著提高系统对计算机资源的需求量，最终实现的系统可能非常昂贵。考虑到计算机的运算速度远大于 I/O 接口的响应速度，多数情况下，工程人员更倾向于使用多路复用技术作为解决方案。

【例 8-6】八通道数据采集接口。

复用技术能够把多个外部组件映射到同一个 I/O 接口，相当于在同一个 I/O 接口内部布置了多个可读写寄存器，如图 8-24 所示。

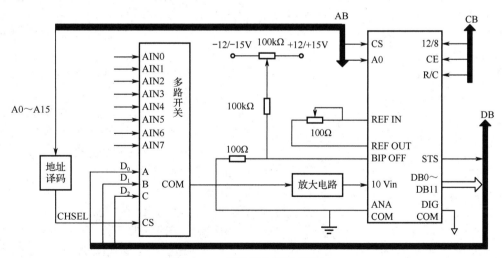

图 8-24　八通道数据采集接口

图 8-24 中，AD574 虽然连接了八路模拟输入，但只占用了一个存储器地址（CHSEL）。计算机具体操作哪一路输入信号，取决于它向地址 CHSEL 写入的偏移数据。因为 AD574 的模拟输入电压来自多路开关，而多路开关的通道选择信号取自数据总线 DB 的低三位（$D_2D_1D_0$），如表 8-2 所示（表中，符号 X 表示该位可以为"1"或"0"）。

表 8-2   八通道数据采集接口的通道选择

通道号	偏 移 数 据							
	D_7	D_6	D_5	D_4	D_3	D_2	D_1	D_0
AIN0	X	X	X	X	X	0	0	0
AIN1	X	X	X	X	X	0	0	1
AIN2	X	X	X	X	X	0	1	0
AIN3	X	X	X	X	X	0	1	1
AIN4	X	X	X	X	X	1	0	0
AIN5	X	X	X	X	X	1	0	1
AIN6	X	X	X	X	X	1	1	0
AIN7	X	X	X	X	X	1	1	1

    多路复用技术给计算机控制系统带来的好处是显而易见的，不仅降低了系统成本，更重要的是，会减少组件设备参数不一致而给系统校准带来的困难。但是，这种技术只使用一个存储器地址寻址外部组件，必然会降低 I/O 接口的响应速度。

8.4.3   数据传输方法

    访问组件设备，通常只需要调用该设备的驱动程序读写相应 I/O 接口。这时，I/O 接口的数据传输方式并不值得特别关注。

    如果组件设备没有提供驱动程序，就需要设计人员自己编写软件完成 I/O 接口的读写操作。此时需要注意：虽然 I/O 接口的读写方式和存储器的读写方式在软件上完全相同，但是并不意味着二者的数据传输性质也相同。实际上，由于 I/O 接口对读写操作顺序具有严格要求，某些对存储器读写无害的技术可能会对 I/O 接口读写产生不利影响，严重时甚至引发故障。如某些 RISC 处理器使用的乱序执行技术，在读写存储器时不会产生任何问题；但若以之操作 I/O 接口，则可能产生混乱，甚至损坏设备。

    编写 I/O 接口读写程序时，对于工程中大量使用的基于通用标准的 I/O 接口（包括串行接口、USB 接口、GPIB 接口和各种总线接口），其数据传输应符合国际标准化组织定义的数据协议。这些协议规定了不同物理设备间的数据交换原则和方法，已作为普遍性解决方案被各种设备接受。

    而对于未遵循通用标准的 I/O 接口，设计人员可以根据接口实际情况，从以下数据传输方法中选择一种作为设备间的数据交换方法。

8.4.3.1   同步数据传输

    同步数据传输是最简单的数据交换方法。如图 8-25 所示，当 CPU 向外部设备传输数据时，需要先把数据放置在数据总线上，然后通过写入 I/O 接口的操作使外部设备获取数据总线上的数据。反过来也一样，当 CPU 需要获取外部设备的数据时，它会假设传输数据已经被外部设备放置在数据总线上，并通过读入 I/O 接口的操作获得来自外

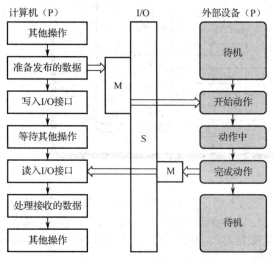

图 8-25   同步数据传输

部设备的数据。

图 8-24 中，若 AD574 的 STS 引脚悬空，则构成采用同步数据传输的 I/O 接口。此时，只要计算机向 CHSEL 地址写入命令，就可以启动相应通道的模数转换；一旦计算机估计转换结束，就可以从数据总线上读取转换结果。

8.4.3.2　异步数据传输

同步数据传输是一种开环数据传输方式。它假设外部设备与 CPU 完全同步，且始终处于待机状态，以确保信息在发出后可以被正确接收。如果假设条件得不到满足，外部设备离线、忙碌或响应速度很慢，数据就有可能在传输过程中丢失。这种情况下，可以采用异步数据传输，以提高数据交换的可靠性。

与同步数据传输相比，异步数据传输在数据交换过程中增加了握手协议，因此是一种闭环数据传输。其数据交换过程可以表示为图 8-26，说明如下：

计算机向外部设备传输数据时，同样需要把数据先放置在数据总线上，并通过写入 I/O 接口操作将数据总线上的数据发送给外部设备。与同步数据传输不同的是，外部设备在接收数据后必须返回一个（硬件或软件的）握手信号，计算机接收握手信号后，确认数据被正确接收，才会清除握手信号并结束数据写入过程。如果计算机没有在规定的时间内接收到握手信号，就会产生超时错误，表明数据写入失败，迫使计算机采取补救措施。

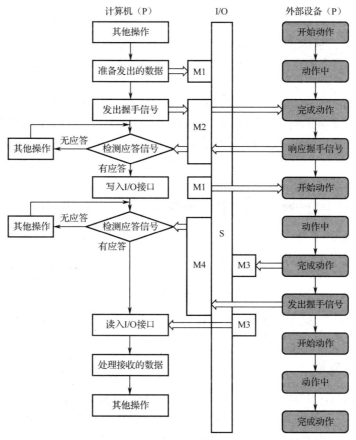

图 8-26　异步数据传输

反过来，计算机从外部设备获取数据时，需要外部设备先把传输数据放置在数据总线上，并产生一个（硬件或软件的）握手信号通知计算机接收。计算机接收到该信号后，执行读入 I/O 接口操作，并清除握手信号，结束数据读入过程。

图 8-24 中，若 AD574 的 STS 引脚与计算机连接，则构成异步数据传输的 I/O 接口。此时，计算机向 CHSEL 地址写入命令，可以启动响应通道的模数转换；但只有计算机接收到来自 AD574 的 STS 有效信号时，才可以判断模数转换结束，并从数据总线上读取转换结果。

8.4.3.3　数据缓冲

如果数据到达 I/O 接口的速率与计算机从 I/O 接口读取数据的速率接近，即便采用异步数据传输也会丢失数据。这种情况下，假设外部设备每隔时间 t_{input} 刷新一次数据，计算机每隔时间 t_{cycle} 读取一次数据，则 t_{input} 小于 t_{cycle} 时，I/O 接口数据就会在计算机读取之前被刷新，致使计算机接收不到完整的数据。

设置数据缓冲器可以解决这个问题。最常见的数据缓冲器是先进先出（FIFO）寄存器（见图 8-27），它实际上是一个布置在数据接收方或数据发送方内部的 n 级锁存器，能够把输入端的数据依次写入存储器的空位置，也能够把存储器的数据按照写入顺序读出。

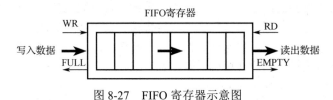

图 8-27　FIFO 寄存器示意图

为了表示数据缓冲区的状态，FIFO 寄存器通常会提供两个指示信号：FULL 和 EMPTY。前者表示 FIFO 寄存器没有剩余存储空间，不可执行写入操作；后者表示 FIFO 寄存器没有有效数据，不可执行读出操作。

在存储空间中定义 FIFO 队列也可以实现数据缓冲，如图 8-28 所示。这种情况下，FIFO 缓冲是一个基于 RAM 的循环队列，读指针 R_POINTER 和写指针 W_POINTER 代替 FIFO 寄存器的 RD 和 WR 信号进行数据读写，缓冲器的状态则用标志位（FULL/EMPTY）指示。

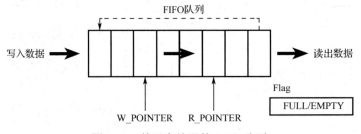

图 8-28　基于存储器的 FIFO 队列

与图 8-27 相比，图 8-28 所示结构的数据写入时间恒定，与缓冲数据长度无关，更适合大规模数据缓冲情况使用。

8.4.4　接口操作策略

计算机对接口的操作策略有三种：①轮询；②中断；③直接存储器访问（DMA）。其中，轮询最简单，但 CPU 占用率最高，效率最低；中断仅在外部设备就绪时操作接口，比轮询的效率高，但时间延迟无法确定；而 DMA 不需要 CPU 参与交换数据，效率最高，也最复杂。下面以异步数据传输为例简单介绍前两种策略。

8.4.4.1　轮询策略

轮询策略要求计算机实时查询 I/O 接口状态，一旦接口可用，立即对接口进行读/写操作，如

图 8-29（a）所示。其时间延迟取决于 I/O 接口的响应速度，可以认为是一个常数。

　　轮询的缺点是效率太低。假设计算机执行指令的平均时间是 t_{inst}，如果每隔 T_{io} 执行一次 I/O 操作，则采用轮询策略时，每次操作 I/O 接口的时间都可以让计算机执行 T_{io}/t_{inst} 条指令。也就是说，原本可以完成 T_{io}/t_{inst} 个动作的时间，现在只完成了一个动作，效率大幅降低。

　　为了防止 I/O 接口挂起，可以在程序中加入超时检测代码，如图 8-29（b）所示。在这个流程里，计算机会轮询接口，若在规定时间内得不到应答，则会认为发生超时错误。程序在相邻两次请求之间增加了一个延时程序，主要是为了适应外部设备的惯性，避免在设备响应前频繁操作。

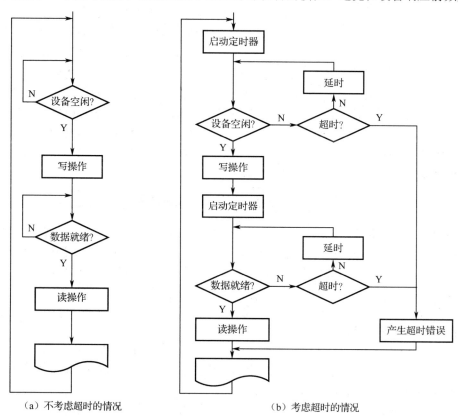

（a）不考虑超时的情况　　　　　　　　（b）考虑超时的情况

图 8-29　轮询的流程

8.4.4.2　中断策略

　　采用中断策略时，I/O 接口会主动发出操作（中断）请求，无须计算机额外干预，故效率比轮询策略高。

　　计算机在接到中断请求后，首先需要决定是否响应该请求，如果响应中断请求，则需要依次执行以下操作：

　　（1）完成当前正在执行的指令。

　　（2）保存程序计数器内容，以便程序返回后从断点处继续执行。通常，复杂指令集处理器会把程序计数器保存在堆栈中，但大多数精简指令集处理器会把程序计数器保存在链接寄存器内。

　　（3）保存处理器状态，以便程序返回后从断点处继续执行。处理器状态通常由标志位和其他状态信息来定义。

　　（4）执行中断处理子程序。如果计算机允许，中断处理子程序执行期间可能会发生中断嵌套。

　　（5）中断处理子程序执行完毕，中断将返回断点处，并在恢复程序计数器和处理器状态后继续续执行。

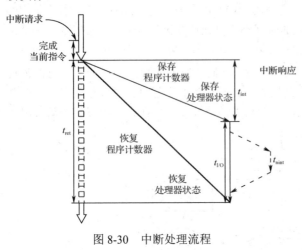

图 8-30　中断处理流程

可见，中断的效率提升是以增加时间延迟为代价的：计算机识别和响应中断会引入额外的时间延迟，从中断处理子程序返回断点处也会引入时间延迟，而嵌套的中断会使时间延迟进一步增加。

图 8-30 中，假设开始中断处理的时间为 t_{int}，从中断处理子程序返回的时间为 t_{ret}，完成中断嵌套的时间为 t_{nint}，执行 I/O 操作的时间为 $t_{I/O}$，则采用中断策略的 I/O 接口响应时间可以表示为 $t_{int} + t_{ret} + t_{nint} + t_{I/O}$。

考虑到 t_{nint} 大于 t_{int} 和 t_{ret}，且不确定性最大，故采用中断策略的 I/O 响应时间将由 t_{nint} 决定。也就是说，在计算机控制系统中，对采用中断策略的 I/O 接口来说，CPU 的中断处理结构至关重要。这一点在使用嵌入式计算机的时候表现得尤为明显。

8.5　处理不一致的数据

由于组件设备的多样性，I/O 接口的数据与计算机处理所需数据并不完全一致，偶尔还会遇到数据不稳定的情况。这些问题要么是组件设备自身特性引入的问题，要么是环境噪声带来的干扰。无论哪种情况，都需要计算机在操作 I/O 接口的同时对接口数据进行预处理。

8.5.1　滤波

8.5.1.1　控制系统的滤波

控制系统使用滤波技术来减小噪声、消除混叠及衰减谐振。与通信应用不同，控制应用除了要求滤波器在幅频曲线穿越频率处相位滞后最小，更关心其对高频信号的衰减。控制系统常用的滤波器是低通滤波器，可用在控制器、反馈通道及前向通道中。

计算机控制系统中的滤波器如图 8-31 所示。图中，指令滤波器的主要作用是消除指令信号的混叠和噪声，反馈滤波器的主要作用是抑制反馈信号的噪声和谐振，而输出滤波器的主要作用是平滑控制输出信号。这些滤波器的特性可以是恒定的，但更多时候是可调的，以提高计算机控制器的适应性。

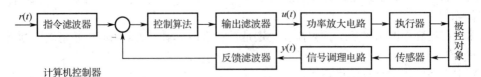

图 8-31　计算机控制系统中的滤波器

8.5.1.2　数字滤波

图 8-31 中的滤波器既可以是置于 I/O 接口外部的硬件滤波电路，也可以是置于 I/O 接口 CPU 端的软件滤波算法。对于大多数采样率不高的应用，可以考虑先用模拟滤波器对信号进行快速采样，再对采样信号进行数字滤波。这种方案既可以有效地抑制信号混叠，又可以用软件配置系统的采样周期，能最大限度地提高计算机控制器的适应性。

数字滤波是指利用软件算法由数据序列估计其真值。它基于统计原理，具有硬件滤波的性能，却不需要物理设备实现，成本小，可靠性高，使用灵活，容易得到硬件滤波无法实现的效果，在计算机控制系统中得到广泛应用。

常用的数字滤波有两类，一类是基于程序逻辑判断的数字滤波，另一类是模拟滤波器数字化得到的数字滤波。本节仅介绍前者，包括程序判断滤波、中值滤波及算术平均滤波等。

1）程序判断滤波

受被控对象自身惯性的影响，生产过程中的大多数物理量不会发生突然的跳变，相邻两次采样之间的数值变化也存在一个有限的范围。

如果可以预测这个范围（ΔY），就可以此为据判断采样数据是信号还是干扰：每次采样后将本次采样和上次的有效采样进行比较，如果变化幅度不超过 ΔY，则认为本次采样有效，否则认为本次采样受到明显干扰，不能采信。在后一种情况下，为了保证采样数据的连续性，通常会用上次的有效采样代替本次采样。这种数字滤波算法称为程序判断滤波或限幅滤波。

如果用 Y_k 表示本次采样，用 Y_{k-1} 表示上次的有效采样，则限幅滤波的数学描述为

$$Y_k = \begin{cases} Y_k & |Y_k - Y_{k-1}| \leqslant \Delta Y \\ Y_{k-1} & |Y_k - Y_{k-1}| > \Delta Y \end{cases}$$

其原理示意图如图 8-32 所示，程序流程如图 8-33 所示。

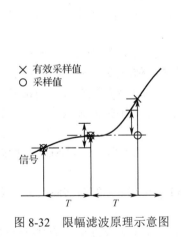

图 8-32 限幅滤波原理示意图

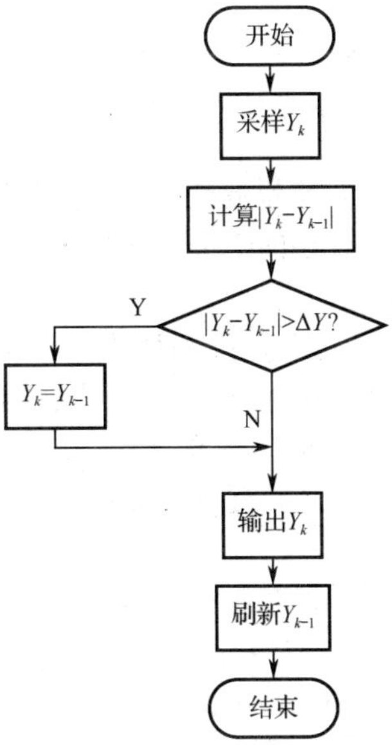

图 8-33 限幅滤波程序流程

由图 8-32 可见，当被采样信号自身变化明显时，限幅滤波的效果并不理想。这种情况是信号自身变化被滤波算法误当作干扰处理而引起的，可以通过预测信号变化趋势进行修正，具体做法如下：

每次采样后将本次采样和上次的有效采样进行比较，如果变化幅度不超过 ΔY，则认为本次采样有效。否则认为本次采样可能受到明显干扰，不能采信。在后一种情况下，通常会按照上一个采样间隔信号的变化趋势估计当前采样，以减小误差并保证采样数据的连续性。

这种滤波算法称为限速滤波。它基于"当前采样间隔信号的变化趋势与上一个采样间隔信号的变化趋势相同"的假设，数学描述为

$$Y_k = \begin{cases} Y_k, & \left| Y_k - Y_{k-1} \right| \le \Delta Y \\ 2Y_{k-1} - Y_{k-2}, & \left| Y_k - Y_{k-1} \right| > \Delta Y \end{cases}$$

其原理示意图如图 8-34 所示，程序流程如图 8-35 所示。

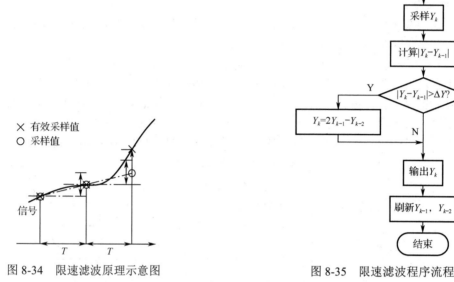

图 8-34　限速滤波原理示意图　　　　　图 8-35　限速滤波程序流程

　　总体来看，限幅滤波（程序判断滤波）对于抑制温度等缓慢变化信号的脉冲干扰效果较好，但对变化幅度较小的随机干扰则无能为力，因而多用于精度要求不高的场合，其效果主要取决于 ΔY 的选取。

　　【例 8-7】某温度控制系统，温度变化范围是 0～100℃，控制精度为 0.5℃。若被控对象的最大温度变化速率是 0.25℃/s，则采样周期取 0.5s 时，限幅滤波的信号最大变化范围应为多少？

　　由题目知，被控对象的最大温度变化速率是 0.25℃/s。若采样周期取 0.5s，则相邻两次采样之间的温度变化不应超过 0.25℃/s×0.5s=0.125℃。因此，理论上，限幅滤波的信号最大变化范围可以取 0.125℃。

　　考虑到系统的控制精度为 0.5℃，故温度每变化 0.5℃ 时，采样数据变化 1LSB，相应的量化误差为 0.5℃/2 = 0.25℃。

　　综合以上两点，本例的信号最大变化范围可以取 $\Delta Y = 1$，对应于 0.25℃ 的温度变化范围。

　　2）中值滤波

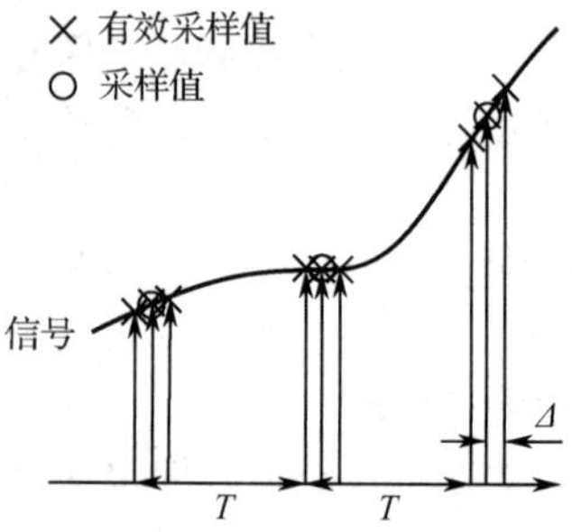

　　限幅滤波（程序判断滤波）多用于滤除偶发的脉冲干扰，对一般的随机性干扰则没有效果。这种情况下，可以考虑使用中值滤波。

　　所谓中值滤波，就是在每个采样时刻对采样信号连续读取 n 次，再把 n 次读数结果按由小到大或由大到小的顺序排列，最后取排列在中间位置的数据作为本次采样的有效输出。其原理示意图如图 8-36 所示。

　　为了加快运算速度，n 一般取奇数（常取 3 或 5）。如果参数变化非常缓慢，也可以适当增加次数。

图 8-36　中值滤波原理示意图

　　从图 8-36 可以看出，中值滤波使用了两个时间常数：采样周期 T 和读数间隔 Δ。如何选择这两个参数是设计中值滤波的关键。

【例 8-8】假设某控制系统使用中值滤波处理采样数据。若环境干扰的持续时间为 δ，且相邻两次干扰的最短时间间隔为 $t_{\min}$，那么，中值滤波每次采样的读数间隔 Δ 应如何选择？

由中值滤波的原理知，为保证滤波效果，干扰影响的样本数目不应超过数据样本总数的 1/2。

实际应用中，中值滤波每次采样会读数 3 次或 5 次。因此，如果读数 3 次，则干扰影响的样本数目不应大于 1，即干扰持续时间 δ 不应超过 Δ；如果读数 5 次，则干扰影响的样本数目不应大于 2，即干扰持续时间 δ 不应超过 2Δ。

从这个角度考虑，在环境干扰的持续时间 δ 已知时，可以考虑取 $\Delta = \delta$（每个采样周期读数 3 次）或 $\Delta = \delta/2$（每个采样周期读数 5 次）。

同时，为了防止连续的干扰信号污染数据样本，同一次采样的连续读数时间应小于相邻两次干扰的最短时间间隔。于是，在满足前面条件的基础上，还应要求 $3\Delta \leqslant t_{\min}$（每个采样周期读数 3 次）或 $5\Delta \leqslant t_{\min}$ 成立（每个采样周期读数 5 次）。

从这个角度考虑，在相邻两次环境干扰的最短时间间隔 $t_{\min}$ 已知时，可以考虑取 $\Delta = t_{\min}/3$（每个采样周期读数 3 次）或 $\Delta = t_{\min}/5$（每个采样周期读数 5 次）。

综合以上两点，中值滤波的读数时间 $\Delta = \min(\delta, t_{\min}/3)$（每个采样周期读数 3 次）或 $\Delta = \min(\delta/2, t_{\min}/5)$（每个采样周期读数 5 次）。

中值滤波可以剔除数据样本中明显的异常值，输出的有效采样也接近数据样本的平均值，不仅能抑制突发的脉冲干扰，还能抑制一般的随机干扰。但是，中值滤波要求采样周期 T 远大于读数时间 Δ，故不能用于快速变化信号的滤波。

3）算术平均滤波

算术平均滤波每次采样时对信号连续读取 n 次，然后取 n 个数据的算术平均值作为本次采样的有效输出。其数学描述为

$$Y_k = \frac{1}{n}\sum_{i=1}^{n} y_i$$

其原理示意图如图 8-37 所示。

为了提高运算速度，算术平均滤波的连续读取次数一般取 2 的幂次，如取 4 次、8 次或 16 次。读取次数越多，滤波的效果越好，但测量灵敏度会随之下降。

算术平均滤波能够抑制随机干扰，但不能抑制脉冲干扰。而且，与中值滤波类似，算术平均滤波也不适用于快速变化信号的滤波。

为了适应更多的应用场景，可以考虑对算术平均滤波进行改进，得到以下滤波算法。

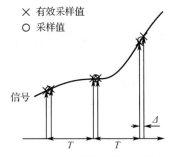

图 8-37　算术平均滤波原理示意图

● 去极值平均滤波。

去极值平均滤波可以消除脉冲干扰的影响，具体方法如下：首先，对信号连续采样 n 次，得到一个长度为 n 的数据序列；其次，剔除数据序列的最大值和最小值，得到一个长度为 $n-2$ 的新的数据序列；最后，对新数据序列进行算术平均，获得本次采样的有效输出。

为了编程方便，$n-2$ 应为 2、4、8、16，故 n 常取 4、6、10、18。

● 滑动平均滤波。

滑动平均滤波可以提高滤波算法的响应速度，更好地适应快速变化信号滤波的要求。假设有 m 个样本参与滤波，其数学描述可以表示为

$$Y_k = \frac{1}{m}\sum_{i=1}^{m-1} y_{k-m+i}$$

可见，滑动平均滤波虽然每个采样周期只进行一次采样动作，但有效采样输出是当前采样与前

$m-1$ 次历史采样的平均值，故能有效地抑制随机干扰。

● 滑动加权滤波。

滑动平均滤波中，滤波窗口内的 m 个有效采样数据以相同比例参与运算，虽然可以消除随机干扰，但会增加数字滤波器的迟滞。为了协调二者的关系，可以考虑滑动加权滤波。

所谓滑动加权滤波，就是在求算术平均时，不再对 m 个有效采样数据"一视同仁"，而是为滑动窗口内的数据样本分配不同的权重，增加当前样本和近期样本的权重，削减早期样本的权重，以提高数字滤波算法的响应速度。其数学描述为

$$Y_k = \frac{1}{m}\sum_{i=1}^{m-1} c_i y_{k-m+i}$$

式中，c_i 为加权系数，一般先小后大，但所有加权系数的总和必为 1。

8.5.2　标度变换

通用 I/O 接口两侧的信号类型是不一样的。计算机信号是计算机处理所需要的无量纲的纯数值（如偏差），而外部组件信号是各种表征生产过程状态的有量纲的工程量（如温度、电压、流量等）。

为了使计算机运算结果能与生产过程的实际状态一一对应，必须在无量纲的纯数值与有量纲的工程量之间建立映射关系，即标度变换。

标度变换通常由软件完成，具体的映射关系取决于通用 I/O 接口所连接外部组件信号的特征。如果外部组件信号是线性的，则使用线性标度变换；否则，需要使用非线性标度变换。

8.5.2.1　线性标度变换

线性标度变换是最常用的标度变换方式，适用于线性的外部组件，变换公式为

$$A_x = A_{min} + (A_{max} - A_{min})\frac{N_x - N_{min}}{N_{max} - N_{min}}$$

式中，A_{min} 是物理量的量程下限；A_{max} 是物理量的量程上限；A_x 是需要进行变换的实测物理量；N_{min} 是物理量量程下限所对应的下限数值；N_{max} 是物理量量程上限所对应的上限数值；N_x 是 A_x 所对应的数值。

【例 8-9】某炉温控制系统，炉温测量仪的量程为 200～1300℃。若计算机采样并经数字滤波得到的数字量为 2860，试求此时的温度值。假设炉温测量仪是线性的，且使用的 ADC 为 12 位的。

由题目知，$A_{min}=200℃$，$A_{max}=1300℃$，$N_{min}=0$，$N_{max}=4095$，$N_x=2860$，所以

$$A_x = A_{min} + (A_{max} - A_{min})\frac{N_x - N_{min}}{N_{max} - N_{min}} = 200 + (1300-200)\times\frac{2860-0}{4095-0} \approx 968℃$$

实际应用中，多令 $N_{min}=0$，$N_{max}=1$，以对外部组件信号进行归一化处理，避免因不同设备信号量程差异过大而引入计算误差。这种情况下，线性标度变换公式简化为

$$A_x = A_{min} + N_x(A_{max} - A_{min})$$

若外部组件信号是双极性的，也可以令 $N_{min}=-1$，$N_{max}=1$。此时，线性标度变换公式为

$$A_x = A_{min} + (A_{max} - A_{min})\frac{N_x + 1}{2}$$

也可以用 $N_{min}=0$、$N_{max}=100$ 定义单极性信号的量程，用 $N_{min}=-100$、$N_{max}=100$ 定义双极性信号的量程。

8.5.2.2　非线性标度变换

如果外部组件信号具有明显的非线性，则需使用非线性标度变换。

非线性标度变换没有统一的公式，需要根据信号具体特征选择合适的映射关系。工程中，多

使用分段插值法进行非线性标度变换，具体做法是：首先，将信号输入输出特性曲线分成若干区间；其次，用不同的直线段对各区间特性曲线进行逼近；最后，分区间进行线性标度变换。

分段插值时，各区间的大小应由实际需要决定，既可以相等，也可以不相等。但分段越多，线性化的精度越高，资源开销也越大。所以，分段插值法的区间大小通常是不固定的：在精度要求高或曲率大的位置，区间数会多些；而在精度要求低或曲率小的位置，区间数则相应减少。

8.5.3　常见的非线性问题及对策

考虑到外部组件自身的局限性，所有计算机控制系统都含有非线性运行区间。多数情况下，这种非线性对回路增益的影响小于 2dB，可以忽略不计。如果超过该限度，就必须采取措施。

计算机控制系统消除非线性影响的常用措施有三种：①更换非线性组件；②在最差运行条件下调试；③使用非线性补偿算法。

更换非线性组件的方法最直接，可以从根本上消除非线性的影响，但受性价比制约，未必是最好的解决方案。

在最差运行条件下调试可以确保系统适应最恶劣的运行环境，保证非线性因素最多只是降低系统响应速度，而不会影响其稳定性。

使用非线性补偿算法相当于给控制器串联一个补偿环节，其输入/输出特性刚好是回路中非线性组件特性的逆。这种方法虽然响应速度有限，但是灵活性好，在计算机控制系统中得到了广泛应用。

8.5.3.1　饱和

饱和是外部组件的增益随输入增加而衰减的现象，如图 8-38 所示。

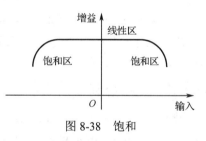

图 8-38　饱和

通常情况下，饱和会影响计算机控制系统的增益：被控对象模型分母中的饱和增益会增大系统增益，而被控对象模型分子中的饱和增益则会减小系统增益。其中，模型分母的饱和增益会减小系统的稳定裕度，严重时甚至破坏系统的稳定性。

对于传感器引入的饱和，可以通过调整控制器增益进行补偿；对于执行器引入的饱和，则可以使用 5.4.3 节介绍的抗积分饱和方法。

8.5.3.2　死区

死区是外部组件增益在小幅输入情况下近似为零的现象，如图 8-39 所示。

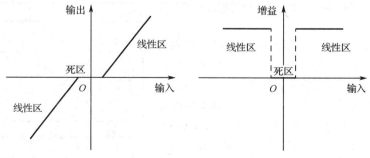

图 8-39　死区

具有死区特性的组件，在输入信号刚加上的时候输出很小，而一旦输入信号超过某个阈值，其输出会迅速增加，类似于向系统施加阶跃输入。

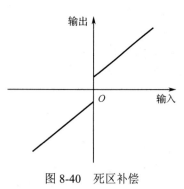

图 8-40　死区补偿

可以用具有图 8-40 所示特性的软件算法对死区进行补偿。这时，如果补偿小于实际的死区，则不能完全补偿；但是，如果补偿大于实际的死区，则会过度补偿，可能产生持续的振荡。

也可以用积分增益补偿死区。它的补偿速度很快，但补偿效果会随指令信号频率的增加而变差。

8.5.3.3　量化

如 7.2.2 节所指出的，量化是存在于计算机控制系统的一种非线性效应。它不仅产生量化噪声，还会产生极限环。

大多数情况下，量化的非线性效应可以通过为 ADC 选择合适的分辨率而得到改善。如果不方便提高 ADC 的分辨率，可以通过改进软件算法或使用"$1/T$"插值进行改善。

8.5.3.4　脉冲调制

计算机控制系统常用脉冲调制技术控制电机。通过时间平均、脉冲调制可以把数字信号转换为模拟信号输出，也会在输出中产生高频谐波。这些谐波称为纹波，会产生热量，但不会产生转矩，可能引起电机绕组的振动，产生音频噪声等问题。

使用线性驱动可以避免纹波的产生，但会显著增加系统的成本。也可以添加电感器，代价是能量损耗和感应电压降增大。

8.6　线上学习：LabVIEW 的仪器控制

在测控领域的工程应用中，LabVIEW 能够长期占据主导地位，得益于其强大的硬件支持能力和软硬件融合技术。前者使用户可以快速配置和控制仪器，即使这台仪器来自 20 世纪七八十年代；而后者则使用户可以跨平台开发满足应用要求的原型系统，即使用户是非计算机专业人员。

8.6.1　仪器控制

在 LabVIEW 开发平台中，术语"仪器"是为特定用途而准备的某装置或机器，多指用于实验、计量、测试、检验、绘图等用途的专业设备。它可能是任何类型的设备，常作为外部组件完成采样、施效或通信等动作。LabVIEW 的仪器控制系统架构如图 8-41 所示。

所谓仪器控制，就是计算机利用可编程软件读写 I/O 接口，进而操作所连接仪器完成自动测试及控制任务的过程。

仪器控制的对象可以分为两类：模块化仪器和独立化仪器。前者是基于 PXI、PCI、VXI、VME、CPCI 及 PXI Express 等内部总线构建的仪器，多以插拔式板卡的形式存在，在灵活度、集成度、体积、数据吞吐量等方面具有优势。而后者是通过 USB、GPIB、RS232、IEEE 1394 及 Ethernet 等外部总线与计算机连接的仪器，多以独立设备的形式存在，产品众多，但在集成度、数据吞吐量等方面不及模块化仪器。

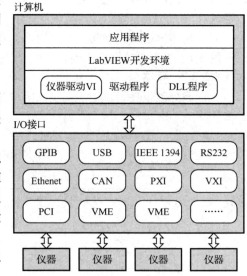

图 8-41　LabVIEW 的仪器控制系统架构

无论哪种类型的仪器，用户都要在使用前充分了解其属性，尤其是仪器使用的通信协议，它不仅规定了设备连接的硬件规范，而且明确了数据交换的格式、时序及仪器控制所必需的操作命令和设备状态描述。这部分信息由生产或销售仪器的厂商提供，通常是仪器说明书的一部分。

选择仪器控制方法时，可以参考图 8-42。具体如下：

（1）优先选择有仪器驱动的设备，而尽量避免直接操作 I/O 接口。

（2）优先选择经销商提供仪器驱动的设备，而尽量避免开发新仪器驱动。

（3）在使用经销商提供仪器驱动的设备时，如果应用程序要求交互、同步、状态捕捉等功能，应优先考虑使用可交换虚拟仪器（Interchangeable Virtual Instrument，IVI）；否则，应使用 LabVIEW 即插即用仪器。

（4）在开发新的仪器驱动时，考虑到 LabVIEW 面向对象编程的优势，应优先考虑基于已有的类似驱动进行开发；如果没有类似的驱动，可以考虑基于 LabVIEW 模板进行开发；尽量避免从头开发新的驱动。

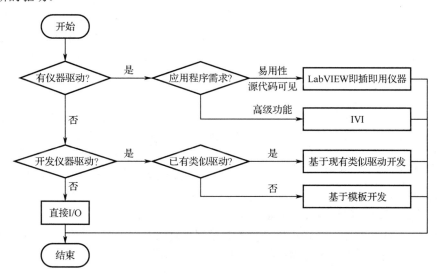

图 8-42　选择仪器控制方法

8.6.2　仪器驱动

仪器驱动是计算机操作外部仪器动作的通信函数集合，包括一系列用 LabVIEW 内置的 VISA 函数编写的 I/O 接口数据读写 VI，每个 VI 对应一个仪器操作，如初始化仪器、配置仪器参数、从仪器读取数据/设备状态、向仪器写入数据/操作命令、触发仪器动作及关闭仪器等。其较文本编程语言的优势是降低了仪器控制的难度，使专业用户无须学习各种仪器的底层编程，就可以直接控制仪器。

8.6.2.1　使用经销商提供的仪器驱动

目前，大多数经销商的仪器都提供仪器驱动 VI 和应用示例。用户可以把它当作子 VI，直接拖入应用程序使用。如果经销商无法提供仪器驱动 VI，可以考虑使用其提供的动态链接库（Dynamic Link Library，DLL）。

LabVIEW 能够通过"调用库函数节点"使用其他语言编写的 DLL 或共享库。该函数位于程序框图的"函数→互连接口→库与可执行程序"选板，是可扩展函数，其外观会随函数配置而发生变化，如图 8-43 所示。

双击图 8-43（a）所示函数，或使用右键快捷菜单的"配置"命令，即可弹出配置对话框（见图 8-44），指定准备调用的库、库函数、函数参数和返回值及调用规范。

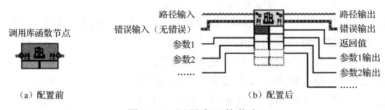

图 8-43　调用库函数节点

图 8-44　调用库函数配置对话框

图 8-44 所示对话框中，"库名/路径"栏指定用户拟调用 DLL 所在位置；确定后，即可在"函数名"下拉列表中选择当前库中拟使用的函数，选择的函数原型也会在下方的"函数原型"栏中显示。该对话框右侧的"线程"选项和"调用规范"选项可以指定共享库调用应遵循的约定，不熟悉 C 语言编程的用户可保留默认选项。

该对话框中，"参数"选项卡和"回调"选项卡指定调用函数的参数调用次数，用法与文本编程语言类似，此处不再赘述。

配置完成后，单击"确定"按钮，LabVIEW 将更新程序框图中的对象。此时，该对象将依据对话框中的设置，显示出正确数目的接线端，并将接线端设置为正确的数据类型。

8.6.2.2　使用 LabVIEW 提供的仪器驱动

工程应用中，很多时候需要使用原有仪器完成测控任务。出于各种原因，这些仪器的驱动已经丢失，供销商也失去联系或不再提供技术支持。这种情况下，优先考虑使用 LabVIEW 提供的仪器驱动。

无论是模块化仪器还是独立化仪器，基于标准总线的仪器都可以使用 NI 设备驱动 DVD 提供的仪器驱动。

如果 DVD 丢失或 DVD 未提供有效的仪器驱动，则可以使用菜单命令"工具→仪器→查找仪器驱动"或"帮助→查找仪器驱动"，打开仪器驱动查找器，如图 8-45 所示，在不离开 LabVIEW 开发环境的同时搜索、安装和使用 NI 公司提供的即插即用驱动。

图 8-45　仪器驱动查找器

如果无法通过仪器驱动查找器找到合适的驱动，可以访问 NI 公司的仪器驱动网。该网站包含各种使用 GPIB、以太网、串口和其他接口的可编程仪器的仪器驱动，可在其中搜索最新的驱动程序。

8.6.2.3　使用 LabVIEW 开发新驱动

如果找不到可用的仪器驱动，可以考虑开发新的仪器驱动程序。

没有驱动程序开发经验的技术人员，可以考虑使用创建新仪器驱动程序项目向导，如图 8-46 所示，并在其指引下完成新的仪器驱动程序。

该向导可以通过菜单命令"工具→仪器→创建仪器驱动程序项目……"打开。其中，"项目类型"选项用于指定新的驱动程序是基于程序模板创建还是基于现有类似仪器驱动创建。"源驱动程序"则用于选择程序模板类型或指定作为模板使用的现有仪器驱动。

图 8-46　创建新仪器驱动程序项目向导

选择需要使用的程序模板后，单击"下一步"按钮，设置新驱动程序的标识符和驱动程序说明，如图 8-47 所示。标识符是仪器驱动在项目库中的名称，通常用仪器型号命名，以便于查找和使用。驱动程序说明则是即时帮助窗口显示的信息，一般应包括驱动程序的适用仪器型号、功能及输入和输出的概要说明。

图 8-47　设置新驱动程序标识符及驱动程序说明

单击"下一步"按钮，进入"设置 VI 及菜单图标"对话框，在这里，用户可以设置新仪器驱动程序的图标和菜单，如图 8-48 所示。设置方法与创建子 VI 相同。

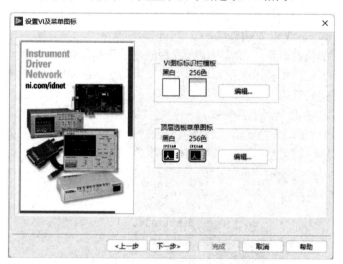

图 8-48　设置新仪器驱动程序图标及菜单

再次单击"下一步"按钮，检查新仪器驱动程序的名称和路径是否与预期一致，如图 8-49 所示。如果不一致，可以返回前面的步骤进行修改；否则，单击"完成"按钮，退出向导并进入项目浏览器，如图 8-50 所示。

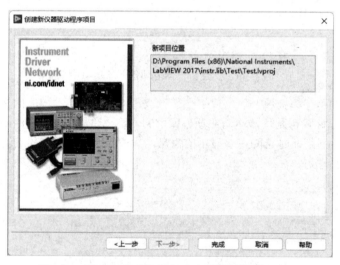

图 8-49　检查新仪器驱动程序名称与路径（位置）

图 8-50 中，"项"选项卡反映的是当前项目中各 VI 的逻辑关系，"文件"选项卡则反映了当前项目各 VI 的实际存储位置。新创建的仪器驱动程序保存在以驱动程序标识符命名的项目文件中（后缀为.lvlib），如图 8-51 所示，包括多个基于模板（或已有的类似仪器驱动）创建的 VI，用户应当根据当前仪器实际情况，删除不支持的功能 VI，修改仪器配置 VI（Default Instrument Setup.vi）和常用的功能 VI（Initialize.vi，Close.vi 等），创建模板未提供但当前仪器具备的新功能 VI。

图 8-50　新仪器驱动程序项目浏览器　　　　　　图 8-51　新创建的仪器驱动程序

8.6.3　VISA

除创建仪器驱动外，也可以使用 VISA（Virtual Instrument Software Architecture）函数直接操作不同类型的仪器。

VISA 是一种硬件无关的 I/O 接口标准，支持基于 GPIB、RS232、USB、以太网、PXI 或 VXI 等总线的仪器，为它们提供统一的资源管理、操作和使用机制。因此，即使不同厂商的仪器也可以通过 VISA 进行互操作，使用户程序的兼容性得到大幅提高。

VISA 读写 I/O 接口的基本流程如图 8-52 所示。其所涉及的 VISA 函数位于程序框图的"函数→仪器 I/O→VISA"选板，包括基本 VISA 函数和高级 VISA 函数两大类。前者包括完成 VISA 读取/写入数据等基本操作所使用的 VI，后者则包括分配 VISA 资源的 VI 和函数、设置独立化仪器通信环境的总线/接口配置 VI 和函数、设置模块化仪器数据交换环境的寄存器访问 VI 和函数，以及在仪器中使用 VISA 事件的事件处理 VI 和函数。

接下来以独立化仪器为例，概要介绍完成 VISA 基本操作所使用的函数。

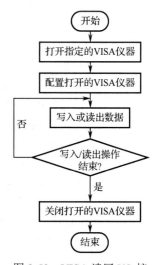

图 8-52　VISA 读写 I/O 接口的基本流程

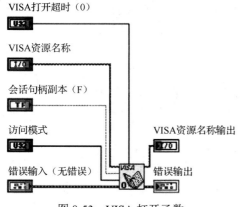

图 8-53　VISA 打开函数

8.6.3.1　VISA 打开函数

VISA 打开函数（见图 8-53）位于"函数→仪器 I/O→VISA→高级 VISA"选板，指定需要操作的仪器，相当于打开物理设备电源并使其待机。该函数将创建并返回设备会话句柄，是其他 VISA 函数操作仪器的前提。常用接线端如下。

1）VISA 资源名称

在 LabVIEW 中，术语"VISA 资源"指的是系统中的任何 VISA 仪器，包括计算机的串口和并口；而"VISA 资源名称"指的是计算机为与 VISA 资源交换数据而建立的通信通道的会话句柄，是计算机创建并返回的与仪器通信所需要的一系列资源的唯一逻辑标识。

举例来说，假设甲、乙两人分别称为"计算机"和"VISA 资源"，如果两人想通电话，"计算机"就需要知道"VISA 资源"的电话号码，这个电话号码代表某条电话线（或会话资源），即前文所说的 VISA 资源名称。因此，不仅不同 VISA 资源有不同的 VISA 资源名称，就是相同 VISA 资源也可能有不同的 VISA 资源名称。

在 LabVIEW 中，VISA 资源名称一般包括接口类型、设备地址和 VISA 会话类型三部分，如表 8-3 所示。其中，设备地址取决于仪器的存储器映射；VISA 会话类型默认为 INSTR，也可以修改为其他会话类型，详见帮助文件。

表 8-3　常见 I/O 接口的 VISA 资源名称

I/O 接口	VISA 资源名称
串口	ASRL[板卡][::INSTR]
GPIB	GPIB[板卡]::主地址[::GPIB 次地址][::INSTR]
VXI	VXI[板卡]::VXI 逻辑地址[::INSTR]

实际应用中，该接线端通常连接 VISA 资源名称常量或控件，以便从下拉列表中选择系统自动检测的可用 I/O 接口。此时，通过鼠标右键快捷菜单的"选择 VISA 类"命令可以修改 VISA 会话类型。

2）访问模式

访问模式：整型数据，指定如何访问仪器。默认值为 0。

0——不以排他锁定的方式打开会话句柄。即在当前 VI 使用指定仪器时，其他 VI 也可以向其写入数据或读出其数据。

1——以排他锁定的方式打开会话句柄。即在当前 VI 使用指定仪器时，其他 VI 只能读出其数据，而无法向其写入数据。

4——通过外部程序设定。在 Windows 操作系统中，该程序是 Measurement & Automation Explorer。

3）VISA 资源名称输出

VISA 资源名称输出接线端是 VISA 资源名称接线端的副本。

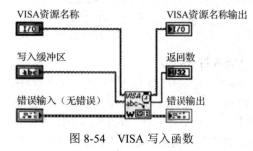

图 8-54　VISA 写入函数

8.6.3.2　VISA 写入函数

VISA 写入函数（见图 8-54）用于将数据写入 VISA 资源名称指定的仪器。需要写入的数据保存在写入缓冲区中，可以是 ASCII 字符，也可以是 ASCII 字符表示的数值。

写入时，可以使用同步数据传输方式，也可以使用异步数据传输方式。默认为异步数据传输，但可以通过右键快捷菜单的"同步 I/O 模式"命令进行修改。

8.6.3.3　VISA 读取函数

VISA 读取函数（见图 8-55）用于从 VISA 资源名称指定的仪器读取数据。与 VISA 写入函数类似，VISA 读取函数从指定仪器取回的数据会以 ASCII 字符的形式保存在读取缓冲区。缓冲区内容可以理解为 ASCII 字符，也可以理解为 ASCII 字符表示的数值。

需要读取的数据总量由"字节总数"接线端指定。正常情况下，该接线端指定读取的数据总量应该小于数据缓冲区长度，以确保能够完整地接收数据。如果指定的拟读取数据总量大于数据缓冲区实际能够接收的数据量，函数会返回超时错误。

与 VISA 写入函数相同，VISA 读取函数默认为异步数据传输，但可以通过右键快捷菜单的"同步 I/O 模式"命令进行修改。

8.6.3.4　VISA 设置 I/O 缓冲区大小函数

VISA 设置 I/O 缓冲区大小函数（见图 8-56）位于"函数→仪器 I/O→VISA→高级 VISA→总线/接口配置"选板，用于指定 I/O 缓冲区的大小。

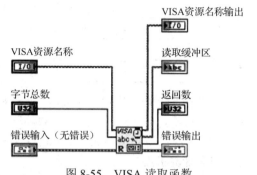

图 8-55　VISA 读取函数

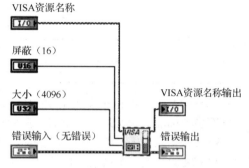

图 8-56　VISA 设置 I/O 缓冲区大小函数

图 8-56 中，I/O 缓冲区的大小由"大小"接线端指定，以字节为单位，其值应根据 VISA 仪器的实际情况设置。I/O 缓冲区的类型则由"屏蔽"接线端指定：16 表示所定义数据缓冲区为读取缓冲区，32 表示所定义数据缓冲区为写入缓冲区，48 则表示所定义数据缓冲区为写入/读取缓冲区。

8.6.3.5　VISA 关闭函数

VISA 关闭函数（见图 8-57）位于"函数→仪器 I/O→VISA→高级 VISA"选板，作用是结束与 VISA 资源名称指定仪器的通信，释放会话资源。

8.6.3.6　基于 VISA 函数的串口通信

串口是计算机必备的标准接口，也是历史最为悠久、使用最为广泛的 I/O 接口之一。早期串口采用 25 针 D 形连接［见图 8-58（a）］，使用调制解调器进行通信；目前则普遍采用 9 针连接［见图 8-58（b）］。两种串口引脚的名称和功能如表 8-4 所示，未给出的引脚已不再使用。

图 8-57　VISA 关闭函数

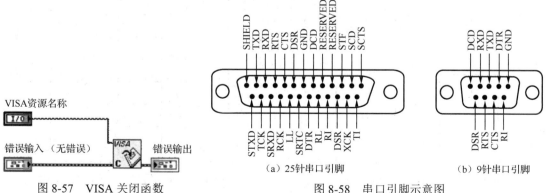

（a）25针串口引脚　　　　　（b）9针串口引脚

图 8-58　串口引脚示意图

表 8-4　两种串口引脚的名称和功能

25 针串口引脚序号	9 针串口引脚序号	引脚的名称	功　　能
8	1	DCD	数据载波检测
3	2	RXD	接收的数据
2	3	TXD	发送的数据
20	4	DTR	数据终端就绪
7	5	GND	地线
6	6	DSR	数据发送就绪
4	7	RTS	发送数据请求
5	8	CTS	清除发送
22	9	RI	铃声指示

　　串口通信是计算机和外部设备（如另一台计算机或可编程仪器）通过串口实现数据交换的操作。它有多个标准，如 RS232、RS422 或 RS485。其中，应用最早、最广泛的当属 RS232。

　　RS232 采用负逻辑，其逻辑"0"规定为 3~15V，逻辑"1"规定为 –15~ –3V。因此，RS232 串口不仅需要双极性电源供电，且必须经过电平转换才可以和计算机连接。

　　它只能实现计算机和外部设备之间的点对点通信，推荐的最大传输距离为 15m。该距离是在波特率为 19200bps 时测定的，对应于约 2500pF 的电缆电容。随着电缆电容和波特率的降低，RS232 的最大传输距离会增加。德州仪器公司做了一些实验，结果表明随着波特率从 19200bps 降至 2400bps，传输距离也从 15m 增至 915m。

　　图 8-59 所示为最简单的串口通信连接。图中，两个设备互为数据发送方和数据接收方。通信时，数据发送方经 RXD 引脚发送数据，数据经通信线到达数据接收方的 TXD 引脚后，通信完成。当数据传输速率较低或数据传输距离较短时，应使用这种方法。

　　需要注意的是，图 8-59 中的串口类型应相同，即数据发送方和数据接收方应同为 9 针串口或同为 25 针串口，尽量不要混用。如果确实需要混用 9 针串口和 25 针串口，建议使用图 8-60 所示的连接方式，以避免可能发生的数据混淆。

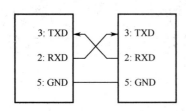

图 8-59　串口通信连接（无握手信号）

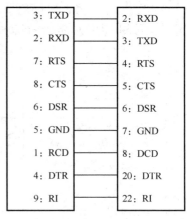

图 8-60　9 针串口和 25 针串口通信连接

　　同类型串口连接也可以使用握手信号，如图 8-61 和图 8-62 所示。这种连接适用于数据传输速率较高或数据传输距离较长的情况。

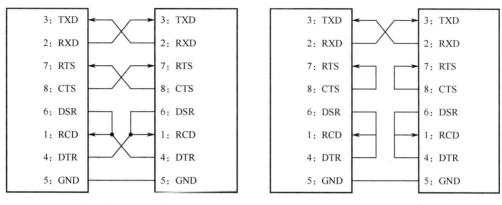

（a）有Modem连接　　　　　　　　　　　（b）无Modem连接

图 8-61　9 针串口通信连接（有握手信号）

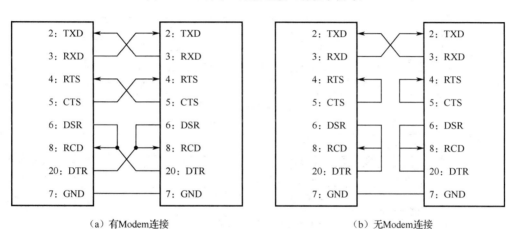

（a）有Modem连接　　　　　　　　　　　（b）无Modem连接

图 8-62　25 针串口通信连接（有握手信号）

硬件连接完成后，即可编程实现串口通信。但在编程之前，还必须确定会话所使用的波特率、数据格式等。

1）波特率

波特率是表征数据传输速率的物理量，常用每秒传输的二进制位数（bps）表示，如 4800bps、9600bps、19200bps、38400bps、57600bps 和 115200bps。

2）数据格式

串行通信交换的数据可以是任意内容：操作命令、设备状态、错误代码、二进制表示的数值或者字符，其长度为 5~8 位。为了保证通信是有意义的，不仅数据的含义需要提前约定，其传输顺序也需要提前约定。

通常约定反向传输数据，即数据传输顺序是从最低有效位（LSB）到最高有效位（MSB）。或者说，数据发送方在发送数据时，应该按照从右到左的顺序，先发送二进制数据的 D_0 位，然后发送 D_1 位、D_2 位……依次进行，直到最高有效位；数据接收方在接收数据后，也应该按照从右到左的顺序读取并解析数据。

假设拟传输数据包括 5 位二进制数，则传输过程可以用图 8-63 表示。

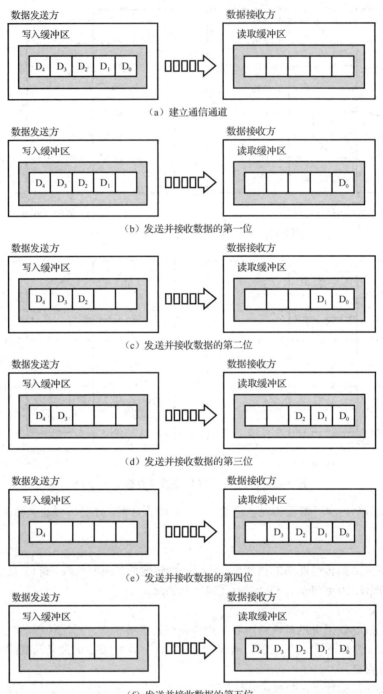

图 8-63　串行通信反向传输示意图（以 5 位二进制数表示的数据为例）

　　如果通信内容包含多个数据，可以将其绑定为数据帧，并将数据帧看作一个复合数据，逐位传输，如图 8-64 所示。数据帧的长度（包含数据的数量）可以是固定的［见图 8-64（a）］，也可以是变化的。如果是后者，需要在数据帧中添加数据帧长度数据［见图 8-64（b）］或数据帧末尾标识数据［见图 8-64（c）］等辅助信息，以帮助通信双方判断何时结束会话。

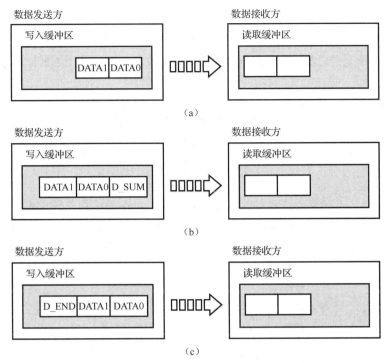

图 8-64　使用数据帧的串行通信

3）数据校验

通信过程中，受各种干扰因素的影响，通信双方发送和接收的波形数据都可能发生畸变，使通信出现错误。因此，为了判断接收数据的正确性，通常会在通信过程中增加数据校验环节。

最基本的数据校验方法是奇偶校验。也就是说，在数据位之后增加一个可选的奇偶校验位（简称校验位）。根据校验位的不同，奇偶校验可分为奇数位校验、偶数位校验、标志校验或空格校验。

如果选择奇数位校验，校验位会在数据包含偶数个 "1" 时被置位，而在数据包含奇数个 "1" 时被复位，以确保校验位和所有数据位总共包含奇数个 "1"。

偶数位校验则相反。校验位会在数据包含偶数个 "1" 时被复位，而在数据包含奇数个 "1" 时被置位，以确保校验位和所有数据位总共包含偶数个 "1"。

标志校验和空格校验则是把校验位始终置 "1" 或 "0"。这两种校验方法属于保留位校验，对于检验数据传输错误没有太大的作用，通常用于识别通信数据是地址信息还是数值信息。

【例 8-10】若串口通信需要传输的数据为二进制数值 0010 1101，试计算其校验位的值。

若采用标志校验，则校验位恒为 "1"，数据发送方实际传输的数据是 0010 1101 1。

若采用空格校验，则校验位恒为 "0"，数据发送方实际传输的数据是 0010 1101 0。

若采用奇数位校验，因需要传输的数据为二进制数值 0010 1101，包含 4 个 "1"，故校验位应为 "1"，数据发送方实际传输的数据是 0010 1101 1。

若采用偶数位校验，因需要传输的数据为二进制数值 0010 1101，包含 4 个 "1"，故校验位应为 "0"，数据发送方实际传输的数据是 0010 1101 0。

无论采用哪种校验方法，通信双方都应事先约定并共同遵守这个约定。在此基础上，数据发送方可以按照约定重新计算校验位，并与接收的校验位进行比较：若二者一致，则说明无数据传输错误；否则，说明接收的数据有误，可以要求数据发送方重新传输。

如果通信内容是数据帧，只需要将整个数据帧看作一个数据，校验位的使用方法不变。

4）时钟同步

由于各种因素的影响，数据发送方和数据接收方的时钟很难始终保持一致。为了对齐传输数据，通常在每次传输数据之前，在数据位的前面增加 1 位起始位，并在数据位的后面增加 1/1.5/2 位停止位。

如果串口通信使用了数据校验，则停止位需要附在校验位的后面。

综合以上可知，串口通信实际传输的数据格式如图 8-65 所示。

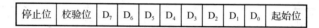

图 8-65　串口通信实际传输的数据格式

在 LabVIEW 中，上述参数设置可以通过图 8-66 所示的配置串口函数完成。图中，baud rate 接线端定义波特率，data bits 接线端定义数据位数，parity 接线端定义数据校验方法，stop bits 接线端定义停止位长度，flow control 接线端定义通信方式（默认为 0，即同步传输）。

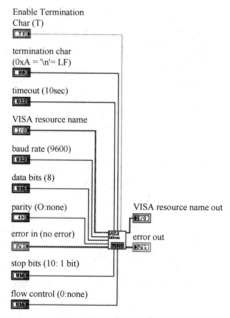

图 8-66　配置串口函数

考虑到配置串口函数本身已经包含 VISA 打开函数，所以在进行串口通信时，可以用它代替 VISA 打开函数。

以 LabVIEW 提供的简单串口 VI 的程序（程序框图如图 8-67 所示）为例。

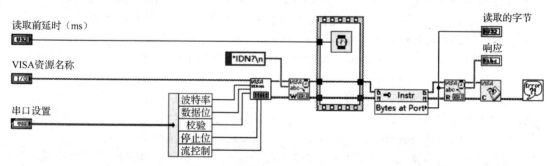

图 8-67　简单串口 VI 的程序框图

该程序的目的是查询指定外部设备的经销商信息，为此，首先使用配置串口函数建立计算机与 VISA 仪器之间的串行通信通道，同时配置波特率等参数；其次，使用 VISA 写入函数将 VISA 仪器标准命令"*IND?\n"写入指定设备中，并等待命令数据被外部设备接收；再次，计算机通过 VISA 读取函数接收外部设备返回的信息，并将其显示在"响应"控件中，完成一次通信；最后，使用 VISA 关闭函数释放相关资源，结束串行通信。

程序同步传输数据，对应的硬件连接如图 8-59 所示。

在此基础上，如果增加循环结构，可以很容易地实现数据帧的传输，读者可以自行练习。

8.7　练习题

8-1　试定义术语：（1）软件；（2）硬件；（3）软硬件协同设计。并结合个人经验举例说明。

8-2　试结合个人经验，谈一谈应如何从信息处理角度理解计算机控制系统，以及为什么要从信息处理角度理解它。

8-3　试定义术语：组件。并结合个人经验，谈一谈使用组件的利弊。

8-4　试定义术语：接口。并结合个人经验举例说明。

8-5　列举接口信号的类型，并比较其异同。

8-6　列举可以用作计算机控制器的计算机类型，并比较其优劣。

8-7　列举选择运算设备时需要优先考虑的技术指标，并说明原因。

8-8　列举选择 I/O 接口时需要优先考虑的技术指标，并说明原因。

8-9　列举外部设备的存储器映射方式，并比较其优劣。

8-10　列举 I/O 接口的数据传输方式，并比较其优劣。

8-11　什么是轮询？如果计算机采用轮询策略完成计算机控制，试绘制其程序流程。

8-12　什么是中断？如果计算机采用中断策略完成计算机控制，试绘制其程序流程。

8-13　比较练习题 8-11 和练习题 8-12 两种策略的优劣。

8-14　列举计算机控制系统需要滤波器的位置，并说明原因。

8-15　什么是模拟滤波？什么是数字滤波？试比较二者的异同。

8-16　列举常用的数字滤波方法，试比较其优劣。

8-17　试用 LabVIEW 编写程序，实现：（1）限幅滤波；（2）限速滤波；（3）中值滤波；（4）算术平均滤波；（5）去极值平均滤波；（6）滑动平均滤波。**

8-18　什么是标度变换？为什么要进行标度变换？

8-19　试用 LabVIEW 编写程序，实现线性标度变换。**

8-20　试用 LabVIEW 编写程序，仿真量化效应对计算机控制系统的影响。**

8-21　试用 LabVIEW 编写程序，仿真死区效应对计算机控制系统的影响。**

8-22　假设地址 ADR 处保存了一个 7 位二进制数据，试用 LabVIEW 编写 RS232 串行通信程序，将其发送到地址为 ADR_INST 的设备。**

要求：（1）同步传输数据；（2）波特率选择 4800bps；（3）使用奇数位校验；（4）停止位为 2 位。

8-23　假设地址为 ADR_INST 的设备通过 RS232 接口向计算机发送双字节数据，试用 LabVIEW 编写 RS232 串行通信程序，并将接收数据存储到地址 ADR 处。**

要求：（1）同步传输数据；（2）波特率选择 9800bps；（3）使用偶数位校验；（4）停止位为 1 位。

8-24　练习题 8-23 中，假设设备 ADR_INST 发送数据的长度未知，试完成 LabVIEW 串行通信程序。**

第9章 并发实时调度

9.1 学习目标

合理选择组件是实现计算机控制系统的基础。但是，如果希望计算机控制系统能够持续高效地正常工作，仅仅这样做是不够的。技术人员还需要针对被控对象的特点和具体控制要求，合理调度资源，协调不同组件分工合作，以保证计算机控制系统能够长期应对工程环境下种种不可预知的风险，维持自身工作状态符合预期。

因此，本章将从方法学角度出发，概要介绍计算机控制系统任务调度的必要性和基本概念，以及简单易行的任务调度方法和工程中常用的系统设计框架。主要学习内容包括：

- 定义术语
  - □ 期限（9.2 节）
  - □ 任务（9.2 节）
  - □ 可靠性（9.4 节）
  - □ 失效（9.4 节）
  - □ 噪声（9.4 节）
  - □ 干扰（9.4 节）
  - □ 设计模式（9.5 节）
- 解释
  - □ 计算机控制系统是数据驱动的系统（9.2 节）
  - □ 计算机控制系统是并发事务管理系统（9.2 节）
  - □ 计算机控制系统是实时任务调度系统（9.2 节）
- 列举
  - □ 硬实时系统的期限要求（9.2 节）
  - □ 计算机软件常用的任务调度方法（9.2 节）
  - □ 事件到达模式（9.2 节）
  - □ 任务汇合模式（9.2 节）
  - □ 并发实时调度的设计原则（9.2 节）
  - □ 并发实时调度可能产生的问题（9.2 节）
  - □ 共享数据的保护方法（9.2 节）
  - □ 影响计算机控制系统可靠性的主要因素（9.4 节）
  - □ 保障可靠性设计可以采用的系统架构（9.4 节）
  - □ 抗串模干扰的基本措施（9.4 节）
  - □ 抗共模干扰的基本措施（9.4 节）
- 比较
  - □ 噪声和干扰的异同（9.4 节）
  - □ 串模干扰和共模干扰的异同（9.4 节）
- 使用状态图设计计算机控制系统（9.3 节）
- 使用 LabVIEW 的简单状态机编写计算机控制系统软件（9.5 节）

9.2 并发实时调度概述

9.2.1 数据驱动的系统

8.2.2 节从信息处理角度出发，用 PMS 模型描述典型计算机控制系统（见图 8-12）。据此，物理世界的计算机控制系统可以用图 9-1 描述。

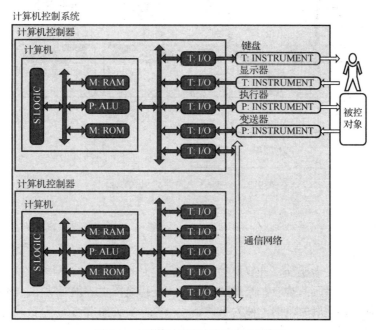

图 9-1 计算机控制系统的 PMS 描述

图 9-1 中，计算机是计算机控制器的核心，可以视为软件组件的载体，由算术逻辑部件（ALU）、存储器（RAM/ROM）和逻辑控制器（LOGIC）组合而成。这三个部分依次承担数据处理器（P）、数据存储器（M）和数据交换器（S）的作用，其工作过程是：在逻辑控制器的驱动下，算术逻辑部件依次从存储器读写操作指令和操作数，并按事先约定（指令集）完成规定动作。而存储器的内容，除了事先保存在 RAM 和 ROM 中的数据，则是经 I/O 接口刷新的来自其他数据处理器的协运算数据，后者往往是期望目标和被控对象实际状态的反应。

可见，计算机控制器在决策过程中并不与被控对象直接接触，而是依赖多个数据处理器的协作进行数据的收集、整理和分析，从中挖掘被控对象的运动状态，进而预测、调整和优化被控对象的行为，完成既定控制目标。

于是，计算机控制器可以视作一个"数据驱动"的系统（见图 9-2）。它将理论分析得到的先验模型保存在数据存储器中，并在逻辑控制器的驱动下，以先验模型为依据，利用数据处理器收集、分析被控对象数据，实现对被控对象的监控、预报、决策、调度、评价、诊断和优化。

从这个角度理解，当被控对象行为难以用数学模型表征，或者其数学模型具有显著不确定性时，就可以利用收集的客观数据验证和改进先验模型，并据此对获得的后验模型实施更加精准的控制。因此，该解释能够更好地满足现代工业生产对控制过程的需求。

当把计算机控制看作数据驱动的优化决策过程时，来自被控对象的客观数据成为系统最重要的资源，围绕数据展开的信息提取与策略生成运算则成为系统的主要工作，而协调数据处理器和数据存储器工作的控制逻辑则成为系统达成控制目标的关键。

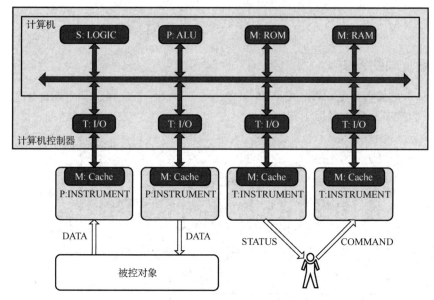

图 9-2　数据驱动的计算机控制器

9.2.2　基本概念

9.2.2.1　守时性

在 1.3 节和 1.4 节中曾强调，计算机控制系统需要时刻监测和控制物理过程。其动作不是自发产生的，而是对外部激励的响应，或是随运行时间变化而发生的预期动作。前者如电梯控制系统，主要受外部非周期激励的驱动，称为事件驱动系统；后者如自动生产线，主要受周期性动作预期的驱动，称为时间驱动系统。

因此，相较于一般的数据驱动系统，计算机控制系统对所依赖数据的时间相关性有更严格的要求。其响应必须在事先约定的时间内完成，否则，系统将不可避免地出现某种程度的失效。也就是说，系统必须在外部事件到达或者预期时间到达时开始动作，并在随后的某个预期时间之前结束动作。这种对系统动作时间提出的约束即守时性，通常用术语"期限"表示。

如果系统动作必须在某个时刻（时间驱动系统）或某段时间间隔（事件驱动系统）出现，则可以把这个时间点或时间间隔称为期限。

根据估计动作时间的准确程度，期限可以分为硬期限和软期限两种，如图 9-3 所示。其中，硬期限［见图 9-3（a）］是动作时间完全确定的期限，而软期限［见图 9-3（b）］是动作时间大致可以确定的期限。

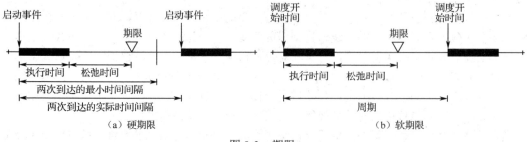

（a）硬期限　　　　　　　　　　　　（b）软期限

图 9-3　期限

包含一个或者多个硬期限要求的系统称为硬实时系统。硬实时系统的每个硬期限都必须绝对满足，一旦错失即会造成系统全部或部分失效。在这类系统中，迟到的数据被认为是非法的或有害的，可能会损坏设备，甚至引发安全问题。

计算机控制系统是典型的硬实时系统，但它也包含软期限要求。在这种情况下，计算机控制系统应同时满足以下两个条件：

（1）必须时刻维持足够的平均期限（软期限），以确保大多数动作得以完成；

（2）必须在特定时刻之前满足硬期限，以确保关键动作得以完成。

9.2.2.2　并发调度

一般来说，守时性由外部需求决定，理论上可以根据事件响应动作序列的端到端性能来确定。此时，最需要关注的是事件的动作时间、期限、到达模式和同步模式。

现实中，环境变化产生的外部事件通常是不可预测的。大多数情况下，起因事件到达与响应动作开始之间也会存在多个动作路径。因此，外部事件何时发生、如何发生都是不可预知的，不会以设计者的意志为转移。

于是，为了防止系统失效，计算机控制系统必须提供一种确定事件响应动作路径的有效方法，以确保系统在事件发生时能够及时响应，而不是在事件过后再做出反应。

若定义响应事件的顺序动作集合为"任务"，则守时性可以用任务的性能特征描述。而当多个任务准备就绪时，选择任务响应路径的过程称为调度。

本质上讲，调度是一个性能优化问题，包含能够根据预定指标优化系统响应的决策。具体到计算机控制系统，这个预定指标就是要求完成所有任务的时间预算总和必须小于或者等于硬期限。

计算机软件的任务调度方法有许多，常见的是先入先出且运行至完成方法、非抢占式任务方法、时间片轮转方法、周期性执行方法和基于优先级抢占方法。下面简单介绍计算机控制系统最常用的周期性执行方法和基于优先级抢占方法。

1）周期性执行方法

周期性执行（见图 9-4）基于运行至完成语义，该方法是最基本的任务调度方法。

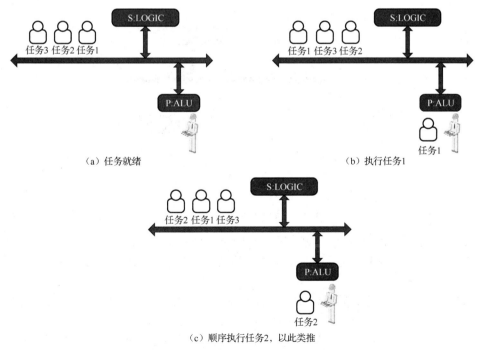

（a）任务就绪　　　　　　　　　　　　　　　（b）执行任务1

（c）顺序执行任务2，以此类推

图 9-4　周期性执行示意图

　　当一组任务就绪时，第一个任务首先运行，并在运行完毕时启动第二个任务。以此类推，直至最终返回运行第一个任务。

　　该方法对 CPU 利用率不高，不提供对外部事件响应时间的优化，而且与应用程序耦合紧密，一旦应用程序被修改，周期性任务也需要做出相应改变；但代码简单，容易测试，故得到广泛应用。

　　2）基于优先级抢占方法

　　基于优先级抢占（见图 9-5）则根据任务的优先级（任务的紧迫性和重要性）选择执行顺序。

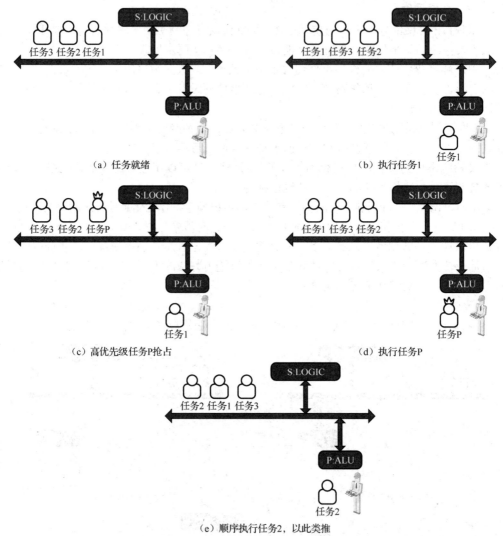

图 9-5　基于优先级抢占示意图

　　同样地，准备就绪的任务会进入就绪队列，并依照队列顺序执行。但是，如果新入列任务的优先级高于正在运行的任务，基于优先级抢占的调度器就会挂起当前运行的任务，然后运行就绪队列中具有最高优先级的任务。

　　采用这种调度方法时，必须注意资源共享问题。一方面是因为多个任务操作同一资源可使数据破坏或丢失；另一方面则是容易出现优先级逆转的情况，引起"死锁"。

　　所谓优先级逆转，是指高优先级任务准备运行时，却因为运行所需资源被低优先级任务占用而被阻塞的现象。这种情况下，高优先级任务会因为缺少运行所需资源而被挂起，直到其运行条件得到满足；而如果被阻塞的高优先级任务也占用了当前运行的低优先级任务所需要的资源，则两个任务将同时进入等待状态，产生所谓的"死锁"。

9.2.2.3　任务接口

并发调度需要任务提供以下信息：事件的到达模式、任务的汇合模式及共享资源的控制访问方法。这些信息是多任务协作不可忽视的因素，对系统的功能需求和性能需求有重要影响。

由于消息负责记录任务和与之相关的对象之间的交互，所以上述信息可以用任务间的消息来描述。因此，为了将并发调度需要的信息映射到任务，需要定义每一个任务接口消息的具体实现。

1）事件的到达模式

对于计算机控制系统，大多数任务是对激励事件的响应。因此，任务调度遇到的第一个问题就是确定激励事件的到达模式。

事件的到达模式可以是周期性的，也可以是非周期性的。

周期性到达模式是事件按照某个固定的时间周期到达，如周期性采样。但考虑到实际情况，激励事件的到达时间与预期周期并不完全一致，而是存在很小的随机偏差，即抖动。

非周期性到达模式的激励是随机发生的，没有固定的时间间隔，如操作员通过键盘输入命令。工程中，为保证系统的可调度性，只有下面列出的非周期事件才可以作为任务激励：

● 不规则事件。

如果相邻事件之间存在某个已知的但长度可变的时间间隔，该事件即为不规则事件。

● 突发事件。

事件任意两次之间的间隔可能相当近，但是，事件数目不会超过某个已知范围。

● 有界事件。

如果相邻事件的最小到达间隔（称为界限）已知，该事件即为有界事件。

● 平均速率有界事件。

事件队列中，单个事件的到达时间是不可预测的；但是，事件队列整体的到达时间在统计意义上存在。

● 无界事件。

相邻事件到达间隔仅可以用统计原理进行预测的事件称为无界事件。

需要注意的是，在定义任务接口时，不仅要给出事件的到达模式，还要确定其时间特征，包括周期性事件的周期和抖动，以及非周期性事件的界限等。

2）任务的汇合模式

在计算机控制系统中，同步是一种常见的需求。对于涉及物理过程的异步任务，一个任务的完成（如清空某个化学容器）可能是另一个任务（如向该容器中添加某种易变的化学原料）的前置条件。同步策略可以确保前置条件在依赖该条件的动作执行之前得到满足。

汇合模式是任务间通信的逻辑抽象，可以给出多个任务通信消息的规格说明。它可以回答关于任务同步的重要问题，如任务间通信的前置条件有哪些，这些前置条件现在是什么状态，若前置条件不满足应采取什么对策等。

最简单的汇合模式是同步函数调用（见图 9-6）。它采用直接调用的方法，借助逻辑控制器从一个任务向另一个任务直接发送消息。这种方式能维持对象的封装，并且限制了任务间的耦合度，但开销很高，也无法对某些高带宽事件进行及时处理。

如果不能确定前置条件是否得到满足，可以考虑以下汇合模式。

● 异步函数调用（见图 9-7）。

调用任务借助逻辑控制器将同步请求送入，待被调用任务方便时处理；同时，调用任务继续执行。

图 9-6　同步函数调用示意图　　　　　　　　　　（a）发送同步请求　　　　　（b）接收并响应请求

图 9-7　异步函数调用示意图

● 等待汇合（见图 9-8）。

调用任务无限期等待，直到所有被调用任务就绪。

（a）调用任务等待　　　　　　　　（b）被调用任务就绪

图 9-8　等待汇合示意图

● 计时汇合（见图 9-9）。

调用任务等待，直到被调用任务就绪后执行任务，或者在等待时间超过规定时间后放弃同步。

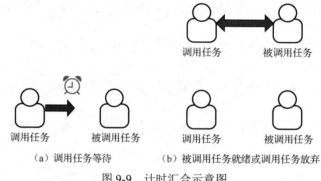

（a）调用任务等待　　　　　（b）被调用任务就绪或调用任务放弃

图 9-9　计时汇合示意图

● 阻行汇合（见图 9-10）。

如果被调用任务没有准备就绪，则调用任务立即返回，放弃同步并转而执行其他动作。

（a）被调用任务未准备好　　　　　　（b）调用任务放弃

图 9-10　阻行汇合示意图

● 保护汇合（见图 9-11）。

将任务间通信失败当作错误，引发异常。

（a）任务间通信失败　　　　　　（b）调用任务报告异常

图 9-11　保护汇合示意图

9.2.3　实时任务调度

9.2.3.1　实时调度设计

对于必须满足固定期限的硬实时系统，如计算机控制系统，任务调度还需要同时考虑硬截止期的限制。实时调度理论提供了一种确定系统潜在性能问题的方法，能够帮助设计人员尽早发现不能满足期限要求的任务，使其有时间做出备选的软件设计或对硬件配置进行调整，这对硬实时系统的分析和设计都很重要。

不失一般性，以下讨论均假设实时响应任务具有硬截止期，且使用的 CPU 一致，并采用基于优先级抢占的调度算法。

1）周期任务调度

假设任务组中的每个实时任务都是周期性的，且相互独立（彼此互不沟通或同步），则可以根据每个任务的周期为它们设置固定的优先级：周期越短的任务，优先级越高。这就是所谓的单调速率理论。

以此为前提，讨论计算可调度性的方法。

假设一个周期任务的周期为 T，执行时间为 C，则它的 CPU 利用率 $U = C/T$。若它能在任务周期结束前完成运行，则称其是可调度的，即任务能满足其期限要求。

依照单调速率理论，一个包含 n 个独立周期任务的组，如果组中所有任务利用率的和小于整个 CPU 利用率的某个上界，即

$$\frac{C_1}{T_1} + \frac{C_2}{T_2} + \cdots + \frac{C_n}{T_n} \leqslant n(2^{1/n} - 1) = U(n) \tag{9-1}$$

则表明组中每个任务都能满足各自的期限要求，即组中每个任务都是可调度的。式中，C_i 和 T_i 分别是任务 TASK_i 的执行时间和周期。

此时称该任务组是可调度的，称式（9-1）为利用界限定理。

单调速率理论的任务优先级是在设计阶段指定的，且在系统运行期间保持不变，故属于静态调度算法。它有一个特点，就是能在短暂超载的情况下保持系统稳定。也就是说，那些有最高优先级（或者说有最短周期）的任务即使短时超载，它们的期限要求也能得到满足。

【例 9-1】某任务组包括以下三个周期性独立任务：

$$\text{任务 TASK}_1: \quad C_1 = 20\text{ms}, \quad T_1 = 100\text{ms}$$
$$\text{任务 TASK}_2: \quad C_2 = 30\text{ms}, \quad T_2 = 150\text{ms}$$
$$\text{任务 TASK}_3: \quad C_3 = 60\text{ms}, \quad T_3 = 200\text{ms}$$

试讨论其可调度性。

根据式（9-1），三个任务的总利用率

$$\frac{C_1}{T_1} + \frac{C_2}{T_2} + \frac{C_3}{T_3} = \frac{20}{100} + \frac{30}{150} + \frac{60}{200} = 0.7 \leqslant n(2^{1/n} - 1) = 3 \times (2^{1/3} - 1) = 0.779$$

因此，三个任务在所有的情况下都能满足其期限要求。

【例 9-2】将例 9-1 中任务 TASK_3 的时间特性替换为 $C_3 = 90\text{ms}$，$T_3 = 200\text{ms}$，重新判断任务的可调度性。

在这种情况下

$$\frac{C_1}{T_1} + \frac{C_2}{T_2} + \frac{C_3}{T_3} = \frac{20}{100} + \frac{30}{150} + \frac{90}{200} = 0.85 > n(2^{1/n} - 1) = 3 \times (2^{1/3} - 1) = 0.779$$

因此，这些任务不满足期限要求。

注意：利用界限定理给出的是随机选择任务组在最差情况下的近似。对于周期融合的任务，或者说周期彼此重叠的任务，允许的上界可以更高。

2）非周期任务调度

从可调度性分析的角度来看，非周期任务可以等效为周期任务处理。

等效周期任务的周期一般是激活此非周期任务的最小交叉到达时间。于是，非周期任务就可以根据相应的等效周期设置优先级。

这样处理之后，如果非周期任务的等效周期比周期任务的周期长，那么它的优先级应该比周期任务低。此时，如果非周期任务采用中断驱动，很容易出现优先级倒置。

因此，在真实的问题中，很多任务会以异于它们的单调速率优先级的实际优先级运行。因此，有必要扩展利用界限定理来处理这些情况。

泛化的利用界限定理　一个有 n 个独立周期任务的集合，如果

$$U_i = \left(\sum_{j \in H_n} \frac{C_j}{T_j}\right) + \frac{1}{T_i}\left(C_i + B_i + \sum_{k \in H_l} C_k\right) \le n(2^{1/n} - 1) \qquad (9\text{-}2)$$

成立，则所选任务能满足期限要求。式中，U_i 是周期 T_i 内任务 TASK_i 的利用界限；H_n 是周期大于 T_i 且优先级高于 TASK_i 的任务集合；B_i 是任务 TASK_i 可以被低优先级任务阻塞的最大时间；H_l 是周期小于 T_i 且优先级高于 TASK_i 的任务集合。

式（9-2）中，和式的第一项表示周期大于 T_i 的高优先级任务产生的总占先利用率，第二项表示任务自身的 CPU 利用率，第三项表示任务允许的最差情况下的阻塞利用率，第四项则表示周期小于 T_i 的高优先级任务产生的总占先利用率。

需要注意的是，该定理只能测试指定任务。因为在这个泛化理论中，任务已不再遵循单调速率优先级。

因此，对于具体的计算机控制系统，依赖利用界限定理［式（9-1）］进行实时调度是最安全的策略。该定理利用率上界的极限值为 0.69，对应无限任务的最差情况。设计调度策略时，应使解决方案尽可能满足该值。

如果系统中包含很多低优先级的软实时或非实时任务，高于 0.69 的利用率也可以接受。因为对于这些低优先级的软实时或非实时任务，即使错过期限也不会产生严重的后果。

设置任务优先级时，应尽可能地按照单调速率理论设置。对周期性任务，这样做很容易；但对非周期性任务，需要估计其交叉到达时间，并考虑中断驱动的影响。

9.2.3.2　实时调度问题及其对策

实时调度过程中，信息的采集、运算及操作可能由不同任务以不同周期执行，甚至可能在不同的微处理器上完成。在这个过程中，多个任务可能会同时对相同数据进行不同操作，从而产生脏写、脏读、不可重复读和幻读等一系列问题，导致数据破坏。具体说明如下。

（1）脏写。

当两个或两个以上任务对相同数据资源执行更新操作时，由于彼此之间互不沟通，所以会出现后一个更新操作全部或部分覆盖前一个更新操作的情况，如图 9-12 所示。此时，后发任务的操作全部或部分修改了先发任务的操作，使数据既不能反映先发任务的操作，也不能反映后发任务的操作，导致数据更新失败。

以某控制器为例。假设本地操作员正在通过控制台修改控制器的期望目标。若上位机同时发布远程命令执行相同操作，就有可能产生冲突，导致脏写的问题。

（2）脏读。

假设某任务正在更新数据资源。如果其他任务在数据更新完成之前读取该数据，就会产生脏

读的问题，如图 9-13 所示。此时，读操作的结果既非更新前的旧数据，也非更新后的新数据，会
影响后续一系列任务操作的数据依赖性。

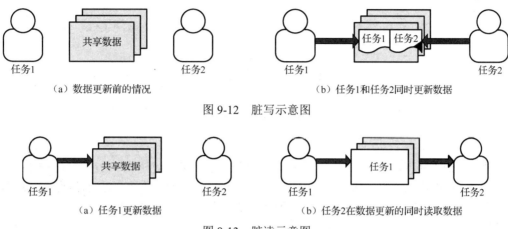

（a）数据更新前的情况　　　　　　　　　　　　（b）任务1和任务2同时更新数据

图 9-12　脏写示意图

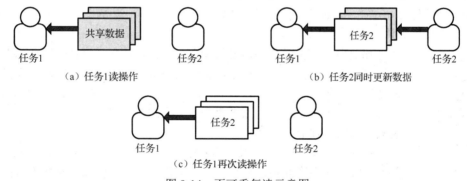

（a）任务1更新数据　　　　　　　　　　　　　（b）任务2在数据更新的同时读取数据

图 9-13　脏读示意图

仍以某控制器为例。假设本地操作员正在通过控制台修改控制器的期望目标。在其确认完成
输入操作之前，控制器读取输入缓冲区内暂存的期望值，就会发生脏读的问题。

（3）不可重复读。

假设某任务正在读取数据资源。如果其他任务在此时更新数据，则一段时间后，该任务再次
读取同一数据会得到不同的结果。这种现象称为不可重复读，如图 9-14 所示。

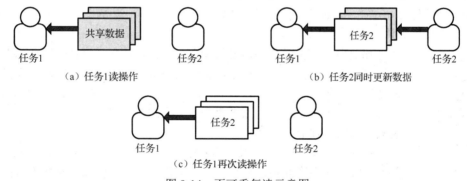

（a）任务1读操作　　　　　　　　　　　　　　　（b）任务2同时更新数据

（c）任务1再次读操作

图 9-14　不可重复读示意图

继续以某控制器为例。假设控制台正在读取显示缓冲区的内容，而控制器在此期间执行了刷
新显示缓冲区的操作。那么，当控制台下次读取显示缓冲区内容时，将会得到不同的显示结果。

（4）幻读。

幻读和不可重复读很相似。同样是某任务读取数据资源期间，其他任务更新数据导致该任务
再次读取相同数据得到不同结果。但不同的是，幻读修改了原数据的结构，如图 9-15 所示。

这些问题的表现形式虽然各不相同，但本质都是不同任务对共享数据的读写冲突。因此，常
见的解决方法是确保共享数据在某一时刻仅能被一个任务访问。

一般操作是通过临界区或互斥信号实现共享数据的安全访问，具体方法如下：

（1）使用临界区。

在计算机控制系统中，可以通过屏蔽中断和禁止任务切换来建立临界区。由于临界区内的代
码不会被中断，就避免了死锁和资源竞争，确保了共享资源访问的原子性。等临界区代码结束后，
需要重新允许中断和任务切换以开放共享资源。

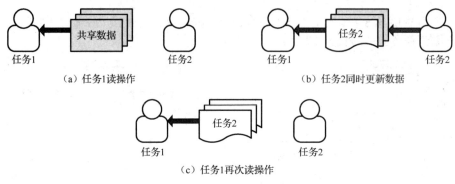

共享数据
任务1
任务2
(a) 任务1读操作
任务2
任务1
任务2
(b) 任务2同时更新数据
任务2
任务1
任务2
(c) 任务1再次读操作

图 9-15　幻读示意图

这种方法简单易行，但是必须手工实现，不仅阻塞了高优先级任务，丢失了屏蔽期间事件，而且无法保证结束后完全恢复到屏蔽前的状态。尤其需要注意的是，该方法无法解决多处理器资源共享的问题，因为在一个处理器上屏蔽中断不会影响其他处理器的中断。

（2）使用互斥信号。

另一种常用的方法是使用互斥信号。

互斥信号是一个特殊变量，本质是一种“信号锁”。它包含两个对立的操作：p()操作和 v()操作。

p()操作仅在数据资源可以使用的时候返回，否则将一直等待，直到资源可用时，p()操作才会锁定资源使用权并返回调用。

v()操作则执行相反的动作，确保任务放弃资源使用权。

于是，交替使用 p()操作和 v()操作就可以对共享资源进行串行化访问。

9.2.3.3　设计工具：状态图

如前所述，实时任务调度的本质是选择任务响应路径。而状态图能够描述模型元素实例行为，非常适合表示任务状态及其变化顺序，是常见的任务调度设计工具。

与信号流图类似，状态图由表示状态的节点和表示状态转换的有向线段组成，如图 9-16 所示。

初始化
待机
工作

图 9-16　计算机控制系统的状态图

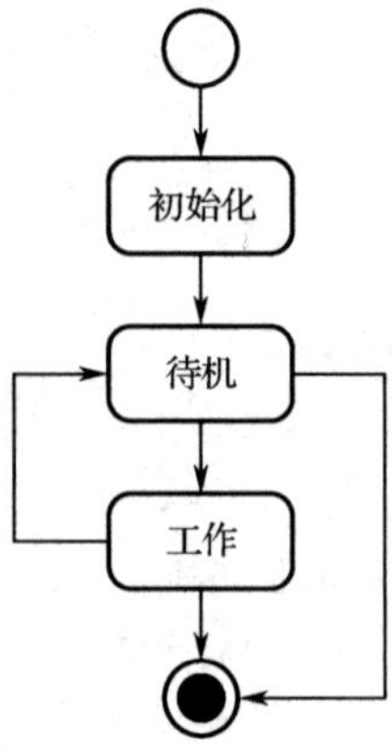

图 9-16 中，空心圆是系统的初始状态。它是一个伪状态，代表状态图的起点。每个状态图都必须有且只有一个初始状态，但物理对象不可能保持在该状态，必须通过无条件触发进入普通状态。或者说，物理对象一旦进入初始状态，就会自动转移到相邻的后续状态。

与之对应的半实心圆是系统的终止状态。它代表状态图的终点，是一个普通状态。对于硬件组件，终止状态对应着组件设备关机后的运动情况；而对于软件组件，则对应程序退出后的一系列操作。

与初始状态不同，一个状态图可以拥有一个或者多个终止状态。但是，因为终止状态的存在是为了激发状态图完成转换，因此，它只能作为转换的目标，而不能作为转换源。

图 9-16 中的圆角矩形表示普通状态。它是可以被持续观测的系统动作序列（或称任务），常用一个有意义的字符串（状态名称）进行标识。图 9-16 中，“初始化”“待机”“工作”均是如此，其含义如表 9-1 所示。

表 9-1　图 9-16 中状态名称的含义

状 态 名 称	硬 件 组 件	软 件 组 件
初始化	设备上电到开机	程序接收运行命令到显示交互界面
待机	设备开机后，等待进一步的命令	程序显示交互界面，等待进一步的命令
工作	设备执行具体命令	程序执行具体命令

除了表示状态的节点，状态图还包括表示状态转换的有向线段。其起点（无箭头端）连接的状态称为源状态，是激活转换之前系统的运行情况；其终点（箭头端）连接的状态称为目标状态，是完成转换之后系统的运行情况。有向线段本身则代表转换动作，是一个可执行的原子化操作，即操作本身不可分割，要么执行，要么放弃。

有向线段的标注包含两类信息：触发事件和监护条件。前者指引起源状态转换的事件；后者指触发事件激活转换需要满足的条件，或者说任务汇合模式。

需要注意，转换的源状态和目标状态可以不同，也可以相同。如果是后一种情况，则称转换为内部转换，即不导致状态改变的转换。此时，内部转换中可以包含进入或退出该状态应执行的活动（非原子化操作）或动作（原子化操作）。

状态图也可以嵌套。图 9-16 中的"工作"状态，如果依据操作内容继续细分，可以得到图 9-17 所示的嵌套状态图。图中，"工作"状态是内部嵌套新状态图的状态，称为复合状态；嵌套的状态图则称为子状态。而"初始化""待机"这类语义不可分割的状态，则称为简单状态。

图 9-17 中出现的空心菱形是判定符号，表示状态转移需要根据给定条件的判断结果进行选择，实质是任务路径在此处随监护条件的取值而发生了变化。

由以上描述可知，状态图能够全面描述状态转换所需要的触发事件、监护条件和任务动作，准确定义状态转换顺序（系统对事件的任务响应路径），避免因使用文字描述任务调度而导致的歧义，有助于帮助技术人员就系统的运行逻辑达成共识，因此是系统开发的有效辅助工具。

但是，如果系统本身的结构简单，运行逻辑单一，需要处理的任务比较少，那么，使用状态图不仅不会带来便利，反而会因额外的操作而带给技术人员诸多困扰。

软件组件中，如果用循环结构嵌套条件结构，就可以得到状态图的实例——状态机（其程序框图如图 9-18 所示）。它的每一个条件分支都对应着一个状态，允许程序循环每次依据不同的触发条件执行不同的任务，是计算机控制系统最基本的设计模式，其创建方法见 9.5.2 节。

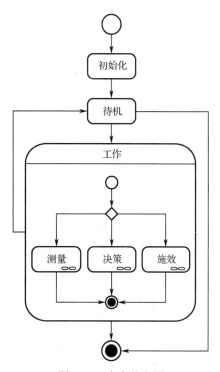

图 9-17　嵌套状态图

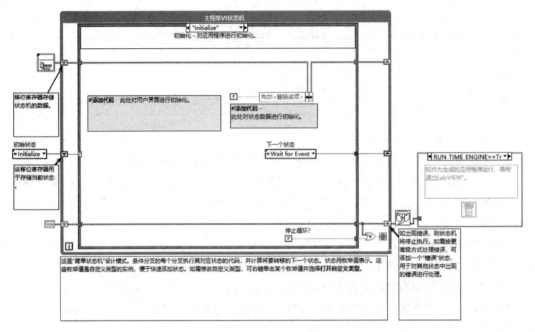

图 9-18　经典状态机程序框图

9.3　系统设计：使用状态图

9.3.1　功能描述

　　系统设计过程中，技术人员首先要识别待解决问题本身及其特征，从而把系统中关键的与具体实现无关的任务功能及其关系抽象出来，以便于求解。

　　为了准确描述计算机控制系统与外部环境的实时互动，详细定义计算机控制系统的功能和性能指标，在设计任务调度软件之前，设计人员需要将客户以非形式化自然语言描述的功能转化为以形式化规范模型严格定义的功能。

　　在这一阶段，设计人员的主要任务是分析系统需要实现的功能是什么，而不是考虑具体实现的步骤。主要考虑问题如下：

　　（1）确定相对独立的无二义的功能模块，并细化其行为；

　　（2）辨识实时互动的所有参与者，并定义这些参与者的互动方式；

　　（3）定义参与者之间传递的每条消息的语义和特征；

　　（4）细化使用不同消息进行交互的协议，包括所要求的顺序关系、前置和后置条件、不变量。

　　功能通常由领域专家确定。这些领域专家可能是系统的最终用户或营销人员，也可能是相关技术人员，他们中的大多数不会按照系统设计人员的思维模式讨论问题。这种分歧是造成功能说明含糊不清、自相矛盾甚至错误的主要原因，而设计人员的主要任务就是弥合这种分歧，为后续任务的精准实现创造条件。

　　用例模型是达成这一目标的常见方法。它把系统表示为被参与者（现实世界中存在于系统外部的对象）包围的黑箱，把参与者与系统之间的交互作用描述为系统的输入和响应，并依据交互作用序列的抽象描述系统功能。

　　可见，它提供了一种客观描述系统和外部对象间一般作用的工具；不仅能够涵盖用户期望在最终产品中得到的性能，而且为系统测试提供了依据，为整个项目开发提供了统一的策略。

如图 9-19 所示，用例是借由系统与参与者交互来描述系统功能的。图中，最外层的矩形框代表系统边界，人形图标代表参与者，椭圆形表示用例（系统功能），参与者与用例之间的连线表示二者之间的信息交互。

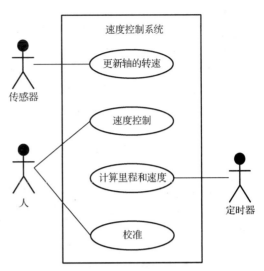

图 9-19　速度控制用例示意图

由图 9-19 可知，用例的参与者可能是用户，但更可能是外部可见的子系统或独立设备，如传感器和执行器等。用例参与者是人还是人使用的设备，取决于系统的作用域：如果系统包括与用户交互的设备，则参与者是人；如果系统只包括用户间接操作的接口组件，则参与者是组件设备。

但无论参与者是人还是设备，作为一个内聚性的功能模块，用例都可以从外部定义系统的具体功能，这些功能不仅包括正常工作时的功能，还包括偶发情况和异常情况下的功能。这些功能通常由若干系统参与者协同完成，作业方式则由底层事件和消息流决定。

考虑到同一系统往往包含多个不同的功能，用例会被赋予有意义的名称，以帮助用户理解其对外部可见行为的功能划分。同时，为了描述用例的作业方式，通常会定义用例的属性和行为：前者常被用来说明用例对外可见的状态，或存储用例的行为描述；后者则是一些可以操作的功能模块，用以对用例进行定义与分解，不能在外部直接访问。

可见，用例与面向对象编程方法中"类"的概念是关联在一起的。因此，用例也有自己的实例。

用例的实例称为场景，通常由一个对象集合和一个有序的消息交换列表组成，是用例特定的实现方式。场景通常会包含若干分支。在这些分支上，参与者或系统可能有多个响应。因此，完整地细化一个用例往往需要多个场景，一般从十几个到几十个不等。

可以用状态图表示场景，如图 9-20 所示，以展示给定用例对象间的不同交互方式，检验用户期望问题的陈述是否完备，揭示用户未明确表述的隐含功能。同时，场景也可以提供验证测试集合，以保证所交付的系统符合规格说明要求。

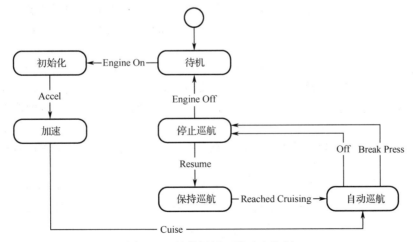

图 9-20　具体场景下的速度控制

经验表明，几乎所有的领域专家都能看懂用例。这一点在实践中是相当有意义的，因为它为系统设计人员和领域专家讨论系统功能提供了公共语义。

考虑到大多数专家喜欢讨论特定场景而非用例，设计人员应尽可能地把系统功能映射到足够多的场景中，并与领域专家充分讨论系统在这些场景中的行为，再通过这些场景确定最终的用例。为此，设计人员可以从询问领域专家下列问题开始：

（1）系统有哪些主要功能必须实现？

（2）系统有哪些次要功能需要实现？

（3）有哪些物理设备需要与系统交互？如何交互？

（4）有哪些人员可能与系统交互？如何交互？

（5）系统的目的是什么？替代了什么？为什么替代？

在这个过程中，场景的数量可能变得十分庞大，所以需要简化，对相同条件下调用同样响应的场景进行归纳，并在此基础上，将功能相关的场景聚集为用例。因此，设计人员必须回答以下问题：

（1）参与者和系统在每个场景中扮演的角色是什么？

（2）要完成场景，必需的交互有哪些？

（3）实现场景所需的事件和数据序列包括什么？

（4）场景可能产生什么样的变化？

9.3.2　功能分解

用例虽然明确了系统应具备的功能，但没有规定它们的运行结构。因此，设计人员需要进一步讨论系统的宏观组织策略，包括功能分解策略、任务构建策略、构件分布策略及其协作等。这些策略会决定系统的状态图，为更低层的详细设计提供基础。

在这个过程中，为了降低复杂度，计算机控制系统往往被分解为若干子系统。这些子系统可以看作一组功能彼此依赖的对象组合，能相对独立地完成某个主要功能。它们彼此之间的耦合度较低，但内部联系密切。

子系统在某些应用中很容易区分，但在另一些应用中则不容易识别。为了快速准确地构造子系统，可以考虑从用例开始进行功能分解。因为用例内部的对象彼此相关，且耦合度较高；而它们与其他用例的对象几乎不相关。

一般来说，只要参与同一个用例的对象不是地理上分散的，它们就可以构造一个子系统；否则，就需要组合来自多个用例的功能相关的对象构造子系统。在计算机控制领域，常用子系统的类型简述如下。

1）控制子系统

控制子系统接收外部环境输入并生成外部环境输出以满足指定控制要求，通常不需要任何人为的干预，且多是状态相关的。也就是说，控制子系统至少包括一个状态依赖的控制对象。

2）协调者子系统

当存在两个或两个以上控制子系统时，可能需要一个协调者子系统居间调度各控制子系统的工作进度。

协调者子系统不是必需的。如果多个控制子系统彼此完全独立，就不需要协调；如果协调活动比较简单，则控制子系统之间可以自己协调。只有协调活动比较复杂时才需要独立的协调者子系统。

3）数据采集子系统

数据采集子系统收集环境数据，有时候还要保存数据。该子系统可以输出来自传感器的原生数据，也可以输出采集数据的归约形式，具体情况取决于应用要求。

4）数据分析子系统

数据分析子系统能够分析数据并提供报告，或为另一个子系统显示收集的数据。

数据采集子系统和数据分析子系统可以归并。但需要注意的是：数据采集子系统是实时的，而数据分析子系统未必需要实时完成。

5）服务器子系统

服务器子系统不发起任何请求，但能响应客户子系统的请求，为客户子系统提供服务。

服务内容经常与数据库访问关联，也可能与 I/O 设备关联。

任何具有服务器作用并能响应客户服务请求的对象都是服务器对象，包括实体对象、封装应用逻辑的业务逻辑对象及协调者对象。

6）用户界面子系统

用户界面子系统不是计算机控制系统所必需的。它通常是复合对象，由几个简单的用户界面对象组成，起到为用户提供交互界面的作用。

用户界面子系统可能不止一个。每个用户界面子系统相当于一个客户，针对特定类别的用户提供访问一个或多个服务器的解决方案。

7）I/O 控制子系统

I/O 控制子系统不是必需的。但在某些应用里，可以通过 I/O 控制子系统对所有设备接口进行集中管理，这样不但能够提高开发效率，而且便于管理和维护设备。

8）系统服务子系统

计算机控制系统里，有些系统级服务，如文件管理和网络通信管理，是不由问题决定的。

这些服务通常不是系统开发的内容，但在某些嵌入式解决方案中，由于不存在操作系统，这些服务就由系统服务子系统提供。

9.3.3　任务构建

系统分解为子系统之后，系统功能也分配到各个子任务。就好像一家公司，其职能被分解到各个具体部门，每个部门只负责有限的具体职能。这时，各个子系统将表示为若干组通过消息彼此通信的协作对象，并通过并发任务来完成所负责的功能。

如前所述，任务指的是由线程控制的主动对象。将对象正确打包并分配给不同线程的过程即任务构建。

对软件组件而言，线程可以定义为顺序执行动作的集合，而动作是在特定序列中以相同优先级执行的语句，这些语句可以属于多个对象。因此，任务可以用状态图表示，如图 9-21 所示。图中，采用格式为"触发事件[触发条件]/转换动作"的标记描述状态转换，借以展示根源于某个主动对象的所有线程，隐性描述任务的并发特征，特别是时间调配、控制和先后顺序等方面的细节。

利用状态图就可以构造软件组件。得到的组件可以是一个单线程顺序实现的进程，也可以是一个多线程并发实现的进程。需要注意的是，虽然并发任务可以简化系统设计，但并发任务过多会增加系统开销。因此，设计人员在构建任务时必须权衡：哪些任务可以并发执行，哪些任务需要顺序执行。

考虑到任务是对相关事件的响应，构建任务的关键是对这些事件进行合理的划分，分到同一组的事件将执行同一个任务。

由于事件的分组方式可以有很多，构建任务的方案也可以有很多。下面给出一些常见的分组策略，以便读者参考。

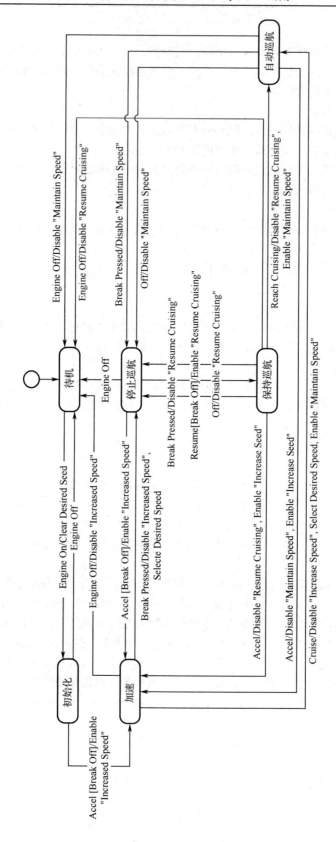

图9-21　速度控制任务的状态图

● 单事件分组策略。

在简单系统中，可以为每个外部事件和内部事件指定一个独立任务。该方案简单可行，但对于拥有几十个甚至几百个事件的复杂系统，这种做法会大幅增加额外系统开销。

● 顺序处理分组策略。

当一系列事件严格依照预定顺序触发执行时，可以为这组事件指定一个独立任务，以确保满足顺序执行的需要。

● 事件源分组策略。

可以为具有共同来源的事件指定一个独立任务。对于包含明确定义的子系统，如果这些子系统几乎按相同的周期产生事件，事件源分组策略可能是最简单的策略。

● 接口设备分组策略。

可以为每一个 I/O 接口指定一个独立任务。

这种策略是事件源分组策略的特例，能够在一个任务中处理与特定 I/O 接口相连接的所有设备，是计算机控制系统常用的分组策略。

任务构建通常会选择上面的一个或者几个策略作为事件分组的主要依据。当把所有事件都分配到合适的组时，就获得了能够响应系统任意输入的完全且稳定的任务集合，可建立适用的任务体系。

对于计算机控制系统，可以考虑按以下次序构建任务：

（1）设备接口任务。

首先处理与外界交互的设备接口对象，确定对象要构建哪种接口任务。常见的是异步设备 I/O 接口任务、周期设备 I/O 接口任务、被动设备 I/O 接口任务和资源监视任务。

● 异步设备 I/O 接口任务。

异步设备是由中断驱动的设备。在任务构建期间，每一个异步设备 I/O 接口对象都被映射为一个异步设备 I/O 接口任务，并在异步设备产生中断时激活。

异步设备 I/O 接口任务是非周期 I/O 接口任务，其执行速度受限于与它交互的异步设备。一般情况下，异步设备 I/O 接口任务会被长期挂起；但是，一旦被中断激活，它会要求系统在若干毫秒内响应，以避免数据丢失。

● 周期设备 I/O 接口任务。

周期设备是需要周期性轮询的设备。在任务构建期间，所有周期设备被映射为一个周期设备 I/O 接口任务，该任务在定时器产生定时中断时激活。

● 被动设备 I/O 接口任务。

被动设备既不需要中断驱动，也不需要周期性轮询。它们通常是输出设备，多用于将计算任务产生的结果叠加到 I/O 设备输出。在任务构建期间，可以为所有被动设备指定一个被动设备 I/O 接口任务，该任务在接收到相应的设备输出请求消息时激活。

● 资源监视任务。

资源监视任务可以看作被动设备 I/O 接口任务的特例。它监视所有 I/O 接口设备的状态，并协调系统对这些设备的操作请求，以维护数据的完整性，确保数据不会被破坏或丢失。

需要注意的是，无论哪种 I/O 任务，构建时都必须以所连接 I/O 设备的物理特征为基础，详见 8.4.1 节。

（2）控制任务。

分析状态依赖的每个控制对象，按照事件源分组策略或顺序处理分组策略构建任务。任何对象，只要其动作可以由某个任务触发，就可以将其组合到该任务中。

（3）周期任务。

分析系统内部的周期活动，将这些活动构建成周期任务。

如果候选周期任务均由同一时间触发，可以将这些任务归并为同一个任务，否则按顺序处理分组策略构建任务。

（4）其他内部任务。

为上述未提及的内部事件分配任务。

在用状态图把系统中的所有任务表示出来后，就可以选择使用的设备，以实现系统。

9.3.4　系统配置

构件是系统运行时刻存在的事物，是执行任务并提供信息的软件制品。最常见的构件是可执行程序和库，不过也存在其他的构件，如表 9-2 所示。

表 9-2　常见的构件

构　　件	描　　述
可执行程序	独立的应用程序
库	为可执行程序提供服务的对象和函数的集合，这类库可以是动态链接库，也可以是静态链接库
表	大规模数据结构，如数据库、设备配置表及基于 ROM 的校准数据等
文件	文件系统中对数据的组织
文档	描述其他构件的不可执行数据

构件是二进制可替换的，有实例，也有接口。该接口称为实现接口，大尺度的接口则称为应用程序接口。调用构件必须通过接口。

系统配置关心的是构件的实例化。也就是说，如何将构件映射到多个地理上分散的物理节点并使之互连通信。其主要内容是确定系统中硬件设备的类型、数目及将它们连接到一起的物理通信介质，具体包括微处理器的选择和物理节点的选择。

1）选择微处理器

任何数字计算机都可用于实现计算机控制系统。选定具体的微处理器时，必须同时考虑软件和硬件两方面的需求。

软件方面主要关注以下内容：
- 微处理器可能的用途；
- 微处理器可执行软件的范围；
- 微处理器的计算功率；
- 开发工具的可用性，如支持语言的编译器、调试器、片内资源等；
- 第三方构件的可用性，包括操作系统、通信协议、用户界面等；
- 开发人员对微处理器的熟悉程度。

硬件方面主要关注通信方面的需求，包括：
- 通信介质，是双绞线、同轴电缆还是其他介质；
- 控制方式，是总线控制还是主从控制；
- 仲裁方式，是基于优先级还是基于公平性；
- 连接方式，是点对点还是多支路；
- 传输速率。

2）选择物理节点

物理节点包括传感器、执行器、显示器、输入设备、内存或者其他对软件而言很重要的物理设备。它们通常采用电气连接，也可能采用光电或红外等手段来连接。但无论采用何种连接方式，最终都会映射为 I/O 接口设备。

对于计算机控制系统，最重要的是确定以传感器为代表的模拟输入通道和以执行器为代表的模拟输出通道。其设计要点如表 9-3 和表 9-4 所示。其中，主要考虑因素会影响控制性能，故而不可随意改动；次要考虑因素仅影响系统结构特性，可以酌情改动。

表 9-3　模拟输入通道设计要点

考 虑 因 素			备　　注
主要考虑因素	模拟输入信号	变化范围	要求模拟输入信号的变化范围应与 ADC 模拟输入范围相当，以保证测量精度。如果二者相差太大，可以对模拟输入信号适当放大后再进行模数转换
		变化速度	变化缓慢的信号可以近似为直流信号，不需要采样保持电路；快速变化的信号需要作为交流信号处理，必须使用采样保持电路
		连续性	如果模拟输入信号存在离散点，则不能使用双积分式 ADC。因为双积分式 ADC 会把离散信号求和平均，产生错误输出
		源阻抗	模拟输入信号的源阻抗必须和 ADC 输入阻抗相匹配，以减小反射造成的失真
		噪声	如果信号包含周期性噪声，则优选双积分式 ADC，否则可以考虑使用带通滤波器或数字滤波器
	系统精度		严格来说，系统精度应当通过计算模拟量输入通道各组成元件的噪声的方均根值确定。但为了方便，通常用 ADC 精度代表整个数字系统的精度。它的大小决定了 ADC 的位数
	转换速度		ADC 的转换速度决定了模拟输入信号的更新速率，也就限制了系统的采样频率。因此，必须保证其满足采样定理的要求
	环境条件		对于低频系统，需要重点考虑零点漂移、增益漂移和线性漂移。对于动态系统，则必须保证 ADC 动态性能指标的稳定性
次要考虑因素	基准电压电路		基准电压决定模数转换的量程，选择时应优先使用具有内部基准电压的器件；如果必须使用外部基准电压，也应优先选用通用基准电压（如 3V、5V、12V 等），以降低系统成本和电路复杂度
	时钟电路		时钟电路决定了 ADC 的工作速度。选择时应优先使用具有内部时钟的器件；如果必须使用外部时钟，可以考虑使用独立定时电路或由微处理器时钟信号分频产生
	输入信号驱动电路		主要解决输入信号和 ADC 的阻抗匹配问题、电荷注入问题和噪声抑制问题，以保证输入信号带宽范围内的输出阻抗较低，从而提高转换精度
	数据输出接口电路	输出格式	确定编码格式，是二进制编码还是非二进制编码？如果是二进制编码，采用原码、补码还是反码？如果是非二进制编码，采用 BCD 还是格雷码
		逻辑电平	数字输出是 TTL 电平还是 CMOS 电平？与计算机控制器输入逻辑电平是否兼容？如果不兼容，是否需要转换电路
		位宽	位宽取决于系统测量精度要求，不一定与计算机控制器总线宽度相同
		传输方式	是并行输出、串行输出，还是频率信号输出
		隔离	如果模拟输入信号具有大的共模电压或 ADC 在强脉冲环境下工作，则需要在数字输出端增加隔离电路。隔离电路可以使用模拟隔离器件，但最常用的是数字耦合器
	控制接口电路	片选信号	
		使能信号	
		转换信号	
		转换结束信号	
		读数据信号	
	转换时序		ADC 具有流水线时序，因此，在编写模数转换程序时，一定要确保软件符合 ADC 的时序要求

表 9-4　模拟输出通道设计要点

考虑因素			备　　注
主要考虑因素	模拟输出信号	信号类型	
		幅值范围	
		功率	
		线性度	
	转换精度		取决于系统精度，将决定 DAC 的位数
	环境条件		
次要考虑因素	基准电压电路		决定 DAC 输出模拟信号的质量，应优先选择具有内部基准电压的器件
	输入信号接口电路		决定与计算机控制器的连接形式，主要考虑数字输入信号的位宽、编码格式、传输方式和逻辑电平
	输出信号功率驱动电路		控制系统的执行器一般需要 4～20mA 电流信号驱动。DAC 输出信号通常为 TTL 电平或 CMOS 电平，负载能力弱，不足以驱使执行器动作。因此，需要使用功率驱动电路对 DAC 的输出电流（或电压）信号进行线性功率放大，具体设计方法可参阅电子技术相关内容
	隔离		多数情况下，模拟输出通道需要设计隔离电路，以阻断因 DAC 与执行器直接连接而引入的干扰。隔离电路一般采用光电耦合器实现
	控制接口电路	片选信号	保证 DAC 能有序工作
		使能信号	
		读数据信号	
	转换时序		DAC 也具有流水线时序。因此，在编写程序时同样应满足其时序要求

9.4　可靠性设计模式

　　计算机控制系统的运行环境比较恶劣，要求其全天候甚至全年连续工作，不能随意关机或重启。而且，它们提供的服务和控制必须是自动的、即时的，即使系统失效，通常也不允许造成人员伤亡或者经济损失。

　　但是，物理设备经常存在缺陷，系统设计也可能包含安全隐患。当干扰出现时，这些因素或许会导致系统偏离正常运行的轨迹，进入失效状态。因此，除功能性需求外，也会对计算机控制系统的可靠性提出若干要求。

9.4.1　可靠性

　　可靠性是指系统正常运行的能力，可用系统在规定环境中，在规定工作条件和操作条件下，在失效前成功完成规定任务的概率来表示。

　　失效是系统因硬件或软件故障而无法正确完成规定任务的现象。它可能是系统性的，也可能是随机性的。

　　软件故障都是系统性的。因为软件一旦出错，必然会在相同的条件下重现。而硬件故障既可能是系统性的，也可能是随机性的。前者是系统的设计缺陷，可以通过一定的技术手段排除；后者则是系统物理组件（如机械或电子设备）的固有缺陷，只可以检测，但无法排除。

　　系统的可靠性通常用以下指标描述。

● 失效率：单位时间内系统平均故障的次数。

● 维护率：单位时间内系统平均修复的次数。

- 平均连续工作时间：单位时间内系统正常工作时间。
- 平均维护时间：单位时间内系统停机修复占用的时间。
- 有效度：系统正常工作时间占总工作时间的比值。

可见，可靠性主要有两层含义：一是系统在规定时间内尽可能不发生故障；二是发生故障后能迅速维修，尽快恢复正常工作。

9.4.2　影响系统可靠性的因素

影响系统可靠性的因素有很多，可能是其自身的内在缺陷，也可能是来自其工作环境的干扰或错误。

系统内部的缺陷可能来自硬件，也可能来自软件。硬件缺陷主要表现为随机性缺陷，包括物理组件的老化和偶发性失效。这类缺陷可以用概率分布函数来估计，通常不会引发故障，但会成为潜在的故障源。软件缺陷则主要表现为系统性缺陷，以死锁和竞争为主。

这类缺陷往往在一定条件下必然发生，通常会破坏系统的主框架，必须在系统提交前完全排除。

影响系统可靠性的外部因素可能是系统工作环境的变化，如环境参数的改变、工作环境的振动、电源波动、电磁干扰等。这种因素在系统内部主要表现为噪声，即系统接收与传输的除有用信号外的一切信号。它是无法避免的，在某些条件下会触发系统内部的缺陷，进而对系统产生不利影响。

影响系统可靠性的外部因素也可能是人为的干扰，如工作人员的误操作、未授权人员的意外触发或恶意操作等。这种因素主要表现为对系统预置功能的破坏，需要在运行过程中完全避免，并提醒相关人员注意。

9.4.3　可靠性设计

可靠性要求系统在任何时候都能正确完成预置任务，即使遇到事先未曾估计的情况或遇到不可预知的故障。这在设计当中并非易事，但可以从系统和组件两个层面采取措施满足其要求。

提高系统可靠性的技术措施很多，但大都以某种形式涉及冗余问题。冗余是在系统中为获取某种信息或完成某种功能的通道而增加备用单元的行为。它是提高系统可靠性的基本方法，能为通道失效的系统提供替代路径，使系统在发生故障时仍可完成预置功能。

隔离是可靠性设计中另一个常用的概念。通过分离潜在故障源与相对安全的硬件或软件通道，隔离能够简化系统可靠性设计，使其更容易实现，也更易于控制、更经济。

大多数情况下，这两种方法会同时采用。

9.4.3.1　系统级设计

在可靠性设计方面，不同的计算机控制系统往往需要面对相同的可靠性需求，处理相同的内部缺陷和外部干扰。因此，它们在满足可靠性方面采取的设计策略也往往相同，或者说，具有相同的架构模式。常见的架构模式有以下几种。

1）同构冗余模式

同构冗余模式（见图 9-22）采用相同结构的通道作为备用通道。所有通道并行执行，因而具有相同的结果。一旦主通道失效，系统可以切换到任意备用通道继续运行，不受故障影响。而且，系统在运行中可以比较来自所有通道的输出，通过"多数者获胜"的表决策略及时纠正少数通道的失效，进一步提高系统的可靠性。

需要注意的是，同构冗余模式只能处理随机性故障。因为同构冗余模式的通道完全相同，如果一个通道存在系统性故障，则该故障也必然存在于其他通道。

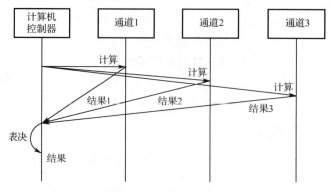

图 9-22　同构冗余模式

另外，同构冗余模式虽然不会增加系统开发成本，但会增加其实现成本。额外的通道设备不仅增加系统的可重现成本，而且要求更多的安装空间和能源，产生更多的热量，使安装维护成本额外增加。

2）异构冗余模式

异构冗余模式（见图 9-23）采用相同功能的通道作为备用通道，主要有两种实现方式。

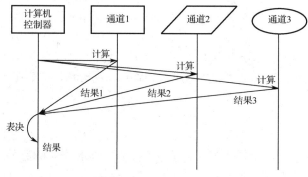

图 9-23　异构冗余模式

第一种实现方式与同构冗余模式类似，要求备用通道与主通道具有相同的技术指标，但采用不同的实现技术，即使用不同的通道结构、选择不同的软硬件组件实现同样的功能。这种实现方式能够确保备用通道功能与主通道完全相同，使系统在主通道故障时能够通过备用通道继续完成预置任务，但成本高昂。

第二种实现方式是对系统成本和可靠性需求的折中。它要求备用通道与主通道具有相同的功能，但技术指标略低。这样，系统可以用较小的代价保障主通道的正确性，并在主通道故障时由备用通道接管大部分任务，保障系统的主要功能。

总体来看，异构冗余模式能够避免同构冗余模式的主要缺点，既能处理随机性故障，又能处理系统性故障，在很大程度上提高了系统的可靠性，但开发成本和实现成本也大幅增加。

3）监视器-执行器模式

监视器-执行器模式（见图 9-24）是异构冗余模式的特殊形式。该模式下，通道被分成两类：监视器通道和执行器通道。监视器通道仅负责跟踪执行器所执行的动作，并监视物理环境以确保执行器动作的正确性；执行器通道仅负责执行控制器要求的动作。

系统运行期间，监视器通道和执行器通道会周期性地交换消息。如果监视器通道发现执行器通道失效，就会通知控制器采取合适的故障处理措施。如果监视器通道失效，执行器通道则不受影响，能够继续正确运行。

这种模式引入额外的监视器通道,在一定程度上增加了系统成本。然而,与同构冗余模式或者异构冗余模式相比,这种模式是提高系统可靠性的经济方法。

4) 门禁模式

门禁模式(见图 9-25)是计算机控制系统的常用架构模式。它通常是一个硬件定时器(看门狗),可以周期性地或根据顺序从其他子系统接收消息。如果某个消息出现太迟或者未依照预定顺序出现,门禁将启动预置动作,进行复位、关机、报警或触发某种预置的错误处理程序。也可以使用软件定时器作为门禁。它更容易实现,而且灵活性更好,一般用于执行周期性唤醒的内置测试,如执行代码校验、检视 RAM、测试堆栈溢出等。

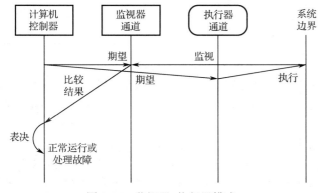

图 9-24　监视器-执行器模式

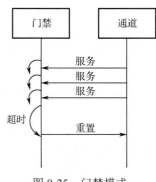

图 9-25　门禁模式

门禁模式的优点是成本低廉,不需要额外的硬件/软件支持;缺点是只支持原子性动作,不能进行复杂的错误处理和故障恢复。

9.4.3.2　组件级设计

为了提高系统的可靠性,除合理选择系统结构外,还要尽量提高系统组件的抗干扰能力。毕竟系统是以组件为单元构建的,可靠性好、抗干扰能力强的组件必然会提高系统整体的可靠性,而如果组件抗干扰能力不够,再好的系统架构也无法发挥作用。

这方面的工作一般包括以下几个方面。

- 分析组件失效原因,在设计组件时,尽量采取技术措施加以消除。
- 掌握元器件性能,在设计时规定合理条件,必要时考虑降额使用。
- 建立元器件老化模型,在实现时对器件进行有效的筛选。
- 尽量使用集成电路,避免使用分立元件。
- 合理使用抗干扰技术,以提高组件对环境的适应能力。

其中,抗干扰技术是系统实现过程中考虑最多的部分,也是本节主要讨论的内容。

1) 噪声和干扰

如前所述,噪声是系统接收与传输的除有用信号以外的一切信号。按其来源不同,噪声可以分为三类,如表 9-5 所示。可见,噪声是系统自身固有的,是不可能被消除的。

表 9-5　常见噪声及其特点

类　　别		特　　点
固有噪声	热噪声	由电阻内部的电子热运动形成,具有随机性,而且几乎覆盖整个频谱,可看作白噪声
	散粒噪声	主要来源是电子管的阴极电子随机发射和晶体管的载流子随机扩散,大小与直流电流有关
	接触噪声	因两种材料之间不完全接触引起电导率起伏而产生,大小与直流电流成正比,多出现于继电器触点、电位器滑动接点、接线和虚焊位置,是低频电路最重要的噪声源

续表

类　　别		特　　点
人为噪声	工频噪声	主要来自大功率输电线。对于输入阻抗低、灵敏度高的测量系统，即使一般的室内交流电源线也会产生很大的交流噪声
	射频噪声	主要是高频感应加热、高频焊接等工业电子设备及广播、电视、雷达等通信设备产生的噪声，通过电磁辐射或电源线影响附近的电子系统
	电子开关噪声	由电子开关快速通断引起，一定条件下会产生阻尼振荡，构成高频噪声
自然噪声	电晕噪声	电晕放电产生的噪声。主要来自高压输电线，具有间歇性质，而且会随电晕放电过程出现高频振荡
	火花噪声	火花放电产生的噪声。主要来自电机电刷、继电器及高压器件，可以通过直接辐射和电源电路向外传播，在低频到高频范围内产生噪声
	放电管噪声	辉光放电或弧光放电产生的噪声

　　幸运的是，噪声在大多数情况下不会影响系统正常工作。但是，如果噪声的幅值和强度达到一定程度，就会引起系统性能的降低，甚至使系统无法正常运行。这种对系统具有危害性的噪声称为干扰。

　　根据其对有效信号的作用方式，干扰可以分为两种：串模干扰和共模干扰。串模干扰如图 9-26（a）所示，它是串联在有用信号上的干扰，较难清除。但在干扰信号和有用信号的频谱差异明显时，可以通过滤波的方法消除。共模干扰如图 9-26（b）所示，是叠加在有用信号端子上的干扰。当公共回路为地时，只要线路平衡，即两根信号线对地阻抗一致，共模干扰就不会对系统产生影响；否则，相当于在两根信号线上存在串模干扰。

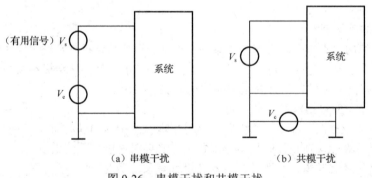

（a）串模干扰　　　　　　　　　　　（b）共模干扰

图 9-26　串模干扰和共模干扰

　　2）噪声成为干扰的途径

　　干扰只有在以下三个条件同时具备时才能形成：①必须有噪声源；②必须有对噪声敏感的系统；③噪声源与敏感系统之间必须存在耦合。其中，噪声与敏感系统之间的耦合至关重要。

　　噪声的耦合方式主要有四种：传导耦合、共阻抗耦合、感应耦合和辐射耦合。

　　（1）传导耦合。

　　传导耦合是一种显而易见但又容易被忽视的噪声耦合方式。当一根导线经过噪声环境时，它可能拾取噪声并将其传输至敏感电路，进而形成干扰。

　　元器件因绝缘不佳引入漏电流是一种常见的传导耦合，其等效电路如图 9-27 所示。其中，V_c 是拾取的噪声干扰，R 是导线电阻，Z 是敏感系统的等效输入阻抗。对于低频电路，电源线、接地导体、电缆屏蔽层等低阻抗导体都可能成为拾取噪声的导体；而对于高频电路，由于电感和电容是主要考虑因素，长电缆将更容易成为传导耦合通路。

（2）共阻抗耦合。

当两个以上不同电路的电流流经公共阻抗时，就会产生共阻抗耦合。此时，每一个电路通过公共阻抗产生的电压降都会对其他电路产生影响。

常见的情况是信号处理电路和信号输出电路使用公共电源，而电源内阻不为零。于是，电源内阻就成为公共阻抗，如图 9-28 所示。图中，i 是信号处理电路中流经公共阻抗的电流，Z_1 和 Z_2 则是信号输出电路的等效输入阻抗和负载阻抗。当信号输出电路的电流发生变化时，电源内阻的电压降就会变化，并通过电源线对信号处理电路形成干扰。

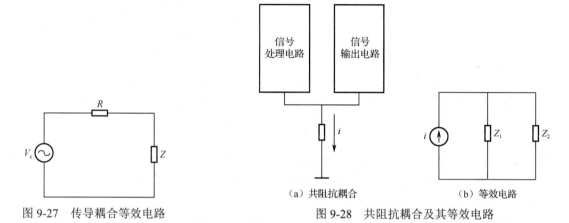

图 9-27　传导耦合等效电路　　　　　　　图 9-28　共阻抗耦合及其等效电路

（3）感应耦合。

感应耦合包括电感应耦合和磁感应耦合。

电感应耦合是通过电场引入干扰的，不需要噪声源和敏感系统直接接触。如图 9-29（a）所示，导线 1 和导线 2 之间虽没有物理接触，但存在分布电容。若导线 1 上存在噪声电压，它会通过分布电容进入导线 2 并产生干扰，其等效电路如图 9-29（b）所示。

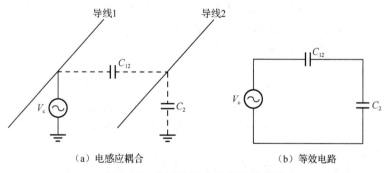

（a）电感应耦合　　　　　　　　　　（b）等效电路

图 9-29　电感应耦合及其等效电路

磁感应耦合同样不需要噪声源和敏感系统直接接触，干扰是通过磁场引入的，主要由系统中的线圈、变压器或者较长的平行载流导线引起。如图 9-30（a）所示，导线 1 和导线 2 之间虽没有物理接触，但存在寄生互感。当导线 1 上有干扰电流经过时，导线 2 中会因互感而产生相应的感应电势，故为磁感应耦合。

（4）辐射耦合。

辐射耦合主要由电磁辐射引起。当导线中有高频电流通过时，导线将等效于天线，即会对周围空间产生电磁辐射，也会接收附近空间的电磁波。若导线附近恰有强辐射源（如广播电台之类），则噪声经辐射耦合入侵电路就难以避免。

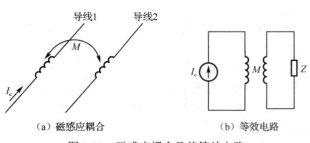

图 9-30　磁感应耦合及其等效电路

3）消除干扰的措施

噪声形成干扰必须同时具备三个条件，只要破坏其中一个，就可以消除干扰。

由于噪声源和敏感系统是客观存在的，通常难以消除，因此，切断耦合通道就成为消除干扰的常用方法。

（1）抗串模干扰的措施。

串模干扰通常叠加在各种不平衡输入/输出信号上，或者通过供电线路进入系统。因此，在这些干扰必经之路上采取隔离或滤波措施可以有效抑制串模干扰。

① 光电隔离。

在输入和输出通道上使用光电隔离，可以在切断系统物理连接的情况下进行信息传输。

它能够把控制系统与各种传感器、开关、执行机构的电气连接断开，从而阻挡大部分的电气干扰。

② 继电器隔离。

由于继电器的线圈和触点之间没有电气联系，故可以利用继电器的线圈接收信号，利用触点发送和输出信号，从而避免强电和弱电信号之间的直接接触，达到抗干扰的目的。

③ 变压器隔离。

脉冲变压器可以实现数字信号的隔离。它的匝数较少，而且一次绕组和二次绕组分别缠绕在铁氧磁体的两侧，分布电容小，便于进行脉冲信号的隔离。

④ 布线隔离。

合理布线可以将微弱信号电路与容易产生噪声污染的电路分开，达到抗串模干扰的目的。

布线隔离最基本的要求是信号线路必须和强电控制线路、电源线路分开走线，而且相互之间要保持一定的距离。

另外，配线时应区分交流线、直流稳压电源线、数字信号线、模拟信号线、感性负载驱动线等。配线间隔越大，离地面越近，配线越短，则噪声影响越小。

当然，实际操作中，考虑到设备空间的限制，配线间隔不可能太大，只要能够维持最大限度的间隔距离便可。

⑤ 使用双绞线。

由于平行导线的分布电容大，抗干扰能力差，因此，在计算机控制系统的长线传输中，一般不使用平行导线传送信号，而是使用双绞线，用其中一根作为屏蔽线，另一根作为信号传输线，达到屏蔽信号的目的。

在接指示灯、继电器等时也要使用双绞线，但由于这些线路的电流比信号电流大很多，因此应远离信号电路。

⑥ 硬件滤波。

数字电路中，电路从一个状态转换到另一个状态，会在电源线上产生很大的尖峰，形成瞬变噪声。在电路接通与断开感性负载时，这种瞬变噪声往往严重影响系统的正常工作，所以要在电源变压器的进线端增加滤波电路，以消除瞬变噪声的干扰。

⑦ 过电压保护。

如果没有采用光电隔离措施，可以在输入/输出通道上采用过电压保护，以防止引入过高的电压，破坏系统的正常工作。

需要注意的是，过电压保护电路中稳压管的稳压值应略高于最高传送信号电压，限流电阻也要适当选择，阻值太大会引起信号衰减，太小则起不到保护作用。

（2）抗共模干扰的措施。

共模干扰通常是针对平衡输入信号而言的，其抗干扰措施主要有以下几种。

① 平衡对称输入。

设计系统时尽可能做到平衡和对称，以从源头上消除共模干扰。

② 选用高质量的差动放大器。

设计系统时尽可能选用高质量的差动放大器，利用其高共模抑制比特性，在信号传输过程中消除共模干扰。

③ 选择合适的接地技术。

在计算机控制系统中，通常把数字电子装置和模拟电子装置的工作基准地浮空，而设备外壳或机箱采用屏蔽接地。这种接地方式可使系统不受地电流的影响，能提高系统的抗干扰性能。

此外，由于系统使用的强电设备大都采用保护接地，浮空技术可以切断强电和弱电的联系，确保系统运行安全可靠。

（3）软件冗余和软件陷阱。

软件冗余是一种数据冗余技术。在控制系统中，对于响应时间较长的输入数据，应在有效时间内多次采集并比较；对于控制外部设备的输出数据，则需要多次执行以确保相关信号的可靠性。有时，甚至可以把重要指令设计成定时扫描模块，使其在整个程序运行过程中反复执行。

软件陷阱则是指通过执行某个指令进入特定的程序处理模块，相当于外部中断。软件陷阱用于抗干扰时，应首先检查是否是干扰触发的程序，并判断干扰造成的影响，若不能恢复则强制复位；若干扰已撤销，则立即恢复原来执行的程序。

9.5　线上学习：基于模式的系统设计

9.5.1　设计模式

大多数情况下，技术人员独立设计完整的计算机控制系统需要自身积累足够的经验。在此之前，设计模式可以作为一个高效的辅助工具，帮助技术人员快速设计可靠实用的系统并提高专业能力。

所谓设计模式，其实是前人总结的常见软件设计问题的标准解决方案。在 LabVIEW 中，设计模式通常由结构、函数、控件和错误处理组成。它们的有序组合构成常见任务的通用结构，可作为模板使用，以提高软件组件的可重用性和可靠性。

对于正在积累经验的技术人员，设计模式能帮助他们：

● 更好地理解基于模型设计的原则，理解和实践面向对象编程方法。
● 更快地掌握构造软件组件的核心技能，提高代码质量和设计效率。
● 更充分地利用前人经验解决实际开发问题，有效避免常见的设计错误和缺陷。
● 更规范地使用行业标准与其他开发人员交流和协作，利于系统的共同开发和维护。

9.5.2　经典状态机

一个或多个设计模式与附加的子 VI、控件、实用程序和库结合，就形成程序框架。它是一组更标准的通用解决方案，能够帮助技术人员更快速地创建容易理解、维护和重用的代码，也有助于技术人员养成良好的编程习惯。

以状态机为例。它是目前中小型应用方案常用的程序框架之一，有许多变体，但大多数都由 While 循环和条件结构嵌套而成，如图 9-31 所示。图中，状态机的状态用一个枚举型数据表示，并连接到条件结构的条件选择器端。条件结构的每一个分支则对应状态图的一个状态，从而可以根据当前的状态执行相应的任务。任务完成后的转换状态则经由 While 循环的移位寄存器返回输入侧，以便在下一次迭代中继续使用。

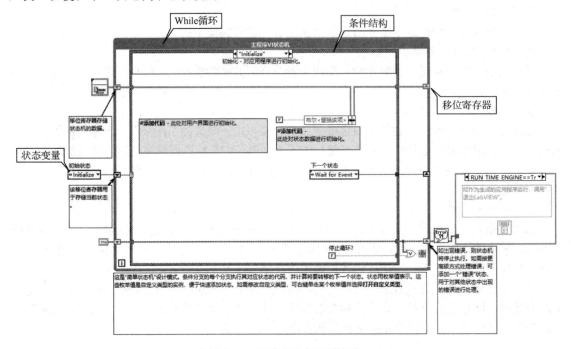

图 9-31　经典状态机程序框架

【例 9-3】使用 LabVIEW 模板创建简单状态机。

（1）运行 LabVIEW。

（2）单击"创建项目"按钮，在弹出的窗口中选择"简单状态机"（见图 9-32），然后单击"下一步"按钮。

图 9-32　简单状态机创建向导

（3）在弹出的配置窗口（见图 9-33）中设置项目名称和存储路径，单击"完成"按钮，创建简单状态机。

图 9-33　配置简单状态机

该模板适用于基于状态决策的情景，包含五个状态（见图 9-34），代码可以随意删减，状态转移也可以任意指定，便于维护。

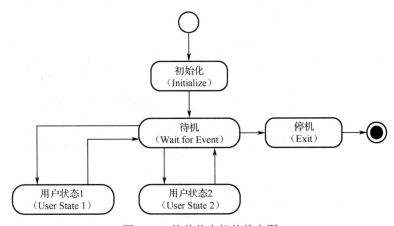

图 9-34　简单状态机的状态图

（4）向导结束后，出现简单状态机的资源管理器（见图 9-35）。图中，浏览器窗口包括两个选项卡：项和文件。前者是虚拟的目录树，反映项目所包含文件的逻辑关系；后者是真实的目录树，反映项目所包含文件的存储位置。

在图 9-35 中，目录树的最顶端是以项目名称命名的根目录，下方"我的电脑"指当前 VI 所在的本地计算机。因系统结构不同，有的项目可能会包含多个计算机。这时，"我的电脑"下方会依次显示这些计算机的名称。

本地计算机包含若干子目录和文件。其中，Main.vi 是项目的顶层 VI，或称主 VI。运行主 VI 所需要的资源（如共享库、项目库等）位于"依赖关系"路径下；发布主 VI 所需要的配置则位于"程序生成规范"路径下。

在图 9-35 中，"Type Definitions"和"Project Documentation"不是必需的，前者保存自定义

数据结构，后者则保存程序设计说明文档。

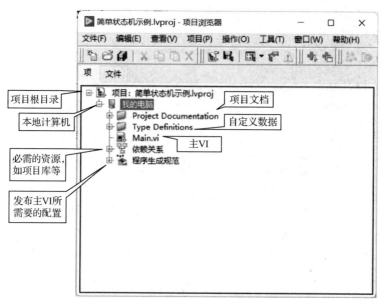

图 9-35　简单状态机的资源管理器

（5）在项目浏览器中，双击 Main.vi，观察其前面板（见图 9-36）：除了右下角的"退出"按钮，左上角有两个操作按钮，其显示名称可以替换为自己需要的操作名称。如果需要添加其他操作按钮，可以通过复制、粘贴命令实现。

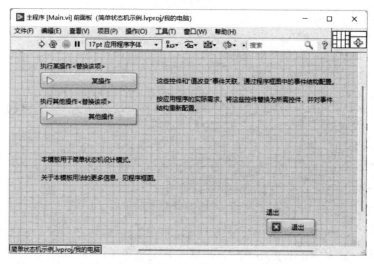

图 9-36　简单状态机主 VI（前面板）

此时，应明确以下问题：

- 应用程序包括哪些功能？该问题的答案将决定是否需要添加新的状态；
- 每个状态转移至何处？该问题的答案将决定状态机发送至 While 循环移位寄存器的值。
- 一个状态是否可以转移至多个状态？需要什么条件才可以转移？
- 每个状态需要访问的数据是什么？该问题的答案将决定需要添加至状态机的数据类型。
- 运行期间可能发生哪些错误？应如何响应？该问题的答案将决定错误处理机制。

（6）打开程序框图，默认为初始化（Initialize）状态程序分支（见图9-37）。在该分支添加初始化代码，修改状态机数据，并按照状态图修改状态量为转移后的状态（次态）。本例中，依据图9-34，"初始化"状态的次态应为"待机"状态。

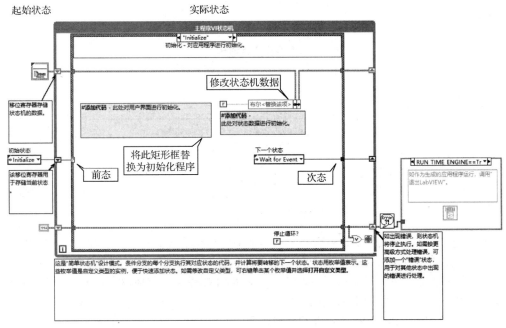

图 9-37　简单状态机主 VI（程序框图-Initialize 分支）

（7）单击条件结构"选择器标签"右侧的箭头进入待机（Wait for Event）状态程序分支。该分支是系统空闲时的状态，多数情况下以处理人机交互为主要任务，所以条件结构内部嵌套了一个事件结构，如图9-38所示。

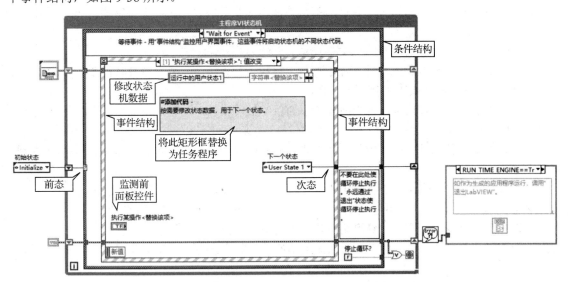

图 9-38　简单状态机主 VI（程序框图-Wait for Event 分支）

在事件结构上，通过右键快捷命令"编辑本分支所处理的事件……"打开图9-39所示对话框，在该对话框中可以编辑当前分支的触发事件，即触发当前分支程序所需要的条件。

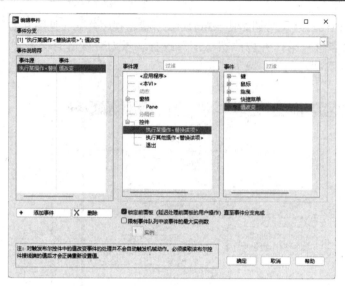

图 9-39 "编辑事件"对话框

图 9-39 中，"事件分支"下拉列表列出了当前事件结构的分支总数和名称。"事件说明符"栏则显示当前分支响应的触发事件。每个触发事件都包括两个要素：事件源和事件。其中，事件源是一个能够触发特定事件的元素或对象，可以是按钮、I/O 设备或其他用户自定义的组件。其状态变化称为事件，被其他元素或对象响应。

从图 9-39 可知，LabVIEW 的事件源有以下几类。

● <应用程序>：指 LabVIEW 开发环境或运行环境，包括与全局环境变化相关的事件，如"应用程序实例关闭""NI 安全用户信息更改"等操作。

● <本 VI>：指当前运行的 VI，包括与当前 VI 操作相关的事件，如前面板关闭、前面板大小调整、菜单/鼠标/键值变化等操作。

● 窗格：指前面板窗口边框，包括与窗口边框操作相关的事件，如调整窗格大小、窗格的右键快捷菜单等操作。

● 分隔栏：指前面板分隔栏，与窗格类似。

● 控件：指前面板的输入控件和显示控件，包括引起控件值、外观等变化的事件，如"值改变"、拖曳、鼠标或快捷键的操作等。

单击"添加事件"按钮可以为当前分支添加新的触发事件。此时，不同的触发事件可以产生相同的响应。

注意，如果事件源是控件，请务必把需要响应的控件置于当前分支，如图 9-39 所示。否则，容易发生死锁。

另外需要注意的一点是，事件结构的任务程序应尽量短，以尽可能提高系统响应速度。

（8）如果需要添加新的事件分支，可以在事件结构上使用右键快捷菜单的"添加事件分支……"命令。类似地，使用右键快捷菜单的"复制事件分支……"命令可以添加新的与选中事件分支结构相同的事件分支，使用右键快捷菜单的"删除本事件分支"命令则可以删除当前选中的事件分支。

（9）继续单击条件结构"选择器标签"右侧的箭头，进入用户状态 1（User State 1）状态程序分支，如图 9-40 所示。

该程序分支完成计算机控制系统功能任务的具体操作，通过将图 9-40 中的蓝色矩形框替换为任务程序来实现。

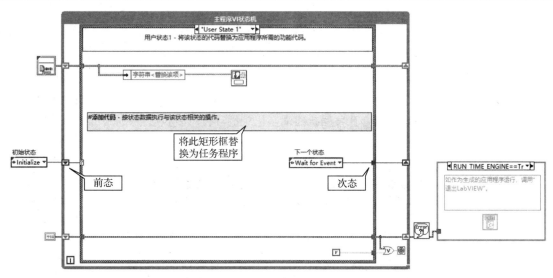

图 9-40　简单状态机主 VI（程序框图-User State 1 分支）

（10）单击条件结构"选择器标签"下拉箭头，选择停机（Exit）状态程序分支，得到图 9-41。

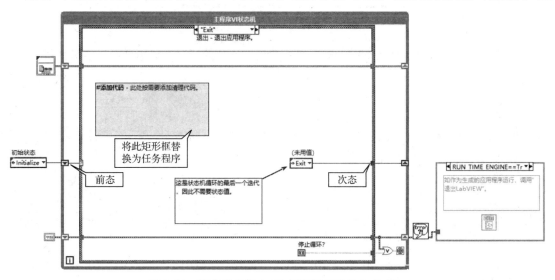

图 9-41　简单状态机主 VI（程序框图-Exit 分支）

该程序分支完成停机前的安全检查工作，主要内容包括软件组件的资源释放和硬件组件的安全状态重置。

9.5.2.1　While 循环

While 循环位于"函数→编程→结构"选板，是 LabVIEW 常用的流程控制结构。它能够按指定条件重复执行特定代码，作用相当于以下文本语言代码：

```
do
{
循环体
} while （条件满足？）
```

或

```
do
{
循环体
} until （条件满足？）
```

图 9-42 所示为 While 循环的默认结构：矩形框表示循环，内部的空间则表示循环体，即需要重复执行的代码。矩形框左下角是计数器接线端，记录循环体重复执行的次数；右下角是条件接线端，指定执行循环体需要满足的条件。

图 9-42　While 循环的默认结构

默认情况下，While 循环会在满足条件接线端指定条件的情况下退出循环，即执行代码：

```
do
{
循环体
} until （条件满足？）
```

也可以通过右键快捷菜单的"真（T）时继续"命令执行代码：

```
do
{
循环体
} while （条件满足？）
```

这时，While 循环将在不满足条件接线端指定条件的情况下退出循环。但是，无论哪一种情况，循环体代码都会执行至少一次，这一点是需要额外注意的。

需要注意的是，While 循环是一个节点。也就是说，在循环结束之前，循环体计算结果不会传输到循环体外部，其下游程序也不会执行。因此，使用 While 循环会面临数据传递的问题，包括不同循环间的数据传递和循环体内外的数据传递。主要解决方法有以下几种：

1）隧道

隧道依附于循环结构，是信息流入或流出循环结构的数据接线端。

位于循环结构左侧框架的隧道是循环的数据输入端，其最大特点是具有索引功能。也就是说，允许数据在经隧道进入循环时自动降维，即一维数组自动分解为标量，二维数组自动分解为一维数组，以此类推。

默认情况下，三维数组在进入循环后仍是三维数据，维数不变；但若使用隧道右键快捷菜单的"启用索引"命令，则输入数组将被降维，如图 9-43 所示，且由于 While 循环持续运行，最终会输出空数组。

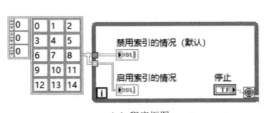
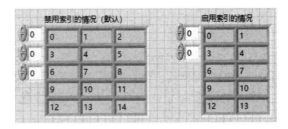

（a）程序框图　　　　　　　　　　　　　　　　（b）运算结果

图 9-43　输入隧道（启用索引和禁用索引）

　　位于循环结构右侧框架的隧道是循环的数据输出端，有三种工作模式（见表 9-6）可选，以适应不同的输出需要。

表 9-6　输出隧道的工作模式

工 作 模 式	说　　　　明
索引	离开循环结构时，数据会自动升维。也就是说，数据离开 For 循环时，标量会自动集合为一维数组，一维数组会自动集合为二维数组，以此类推
最终值	离开循环结构时，数据只保留最后一次循环的值，相当于关闭自动索引
连接	离开循环结构时，数据会按顺序连接所有输入，形成与输入数据相同维度的输出

　　默认情况下，While 循环的输出隧道工作在最终值模式。如果需要选择其他工作模式，可以通过右键快捷菜单选择。

　　2）移位寄存器

　　移位寄存器是另一种依附于循环结构的端子，相当于文本编程语言中的静态变量。它可以将指定变量的值从当前循环传递至下一次循环中，主要用于实现结构体内部的信息反馈。

　　在循环体边框右击，选择"添加移位寄存器"命令，可以在循环体边框上添加两个带黑色边框的接线端，如图 9-44 所示。这两个接线端就是移位寄存器，其内部的三角符号表示数据在移位寄存器内部的流动方向，黑色三角符号则表示移位寄存器尚未指定存储内容。

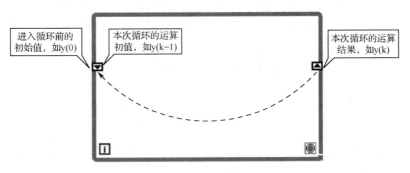

图 9-44　移位寄存器（一对一）

　　移位寄存器通常成对使用，且左侧边框接线端保存前一次循环的变量值，右侧边框接线端保存当前循环的变量值，方向不可颠倒。为了消除移位寄存器内容的随机性，通常会在循环体外部设置移位寄存器的初始值，并将其与循环体左侧边框接线端连接，代表移位寄存器在循环开始前的内容，或称 0 时刻的值。

　　移位寄存器的右侧边框接线端也可以对应多个左侧边框端子。在移位寄存器上使用右键快捷菜单的"添加元素"命令，即可添加左侧边框端子。每添加一个左侧边框端子，相当于指定变量增加一次时间延迟，如图 9-45 所示。

3）反馈节点

反馈节点位于"函数→编程→结构"选板，相当于 z^{-1} 环节，代表指定信息的一次延迟，故与移位寄存器有同样的作用，但使用方法不同，主要表现在：

- 移位寄存器依附于循环体，不能独立使用；而反馈节点是独立的控制结构，可以脱离循环体使用。
- 移位寄存器的初始化通过连接左侧边框接线端完成；而反馈节点的初始化通过连接初始化接线端完成。
- 一个移位寄存器，每个元素只能增加一次循环的时间延迟；而一个反馈节点既可以配置为单次循环的时间延迟，也可以配置为多次循环的时间延迟。
- 移位寄存器外观固定；而反馈节点有多个直观、形象的外观（见图 9-46）可选。

图 9-45　移位寄存器（一对多）

（a）反馈节点（默认）　（b）Z 变换延迟节点

图 9-46　反馈节点的外观

9.5.2.2　事件结构

事件结构位于"函数→编程→结构"选板，功能类似于条件结构，是 LabVIEW 在 Windows 操作系统中常用的流程控制结构。默认情况下，其外观如图 9-47 所示。

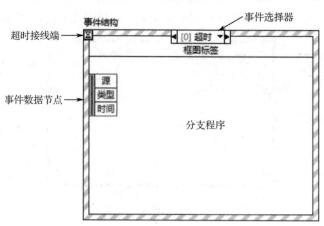

图 9-47　事件结构外观

图 9-47 中，事件选择器类似于条件结构的选择器标签，用于指定触发当前程序分支的事件，也可以通过箭头符号在不同的分支事件之间跳转；超时接线端指定等待触发事件发生的最长时间，以毫秒为单位，默认值为-1（永远等待）；事件数据节点则是事件结构最重要的部分，用于返回触发事件发生时的相关数据，如事件源、事件类型、发生事件等。实际使用中，该节点的数据元素

繁杂多变，与事件源密切相关。可随时查阅 LabVIEW 帮助文件中应用程序、本 VI、窗格及控件关于"事件"的说明，根据实际情况选择适用的事件。

需要注意的是，事件结构的编程思维与 LabVIEW 的数据流编程思维并不相同。前者基于事件驱动，与嵌入式应用的终端功能类似。因此，在 LabVIEW 中使用事件结构时，应注意以下问题：

（1）不要在同一个 VI 中使用多个事件结构；

（2）不要在同一个循环中放置多个事件结构；

（3）用户界面事件仅用于人机直接交互场景；

（4）"值改变"事件必须在相应分支中读取事件源的值；

（5）对于包含事件结构的 While 循环，如果程序在用户触发"停止"布尔控件时终止，必须在事件结构相应分支中处理该控件；

（6）不要在响应"鼠标按下？"事件的结构分支中使用对话框；

（7）尽量使用"前面板关闭？"事件退出程序，以免 VI 关闭时遗漏重要操作（尤其是涉及硬件组件的操作）。

9.5.3　生产者/消费者模式

经典状态机虽然具有高度的灵活性、可扩展性和可维护性，但是，由于不具备状态缓冲能力，且无法同时响应两个或两个以上的状态，在处理复杂大规模问题时表现出较大的局限性。

在程序中使用消息、队列或事件传递状态变量可以为状态机提供数据缓冲功能，改善其表现。但是，这种方法无法解决状态机不能并发响应的问题。针对这种需求，可以考虑使用生产者/消费者模式。

生产者/消费者模式是一种基于主从设计的程序模式，适用于各种大中型应用，尤其在多线程编程场景下具有重要地位。其基本构造（见图 9-48）包括两个循环：生产者循环和消费者循环。其中，生产者循环为 FIFO 队列提供数据，消费者循环则提取 FIFO 队列的数据进行处理。于是，两个运行速度不同的组件就可以通过 FIFO 队列连接在一起，并各自独立地同时工作，如图 9-49 所示。

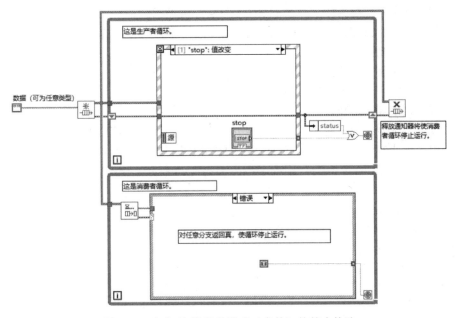

图 9-48　生产者/消费者模式（事件）的基本构造

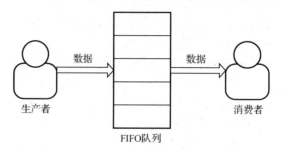

图 9-49 生产者/消费者模式的工作原理

在 LabVIEW 中，可以通过菜单命令"文件→新建…"创建基于生产者/消费者模式的应用，操作方法可以参考例 9-3，此处不再赘述。

9.6 练习题

9-1 试结合个人经验，谈一谈何为数据驱动，以及如何理解"计算机控制系统是数据驱动系统"这一观点。

9-2 试定义术语：期限，并结合个人经验举例说明。

9-3 什么是硬实时系统？什么是软实时系统？计算机控制系统是硬实时系统，还是软实时系统？请解释原因。

9-4 试结合个人经验，谈一谈如何理解"计算机控制系统是并发事务管理系统"这一观点。

9-5 列举计算机控制系统常见的任务调度方法，并结合个人经验举例说明。

9-6 定义术语：任务，并列举任务接口常见的事件达到模式和任务汇合模式。

9-7 什么是调度？对计算机控制系统来说，实时调度有何意义？

9-8 以计算机控制系统为例，列举实时调度的基本原则。

9-9 以计算机控制系统为例，列举实时调度过程中可能产生的问题，并说明相应问题的解决方法。

9-10 试以状态图为工具，设计 5.5.2 节车杆问题的控制系统。*

9-11 试定义术语：可靠性，并列举影响系统可靠性的因素。

9-12 何谓失效？试结合个人经验举例说明。

9-13 如果想提高系统的可靠性，可以选择哪些系统架构？

9-14 举例说明噪声和干扰的异同。

9-15 试列举噪声形成干扰的三要素。

9-16 试比较串模干扰和共模干扰。

9-17 试定义术语：设计模式，并结合个人经历，谈一谈自己对设计模式的理解。

9-18 用简单状态机设计 5.5.2 节车杆问题的计算机控制系统。**

参考文献

[1] Holger Lutz，Wolfgang Wendt. 控制技术手册：含 MATLAB 和 Simulink[M]. 第 8 增补版. 邓建华译. 北京：国防工业出版社，2021.

[2] STARR G. Introduction to applied digital controls[M]. Cham: Springer, 2020.

[3] JALILI N, CANDELINO N W. Dynamic systems and control engineering[M]. Cambridge: Cambridge University Press, 2023.

[4] OKUYAMA Y. Discrete control systems[M]. London: Springer, 2014.

[5] BISHOP R H. The mechatronics handbook: Mechatronic system control, logic, and data acquisition[M]. 2nd ed. Boca Raton: CRC Press, 2018.

[6] HYBERTSON D W. Model-oriented systems engineering science: A unifying framework for traditional and complex systems[M]. Boca Raton: CRC Press, 2009.

[7] JENNINGS R. LabVIEW Graphical Programming[M]. 5th ed. New York: N.Y. McGraw-Hill Education, 2020.

[8] 杨高科. LabVIEW 虚拟仪器项目开发与实践[M]. 北京：清华大学出版社，2022.

[9] 丁建强，任晓，卢亚平. 计算机控制技术及其应用[M]. 2 版. 北京：清华大学出版社，2017.

[10] 冯勇. 现代计算机控制系统[M]. 哈尔滨：哈尔滨工业大学出版社，1996.

[11] 河合一. 活学活用 A/D 转换器[M]. 彭刚，范华婵译. 北京：科学出版社，2015.

[12] 胡绍林，黄刘生. 计算机控制系统容错设计技术及应用[M]. 北京：科学出版社，2010.

[13] 黄争. 数据转换器应用手册：基础知识篇[M]. 北京：电子工业出版社，2010.

[14] 李正军. 计算机控制系统[M]. 3 版. 北京：机械工业出版社，2015.

[15] 刘金琨. 先进 PID 控制 MATLAB 仿真[M]. 北京：电子工业出版社，2016.

[16] 刘云生. 实时数据库系统[M]. 北京：科学出版社，2012.

[17] 马明建. 数据采集与处理技术（上册）[M]. 3 版. 西安：西安交通大学出版社，2012.

[18] 钱学森. 工程控制论（英文版）[M]. 上海：上海交通大学出版社，2015.

[19] 王锦标. 计算机控制系统[M]. 北京：清华大学出版社，2004.

[20] 谢昊飞，李勇，王平，等. 网络控制技术[M]. 北京：机械工业出版社，2009.

[21] 徐丽娜，张广莹. 计算机控制：MATLAB 应用[M]. 哈尔滨：哈尔滨工业大学出版社，2010.

[22] 杨双华. 基于互联网的控制系统[M]. 北京：电子工业出版社，2014.

[23] 周航慈. 嵌入式系统软件设计中的常用算法[M]. 北京：北京航空航天大学出版社，2010.

[24] 朱晓青，郭艳杰，彭晓波，等. 数字控制系统分析与设计[M]. 北京：清华大学出版社，2015.

[25] ADI 公司. ADI 模数转换器应用笔记（第 1 册）[M]. 北京：北京航空航天大学出版社，2011.

[26] Karl J A，Richard M M. 自动控制：多学科视角[M]. 尹华杰译. 北京：人民邮电出版社，2010.

[27] Karl J A，Bjorn W. 计算机控制系统：理论与设计[M]. 3 版. 周兆英，林喜荣，刘中仁，等译. 北京：电子工业出版社，2001.

[28] Robert H B. Modern Control Systems with LabVIEW[M]. Prentice Hall, 2012.

[29] Grady Booth，Robert A.Maksimchuk，Michael W.Engle，等. 面向对象分析与设计[M]. 3 版. 王海鹏，潘加宇译. 北京：电子工业出版社，2013.

[30] Alan C. 计算机存储与外设[M]. 沈立译. 北京：机械工业出版社，2017.

[31] Bruce Powel Douglass. 实时 UML：开发嵌入式系统高效对象[M]. 2 版. 尹浩琼译. 北京：中国电力出版社，2003.

[32] Bruce Powel Douglass. 嵌入式与实时系统开发：使用 UML、对象技术、框架与模式[M]. 柳翔译. 北京：机械工业出版社，2005.

[33] George Ellis. 控制系统设计指南[M]. 4 版. 汤晓君译. 北京：机械工业出版社，2016.

[34] Hassan Gomaa. 用 UML 设计并发分布式实时应用[M]. 吕庆中，李烨，罗方彬译. 北京：北京航空航天大学出版社，2004.

[35] Graham C.Goodwin, Stefan F.Graebe, Mario E.Salgado. 控制系统设计（影印版）[M]. 北京：清华大学出版社；培生教育出版集团，2002.

[36] Michel C.Jeruchim，Philip Balaban，K.Sam Shanmugan. 通信系统仿真：建模、方法和技术[M]. 2 版. 周希元，陈卫东，毕见鑫译. 北京：国防工业出版社，2004.

[37] Christopher T.Kilian. 现代控制技术：组件与系统[M]. 3 版. 岳云涛，杜明芳，赵慧娟，等译. 北京：中国轻工业出版社，2010.

[38] Loan D.Landau, Gianluca Zito. 数字控制系统：设计、辨识和实现[M]. 齐瑞云，陆宁云译. 北京：科学出版社，2014.

[39] LEVINE W S. The control handbook: Control system fundamentals[M]. 2nd ed. Boca Raton: CRC Press, 2019.

[40] Katsuhiko Ogata. 现代控制工程[M]. 3 版. 卢伯英，于海勋译. 北京：电子工业出版社，2000.

[41] Alan V.Oppenheim, Alan S.Willsky, S.Hamid Nawab. 信号与系统[M]. 2 版. 刘树棠译. 北京：电子工业出版社，2012.

[42] Robert Oshana，Mark Kraeling. 嵌入式系统软件工程：方法、实用技术及应用[M]. 单波，苏林萍，谢萍，等译. 北京：清华大学出版社，2016.

[43] Charless L.Phillips, H.Troy Nagle, Aranya Chakrabortty. 数字控制系统分析与设计[M]. 4 版. 王萍译. 北京：机械工业出版社，2017.

[44] Charless L P，John M P. 反馈控制系统（影印版）[M]. 5 版. 北京：科学出版社，2012.

[45] PONT M J. 时间触发嵌入式系统设计模式：使用 8051 系列微控制器开发可靠应用[M]. 周敏译. 北京：中国电力出版社，2001.

[46] Colin Walls. 嵌入式软件概论[M]. 沈建华译. 北京：北京航空航天大学出版社，2007.

附录请扫二维码阅读：

附录